진동학개론

이형일 지음

홍릉과학출판사

Contents

CHAPTER 1

서 론

CHAPTER 2

수학적 배경

Contents

Contents

Contents

Contents

APPENDIX A

부록

APPENDIX B

연습문제 해답

Contents

CHAPTER

1 서 론

1.1 서론

이 장에서는 진동학을 공부하기 위한 기초를 공부한다. 1.2절에서는 진동이라는 물리적 현상의 정의와 개념을 소개한다. 다음으로 1.3절에서는 진동학에서 사용되는 다양한 용어를 소개하고 그 정의를 학습한다. 마지막으로 1.4절에서는 진동을 설명하기 위해 사용되는 여러 물리량과 물리량들을 나타내는 단위에 대해 공부한다.

학습목표 |

- 진동이라는 물리적 현상의 정의와 개념을 이해한다.
- 진동학에서 사용되는 용어의 정의를 파악한다.
- 진동에서 사용되는 물리량의 개념을 이해하고 각 물리량의 단위를 파악한다.

1.2 진동의 정의 및 개념

진동이란 대상으로 하는 물체가 일반적으로 평형위치로 정의되는 기준위치에 대해 반복적으로 운동하는 현상을 이른다. 이와 같은 현상의 간단한 예가 대형 벽시계, 과학박물관 등에서 찾을 수 있는 단진자(Simple Pendulum) 운동이다. 이 경우 추의 최하점이 평형위치가 되고, 이 위치를 기준으로 왕복하는 운동이 반복적으로 일어난다.

자동차를 비롯한 여러 가지 공학 시스템에 다양한 형태의 진동이 발생하며 경우에 따라서는 발생하는 진동에 의해 시스템의 성능과 설계에 제한을 받기도 한다. 시스템에 과도한 진동이 발생하면 피로 파괴를 유발하기도 하며 사람의 몸에 진동이 작용하는 경우, 진동의

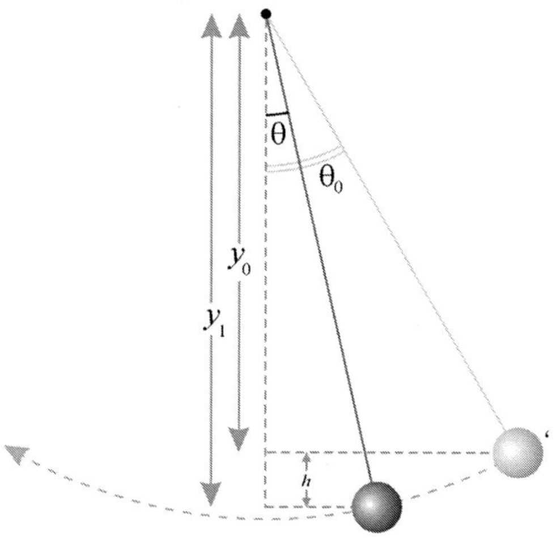

그림 1.1 | 단순진자 운동의 예

크기에 따라 신체에 해로운 영향을 주기도 한다. 또한 어떤 원인으로 인해 시스템 내부에 기계적인 이상이 발생하면 시스템 동작 중에 비정상적인 진동이 발생하는 경우도 있으며 이 현상을 이용하여 시스템의 진동을 모니터링한 결과를 바탕으로 시스템의 건전성을 파악하고 시스템을 유지, 보수하는 것도 가능하다. 시스템에 미리 정해진 물리적인 입력을 가하고 그에 대한 진동 응답을 분석하여 해당 시스템의 동적인 특성을 파악하기 위하여 진동을 이용하는 경우도 있다.

위에서 알 수 있는 바와 같이 진동은 인간 생활에 큰 영향을 미치는, 중요한 물리적 현상으로 인간 생활 도처에 다양한 형태로 존재한다. 그 중의 일부는 인간에 유용하고 필요한 진동이며 일부는 피해야 할 해로운 진동이다. 아름다운 소리를 발생시키는 기타 줄의 진동, 전기면도기의 칼날의 진동, 초음파 세척기 등의 유용한 진동의 예이다. 반면에 강한 바람 또는 지진에 의한 건물의 진동, 험한 노면에 의해 발생되는 차량의 진동 등은 피해야 할 진동의 예이다.

좋은 진동과 나쁜 진동이라는 용어가 비공학적인 의미로 대중에게 친숙하지만, 피해야 할 진동을 저감하고 또한 유용한 진동을 효과적으로 이용하기 위해서는 엔지니어들은 진동이라는 물리적인 현상을 수학적 및 물리적으로 이해, 설명하고 분석할 수 있어야 한다. 이 책에서는 진동하는 물체를 진동계로 모델링하고 수학적으로 분석하는 방법을 공부하는 동시에 진동 현상을 이용하는 진동계를 설계하는 방법과 진동에 대한 해석, 측정 및 제어 등을 통하여 진동으로부터 기계나 시스템을 보호하는 방법 등을 공부한다. 이론적으로는 뉴턴의 법칙과 같은 기본 원리를 이용하여 진동을 수학적으로 모델링하고 대수나 미분방정식의 결과를 이용하여 해석하는 것을 다루며 아울러 특별한 진동 응답을 갖도록 특정시스템을 설계하는 데 유용한 정보와 방법을 공부한다.

공학은 이미 얻어진 다양한 지식을 바탕으로 출발하며, 진동분야도 예외가 아니다. 특히 진동분야는 동역학, 시스템 동역학, 재료역학, 미분방적식, 행렬을 포함하는 선형대수학의 지식을 필요로 한다. 따라서 이 책에서는 앞에서 언급한 교과목에서 다룬 지식 및 방법을 그대로 활용하고자 한다. 진동해석은 진동계의 물리적 관찰과 수학의 결합에 바탕을 두고 있다.

진동현상을 물리적으로 설명하자면, 진동은 위치에너지(Potential Energy)와 운동에너지(Kinetic Energy) 간의 상호 연관 작용에 기인한다. 진동 시스템은 위치에너지를 저장했다가 질량 운동(진동) 형태의 운동에너지로 방출하는 구성요소를 이루어져야 하며, 그 질량의 운동에너지는 다시 위치에너지를 저장하는 요소로 이동된다.

예를 들어 위에서 설명되었던 단진자(Simple Pendulum)를 고려해 보자. 진자가 좌우로 흔들릴 때 진자의 운동은 시간의 함수가 되며, 조화함수인 사인함수를 이용하여 진자운동을 명확하게 기술할 수 있다. 더 흥미로운 것은 만일 진자의 자유물체도를 그리고 뉴턴의 법칙을 적용하여 운동방정식을 얻고 그 해를 구하면 해의 모양은 사인함수가 된다는 점이다. 또한 운동방정식은 진자의 운동주기를 예측할 수 있다. 이 예에서 동역학, 관찰, 수학 모두 동일하게 진자의 운동을 예측할 수 있는 모델을 제공함을 알 수 있다.

이와 같은 진자의 운동에 대한 해석은 이 책의 내용을 요약해서 설명하고 있다. 이 책에서는 좀 더 복잡한 진동계의 운동방정식을 얻기 위해 정역학, 동역학, 재료역학과 더불어 시스템 동역학을 활용하는 모델링 기술을 체계적으로 제안하고 있다. 그리고 진동계를 구성하는 기계요소 및 구조물이 어떻게 진동하는지를 예측하기 위해 운동방정식을 풀이하는 미분방정식 기법을 사용 한다. 일정 질량에 대해 뉴턴의 제2법칙을 적용하면 물체의 질량에 가속도를 곱한 결과는 물체에 작용하는 합력과 동일하다. 따라서 운동방정식은 항상 시간에 대한 2차 미분항을 포함하고 있으며 이 운동방정식을 풀기 위해 2개의 적분상수가 필요하다. 이 상수들을 구하기 위해서는 초기위치, 초기속도가 반드시 지정되어야 한다. 위의 단진자 예에서 복원력(Restoring Force)은 중력이며 진자는 중력으로 인한 위치에너지를 저장할 수 있는 기능을 갖고 있다. 그러나 대부분의 구조물 및 기계요소에서 복원력은 탄성력이다. 이 때문에 구조물 및 기계의 진동을 공부할 때 재료역학 지식이 필요하게 된다.

기계나 구조물을 모델링할 때 가능한 한 단순한 모델로 시작하는 것이 이상적이다. 가장 간단한 진동계는 하나의 좌표로 운동이 기술될 수 있는 1 자유도 진동 시스템이다. 1자유도 시스템에 뉴턴 역학을 적용하면 한 개의 좌표를 갖는 스칼라 방정식을 얻게 된다. 진동 시스템에서 자유도란 진동 시스템 질량의 위치를 매순간 기술하는 데 필요한 좌표의 최소 수를 의미한다. 위에 설명된 진자의 경우 질량이 강체이고 진자의 끝점을 중심으로 공간 회전운동을 할 수 있다고 가정하면, 이 진자 시스템은 새로운 자유도를 갖게 된다. 따라서 공간상에서 위치를 결정하기 위해 필요한 좌표의 수는 두 개가 되고, 진자 시스템은 2자유도 진동 시스템이 된다. 그리고 만일 진자를 연결하고 있는 케이블이 질량을 가진 유연 케이블이라면 유연체의 각 질량의 운동이 기술되어야 하므로 무한개의 자유도를 갖는 진동 시스템이 된다.

자유도 다음으로 진동 문제를 분류하는 방법은 진동 시스템 입력의 특성을 활용하는 것이다. 위의 진자의 예에서 진자에 초기 각도를 가한 상태에서 놓아주면 진자는 진동을 하게 된다. 이와 같은 형태로 야기된 진동을 자유진동이라고 한다. 자유진동응답은 운동과정에 진동 시스템에 작용하는 힘이나 모멘트 없이 초기조건, 즉 초기변위나 초기속도에 의해 야기되는 진동을 뜻한다. 반면에 운동하는 과정에 지속적인 외력이 작용하는 진동을 강제진동이라고 한다.

기계적인 물체의 흔들림을 이르는 진동을 해당 물체를 평형 위치로 되돌리려는 힘(복원력: Restoring Force)이나 모멘트(복원모멘트: Restoring Moment)에 의해 야기된다. 위의 진자의 경우에는 진자에 작용하는 중력이 복원력의 역할을 하게 된다. 진동계에는 이와 같은 복원력이나 복원모멘트 외에도 운동을 방해하는 마찰력이나 감쇠력도 작용하며 이들의 상호작용에 의해 진동이 나타나게 된다.

진동이라는 현상은 물리적으로 흔들림(Oscillation)으로 설명할 수 있지만 모든 흔들림을 진동이라 하지는 않는다. 흔들림 현상은 일상생활에서 굉장히 많이 관찰된다. 예를 들어 전기회로 내에서는 전압이나 전류가 흔들리지만 이러한 현상을 진동이라고 하지는 않는다. 또한 대기압도 다양한 원인에 의해 흔들리지만 이런 현상을 진동이라 하진 않으며 귀로 느낄 수 있는 이러한 흔들림을 소리(Sound)라고 하며 이러한 현상을 연구하는 학문을 음향학이라고 한다.

1.3 진동의 용어와 정의

1.3.1 진동의 속도 관련 용어 및 단위

진동의 빠르기, 즉 속도는 다양한 방법으로 표현된다. 그 중의 하나는 진동 중 평형 위치에서 시작해서 한 사이클의 진동을 수행하고 원래의 위치로 돌아오는데 걸리는 시간으로 속도를 나타내는 방법으로 이를 주기(Period: T)라고 한다. 따라서 주기가 감소할수록 진동의 속도가 증가하게 되고 단위는 시간의 단위로 일반적으로 초(Second)가 사용된다. 다음으로 단위 시간에 일어나는 진동의 회수로 속도를 표시하는 방법이 있으며 일반적으로 초당 일어나는 진동의 사이클 수를 주파수(Frequency: f)라고 하며 단위는 헤르쯔(Hz)를 사용한다. 정의에서 알 수 있는 바와 같이 주기와 주파수는 서로 역수의 관계($f = 1/T$)를 가진다. 다음으로 진동 운동을 원운동을 하는 물체를 투사한 운동으로 가정하고 원운동의 각속도를 이용하여 진동의 속도를 나타내는 방법이 있다. 일반적으로 단위 시간 당 회전하는 각을 래디언으로 표시한 것을 각진동수(Angular Frequency: ω)라 하고 단위 rad/s를 사용한다.

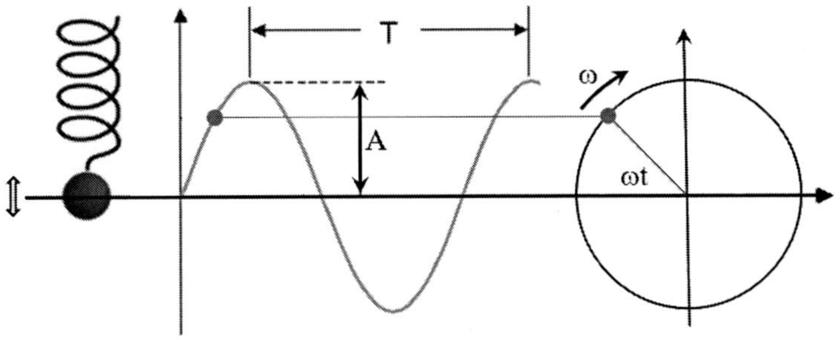

그림 1.2 | 단순 조화 운동

표 1.1 | 진동의 속도를 나타내는 물리량

물리량	기호	단위	상호 관계식
주기 (Period)	T	초 (Second)	$T=\frac{2\pi}{\omega}$
주파수 (Frequency)	f	헤르쯔 (Hz / CPS)	$f=\frac{1}{T}=\frac{\omega}{2\pi}$
각주파수 (Angular Frequency)	ω	rad/sec	$\omega=\frac{2\pi}{T}$ $\omega=2\pi f$

1.3.2 진동의 크기 관련 용어 및 단위

다음 그림에서 알 수 있는 바와 같이 일반적으로 공간상에서의 진동의 크기는 평형위치에서 최대 변위점 사이의 거리를 이용해서 나타낼 수 있으며 이를 진동의 진폭(Amplitude)라고 하며 단위는 거리의 단위인 미터(m), 밀리미터(mm) 등을 사용한다. 경우에 따라서는 진폭을 진동의 최저점에서 최고점까지의 거리를 이용하여 크기를 표시하는 경우도 있으며 이를 Peak to Peak 진폭이라고 한다.

경우에 따라서는 진동 공간적 크기를 설명하는 또 다른 양으로 다음 식으로 정의되는 평균값(Average Value: $\overline{x}$)을 이용기도 한다.

$$\overline{x} = \lim_{T\to\infty}\frac{1}{T}\int_0^T x(t)dt \tag{1.3-1}$$

그러나 진동의 형태가 $x(t)=A\sin(w_n t)$로 주어지는 단순 조화운동인 경우, 위 식과 같이 평균값을 이용하여 크기를 나타내면 진동의 한 주기 동안의 평균값은 '0'이 되어 실제의 진동의 크기를 표현하지 못하는 문제점이 있다.

이와 같은 문제점을 회피하기 위한 다른 방법으로 진동의 크기를 다음 식과 같이 한 주기 내의 변위에 대한 제곱 평균값(Mean Square: MS)으로 나타내는 경우도 있으며 이 값을 MS 진폭이라고 한다. 변위 $x(t)$의 제곱평균값은 다음 식으로 구할 수 있다.

$$\overline{x^2} = \lim_{T\to\infty}\frac{1}{T}\int_0^T x^2(t)dt \tag{1.3-2}$$

변위의 제곱은 시스템의 위치에너지와 연관이 되기 때문에 변위제곱의 평균은 종종 유용한 진동 크기 값이 된다. 이 값의 제곱근을 평균제곱근(Root Mean Square: rms)값이라 하며, 변위의 제곱이 아닌 변위의 차원이므로 진동의 크기를 표시하는 데 널리 사용 된다. 참고로 RMS 진폭에 대한 Peak의 비를 파고율(Crest Factor)라고 한다.

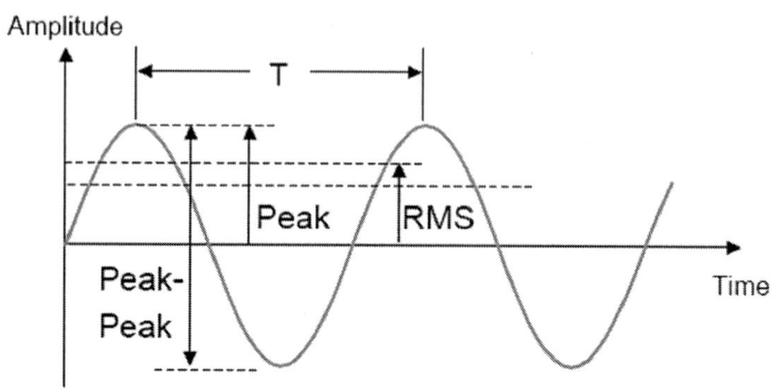

그림 1.3 | 진동의 크기 표시

속도와 가속도의 Peak 값은 고유진동수와 변위 Peak 값의 곱이기 때문에, 이러한 세 개의 기본량 사이에는 크기에 있어서 종종 한두 차수 또는 그 이상의 차이가 발생한다.

경우에 따라서는 광범위한 영역에서 진폭을 표현하기 위하여 진폭을 대수주파수에 따라 폭이 아주 큰 진동의 크기를 알기 쉽게 표시하기 위하여 대수값으로 진동의 크기를 표현하는 방법 따라서 종종 대수척도(Logarithmic Scale)를 사용하게 된다. 일반적으로 진동의 진폭과 rms 값을 측정하는 단위는 데시벨(dB)이다. 데시벨은 원래 10을 밑으로 사용하는 상용로그 함수에 대해 두 신호진폭의 제곱비로 정의 된다.

$$dB = 10\log_{10}\left(\frac{x_1}{x_0}\right)^2 = 20\log_{10}\frac{x_1}{x_0} \tag{1.3-3}$$

여기서 신호 x_0는 기준신호이다. 데시벨은 측정신호 x_1이 기분신호 x_0에 대해 얼마나 큰가를 나타내는 한 방법이다. 만일 측정신호가 기준신호와 동일한 크기이면 데시벨은 0dB이 된다. 데시벨은 소리의 크기를 나타내는 음향학에서 주로 사용된다. 그래프로 표현될 때 dB척도를 사용함으로써 진동응답의 정보를 편의에 따라 확장 혹은 축소시키게 된다.

보통 기계장치의 진동에서 관심이 되는 주파수는 몇 분의 1Hz부터 수천Hz(기계진동 시스템의 경우) 범위에 있다. 진동의 진폭은 측정하기 어려울 정도의 마이크로미터로부터 빌딩의 경우와 같이 수 미터까지의 범위에 있다.

1.4 진동의 물리량 및 단위

진동을 이론적으로 표시하기 위하여 다양한 물리량들이 사용되며 각 물리량에는 적절한 단위가 있다. 이 절에서는 이들 물리량과 관련된 단위를 소개한다. 일반적으로 공학이나 물리학에서 사용되는 물리량은 그 특성에 따라 기본 물리량과 이들에서 유도되는 유도물리량으로 크게 나뉜다. 또한 물리량들은 그 특성에 따라 크기만을 가진 스칼라(Scalar)량과 크기와 방향을 같이 가지는 벡터(Vector)량으로 나뉜다.

1.4.1 기본 물리량

기본 물리량 중 공간상에서 두 점 사이의 거리는 방향이 없이 크기만으로 표시되며 일반적으로 미터(Meter: m)를 단위로 나타낸다. 또한 시간 경과에 따라 발생한 위치의 변화를 변위(Displacement)라고 하며 이는 크기와 함께 방향을 같이 포함하는 벡터량이며 거리와 같은 단위를 이용하여 나타낸다. 다음으로 물체에 힘이 작용했을 때 가속도를 발생시키지 않으려 하는 관성을 나타내는 질량은 킬로그램(Kilogram: kg)을 단위로 나타낸다. 또 하나 기본 물리량인 시간은 초(Second: s)를 이용하여 표시한다. 질량과 시간은 모두 크기만을 가진 스칼라량이다.

1.4.2 유도 물리량

운동하고 있는 물체에 대한 위치벡터의 변동을 변위(Displacement)라고 하며, 해당 물체의 단위 시간당 변위를 속도(Velocity)라고 한다. 단위는 변위의 단위인 m를 시간의 단위인 s로 나눈 m/s의 단위를 사용한다. 또한, 단위 시간 당 속도의 변화량을 가속도라고 하며 단위는 일반적으로 m/s^2을 사용한다. 변위가 벡터량이므로 속도와 가속도 모두 벡터량이 된다. 지구의 중력에 의해 지구상의 물체에 발생되는 가속도를 중력가속도라고 하며 그 방향은 지구 중심을 향하는 방향이고 그 크기는 약 $9.81m/s^2$ 이다. 질량을 가진 물체에 작용하는 중력에 의한 힘을 무게 또는 중량이라고 하며 $1kg$ 의 질량에 작용하는 중력의 크기를 $1kgf$ 라고 한다. 힘이란 질량을 각진 물체에 작용해서 가속도를 발생시키는 물리량으로 단위는 일반적으로 뉴튼(Newton: N)을 사용하며 $1N$ 은 $1kg$ 의 질량의 물체에 $1m/s^2$ 의 가속도를 발생시키는 힘이다. 관성을 가진 물체를 회전시키려고 하는 물리량을 모멘트(Moment) 또는 토크(Torque)라고 한다. 단위는 일반적으로 힘과 거리의 곱인 Nm 를 이용하여 표시하며 방향을 가진 벡터량의 일종이다. 이 모멘트에 저항하는 관성에 해당하는 물리량을 질량관성모멘트라고 하며 단위는 kgm^2 을 사용한다. 진동학에서 사용되는 물리량과 그 단위를 다음 표에 설명하였다.

표 1.2 | 진동에서 사용되는 물리량 및 단위

구분	물리량	단위
기본물리량	시간(Time)	초 (s)
	길이(Length)	미터 (m)
	질량(Mass)	킬로그램 (kg)
	각(Angle)	도 (˚) / 래디언 (rad)
유도물리량	밀도(Mass Density)	kg/m^3
	에너지(Energy)	J
	힘 (Force)	N
	토크(Torque) / 모멘트(Moment)	N · m
	속도(Velocity)	m/s
	가속도(Acceleration)	m/s^2
	각속도(Angular Velocity)	rad/s
	각가속도(Angular Acceleration)	rad/s^2
	스프링 상수(Spring Stiffness)	N/m
	비틀림 스프링 상수(Torsional Stiffness)	N · m/rad
	감쇠계수(Damping Coefficient)	N · s/m
	운동량(Linear Momentum)	kg · m/s
	각운동량(Angular Momentum)	kg · m^2 · rad/s
	충격량(Linear Impulse)	N · s
	각충격량(Angular Impulse)	kg · m^2 · rad/s

여기서 유도할 모델링과 해석기법은 모두 특정한 단위계에 의존하지는 않는다. 그러나, 얻어진 모델에 근거하여 정량적인 기술을 하기 위해서는 단위들이 채용되어야 한다. 이 책에서는 국제 미터 단위계(SI)의 단위계만을 사용한다. 이 책에서는 사용하지 않지만 영어권 국가의 상업 및 산업계에서는 널리 사용되어 온 FPS 단위계가 있으며 이 단위계는 미국 상

용 단위계 또는 영국 공학단위계로도 알려져 있다. 이 책에서는 기본적으로 표 1.2에 설명된 SI 단위계를 이용하고 FPS 단위계는 특별히 필요한 경우에 사용하며 이런 경우 다음 표 1.3에 주어진 환산표를 이용하여 환산하여 사용한다.

표 1.3 | SI 단위와 EPS 단위 사이의 환산표

기본량	FPS 단위	SI 단위
길이	1 ft	0.3048 m
각도	1 deg.	0.01745rad
질량	1 lb · sec^2/ft (slug)	14.59 kg
시간	1 sec	1 *s*
넓이	1 ft^2 (1 in^2)	0.0929 m^2 (6.452×10^{-4} m^2)
부피	1 ft^3	0.02832 m^3
속력, 속도	1 ft/sec	0.3048 m/s
가속도	1 ft/sec^2	0.3048 m/s^2
중력가속도	32.2 ft/sec^2	9.81 m/s^2
밀도, 질량밀도	1 slug/ft^3	515.38 kg/m^3
주파수	1 Hz	1 Hz
힘	1 lb_f	4.448 N
토크 모멘트	1 lb_f · in	0.113 N · m
압력	1 lb_f/ft^2	47.88 Pa (N/m^2)
에너지, 일	1 in · lb_f	0.113 J (N · m)
일률	1 in · lb_f/sec	0.113 W
각속도	rad/s	rad/s
각가속도	1 rad/s^2	1 rad/s^2
스프링 상수	1 lb_f/in	175.1N/m
비틀림 스프링 상수	1 lb_f · in/rad	0.113 N · m/rad
감쇠계수	1 lb_f · sec/in	175.1N · s/m
질량관성모멘트	1 lb_f · in · sec^2	0.1129 kg/m^2
탄성계수	1 lb_f/in^2	6.895×10^3 N/m^2
강철의 탄성계수	29×10^6 lb_f/in^2	200×10^9 N/m^2

연습문제

1.2절 진동의 정의와 개념

1.1 좋은 진동과 나쁜 진동의 두 가지 예를 각각 제시하라.

1.2 진동계에서 세 가지 기본 요소는 무엇인가?

1.2절 진동의 용어와 정의

1.3 진동의 속도를 나타내는 진동수, 주기, 각진동수를 비교하여 설명하여라.

1.4 진동의 크기를 나타내는 두 가지 방법인 피크 값과 rms 값을 비교하여 설명하여라.

1.5 진동 가속도를 데시벨로 표시할 때 기준 값은 $1\times10^{-9}\,m/s^2$ 이라고 한다. 측정된 가속도의 크기 $1\,m/s^2$ 를 데시벨로 표시하여라.

1.4절 진동의 물리량 및 단위

1.6 병진 시스템과 회전 시스템에서 사용되는 물리량을 비교하여 설명하여라.

CHAPTER 2

수학적 배경

2.1 서론

이 장에서는 진동계의 거동을 수학적으로 설명하는데 필요한 여러 수학적인 배경들을 소개한다. 여기 소개된 다양한 수학적인 배경을 이용하여 진동계의 거동을 묘사하는 수학적인 식을 유도하고 유도된 식들에 대한 해를 구한다.

진동계의 운동방정식을 유도하면 계의 특성에 따라 여러 형태의 미분방정식으로 나타난다. 따라서 계의 거동을 이론적으로 묘사하기 위해서는 이들 미분방정식에 대한 해를 구하는 방법이 필요하다. 2.2절에서는 다양한 형태의 미분방정식의 해를 구하는 직접적인 방법과 더불어 라플라스 변환을 이용하는 우회적인 방법을 소개한다.

진동계의 운동에 대한 수학적인 식을 유도하고 해를 구하는데 복소수 및 복소함수가 효과적으로 사용된다. 2.3절에서는 진동계의 운동방정식을 유도하고 해를 구하는 과정에서 복소수와 복소함수가 어떻게 이용되는지를 소개한다.

진동계의 자유도가 2 이상인 경우에는 자유도에 해당하는 수의 운동방정식이 유도되고 이들에 대한 해를 구하는 과정은 행렬을 이용하여 비교적 용이하게 수행될 수 있다 2.4절에서는 행렬에 대한 기본적인 개념과 용어를 설명하는 동시에 진동계를 모델링하고 해를 구하는 과정에서 행렬이 어떻게 사용되는지를 설명한다.

실제 진동계에는 다양한 형태의 입력이 가해지며 이러한 다양한 입력에 대한 계의 응답을 직접 구하는 것은 수학적으로 아주 어려운 문제이다. 이러한 어려움을 피할 수 있는 하나의 방법이 퓨리에 급수이다. 2.5절에서는 다양한 형태의 입력을 퓨리에 급수를 이용하여 조화함수의 합으로 구하고 각각의 조화함수에 대한 응답을 중첩하여 주어진 입력에 대한 응답을 근사적으로 구하는 우회적인 과정을 소개한다.

학습목표 |

- 진동계를 수학적으로 모델링할 수 있는 수학적인 능력을 배양한다.
- 다양한 형태의 미분방정식의 해를 구하는 과정을 학습한다.
- 복소수 및 복소함수의 개념을 익히고 진동계의 묘사 및 풀이 과정에서의 활용 방법을 익힌다.
- 다자유도 진동계의 해석에 사용되는 행렬의 기본 개념과 응용 방법을 학습한다.
- 일반적인 주기함수를 조화함수의 합으로 표현하는 퓨리에 급수 전개 방법을 익히고 진동계 해석에 적용하는 과정을 익힌다.

2.2 미분방정식과 라플라스 변환

2.2.1 미분방정식

일반적으로 이 책에서 대상으로 하는 선형 시불변 진동 시스템을 수학적으로 모델링하면 상수를 계수로 가지는 2차 상미분 방정식이 유도된다. 따라서 진동 시스템의 거동을 해석하기 위해서는 이렇게 유도된 미분방정식을 풀 수 있는 방법이 필요하다. 이 절에서는 미분방정식을 푸는 직접적인 방법과 더불어 라플라스 변환을 이용하여 우회적으로 푸는 방법을 공부한다.

1) 상수계수제차선형미분방정식

다음과 같이 a_0, a_1, a_2를 상수 계수로 가진 2차 제차 선형 미분방정식을 고려해보자

$$a_2\ddot{y}(t)+a_1\dot{y}(t)+a_0y(t)=0 \tag{2.2-1}$$

이러한 미분방정식의 해를 구하는 표준적인 풀이 과정이 있다. 식에서 알 수 있는 바와 같이 미분방정식 (2.2-1)은 $\ddot{y}$, $\dot{y}$, y에 상수를 곱하여 더하면 0이 되는 시간의 함수 $y(t)$를 찾는 것이다. 따라서, 함수 $y(t)$는 시간에 대해서 미분해도 그 형태에 변화가 없어야 하며 이와 같은 특성을 가진 함수가 지수함수이므로 주어진 미분방정식에 대한 해의 형태를 지수함수로 가정할 수 있다. 지수함수 $y(t)=e^{\lambda t}$의 도함수는 $e^{\lambda t}$의 상수 곱이므로 해의 형태를 $y(t)=e^{\lambda t}$로 가정하고 이를 주어진 방정식에 (2.2-1)에 대입하면 다음 식을 얻는다.

$$a_2\lambda^2e^{\lambda t}+a_1\lambda e^{\lambda t}+a_0e^{\lambda t}=0 \tag{2.2-2}$$

지수함수의 특성 상 $e^{\lambda t} \neq 0$이므로 이 식이 항상 성립하기 위해서는 다음의 관계를 만족해야 한다.

$$a_2\lambda^2 + a_1\lambda + a_0 = 0 \qquad (2.2\text{-}3)$$

위와 같은 λ에 관한 방정식을 식 (2.2-1)의 특성방정식(Characteristic Equation)이라고 하며, 이 방정식의 근은 다음과 같이 정의된다.

$$\lambda_{1,2} = \frac{-a_1 \pm \sqrt{a_1^2 - 4a_2a_0}}{2a_2} \qquad (2.2\text{-}4)$$

주어진 미분방정식 (2.2-1)의 해는 $\lambda_{1,2}$에 따라 다음의 세 경우로 나뉜다.

① $a_1^2 - 4a_2a_0 > 0$ 인 경우

이 경우는 특성방정식이 다음과 같은 두 개의 서로 다른 실근을 갖는다.

$$\lambda_1 = \frac{-a_1 + \sqrt{a_1^2 - 4a_2a_0}}{2a_2} \quad \lambda_2 = \frac{-a_1 - \sqrt{a_1^2 - 4a_2a_0}}{2a_2} \qquad (2.2\text{-}5)$$

따라서, $y_1(t) = e^{\lambda_1 t}$와 $y_2(t) = e^{\lambda_2 t}$는 각각 미분방정식 (2.2-1)의 서로 독립인 해가 된다. 결과적으로, 일반해는 $y(t)$는 다음과 같이 두 해의 선형 합으로 나타난다.

$$y(t) = c_1e^{\lambda_1 t} + c_2e^{\lambda_2 t} \qquad (2.2\text{-}6)$$

예제 2.1 — 제차 미분방정식 $\ddot{y} - \dot{y} - 2y = 0$의 해를 구하여라.

풀이 주어진 미분방정식의 특성방정식을 구하면 다음과 같다.

$$\lambda^2 - \lambda - 2 = 0$$

위의 특성방정식의 두 근은 $\lambda_1 = -1$, $\lambda_2 = 2$이다. 따라서 주어진 미분방정식의 일반해는 다음과 같다.

$$y(t) = c_1e^{2t} + c_2te^{2t}$$

② $a_1^2 - 4a_2a_0 = 0$ 인 경우

이 경우 특성방정식은 중근 $\lambda = -a_1/2a_2$ 를 가지므로 $y_1(t) = e^{-(a_1/2a_2)t}$ 은 첫 번째 해이다. 이 방법은 두 번째 해를 제공하지 못하기 때문에 미분하여 계수를 낮추는 성질을 이용한다. 그래서 $y_2(t) = u(t)e^{-(a_1/2a_2)t}$ 로 가정하고 원래 미분방정식 (2.2-1)에 대입하면 $\ddot{u}(t) = 0$ 관계식을 얻는다. 따라서, $u(t) = t$ 로 가정할 수 있고 y_1과 일차독립인 두 번째 해는 다음 식과 같이 주어진다.

$$y_2(t) = te^{-(a_1/2a_2)t} \tag{2.2-7}$$

따라서 원래 미분방정식의 일반해는 다음과 같이 구해진다.

$$y(t) = c_1 e^{-(a_1/2a_2)t} + c_2 t e^{-(a_1/2a_2)t} \tag{2.2-8}$$

예제 2.2 — $\ddot{y} - 4\dot{y} - 4y = 0$의 해를 구하여라.

풀이 주어진 미분방정식의 특성방정식을 구하면 다음과 같다.

$$\lambda^2 - 4\lambda - 4 = 0$$

위의 특성방정식은 2중근 $\lambda = 2$를 갖는다. 따라서 주어진 미분방정식의 일반해는 다음과 같다.

$$y(t) = c_1 e^{2t} + c_2 t e^{2t}$$

③ $a_1^2 - 4a_2a_0 < 0$ 인 경우

이 경우 특성방정식은 다음과 같은 복소수 근을 갖는다.

$$\lambda_{1,2} = \frac{-a_1 \pm \sqrt{4a_2a_0 - a_1^2}\, i}{2a_2} \tag{2.2-9}$$

이때 실수부와 허수부를 p, q라 하면 이들은 각각 다음과 같이 정의된다.

$$p = \frac{-a_1}{2a_2} \quad q = \frac{\sqrt{4a_2a_0 - a_1^2}}{2a_2} \tag{2.2-10}$$

따라서 주어진 방정식은 다음과 같이 두 개의 서로 독립인 해를 가지게 된다.

$$y_1(t) = e^{(p+iq)t},\ y_2(t) = e^{(p-iq)t} \tag{2.2-11}$$

그러므로 일반해는 다음과 같다.

$$y(t) = c_1 e^{(p+iq)t} + c_2 e^{(p-iq)t} \tag{2.2-12}$$

이 해에서 오일러 공식 $e^{i\theta} = \cos\theta + i\sin\theta$를 이용하여 $e^{(p+iq)t}$, $e^{(p-iq)t}$ 는 다음과 같이 다시 쓸 수 있다.

$$e^{(p \pm iq)t} = e^{pt} e^{\pm iqt} = e^{pt}(\cos qt \pm i\sin qt) \tag{2.2-13}$$

그러므로 주어진 미분방정식의 일반해는 다음과 같다.

$$\begin{aligned} y(t) &= c_1 e^{pt}(\cos qt + is_1 \sin qt) + c_2 e^{pt}(\cos qt - i\sin qt) \\ &= (c_1 + c_2)e^{pt}\cos qt + (c_1 - c_2)ie^{pt}\sin qt \end{aligned} \tag{2.2-14}$$

이 식에서 $c_1 = c_2 = 1/2$ 이면 $y_3(t) = e^{pt}\cos qt$, $c_1 = 1/2i$, $c_2 = -1/2i$이면 $y_4(t) = e^{pt}\sin qt$를 구할 수 있으며 이를 기본해로 이용하여 원래 미분방정식의 일반해를 구하면 다음과 같다.

$$y(t) = e^{pt}(c_1 \cos qt + c_2 \sin qt) \tag{2.2-15}$$

예제 2.3 — $\ddot{y} + 2\dot{y} + 6y = 0$ 의 해를 구하여라.

풀이 위 미분방정식의 특성방정식을 구하면 다음과 같다.

$$\lambda^2 + 2\lambda + 6 = 0$$

위의 특성방정식은 근 $\lambda = -1 \pm \sqrt{5}\,i$를 갖는다. 따라서 이 경우 $p = -1$, $q = \sqrt{5}$ 로 얻어지고 주어진 미분방정식의 일반해는 다음과 같다.

$$y(t) = e^{-t}(c_1 \cos\sqrt{5}\,t + c_2 \sin\sqrt{5}\,t)$$

또한 위와 같은 미분방정식에 초기 값이 주어진 경우 우선 미분방정식의 일반해를 구하고 주어진 초기조건을 만족하는 상수 값을 구함으로써 문제를 풀 수 있다.

2) 상수계수 비제차선형미분방정식

비제차 미분방정식 $a_2\ddot{y}(t) + a_1\dot{y}(t) + a_0 y(t) = f(t)$ 의 일반해는 상수 계수 제차 선형 미분방정식 $a_2\ddot{y}(t) + a_1\dot{y}(t) + a_0 y(t) = 0$의 일반해가 y_h일 때 이 방정식의 특수해 y_p를

포함하여$y = y_h + y_p$로 표현된다. 이 해에서 특수해 y_p는 일반적으로 미정계수법 또는 매개변수변화법 등 두 가지 방법에 의거 구해진다.

① 미정계수법

비제차 미분방정식 $a_2\ddot{y}(t) + a_1\dot{y}(t) + a_0 y(t) = f(t)$의 특수해의 형태는 $f(t)$의 형태에 따라 결정된다. 예를 들어 $f(t)$가 t에 대한 다항식이라고 가정하면 다항식의 도함수도 다항식으로 나타나므로 y_p는 다항식으로 가정할 수 있다. 따라서 y_p를 정해지지 않은 계수를 가진 다항식으로 가정하고 이를 해당 미분방정식에 대입하여 $a_2\ddot{y}(t) + a_1\dot{y}(t) + a_0 y(t)$가 $f(t)$와 같아지도록 미정계수를 정해준다. 다른 예로 $f(t) = e^{-t}$인 경우 도함수들이 e^{-t} 가되는 함수인 Ce^{-t}의 형태로 y_p를 가정한 다음 주어진 미분방정식에 대입하여 미정계수 C를 정해준다. 만약 이 방법에서 가정한 y_p가 $a_2\ddot{y}(t) + a_1\dot{y}(t) + a_0 y(t) = 0$의 해 y_h와 겹치는 경우에는 가정된 y_p에 겹치지 않을 때까지 t를 곱한 형태로 가정해야 한다. 앞에서 알 수 있는 바와 같이 $a_2\ddot{y}(t) + a_1\dot{y}(t) + a_0 y(t) = f(t)$의 해를 미정계수법을 이용하여 구할 때에는 우선 대응하는 제차방정식 $a_2\ddot{y}(t) + a_1\dot{y}(t) + a_0 y(t) = 0$의 해를 먼저 구해야 한다. 이는 일반해에 포함되는 제차해 y_h를 구하기 위해서도 필요하지만 가정한 y_p에 t를 곱해야 하는지를 판단하기 위해서도 필요하다. 주어진 $f(t)$에 대해 가정해야 할 y_p가 다음 표에 정리되어 있다.

표 2.1 | 비제차항 및 가정 특수해

함수이름	$f(t)$	변환함수 $F(s)$
다항식	$P(t)$	$Q(t)$
지수함수	c_1e^{at}	c_2e^{at}
지수가중 다항식	$P(t)e^{at}$	$Q(t)e^{at}$
삼각함수	$a\sin\omega t$ or $b\cos\omega t$	$c\sin\omega t + d\cos\omega t$
	$P(t)\sin\omega t$ or $P(t)\cos\omega t$	$Q(t)\sin\omega t + R(t)\cos\omega t$
지수가중 삼각함수	$P(t)e^{at}\sin\omega t$ or $P(t)e^{at}\cos\omega t$	$Q(t)e^{at}\sin\omega t + R(t)e^{at}\cos\omega t$

예제 2.4 — $\ddot{y}(t) + 9y(t) = \sin 3t$ **의 일반해를 구하여라.**

풀이 우선 제차방정식 $\ddot{y}(t) + 9y(t) = 0$의 해를 구하기 위하여 특성방정식과 그 해를 구하면 다음과 같다.

$$\lambda^2 + 9 = 0 \Rightarrow \lambda = \pm 3i$$

따라서, 재차해는 다음과 같이 구해진다.

$$y_h(t) = c_1 \sin 3t + c_2 \cos 3t$$

원 식에서 $f(t) = \sin 3t$로 주어졌으므로 위의 표에 따라 y_p는 다음과 같이 가정되어야 한다.

$$y_p(t) = d_1 \sin 3t + d_2 \cos 3t$$

그러나 가정된 특수해가 제차해와 동일한 형태이므로 y_p는 다음과 같이 t를 곱하여 가정되어야 한다.

$$y_p(t) = d_1 t \sin 3t + d_2 t \cos 3t$$

따라서 $y_p(t)$를 시간에 대해 두 번 미분하면 다음과 같다.

$$\ddot{y}_p(t) = 6d_1 \cos 3t - 9d_1 t \sin 3t - 6d_2 \sin 3t - 9d_2 t \cos 3t$$

이를 원식에 대입하면 $d_1 = 0$, $d_2 = -1/6$이 된다. 결국 주어진 방정식의 특수해와 일반해는 다음과 같이 얻어진다.

$$y_p(t) = -\frac{1}{6} t \cos 3t, \ y(t) = c_1 \sin 3t + c_2 \cos 3t - \frac{1}{6} t \cos 3t$$

② 매개변수변화법

제차 미분방정식의 해 y_1과 y_2로 구성되는 기본해집합을 구할 수 있다고 가정해 보자. 그러면 이 제차 미분방정식의 일반해는 $y_h(t) = c_1 y_1 + c_2 y_2$ 이다. 이때 매개변수변화법은 비제차 미분방정식의 특수해를 y_h의 상수 c_1과 c_2를 t의 함수로 대치함으로써 이루어진다. 따라서 미분방정식 $\ddot{y}(t) + a_1 \dot{y}(t) + a_0 y(t) = f(t)$의 특수해 y_p를 $y_p(t) = u y_1 + v y_2$ 라하고 $u(t)$ 와 $v(t)$ 를 구한다. $u(t)$ 와 $v(t)$ 를 구하는 방법은 다음과 같다. 먼저 $y_p(t)$를 미분하면 다음과 같다.

$$\dot{y}_p = u \dot{y}_1 + v \dot{y}_2 + \dot{u} y_1 + \dot{v} y_2 \tag{2.2-16}$$

이것을 단순화하기 위해 다음과 같은 조건을 $u(t)$ 와 $v(t)$ 에 부과한다.

$$\dot{u} y_1 + \dot{v} y_2 = 0 \tag{2.2-17}$$

따라서 $\dot{y}_p(t)$는 다음과 같이 간단하게 표현된다.

$$\dot{y}_p = u \dot{y}_1 + v \dot{y}_2 \tag{2.2-18}$$

이다. 그리고 이 식을 다시 미분하여 다음을 얻는다.

$$\ddot{y}_p = \dot{u}\dot{y}_1 + \dot{v}\dot{y}_2 + u\ddot{y}_1 + v\ddot{y}_2 \tag{2.2-19}$$

이제 $\dot{y}_p(t)$와 $\ddot{y}_p(t)$를 위의 미분방정식에 대입하면 다음과 같은 식을 얻는다.

$$\dot{u}\dot{y}_1 + \dot{v}\dot{y}_2 + u\ddot{y}_1 + v\ddot{y}_2 + a_1(u\dot{y}_1 + v\dot{y}_2) + a_0(uy_1 + vy_2) = f(t) \tag{2.2-20}$$

이 방정식의 각 항들을 다시 정리하면 다음과 같은 식을 얻는다.

$$u[\ddot{y}_1 + a_1\dot{y}_1 + a_0y_1] + v[\ddot{y}_2 + a_1\dot{y}_2 + a_0y_2] + \dot{u}\dot{y}_1 + \dot{v}\dot{y}_2 = f(t) \tag{2.2-21}$$

y_1과 y_2가 제차 미분방정식의 해이므로 괄호 안에 있는 두 식은 '0'이 되어 위 식은 다음과 같이 간단히 정리된다.

$$\dot{u}\dot{y}_1 + \dot{v}\dot{y}_2 = f(t) \tag{2.2-22}$$

$\dot{u}$과 $\dot{v}$에 대해 식 (2.2-17)과 (2.2-22)을 풀면 다음 식을 얻는다.

$$\dot{u}(t) = -\frac{y_2(t)f(t)}{W(x)},\ \dot{v}(t) = -\frac{y_1(t)f(t)}{W(x)} \tag{2.2-23}$$

여기서 $W(x)$는 y_1과 y_2의 Wronskian이고, $u(t)$와 $v(t)$를 결정하기 위해 위의 방정식 (2.2-23)들을 적분하면 $y_p(t)$를 구할 수 있다.

예제 2.5 —— $-\pi/4 < t < \pi/4$의 구간에서 $\ddot{y}(t) + 4y(t) = \sec t$의 일반해를 구하여라.

풀이 우선 제차방정시 $\ddot{y}(t) + 4y(t) = 0$의 해를 구하기 위하여 특성방정식을 구하면 다음과 같다.

$$\lambda^2 + 4 = 0 \Rightarrow \lambda = \pm 2i$$

따라서, 제차 해는 다음과 같다.

$$y_h(t) = c_1\sin 2t + c_2\cos 2t$$

따라서, $y_1(t) = \cos(2t)$, $y_2(t) = \sin(2t)$라 하면 제차 선형 미분방정식 해들의 Wornskian은 다음과 같다.

$$W(t) = \begin{vmatrix} \cos 2t & \sin 2t \\ -2\sin 2t & 2\cos 2t \end{vmatrix} = 2$$

$f(t) = \sec(t)$이므로 $\dot{u}$과 $\dot{v}$는 다음과 같이 구해진다.

$$\dot{u}(t) = -\frac{y_2(t)f(t)}{W(x)} = -\frac{1}{2}\sin(2t)\sec(t),\ \dot{v}(t) = -\frac{1}{2}2\sin(t)\cos(t)\frac{1}{\cos(t)} = -\sin(t)$$

$$\dot{v}(t) = -\frac{y_1(t)f(t)}{W(x)} = \frac{1}{2}\cos(2t)\sec(t) = \frac{1}{2}\left[2\cos^2(t)-1\right]\frac{1}{\cos t} = \cos t - \frac{1}{\sec t}$$

따라서, $u(t)$와 $v(t)$는 다음과 같다.

$$u(t) = \int -\sin(t)dt = \cos(t)$$

$$v(t) = \int \cos t - \frac{1}{\sec t}dt = \sin(t) - \frac{1}{2}ln|\sec(t)+\tan(t)|$$

그러므로 주어진 미분방정식의 특수해는 다음과 같다.

$$y_p(t) = \cos(t)\cos(2t) + \left\{\sin(t) - \frac{1}{2}ln|\sec(t)+\tan(t)|\right\}\sin(2t)$$

또한, 일반해는 다음과 같다

$$y(t) = c_1\cos(2t) + c_2\sin(2t) + \cos(t)\cos(2t) + \left\{\sin(t) - \frac{1}{2}ln|\sec(t)+\tan(t)|\right\}\sin(2t)$$

2.2.2 라플라스 변환

1) 라플라스 변환의 정의 및 성질

앞 절에서 알 수 있는 바와 같이 미분방정식을 직접 푸는 것은 여러 단계에 걸친 복잡한 과정이 필요하다. 이와 같은 어려움을 피할 수 있는 방법 중의 하나가 라플라스 변환을 이용하는 방법이다. 시간 영역에서 정의된 미분방정식에 라플라스 변환을 적용하면 복소수 영역에서 대수방정식을 얻을 수 있으며 이 대수방정식을 풀어 얻어진 변환해에 라플라스 역변환을 적용하면 원래 구하고자 했던 시간 영역에서의 해를 구할 수 있다. 이 기법은 주기적인 가진력이나 비주기적인 가진력을 막론하고 다양한 가진력에 대한 시스템의 응답을 계산할 때 유용하게 적용할 수 있다. 미분방정식을 풀 때, 특히 강제응답을 계산할 때 라플라스 변환표를 이용할 수 있으므로 라플라스 변환 방법을 유용하게 사용할 수 있다. 라플라스 변환표를 사용함으로써, 강제진동 문제의 해는 대수 계산과 표찾기(Table Look-up)를 이용하여 구할 수 있다. 또 라플라스 변환 방법은 특별한 이론적 장점이 있고 실험에서 진동 측정시 매우 유용한 식을 제공한다.

함수 $f(t)$의 라플라스 변환의 정의는 다음과 같다.

$$L[f(t)] = F(s) = \int_0^{\infty} f(t)e^{-st}dt \tag{2.2-24}$$

여기서 $f(t)$는 $t<0$일 때 $f(t)=0$이 되는 적분 가능한 함수이고 s는 복소변수이다. 따라서, 라플라스 변환은 함수의 영역을 양의 실직선(t)으로부터 복소평면(s)으로 바꾸어 준다.

예제 2.6 — **다음 함수 $y(t)$의 Laplace 변환을 구하여라.**

$$y(t) = M\ u_s(t) \quad M\text{: 상수}$$

여기에서, $u_s(t)$는 다음과 같이 정의되는 단위 계단 함수이다.

$$u_s(t) = \begin{cases} 0 & t < 0 \\ 1 & t \geq 0 \end{cases}$$

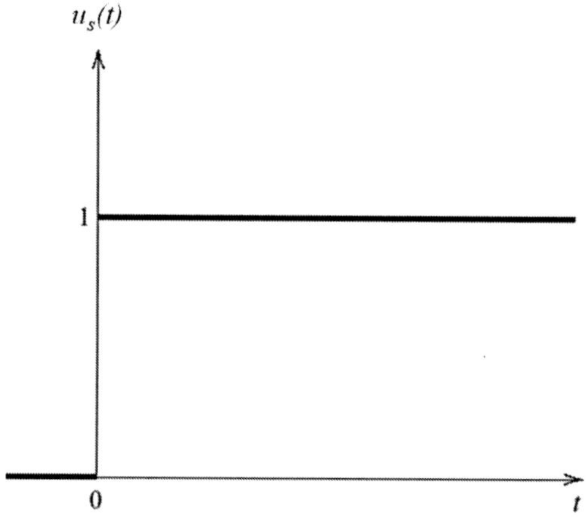

풀이 정의에 따라 적분변환을 수행하면

$$\mathcal{L}\,[y(t)] = \int_0^{\infty} M u_s(t) e^{-st} dt = M \int_0^{\infty} e^{-st} dt = -M \frac{e^{-st}}{s} \Big|_0^{\infty} = \frac{M}{s}$$

앞에서 설명한 바와 같이 라플라스 변환을 사용해서 미분방정식을 풀 때, 복소수 영역의 변환해를 시간 영역의 해로 변환해야 하며 이 과정에서 다음 식과 같이 정의되는 라플라스 역변환이 필요하다.

$$x(t) = \frac{1}{2\pi i} \int_{-\infty}^{\infty} X(s) e^{st} ds \tag{2.2-25}$$

이 식에서 $i = \sqrt{-1}$ 로 표시하면 역변환은 다음과 같다. 위 식 (2.2-24)와 (2.2-25)에 주어진 라플라스 변환 쌍의 정의로부터 라플라스 변환의 특성을 유도할 수 있으며 이러한 특성들은 표 2.2에 정리되어 있다.

그러나 미분방정식 풀이 과정에 이 두 변환을 직접 수행하는 경우는 거의 없고 실제로는 이미 제공되어 있는 변환표를 이용하는 경우가 대부분이며 이렇게 하면 복잡한 적분변환 없이 미분방정식의 해를 구할 수 있다. 이와 같은 변환표의 예가 다음에 주어져 있다.

표 2.2 | 라플라스 변환의 성질

성질	관련식	
선형성	$\mathcal{L}\{af(t)+bg(t)\}$	$\mathcal{L}\{af(t)+bg(t)\}=aF(s)+bG(s)$
미분	$\frac{d}{dt}f(t)$	$sF(s)-f(0)$
	$\frac{d^n}{dt^n}f(t)$	$s^nF(s)-\sum_{k=1}^{n}s^{n-k}f^{(k-1)}(0)$
적분	$\int_0^t f(\tau)d\tau$	$\frac{1}{s}F(s)$
중합적분	$\int_0^t f(t-\tau)g(\tau)d\tau$	$F(s)G(s)$
지수가중	$e^{at}f(t)$	$F(s-a)$
시간지연	$f(t-d)$	$e^{-ds}F(s)$
복소미분	$tf(t)$	$-\frac{d}{ds}F(s)$
	$t^nf(t)$	$(-1)^n\frac{d^n}{ds^n}F(s)$
초기값 정리	$f(0^+)$	$\lim_{s\to\infty}sF(s)$
최종값 정리	$\lim_{t\to\infty}f(t)$	$\lim_{s\to 0}sF(s)$

변환해가 아래의 표 2.3에 주어진 경우에는 최종적인 시간영역에서의 해를 표를 이용하여 쉽게 구할 수 있으나 그렇지 않은 경우에는 다양한 방법을 통해 표에 나와 있는 형태로 변환할 수 있는 방법이 필요하며 그 중의 하나가 부분분수전개법이다. 예를 들어 $F(s)$ Laplace 역변환을 위하여 주어진 함수 $F(s)$를 부분분수로 전개하여야 한다.

$$F(s)=\frac{a}{s(s+a)}=\frac{C_1}{s}+\frac{C_2}{s+a}=\frac{C_1(s+a)+C_2s}{s(s+a)} \quad (2.2\text{-}26)$$

분자들을 비교하면 $a=C_1(s+a)+C_2s=(C_1+C_2)s+aC_1$이며 $C_1=1$, $C_2=-1$이다. 따라서 함수 $F(s)$는 다음과 같이 부분분수로 전개된다.

$$F(s)=\frac{a}{s(s+a)}=\frac{1}{s}-\frac{1}{s+a} \quad (2.2\text{-}27)$$

함수 $F(s)$의 Laplace 역변환은 다음과 같다.

$$f(t)=u_s(t)-e^{-at}=1-e^{-at} \quad \text{for } t\geq 0 \quad (2.2\text{-}28)$$

표 2.3 | 라플라스 변환 및 역변환

함수이름	시간함수 $f(t)$, $t \geq 0$	변환함수 $F(s)$
단위계단함수	$u_s(t)$	$\frac{1}{s}$
경사함수	t	$\frac{1}{s^2}$
지수함수	e^{at}	$\frac{1}{s-a}$
삼각함수	$\sin\omega t$	$\frac{\omega}{s^2+\omega^2}$
	$\cos\omega t$	$\frac{s}{s^2+\omega^2}$
지수가중 삼각함수	$e^{-at}\sin\omega t$	$\frac{\omega}{(s+a)^2+\omega^2}$
	$e^{-at}\cos\omega t$	$\frac{s+a}{(s+a)^2+\omega^2}$
델타함수	$\delta(t)$	1

예제 2.7 — $F(s)=\dfrac{6s+11}{s^2+6s+34}$**에 대해 라플라스 역변환을 적용하여** $f(t)$**를 구하여라.**

풀이 변환표를 이용하여 라플라스 역변환을 구하기 위하여 $F(s)$를 수정하면 다음과 같다.

$$F(s)=\frac{6s+11}{(s+3)^2+25}=C_1\frac{s+3}{(s+3)^2+25}+C_2\frac{5}{(s+3)^2+25}=\frac{C_1(s+3)+5C_2}{(s+3)^2+25}$$

위 식에서 분자들을 비교하면 $6s+11=C_1(s+3)+5C_2=C_1s+3C_1+5C_2$이고 $C_1=6$이고 $C_2=-7/5$이다. 따라서 함수 $F(s)$의 Laplace 역변환 $f(t)$는 다음과 같다.

$$f(t)=C_1e^{-3t}\sin 5t+C_2e^{-3t}\cos 5t=6e^{-3t}\cos 5t-\frac{7}{5}e^{-3t}\sin 5t$$

2) 선형 상미분방정식의 해법

라플라스 변환을 이용하여 선형 상미분방정식의 해를 구하는 방법에 대해 살펴보자. 라플라스변환을 이용하면 직접 해를 구하기 어려운 미분방정식을 비교적 쉽게 풀 수 있으며 다음과 같은 장점이 있다. ① 미분방정식을 대수방정식으로 변환하여 쉽게 해를 구할 수 있다. ② 재차해와 특수해를 동시에 구할 수 있다. ③ 초기치 문제를 동시에 풀 수 있다.

라플라스 변환을 이용한 선형 상미분방정식을 푸는 절차는 다음과 같다.

① **(라플라스 변환)** 주어진 상미분방정식에 대해 라플라스 변환을 적용한다.

② **(대수연산)** 대수연산에 의해 해의 변환함수를 구한다.

③ **(라플라스 역변환)** 라플라스 역변환을 통하여 최종적인 미분방정식의 해를 구한다. 물론 문제에 따라 2차 미분방정식이 아닌 1차 미분방정식으로 나타나는 경우도 있고 2차 미분방정식이 연립되어 나타나는 경우도 있다. 여기서는 간단한 1차 미분방정식과 2차 미분방정식의 해에 대해 살펴보기로 하자.

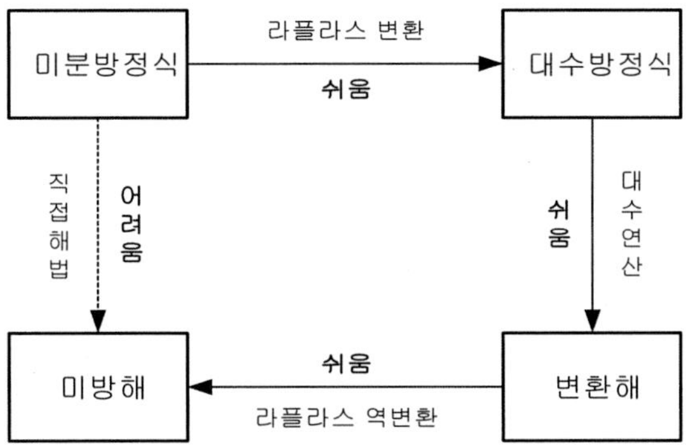

그림 2.1 | 라플라스 변환에 의한 미분방정식 풀이 과정

① 1차 상미분방정식

다음과 같은 1차 상미분방정식이 주어졌다고 하자.

$$a_1 \frac{d}{dt} y(t) + a_0 y(t) = f(t), y(0) = y_0 \qquad (2.2\text{-}29)$$

$\mathcal{L}\{y(t)\} = Y(s)$, $\mathcal{L}\{f(t)\} = F(s)$라고 할 때, 양변에 라플라스 변환을 적용하면 다음과 같은 대수방정식이 얻어진다.

$$a_1 [s\,Y(s) - y_0] + a_0\,Y(s) = F(s) \qquad (2.2\text{-}30)$$

따라서 이 대수방정식을 $Y(s)$에 대해 풀면 다음과 같은 식이 얻어진다.

$$Y(s) = \frac{1}{a_1 s + a_0}[R(s) + a_1 y_0] \qquad (2.2\text{-}31)$$

마지막으로 라플라스 역변환을 적용하면 $y(t)$는 다음과 같이 구해진다.

$$y(t) = \mathcal{L}^{-1}\{Y(s)\} = \mathcal{L}^{-1}\left\{\frac{1}{a_1 s + a_0} R(s)\right\} + \mathcal{L}^{-1}\left\{\frac{a_1 y_0}{a_1 s + a_0}\right\} \qquad (2.2\text{-}32)$$

위의 과정에서 라플라스 변환과 역변환은 실제 적분변환을 수행하지 않고 위의 Table. 3을 이용하여 구하는 것이 일반적이다. 또한 역변환 과정에서 $Y(s)$가 표에 주어지지 않은 형태로 얻어진 경우에는 부분분수 전개를 이용하여 표를 이용할 수 있는 형태로 변경한다.

예제 2.8 — 다음에 주어진 1차 상미방의 해를 라플라스 변환을 이용하여 구하여라.

$$2\frac{d}{dt}y(t)+y(t)=u_s(t), \quad y(0)=3$$

$$u_s(t)=\begin{cases}0 & t<0\\ 1 & t\geq 0\end{cases}$$

풀이 단위계단함수 $u_s(t)$의 라플라스 변환은 $1/s$이므로 위의 식 (2.2-32)를 적용하면 다음 식을 얻을 수 있다.

$$y(t)=\mathcal{L}^{-1}\left\{\frac{1}{2s+1}\times\frac{1}{s}\right\}+\mathcal{L}^{-1}\left\{\frac{2\times 3}{2s+1}\right\}$$

표 3에 주어진 형태로 변환하기 위하여 부분분수 전개를 이용하고 라플라스 역변환을 적용하면 다음과 같이 해를 구할 수 있다.

$$\begin{aligned}y(t)&=\mathcal{L}^{-1}\left\{\frac{1}{s}-\frac{1}{s+1/2}\right\}+\mathcal{L}^{-1}\left\{\frac{3}{s+1/2}\right\}\\&=1+2e^{-t/2}, \quad t\geqq 0\end{aligned}$$

② 2차 상미분방정식

2차 상수 계수 미분방정식이 다음과 같이 주어졌다고 하자.

$$a_2\ddot{y}(t)+a_1\dot{y}(t)+a_0y(t)=f(t) \tag{2.2-33}$$

1차 상미분방정식의 경우와 같이 양변에 라플라스 변환을 적용하면 다음 식이 얻어진다.

$$a_2[s^2Y(s)-s\,y(0)-\dot{y}(0)]+a_1[s\,Y(s)-y(0)]+a_0\,Y(s)=F(s) \tag{2.2-34}$$

이 대수방정식을 풀면 다음과 같이 $Y(s)$를 구할 수 있다.

$$Y(s)=\frac{1}{a_2s^2+a_1s+a_0}[F(s)+a_2y(0)s+a_2\dot{y}(0)+a_1y(0)] \tag{2.2-35}$$

이 식을 정리하고 라플라스 역변환을 취하면 다음 식과 같이 $y(t)$를 구할 수 있다.

$$y(t)=\mathcal{L}^{-1}\left\{\frac{1}{a_2s^2+a_1s+a_0}R(s)\right\}+\mathcal{L}^{-1}\left\{\frac{a_2y(0)s+a_2\dot{y}(0)+a_1y(0)}{a_2s^2+a_1s+a_0}\right\} \tag{2.2-36}$$

예제 2.9 — **다음과 같은 2차 상미분방정식을 라플라스 변환을 이용하여 풀어라.**

$$\ddot{y}(t)+5\dot{y}(t)+6y(t)=6u_s(t),\quad y(0)=2,\ \dot{y}(0)=1$$

풀이 위의 식 (2.2-36)을 적용하여 $y(t)$를 구하면 다음식을 얻을 수 있다

$$y(t)=\mathcal{L}^{-1}\left\{\frac{6}{(s+2)(s+3)}\times\frac{1}{s}\right\}+\mathcal{L}^{-1}\left\{\frac{2s+11}{(s+2)(s+3)}\right\}$$

$$\begin{aligned}y(t)&=\mathcal{L}^{-1}\left\{\frac{6}{(s+2)(s+3)}\times\frac{1}{s}\right\}+\mathcal{L}^{-1}\left\{\frac{2s+11}{(s+2)(s+3)}\right\}\\&=\mathcal{L}^{-1}\left\{\frac{1}{s}-\frac{3}{s+2}+\frac{2}{s+3}\right\}+\mathcal{L}^{-1}\left\{\frac{7}{s+2}-\frac{5}{s+3}\right\}\\&=1+4e^{-2t}-3e^{-3t},\quad t\geq 0\end{aligned}$$

2.3 복소수의 기초

2.3.1 복소수 정의 및 기본 연산

복소수는 $a+bi$ 나 $a+ib$으로 표현한다. 여기서 a와 b는 실수이고, $i^2=-1$이다. 임의의 두 복소수가 서로 같다고 하면 다음과 같이 실수부는 실수부끼리 허수부는 허수부끼리 같아야 한다.

$$a=c\ b=d \Leftrightarrow a+bi=c+di \tag{2.3-1}$$

복소수의 계산은 다음과 같이 정의한다. 복소수 사이의 덧셈은 다음 식과 같이 실수부 및 허수부 끼리 더하여 이루어진다.

$$(a+bi)+(c+di)=(a+c)+(b+d)i \tag{2.3-2}$$

두 복소수의 곱은 다음 식과 같이 정의된다.

$$(c+di)(c+di)=(ac-bd)+(ad+bc)i \tag{2.3-3}$$

복소수 $z=a+bi$가 주어졌을 때 a를 z의 실수부라 부르며, $Re(z)$라 표기한다. 반대로 b는 z의 허수부이며, $Im(a+bi)$라 표기한다. 예를 들어 $z_1=23+7i$라고 하면 $Re(z_1)=23$, $Im(z_1)$=7이다. 복소수의 실수부와 허수부는 모두 실수이다. 이제 모든 실수 x를 복소수 $x+0i$로 생각하여 복소계를 실수계의 확장으로 보자. 실수를 복소수로 확

장하는 것은 대수학과 기하학에 지대한 영향을 준다. 예를 들면 방정식 $x^2+1=0$의 실수 해는 존재하지 않지만 복소해는 i와 $-i$이다. 대수학의 기본정리는 복소 계수를 갖는 모든 n차 다항식이 중근을 포함해 정확히 n개의 복소수근을 갖는다는 것을 보여주고 있다. 이는 $x^2+1=0$과 같은 단순한 다항식의 근을 구하기 위해 실수 체계를 넘어서 확장했던 것처럼 복소 계수 다항식의 해를 구하기 위해 복소수 체계를 넘어서 확장할 필요는 없다는 것을 의미한다.

복소수의 연산은 실수에서와 같은 계산 규칙을 따른다. 특히 임의의 복소수 z, w, u에 대해 다음이 성립한다.

$$z+w=w+z \quad \text{(덧셈의 교환법칙)} \tag{2.3-4 a}$$

$$zw=wz \quad \text{(곱셈의 교환법칙)} \tag{2.3-4 b}$$

$$z+(w+u)=(z+w)+u \quad \text{(덧셈의 결합법칙)} \tag{2.3-4 c}$$

$$z(wu)=(zw)u \quad \text{(곱셈의 결합법칙)} \tag{2.3-4 d}$$

$$z(w+u)=zw+zu \quad \text{(분배법칙)} \tag{2.3-4 e}$$

$$z+0=0+z=z \tag{2.3-4 f}$$

$$z1=1z=z \tag{2.3-4 g}$$

2.3.2 복소수 평면

복소수를 나타내는 2가지 기하학적 표현이 있다. 첫째, 그림 2.2에서 보는 바와 같이 복소수 $a+bi$를 평면의 점 (a, b)로 표현할 수 있다. 이 표현에서 실수 a 또는 $a+bi$는 실수축이라 불리는 수평축상의 점 $(a, 0)$으로 표현된다. 순허수라 불리는 실수부가 없는 수 bi는 허수축 (imaginary axis)이라 불리는 수직축상의 점 $(0, b)$로 표현된다. 이와 같이 평면 위의 점을 복소수로 보기 때문에 이 평면을 복소평면으로 간주한다.

복소수에 대한 두 번째 기하학적 표현은 벡터에 의한 것이다. 복소수 $z=a+bi$나 점 (a, b)를 평면상의 벡터 $a\bar{i}+b\bar{j}$로 간주하는 것으로, 그림 2.2처럼 원점에서 (a, b)까지 화살표로 표시된다. 이 벡터의 첫 번째 성분은 $Re(z)$이고, 두 번째 성분은 $Im(z)$이다. 이와 같은 표현에 의하면 복소수의 덧셈은 각각의 성분을 더함으로써 벡터를 더하는 벡터 덧셈에 대한 평행사변형 법칙과 동일하다.

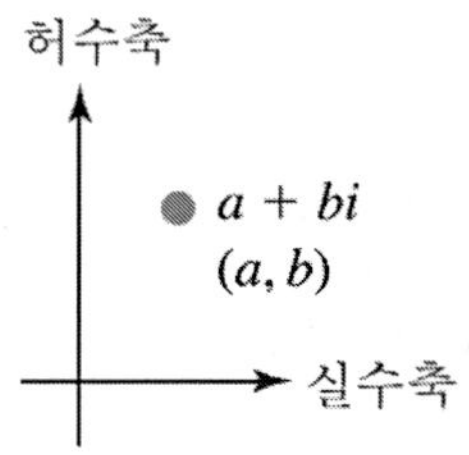

그림 2.2 | 복소 평면 상의 복소수

2.3.3 복소수의 크기 및 켤레 복소수

복소수 $z=a+bi$ 의 크기는 $|z|$로 표기하며, 다음과 같이 정의한다.

$$|z|=|a+bi|=\sqrt{a^2+b^2} \tag{2.3-5}$$

다음 그림에서 알 수 있는 바와 같이 복소수의 크기는 복소수 평면 상에서 원점으로부터 해당 복소수를 표시하는 점 (a,b)까지의 거리이다. 이 크기를 복소수의 절대값이라고 한다.

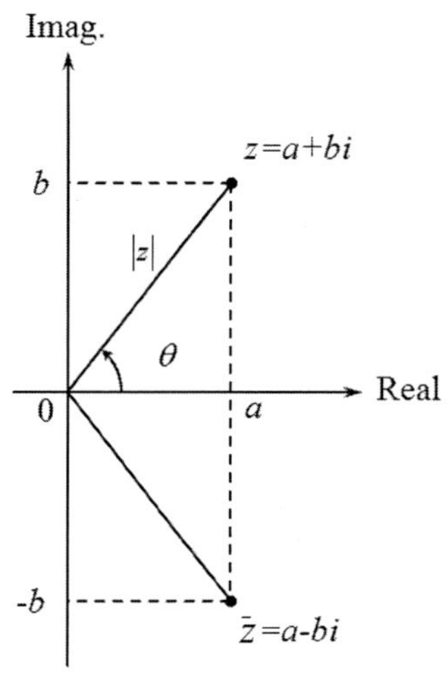

그림 2.3 | 복소수의 크기와 켤레복소수

복소수 z의 켤레복소수(Complex Conjugate)는 $\overline{z}=\overline{a+bi}$로 표기하며, $a-bi$로 정의된다.

따라서 $z=a+bi$에 대해서 다음의 관계가 성립함을 알 수 있다.

$$Re(\overline{z})=Re(a-bi)=a \tag{2.3-6}$$

$$Im(\bar{z}) = Im(a-bi) = -Im(z) = -b \tag{2.3-7}$$

켤레복소수를 구하는 작업은 복소평면 상에서 실수축을 대칭으로 거울상을 구하는 것과 같은데, 복소평면 상에서 $a-bi$의 위치는 $a+bi$의 위치를 수평축을 대칭으로 한 거울상이기 때문이다.

z, z_1 및 z_2가 복소수이면 켤레복소수에 대한 아래의 정리들이 성립한다.

$$\bar{\bar{z}} = z \tag{2.3-8a}$$

$$\overline{z_1 + z_2} = \overline{z_1} + \overline{z_2} \tag{2.3-8b}$$

$$\overline{z_1 z_2} = \overline{z_1} \cdot \overline{z_2} \tag{2.3-8c}$$

$$\overline{z_1 / z_2} = \overline{z_1} / \overline{z_2} \tag{2.3-8d}$$

$$Re(z) = \frac{1}{2}(z+\bar{z}), \; Im(z) = \frac{1}{2}(z-\bar{z}) \tag{2.3-8e}$$

z_1와 z_2가 복소수이고 $z_2 \neq 0$ 일 때 분수 z_1/z_2를 구해 보자. $z_1 = a+bi$, $z_2 = c+di$ 라 하면 z_1/z_2 은 분모, 분자에 각각 z_2 의 켤레복소수를 곱함으로써 쉽게 구할 수 있다.

$$\frac{z_1}{z_2} = \frac{a+bi}{c+di} = \frac{(a+bi)(c-di)}{(c+di)(c-di)} = \frac{ad+cd+(bc-ad)i}{c^2+d^2} \tag{2.3-9}$$

복소분수에서 이와 같이 되는 까닭은 분모가 $z_2\bar{z}_2 = |z_2|^2$으로 실수가 되기 때문이다.

복소수의 크기와 켤레 복소수의 정의를 이용하면 다음과 같은 정리가 성립함을 알 수 있다.

$$|z| = |\bar{z}| \tag{2.3-10a}$$

$$|z_1 z_2| = |z_1||z_2| \tag{2.3-10b}$$

$$|z| = 0 \Leftrightarrow z = 0 \tag{2.3-10c}$$

$$z\bar{z} = |z|^2 \tag{2.3-10d}$$

예제 2.10 — **위의 설명을 참고하여 $z_1 = 1 - i$, $z_2 = 2 + 2i$에 대하여 다음 관계가 성립함을 보여라. 1) $\overline{z_1 + z_2} = \overline{z_1} + \overline{z_2}$ 2) $|z_1| = |\overline{z_1}|$**

풀이 1) $z_1 + z_2 = 3 + i$ 따라서 $\overline{z_1 + z_2} = 3 - i$ 이다.

또한 $\overline{z_1} = 1 + i$ 이고 $\overline{z_2} = 2 - 2i$ 이므로 $\overline{z_1} + \overline{z_2} = 3 - i$ 이다.

$\therefore \overline{z_1 + z_2} = \overline{z_1} + \overline{z_2}$

2) $|z_1| = |1 - i| = \sqrt{2}$, $|\overline{z_1}| = |1 + i| = \sqrt{2}$

$\therefore |z_1| = |\overline{z_1}|$

2.3.4 복소수의 편각과 극형식

0이 아닌 임의의 복소수 $z = a + bi$ 를 복소평면 상에 극좌표를 이용하여 표시할 수 있다. 이때 z의 위치는 평면상 원점이 아닌 점으로 이 점의 극좌표가 (r, θ)라 할 때, 그림 2.4에서와 같이, $r = |z|$ 이며, θ는 실수축에서 r까지 반시계 방향으로 측정한 각도로 z의 편각(Argument)이라고 한다. 편각 θ는 하나의 값으로 정해지는 것은 아니며 $\theta + 2n\pi$ (n은 임의의 정수)는 동일한 편각을 나타낸다. 시계 방향의 회전각은 음의 방향으로 정의한다.

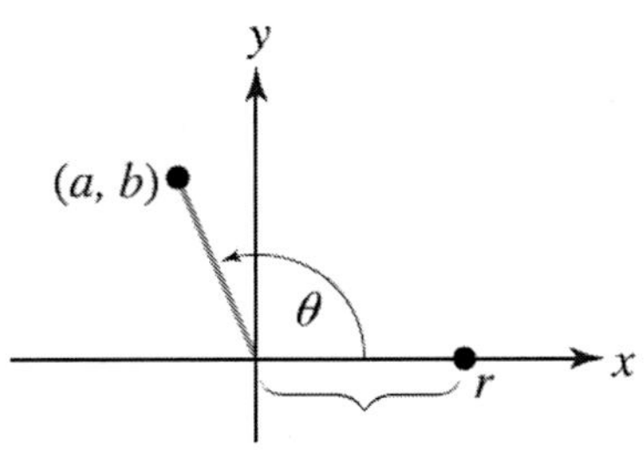

그림 2.4 | 복소수의 편각과 극형식

$z = a + bi$ 의 극좌표가 (r, θ)라 하면, $a = r\cos\theta$, $b = r\sin\theta$가 된다. $e^{i\theta} = \cos\theta + i\sin\theta$로 표시되는 오일러 공식을 적용하면 $z = r\cos\theta + ir\sin\theta = re^{i\theta}$로 표시되고 이것을 z의 극형식(Polar Form)이라 한다.

예제 2.11 — **위의 설명을 참고하여 1) $z_1 = 1 + 4i$ 2) $z_2 = 2 + 2i$를 극형식으로 나타내어라.**

풀이 1) 위의 내용에 따라 z_1의 극좌표 r과 θ는 다음과 같이 구해진다,

$$r = |1 + 4i| = \sqrt{1^2 + 4^2} = \sqrt{17}$$

$$\tan\theta = 4 \Rightarrow \theta = \tan^{-1}(4)$$

따라서 극형식을 이용하여 z_1은 다음과 같이 구해진다.

$$z_1 = \sqrt{17}\, e^{i(\tan^{-1}(4))}$$

2) 동일한 방법으로 z_2의 극좌표 r과 θ는 다음과 같이 구해진다.

$$r = |2+2i| = \sqrt{2^2+2^2} = 2\sqrt{2}$$

$$\tan\theta = 1 \Rightarrow \theta = \tan^{-1}(1) = \pi/4$$

따라서 극형식을 이용하여 z_1은 다음과 같이 구해진다.

$$z_2 = 2\sqrt{2}\, e^{i(\pi/4)}$$

임의의 편각 θ에 대하여 다음과 같은 관계가 성립한다.

$$|e^{i\theta}| = \cos^2\theta + \sin^2\theta = 1 \tag{2.3-11}$$

극형식으로 쓰인 $z = re^{i\theta}$에서 z의 크기와 편각은 각각 r과 $e^{i\theta}$에 의해 결정된다.

극형식을 사용하면 지수함수의 특성 때문에 복소수를 계산하는 경우, 몇몇 계산들은 단순해진다. 예를 들면 $|z_1 z_2| = |z_1||z_2|$ 임을 증명한다고 하자. $z_1 = r_1 e^{i\theta_1}$와 $z_2 = r_2 e^{i\theta_2}$ 라 놓으면 $z_1 z_2 = r_1 e^{i\theta_1} r_2 e^{i\theta_2} = r_1 r_2 e^{i(\theta_1+\theta_2)}$로 주어지므로 $|z_1 z_2| = r_1 r_2 = |z_1||z_2|$ 임을 알 수 있다.

또한 $e^{i\theta_1} e^{i\theta_2} = e^{i(\theta_1+\theta_2)}$라는 사실은 곱셈 결과의 편각이 2π의 정수배 범위 내에서 각 요소들 편각의 합이라는 것을 의미한다. z_1의 편각이 θ_1이고 z_2의 편각이 θ_2라면 $z = z_1 z_2$의 편각 θ은 $\theta = \theta_1 + \theta_2 + 2n\pi$ n: 임의의 정수가 된다. 두 복소수 곱의 편각은 각 복소수의 편각의 합에 2π를 정수배 한 것을 더한 것과 같다.

예제 2.12 — 위의 설명을 참고하여 $z_1 = 1+4i$ $z_2 = 2+2i$ 일때 $z = z_1 z_2$를 극형식으로 나타내어라.

풀이 위 예제의 결과에 따라 z_1과 z_2의 극형식은 다음과 같다. r과 θ는 다음과 같이 구해진다.

$$z_1 = \sqrt{17}\, e^{i(\tan^{-1}(4))}$$

$$z_2 = 2\sqrt{2}\, e^{i(\pi/4)}$$

따라서 z에 대한 극형식은 다음과 같이 구해진다.

$$z = (\sqrt{17})(2\sqrt{2})e^{i(\tan^{-1}(4)+\pi/4)}$$

2.4 행렬의 기초

2.4.1 행렬의 정의

행렬은 $m \times n$개의 수(실수 또는 복소수)를 아래와 같은 직사각형의 형태로 나열한 것이다. 행렬에서 i 번째 행과 j 번째 열에 있는 요소의 행렬의 (i, j) 성분이라고 한다. 임의의 행렬 A가 주어졌을 때 행렬 A의 (i, j) 성분을 a_{ij}로 표시하고 행렬 $A = [a_{ij}]$로 표기한다.

횡방향 배열은 행(Row)이라고 하고 종방향의 배열은 열(Column)이라 한다. 다음 식에서 보는 바와 같이 행렬 A는 m개의 행과 n개의 열을 가진다고 할 때 이 행렬의 차원 $m \times n$ 이라고 한다.

$$A_{m \times n} = \begin{bmatrix} a_{11} & a_{12} \cdots & a_{1n} \\ a_{21} & \cdots \; \cdots & \vdots \\ \vdots & \vdots \;\; \vdots & \vdots \\ a_{m1} & \cdots \; \cdots & a_{mn} \end{bmatrix} \tag{2.4-1}$$

경우에 따라서는 하나의 행 또는 하나의 열로 구성된 행렬이 있으며, 이들 $1 \times n$ 또는 $m \times 1$ 행렬을 n차원 행벡터, m차원 열벡터라고도 한다.

$$(a\,b\,c):\ 1 \times 3\ \text{행렬 (행벡터)} \tag{2.4-2}$$

$$\begin{pmatrix} a \\ b \\ c \end{pmatrix}:\ 3 \times 1\ \text{행렬 (열벡터)} \tag{2.4-3}$$

일반적으로 벡터를 표시할 때는 열벡터 형태로 나타내며, 행벡터는 보통 prime(′) 기호를 사용하여 열벡터와 구분한다.

2.4.2 행렬의 용어

- 두 행렬 $A = [a_{ij}]$, $B = [b_{ij}]$ 에서 모든 i, j 에 대해 $a_{ij} = b_{ij}$ 이면 행렬 A와 B는 상등이라고 하고 $A = B$ 로 표시한다.
- 행렬의 특수한 형태로 행의 수와 열의 수가 동일하면 $n \times n$ 정방행렬이라 한다. 또한 $A = [a_{ij}]$에서 $i = j$ 위치의 요소들을 주대각선 요소라고 한다.

■ 다음과 같이 대각선상에 존재하지 않는 모든 요소가 모두 0인 행렬을 대각행렬이라고 한다. 물론 대각선에 존재하는 요소도 0일 수 있다. 다음은 대각행렬의 한 예이다.

$$\begin{bmatrix} 1 & 0 & 0 \\ 0 & 5 & 0 \\ 0 & 0 & 3 \end{bmatrix}$$

■ n차 정방행렬에서 대각선상의 요소는 모두 1이고 그 외의 요소는 모두 0인 행렬을 단위행렬 또는 항등행렬이라고 한다. 즉, $a_{ii} = 1 \ (i = 1, \cdots, n\ )$ 이고 $a_{ij} = 0 \ (i \neq j)$ 인 정방행렬이라 하고 I 또는 I_n으로 표시한다.

$$I_3 = \begin{bmatrix} 1 & 0 & 0 \\ 0 & 1 & 0 \\ 0 & 0 & 1 \end{bmatrix}$$

단위행렬에서는 다음과 같은 관계가 성립한다.

① 항등행렬의 교환법칙: $A \times I = I \times A = A$

② 항등행렬의 곱: $(I_n)^k = I_{n,}\ k = 1, 2, 3 \ldots$

■ $A = [a_{ij}]$ 에서 행과 열을 바꾼 행렬을 전치행렬이라고 하며 A'로 표시한다. 당연히 A가 $m \times n$ 행렬이면 A'는 $n \times m$ 행렬이 된다. 또한 정의에 따라 전치행렬의 전치행렬은 원래 행렬이 된다. 즉, $(A')' = A$이다.

$$A = \begin{bmatrix} 1 & 2 & 3 \\ 4 & 5 & 6 \\ 7 & 8 & 9 \end{bmatrix} \quad A' = \begin{bmatrix} 1 & 4 & 7 \\ 2 & 5 & 8 \\ 3 & 6 & 9 \end{bmatrix}$$

■ $A = [a_{ij}]$ 라면 모든 i, j에 대해 $a_{ij} = a_{ji}$일 때 행렬 A를 대칭행렬(Symmetric Matrix)라 하며 이런 행렬의 전치행렬은 원래행렬과 동일하다. 즉 A가 대칭행렬이면 $A' = A$이다.

$$\begin{bmatrix} 1 & -1 & 2 \\ -1 & 0 & 3 \\ 2 & 3 & 7 \end{bmatrix}$$

■ $A = [a_{ij}]$ $A^T = -A$이면 행렬 A를 반대칭 행렬(Skew-Symmetric Matrix)이라고 한다. 대칭이 아닌 임의의 행렬 A는 다음과 같이 대칭 행렬과 반대칭 행렬의 합으로

표현할 수 있다.

$$A_s = \frac{A + A^T}{2} \quad A_{ss} = \frac{A - A^T}{2} \tag{2.4-4}$$

■ $A_{n\times n} = [a_{ij}]$일 때 주대각선의 항들의 합을 Trace라고 하며 $tr(A_{n\times n})$로 표시한다. 다시 말해 다음과 같이 정의된다.

$$tr(A_{n\times n}) = \sum_{i=1}^{n} a_{ii} \tag{2.4-5}$$

$$A = \begin{bmatrix} 1\,2\,3 \\ 4\,5\,6 \\ 7\,8\,9 \end{bmatrix} \Rightarrow tr(A) = 1 + 5 + 9 = 15$$

이와 같은 정의에 따르면 다음과 같은 관계가 성립함을 알 수 있다.

$$tr(A \pm B) = tr(A) \pm tr(B) \tag{2.4-6a}$$

$$tr(\alpha A) = \alpha tr(A) \tag{2.4-6b}$$

$$tr(I_n) = n \tag{2.4-6c}$$

$$tr(AB) = tr(BA) \;\;\&\;\; tr(ABC) = tr(BCA) = tr(CAB) \tag{2.4-6d}$$

$$tr(\underline{x}'A\underline{x}) = tr(\underline{x}'A\underline{x}) = tr(A\underline{x}\,\underline{x}') = tr(\underline{x}\,\underline{x}'A) \tag{2.4-6e}$$

■ 임의의 0이 아닌 벡터 **v**에 대해 $\mathbf{v}^T A \mathbf{v} > 0$이면 행렬 A는 양한정(Positive Definite)라고 하며, 또한 $\mathbf{v}^T A \mathbf{v} \geq 0$이면 행렬 A는 반양한정(Semi-Positive Definite)라고 한다.

■ 정방행렬 $A_{n\times n}$에서 $A' = A^{-1}$일 때 A를 직교행렬(orthogonal matrix)이라고 한다. 따라서, A가 직교행렬이면 $AA' = AA^{-1} = I$, $A'A = A^{-1}A = I$가 된다. 즉, 직교행렬과 그 전치행렬의 곱은 항등행렬이다: $AA' = A'A = I$

$$A=\begin{bmatrix}\frac{1}{\sqrt{2}} & -\frac{1}{\sqrt{2}}\\ \frac{1}{\sqrt{2}} & \frac{1}{\sqrt{2}}\end{bmatrix} \Rightarrow A'=\begin{bmatrix}\frac{1}{\sqrt{2}} & \frac{1}{\sqrt{2}}\\ -\frac{1}{\sqrt{2}} & \frac{1}{\sqrt{2}}\end{bmatrix}$$

$$A^{-1}=\frac{1}{\frac{1}{2}+\frac{1}{2}}\begin{bmatrix}\frac{1}{\sqrt{2}} & \frac{1}{\sqrt{2}}\\ -\frac{1}{\sqrt{2}} & \frac{1}{\sqrt{2}}\end{bmatrix}=A'$$

- $y=\begin{pmatrix}y_1\\ \vdots\\ y_n\end{pmatrix}$이고, $x=\begin{pmatrix}x_1\\ \vdots\\ x_n\end{pmatrix}$일 때 만약 $\overline{y}_{n\times 1}=A_{n\times n}\overline{x}_{n\times 1}$라면 x가 A를 이용하여 y로 변환되며, A가 직교행렬이면 이를 직교변환(orthogonal transformation)이라고 한다.

  이때 $\sum_{i=1}^{n} y^2=(Ax)'(Ax)=x'A'Ax=x'Ix=x'x=\sum_{i=1}^{n} x_i^2$ 이 성립한다.

  여기에서 $\sum_{i=1}^{n} y^2_{=i}(y_1 \dots y_n)\begin{pmatrix}y_1\\ \vdots\\ y_n\end{pmatrix}$

  위의 정의에 따르면 임의의 직교행렬 P에 대해 다음과 같은 법칙이 성립함을 알 수 있다.

  ① $tr(P'AP)=tr(A)$ $(\because =tr(APP'))$

  ② $|P'AP|=|A|$

  ③ $|P|=1$이거나 $|P|=-1$

2.4.3 행렬의 연산

1) 행렬의 합과 차

$A=[a_{ij}]$, $B=[b_{ij}]$ 두 행렬 합과 차는 $A+B$ 및 $A-B$ 로 표시하며, 이 행렬들의 각 요소는 행렬 A와 B의 각 요소의 합과 차로 $(a_{ij}+b_{ij})$, $(a_{ij}-b_{ij})$로 표현된다. 행렬의 합과 차는 두 행렬의 차원이 같을 때만 가능하다.

행렬의 합과 관련하여 다음과 같은 법칙이 있다.

$$\text{덧셈의 교환법칙: } A+B=B+A \tag{2.4-7a}$$

$$\text{덧셈의 결합법칙: } (A+B)+C=A+(B+C) \tag{2.4-7b}$$

$$\text{(합의 전치행렬)=(전치행렬의 합): } (A+B)'=A'+B' \tag{2.4-7c}$$

예제 2.13 — 두 행렬 A와 B가 다음과 같다고 할 때 두 행렬의 합 C와 차 D를 구하여라.

$$A=\begin{bmatrix} 3 & 1 & -1 \\ 2 & 2 & -3 \end{bmatrix} \quad B=\begin{bmatrix} 1 & 0 & 0 \\ 0 & 1 & 1 \end{bmatrix}$$

풀이 위의 설명에 따라 행렬 C의 각 요소는 $c_{ij}=a_{ij}+b_{ij}$ 이므로 행렬 C는 다음과 같다.

$$C=\begin{bmatrix} 4 & 1 & -1 \\ 2 & 3 & -2 \end{bmatrix}$$

또한, 행렬 D의 각 요소는 $c_{ij}=a_{ij}-b_{ij}$ 이므로 행렬 C는 다음과 같다.

$$D=\begin{bmatrix} 2 & 1 & -1 \\ 2 & 1 & -4 \end{bmatrix}$$

2) 행렬의 곱

주어진 두 행렬 $A_{l\times m}=[a_{ij}]$, $B_{m\times n}=[b_{ij}]$에 대해, 두 행렬의 곱 C 행렬은 다음과 같이 정의된다.

$$A\times B=C=[c_{ij}]\ where\ c_{ij}=\sum_{k=1}^{n} a_{ik}b_{kj} \tag{2.4-8}$$

따라서, 행렬 A의 열 수와 행렬 B의 행 수가 같을 때만 행렬의 곱셈 정의된다.

$$\begin{bmatrix} a_{11} & a_{12} & a_{13} \\ a_{21} & a_{22} & a_{23} \end{bmatrix}\begin{bmatrix} b_{11} & b_{12} \\ b_{21} & b_{22} \\ b_{31} & b_{32} \end{bmatrix}=\begin{bmatrix} a_{11}b_{11}+a_{12}b_{21}+a_{13}b_{31} & a_{11}b_{12}+a_{12}b_{22}+a_{13}b_{32} \\ a_{21}b_{11}+a_{22}b_{21}+a_{23}b_{31} & a_{21}b_{12}+a_{22}b_{22}+a_{23}b_{32} \end{bmatrix}$$

A가 임의의 정방행렬일 때, 행렬의 곱과 관련하여 다음과 같은 법칙이 있다.

① 일반적으로 곱셈의 교환법칙은 성립하지 않는다. 즙, $AB\neq BA$이다.
그러나, 다음과 같은 예외도 있다.
- 정방행렬과 항등행렬의 곱: $A\times I=I\times A=A$
- A가 B의 역행렬인 경우: $A\times B=B^{-1}\times B=I=B\times B^{-1}=B\times A$
- 스칼라 곱셈의 경우: $\alpha\times A=A\times\alpha$

② 곱셈의 결합법칙: $(AB)C=A(BC)$

③ 곱행렬의 전치행렬은 전치행렬들의 역순의 곱행렬과 같다.

$$(AB)' = B'A' \quad \& \quad (ABC)' = C'B'A'$$

예제 2.14 — 두 행렬 A와 B가 다음과 같다고 할 때 두 행렬의 곱 C를 구하여라.

$$A = \begin{bmatrix} 3 & 1 & -1 \\ 2 & 2 & -3 \end{bmatrix} \quad B = \begin{bmatrix} 1 & 0 & 0 \\ 0 & 1 & 1 \end{bmatrix}$$

풀이 위의 설명에 따라 행렬 C의 각 요소는 $c_{ij} = \sum_{k=1}^{n} a_{ik} b_{kj}$ 이므로 행렬 C는 다음과 같다.

$$C = \begin{bmatrix} 11 & 13 \\ 4 & 12 \end{bmatrix}$$

3) 행렬의 Scalar 곱

주어진 행렬 $A = [a_{ij}]$에 임의의 상수 α를 곱하면 다음과 같이 행렬의 각 요소에 해당하는 상수를 곱한다.

$$\alpha \cdot A = (\alpha a_{ij}) = \begin{bmatrix} \alpha a_{11} & \alpha a_{12} \cdots & & \alpha a_{1n} \\ \alpha a_{21} & & & \alpha a_{2n} \\ \vdots & \vdots & \vdots & \vdots \\ \alpha a_{m1} & \cdots & \cdots & \alpha a_{mn} \end{bmatrix} \tag{2.4-9}$$

행렬의 곱의 정의에 따르면 1×1행렬은 하나의 스칼라로 간주될 수 있는 반면에 스칼라는 1×1행렬로 대체될 수 없다. 예를 들어 $2\begin{bmatrix} a & b \\ c & d \end{bmatrix} = \begin{bmatrix} 2 & 0 \\ 0 & 2 \end{bmatrix}\begin{bmatrix} a & b \\ c & d \end{bmatrix}$에서, 스칼라 2는 행렬 [2]가 아니라 행렬 $\begin{bmatrix} 2 & 0 \\ 0 & 2 \end{bmatrix}$가 된다. 또한 스칼라 곱의 정의에 따르면 다음과 같은 관계가 성립함을 알 수 있다.

$$\alpha(A + B) = \alpha A + \alpha B \tag{2.4-10a}$$

$$A(B + C) = AB + AC \tag{2.4-10b}$$

2.4.4 행렬식(Determinant)

1) 소행렬식

n차 정방행렬 $A_{n \times n}$에서 임의의 원소 a_{ij}가 속해있는 i행과 j열을 뺀 $(n-1) \times (n-1)$

행렬의 행렬식을 소행렬식(minor)이라 정의하고 M_{ij} 라 표시한다. 행렬 A가 다음과 같은 행렬이라고 하자.

$$A = \begin{bmatrix} a_{11} & a_{12} & a_{13} \\ a_{21} & a_{22} & a_{23} \\ a_{31} & a_{32} & a_{33} \end{bmatrix}$$

이때 M_{11} 및 M_{23}는 다음과 같이 정의된다.

$$M_{11} = \begin{vmatrix} a_{22} & a_{23} \\ a_{32} & a_{33} \end{vmatrix} = a_{22}a_{33} - a_{23}a_{32}$$

$$M_{23} = \begin{vmatrix} a_{11} & a_{12} \\ a_{31} & a_{32} \end{vmatrix} = a_{11}a_{32} - a_{12}a_{31}$$

2) 여인수(Cofactor)

주어진 행렬의 소행렬식(Minor Determinant: M_{ij})에서 각 요소의 위치에 따라 부호를 변경한 것을 여인수(Cofactor: Cij)라고 한다. n차 정방행렬 A의 임의의 요소 aij에 대한 여인수 C_{ij}는 해당 요소에 대한 소행렬식 M_{ij}에 $(-1)^{i+j}$를 곱한 것으로 정의된다.

$$C_{ij} = (-1)^{i+j} M_{ij}$$

예를 들어 행렬 A가 다음과 같다고 할 때

$$A = \begin{bmatrix} a_{11} & a_{12} & a_{13} \\ a_{21} & a_{22} & a_{23} \\ a_{31} & a_{32} & a_{33} \end{bmatrix}$$

C_{11}은 다음과 같이 주어진다.

$$C_{11} = (-1)^{1+1} M_{11} = (-1)^2 \begin{vmatrix} a_{22} & a_{23} \\ a_{32} & a_{33} \end{vmatrix} = a_{22}a_{33} - a_{23}a_{32}$$

3) 행렬식

$A = [a_{ij}]$의 행렬식은 $|A|$ 또는 $\det(A)$로 표현하며 다음과 같이 정의된다. 기준 행 i

또는 열 j는 임의로 선정할 수 있다.

$$|A|=\sum_{j=1}^{n} a_{ij}C_{ij} \tag{2.4-11}$$

$A_{3\times 3}$의 행렬식은 다음과 같이 정의된다.

$$|A_{2\times 2}|=\begin{vmatrix} a_{11} & a_{12} \\ a_{21} & a_{22} \end{vmatrix}=a_{11}a_{22}-a_{12}a_{21}$$

$$|A_{3\times 3}|=\begin{vmatrix} a_{11} & a_{12} & a_{13} \\ a_{21} & a_{22} & a_{23} \\ a_{31} & a_{32} & a_{33} \end{vmatrix}=a_{11}C_{11}+a_{12}C_{12}+a_{13}C_{13}$$

$$=a_{11}\begin{vmatrix} a_{22} & a_{23} \\ a_{32} & a_{33} \end{vmatrix}-a_{12}\begin{vmatrix} a_{21} & a_{23} \\ a_{31} & a_{33} \end{vmatrix}+a_{13}\begin{vmatrix} a_{21} & a_{22} \\ a_{31} & a_{32} \end{vmatrix}$$

예제 2.15 — 다음 행렬 A에 대하여 1) 첫 번째 열, 2) 두 번째 열을 이용하여 행렬식을 구하여라.

$$A=\begin{bmatrix} 1 & 2 & 3 \\ 2 & 3 & 1 \\ -1 & 0 & 2 \end{bmatrix}$$

풀이 1) 첫 번째 열을 이용할 경우

$$\begin{vmatrix} 1 & 2 & 3 \\ 2 & 3 & 1 \\ -1 & 0 & 2 \end{vmatrix}=1\cdot\begin{vmatrix} 3 & 1 \\ 0 & 2 \end{vmatrix}-2\cdot\begin{vmatrix} 2 & 1 \\ -1 & 2 \end{vmatrix}+3\cdot\begin{vmatrix} 2 & 3 \\ -1 & 0 \end{vmatrix}=1\cdot 6-2\cdot 5+3\cdot 3=6-10+9=5$$

2) 두 번째 열을 이용할 경우

$$\begin{vmatrix} 1 & 2 & 3 \\ 2 & 3 & 1 \\ -1 & 0 & 2 \end{vmatrix}=-2\cdot\begin{vmatrix} 2 & 3 \\ 0 & 2 \end{vmatrix}+3\cdot\begin{vmatrix} 1 & 3 \\ -1 & 2 \end{vmatrix}-1\cdot\begin{vmatrix} 1 & 2 \\ -1 & 0 \end{vmatrix}=-2\cdot 4+3\cdot 5-1\cdot 2=-8+15-2=5$$

위의 예에서 알 수 있는 바와 같이 행렬식을 구할 때는 기준이 되는 행이나 열의 선택은 전개하기 쉬운 어떤 행 또는 열 즉, 0이나 1이 가장 많이 포함되는 행이나 열을 선택하는 것이 가장 좋다.

행렬식의 정의에 따르면 다음과 같은 성질을 유도할 수 있다.

① 정방행렬 $A_{n\times n}$와 $B_{n\times n}$에 대해 $|AB|=|BA|=|A|\cdot|B|$

② 행렬식의 값은 전치행렬을 만들어도 변하지 않는다: $|A|=|A'|$

③ 행렬식의 스칼라 곱은 한 행(혹은 한 열)의 원소에만 스칼라 곱하는 것이고, 행렬의 스칼라곱은 행렬의 모든 원소에 동일한 스칼라를 곱하는 것이다.

$$|\alpha A| = \alpha^n |A|,\ \alpha\text{: scalar}$$

2.4.5 수반행렬 (Adjoint Matrix)

주어진 n차 정방행렬에서 각 요소들을 그들에 해당하는 여인수로 바꾼 후 해당 행렬을 전치해서 얻어진 행렬을 원래 행렬의 수반행렬(Adjoint Matrix)이라 한다.

$$adj[A] = [\text{행렬 } A\text{의 여인수 행렬}]^T = \begin{bmatrix} c_{11} & c_{12} & \cdots & c_{1n} \\ c_{21} & c_{22} & \cdots & c_{2n} \\ \vdots & \vdots & \ddots & \vdots \\ c_{n1} & c_{n2} & \cdots & c_{nn} \end{bmatrix}^T$$

예제 2.16 — 행렬 $A = \begin{bmatrix} a_{11} & a_{12} \\ a_{21} & a_{22} \end{bmatrix}$의 수반행렬을 구하여라

풀이 정의에 따라 각 요소의 여인수를 구하면 다음과 같다.

$$C_{11} = (-1)^{1+1} M_{11} = (-1)^2 a_{22} = +a_{22} \qquad C_{12} = (-1)^{1+2} M_{11} = (-1)^3 a_{21} = -a_{21}$$

$$C_{21} = (-1)^{2+1} M_{21} = (-1)^3 a_{12} = -a_{12} \qquad C_{22} = (-1)^{2+2} M_{11} = (-1)^4 a_{11} = +a_{11}$$

따라서, 주어진 행렬의 수반행렬은 다음과 같다.

$$adj[A] = \begin{bmatrix} c_{11} & c_{12} \\ c_{21} & c_{22} \end{bmatrix}^T = \begin{bmatrix} a_{22} & -a_{21} \\ -a_{12} & a_{11} \end{bmatrix}^T = \begin{bmatrix} a_{22} & -a_{12} \\ -a_{21} & a_{11} \end{bmatrix}$$

예제 2.17 — 다음과 같은 3차 정방행렬의 수반행렬을 구하여라.

$$A = \begin{bmatrix} 1 & 2 & 1 \\ 1 & -1 & 1 \\ 0 & 2 & 1 \end{bmatrix}$$

풀이 정의에 따라 각 요소의 여인수를 구하면 다음과 같다.

$$C_{11} = (-1)^{1+1} \begin{vmatrix} -1 & 1 \\ 2 & 1 \end{vmatrix} = (-1)^2(-3) = -3$$

$$C_{12} = (-1)^{1+2} \begin{vmatrix} 1 & 1 \\ 0 & 1 \end{vmatrix} = (-1)^3(1) = -1$$

$$C_{13} = (-1)^{1+3} \begin{vmatrix} 1 & -1 \\ 0 & 2 \end{vmatrix} = (-1)^4(2) = 2$$

$$C_{21} = (-1)^{2+1}\begin{vmatrix} 2 & 1 \\ 2 & 1 \end{vmatrix} = (-1)^3(0) = 0$$

$$C_{22} = (-1)^{2+2}\begin{vmatrix} 1 & 1 \\ 0 & 1 \end{vmatrix} = (-1)^4(1) = 1$$

$$C_{23} = (-1)^{2+3}\begin{vmatrix} 1 & 2 \\ 0 & 2 \end{vmatrix} = (-1)^5(2) = -2$$

$$C_{31} = (-1)^{3+1}\begin{vmatrix} 2 & 1 \\ -1 & 1 \end{vmatrix} = (-1)^4(3) = 3$$

$$C_{32} = (-1)^{3+2}\begin{vmatrix} 1 & 1 \\ 1 & 1 \end{vmatrix} = (-1)^5(0) = 0$$

$$C_{33} = (-1)^{3+3}\begin{vmatrix} 1 & 2 \\ 1 & -1 \end{vmatrix} = (-1)^5(-3) = 3$$

따라서, 주어진 행렬의 수반행렬은 다음과 같다.

$$adj[A] = \begin{bmatrix} -3 & -1 & 2 \\ 0 & 1 & -2 \\ 3 & 0 & 3 \end{bmatrix}^T = \begin{bmatrix} -3 & 0 & 3 \\ -1 & 1 & 0 \\ 2 & -2 & 3 \end{bmatrix}$$

2.4.6 역행렬(Inverse Matrix)

1) 정의

정방행렬 $A_{n\times n}$에서, $AA^{-1} = A^{-1}A = I_n$ 을 만족시키는 A^{-1}가 존재할 때, 이를 A의 역행렬(inverse matrix)이라고 한다. 모든 정방행렬이 역행렬을 갖는 것은 아니며, 역행렬은 $|A| \neq 0$일 때 존재하고 역행렬이 존재하면 그것은 유일하다. A가 역행렬을 가질 때 A를 비특이행렬(Nonsingular Matrix)이라고 하고, 갖지 않을 때 특이행렬(Singular Matrix)이라고 한다.

2) 역행렬의 계산

임의의 정방행렬에 대해 역행렬은 다음과 같이 정의된다.

$$A^{-1} = \frac{adj[A]}{\det[A]} = \frac{1}{|A|}\begin{vmatrix} C_{11} & C_{21} & \cdots & C_{n1} \\ C_{12} & C_{22} & \cdots & C_{n2} \\ \vdots & \vdots & \vdots & \vdots \\ C_{1n} & \cdots & \cdots & C_{nn} \end{vmatrix}^T, \quad C_{ij}\text{는 cofactor} \tag{2.4-12}$$

위의 정의에 따르면 $A_{2\times 2}$ 및 $A_{3\times 3}$의 역행렬은 다음과 같이 얻을 수 있다.

$$A = \begin{bmatrix} a\, b \\ c\, d \end{bmatrix} \Rightarrow A^{-1} = \frac{1}{ad-bc}\begin{bmatrix} d & -b \\ -c & a \end{bmatrix}$$

$$A = \begin{bmatrix} a\, b\, c \\ b\, d\, e \\ c\, e\, f \end{bmatrix} \Rightarrow A^{-1} = \frac{1}{|A|}\begin{bmatrix} df-e^2 & ce-bf & be-cd \\ cd-bf & af-c^2 & bc-ae \\ be-cd & bc-ae & ad-b^2 \end{bmatrix}$$

3) 역행렬의 성질

$A_{n\times n}$와 $B_{n\times n}$에 대해 $|A|\neq 0$, $|B|\neq 0$일 때, 즉 역행렬이 존재할 때, 역행렬과 관련하여 다음과 같은 법칙들이 있다.

① 역행렬의 역행렬은 원래의 행렬이다: $(A^{-1})^{-1} = A$

② 전치행렬의 역행렬은 역행렬의 전치행렬이다: $(A')^{-1} = (A^{-1})'$

③ 곱의 역행렬은 역행렬들의 역순의 곱이다: $(AB)^{-1} = B^{-1}A^{-1}$

④ $\alpha \neq 0$일 때, $(\alpha A)^{-1} = \frac{1}{\alpha}A^{-1}$

⑤ 역행렬의 행렬식은 원래 행렬식의 역수이다:

$|A^{-1}| = \frac{1}{|A|} \leftarrow |A||A^{-1}| = |AA^{-1}| = |I|$

⑥ $A_n = \begin{bmatrix} a & & & \\ & \ddots & b & \\ & b & \ddots & \\ & & & a \end{bmatrix}$일 때 (대각선의 모든 원소는 a이고, 나머지 원소는 b),

$|A| = (a-b)^{n-1}[a+(n-a)b]$ 이고 $A^{-1} = (a^{ij})$라면,

$a^{ii} = \frac{a+(n-2)b}{[a+(n-1)b](a-b)}, a^{ij} = \frac{-b}{[a+(n-1)b](a-b)}, \; i \neq j$

2.4.7 고유치(Eigen values)와 고유벡터(Eigen vectors)

1) 정의

정방행렬 $A_{n\times n}$에 대해 $A\overline{x} = \lambda\overline{x}$를 만족시키는 벡터 $\overline{x}$와 스칼라 λ를 각각 행렬 A의 고유벡터(Eigenvector) 및 고유치(Eigenvalue)라고 한다.

① **고유치**: 위 식은 $(A-\lambda I)\boldsymbol{x} = \mathbf{0}$로 나타낼 수 있으며 이 식을 만족하는 영벡터가 아닌 $\boldsymbol{x}$가 존재하기 위해서는 특성방정식 $f(\lambda) = |A - \lambda \cdot In| = 0$의 관계를 만족시키는

λ가 존재해야 한다. 이 스칼라 λ를 A의 특성근(Characteristics root)이라고 하며, $\lambda_1, \cdots, \lambda_n$까지 존재할 수 있다. 이 때, $\lambda_1, \cdots, \lambda_n$은 반드시 다른 값은 아닐 수도 있다.

② **고유벡터**: 어떤 고유치 λ에 대해 $(A-\lambda I)\boldsymbol{x}=\mathbf{0}$을 만족시키는, 영벡터가 아닌 벡터 $\boldsymbol{x}$를 λ에 대응하는 고유벡터(Eigenvector)라고 한다. 임의의 x에 대해 $(A-\lambda I)x=0$이면 임의의 상수 c에 대해 $(A-\lambda I)cx=0$이므로 고유벡터는 유일한 것은 아니다.

예제 2.18 — 다음 행렬 A에 대하여 고유치와 고유벡터를 구하라.

$$A=\begin{pmatrix} 2 & \sqrt{6} \\ \sqrt{6} & 1 \end{pmatrix}$$

풀이 주어진 행렬의 고유치는 다음 식을 이용하여 구할 수 있다.

$$f(x)=|A-\lambda I|=\begin{vmatrix} 2-\lambda & \sqrt{6} \\ \sqrt{6} & 1-\lambda \end{vmatrix}=(1-\lambda)(2-\lambda)-6=2-3\lambda+\lambda^2-6$$

$$=\lambda^2-3\lambda-4=(\lambda-4)(\lambda+1)=0, \qquad \therefore \lambda=4 \text{ or } -1$$

다음으로 각각의 고유치에 해당하는 고유벡터는 다음과 같이 구할 수 있다.

$-\lambda=4$에 대응하는 고유벡터: $\lambda=4$를 대입하면 다음과 같은 식을 얻는다.

$$\begin{pmatrix} 2-4 & \sqrt{6} \\ \sqrt{6} & 1-4 \end{pmatrix}\begin{pmatrix} x_1 \\ x_2 \end{pmatrix}=\begin{pmatrix} 0 \\ 0 \end{pmatrix}$$

이 식을 이용하여 x_1과 x_2 구하면 다음과 같다.

$$\begin{matrix} -2x_1+\sqrt{6}\,x_2=0 \\ \sqrt{6}\,x_1-3x_2=0 \end{matrix} \quad \Rightarrow \quad \begin{bmatrix} x_1=\sqrt{\dfrac{3}{5}} \\ x_2=\sqrt{\dfrac{2}{5}} \end{bmatrix}$$

따라서, $\lambda=4$에 대응하는 고유벡터는 $\bar{x}=\dfrac{1}{\sqrt{5}}\begin{pmatrix} \sqrt{3} \\ \sqrt{2} \end{pmatrix}$이다.

동일한 방법을 이용하여 $\lambda=-1$에 대응하는 고유벡터는 다음과 같이 얻어진다.

$$\bar{x}=\frac{1}{\sqrt{5}}\begin{pmatrix} -\sqrt{2} \\ \sqrt{3} \end{pmatrix}$$

위에 설명된 고유치와 고유벡터의 정의를 이용하면 다음과 같은 법칙들이 성립함을 알 수 있다.

① 대칭행렬의 고유치는 모두 실수(real)이다. 즉 대칭행렬에서는 고유치가 존재한다.

② 행렬 A의 0이 아닌 고유치의 개수는 $r(A)$와 같다.

③ A의 고유치가 CAC^{-1}의 고유치와 같고 C가 직교행렬이면, A와 CAC'의 고유치는 같다.

④ $\lambda_1,\cdots,\lambda_n$이$A_{n\times n}$의 고유치들일 때, $\Lambda = \begin{bmatrix} \lambda_1 & & & \\ & \ddots & 0 & \\ & 0 & & \\ & & & \lambda_n \end{bmatrix}$이라면,

■ $C'AC=\Lambda$를 만족시키는 직교행렬 C가 존재한다.

■ 임의의 vector $\overline{x}$에 대해 다음을 만족시키는 직교변환 $\overline{x}=P\overline{w}$가 존재한다.

$$Q=\overline{x}'A\overline{x}=\overline{w}'P'AP\overline{w}=\overline{w}'A\overline{w}=\lambda_1 w_1^2+\lambda_2 w_2^2+\cdots+\lambda_n w_n^2$$

이때, $\overline{P_i}$가 P의 i번 열벡터라면 $\overline{P_i}$는 λ_i(고유치)에 대응하는 행렬 A의 고유벡터이고 P는 직교행렬이다.

⑤ Idempotent Matrix의 Eigenvalue는 0 또는 1이다.

⑥ $r(A)=k$이고 행렬 A가 멱등행렬이면 $P'AP=E_k$인 직교행렬 P가 존재한다.

$$E_k=\begin{bmatrix} 1 & & 0 & \\ & \ddots & & \\ & & 1 & \\ & & 0 & \\ & & & \ddots \\ 0 & & & 0 \end{bmatrix}$$, 대각선상의 1의 개수: k, 대각선상의 0의 개수: n-k

⑦ $A_{n\times n}$의 고유치 $\lambda_1,\cdots,\lambda_n$에 대해

- $tr(A)=\sum_{i=1}^{n}\lambda_i$
- $tr(A'A)=\sum_{i=1}^{n}\lambda_i^2$
- $tr(A^{-1})=\sum_{i=1}^{n}\lambda_i^{-1}$
- $|A| = \lambda_1,\cdots,\lambda_n$

2.4.8 행렬과 선형방정식

1) 선형독립(Linear Independence)과 선형종속

만약 $\overline{v_1},\cdots,\overline{v_k}$가 $n\times 1$ 벡터들이고, $c_1,\cdots,c_k$이 상수일 때, $\sum_{i=0}^{k}c_i\overline{v_i}=0$의 관계가 모든 $i=1,\cdots,k$에 대해 $c_i=0$일 때만 성립한다면 $\overline{v_1},\cdots,\overline{v_k}$들은 선형독립(Linear Independent)이다. 그렇지 않으면(즉 c_i가 0이 아닌데도 등식 성립) 선형종속(Linear Dependent)이다.

예제 2.19 — 다음과 같은 3개의 3×1 벡터에 대해 다음에 답하여라.

$$\bar{v}_1=\begin{pmatrix}1\\3\\2\end{pmatrix},\ \bar{v}_2=\begin{pmatrix}3\\2\\5\end{pmatrix},\ \bar{v}_3=\begin{pmatrix}4\\5\\7\end{pmatrix}$$

(1) 세 벡터가 선형종속임을 보여라.

(2) $\bar{v}_1$과 $\bar{v}_2$가 선형독립인지 판단하여라.

(3) $\bar{v}_3$를 $\bar{v}_1$과 $\bar{v}_2$의 선형결합으로 표시하여라.

풀이 (1) 위의 $\bar{v}_1$, $\bar{v}_2$, $\bar{v}_3$에 대해 $c_1=c_2=1$, $c_3=-1$이면 $\sum c_i\bar{v}_i=\bar{v}_1+\bar{v}_2-\bar{v}_3=0$이므로 c_i들이 0이 아닌데도 등식이 성립하므로, $\bar{v}_1$, $\bar{v}_2$, $\bar{v}_3$는 선형종속이다.

(2) $c_1\bar{v}_1+c_2\bar{v}_2=0$ 이려면, 즉, $c_1+3c_2=0$, $3c_1+2c_2=0$, $2c_1+5c_2=0$를 모두 만족시키려면, $c_1=c_2=0$이라야 한다. 따라서 v_1, v_2는 선형독립이다.

(3) (1)의 풀이를 이용하여 $\bar{v}_1+\bar{v}_2=\bar{v}_3$로 나타낼 수 있으며 이 경우 $\bar{v}_3$는 $c_1=c_2=1$의 계수를 가지는 $\bar{v}_1$, $\bar{v}_2$의 선형결합(Linear Combination)으로 이루어져 있다고 한다.

임의의 벡터 $\bar{v}$의 크기 $|\bar{v}|$는 벡터 $\bar{v}$와 그 자신의 내적으로 정의된다. 만약 $\bar{v}$가 $n\times1$ 벡터이면 $|\bar{v}|$는 $|\bar{v}|=(\bar{v}^T\bar{v})^{1/2}$로 정의된다. 또한 벡터의 크기가 1이면 그 벡터를 단위벡터라고 하고 해당 벡터는 '정규화되었다'고 한다.

임의의 두 벡터 $\bar{v}_1$과 $\bar{v}_2$의 내적이 0인 경우 두 벡터는 서로 직교(Orthogonal)한다고 한다. 만약 $n\times1$ 벡터의 집합 내의 모든 벡터 $\bar{v}_i$에 대해 다음의 관계를 만족하면이 집합을 직교정규인 벡터 집합이라고 한다.

$$\bar{v}_i^T\bar{v}_j=\begin{cases}0 & i\neq j\\1 & i=j\end{cases} \tag{2.4-13}$$

임의의 벡터 $\bar{v}$의 미분은 벡터의 각 성분을 미분함으로써 구할 수 있다. 만약 벡터 $\bar{v}$의 각 성분이 시간의 함수라고 할 때 이 벡터의 시간 미분은 다음과 같이 나타낼 수 있다.

$$\frac{d}{dt}(v)=\begin{bmatrix}\dot{v}_1\\\dot{v}_2\\\bullet\\\bullet\\\dot{v}_n\end{bmatrix} \tag{2.4-14}$$

2) 위수(rank)

주어진 행렬에서 선형독립인 행 혹은 열 벡터의 최대 갯수를 행/열 위수(Rank)라고 한다. 이는 다른 방법으로 한 행렬의 행들과 열들로 구성될 수 있는 0이 아닌 값을 갖는 행렬식들 중에서 그 단수가 가장 큰 것의 단수라고 표현할 수 있으며 주어진 행렬의 부분행렬 중에서 행렬식이 0이 아닌 가장 큰 정방행렬의 차수와 같다. 예를 들어 다음과 같은 행렬을 고려하자

$V = \left[\underline{v_1}\ \underline{v_2}\ \underline{v_3}\right] = \begin{bmatrix} 1\,3\,4 \\ 3\,2\,5 \\ 2\,5\,7 \end{bmatrix}$ 에서 선형독립인 column의 최대개수는 2이며, 따라서 V의 위수는 2이다.

정방행렬$A_{n \times n}$에서 $r(A) = n$ 이면 정칙행렬 또는 비특이행렬(Nonsingular matrix)이라고 하고, $r(A) < n$ 이면 비정칙행렬 또는 특이행렬(Singular matrix)이라고 한다.

① 행렬곱의 위수는 두 행렬의 위수 중 작은 값보다 클 수 없다:
$r(AB) \leqq r(A)$, $r(AB) \leqq r(B)$

② 행렬합의 위수는 두 행렬의 위수의 합이다:
$r(A+B) \leqq r(A) + r(B)$

③ 정방행렬$A_{n \times n}$에서 $r(A) = k < n$이면 선형독립인 열과 행의 수는 각각 k이며 $|A| = 0$이다. 또 $|A|$=0이면 $r(A) < n$이다.

- $A_{n \times n}$이 full rank라 함은

⇔ A의 위수가 차원과 동일하다: $r(A) = n$

⇔ A가 비특이행렬이다.

⇔ A의 행렬식이 0이 아니다: $|A| \neq 0$

⇔ A의 역행렬A^{-1}이 존재한다.

⇔ 유일한 해 $\overline{x} = A^{-1}d$가 존재한다.

⇔ A의 행들과 열들이 독립이다: n개의 독립인 행벡터와 n개의 독립인 열벡터를 갖는다.

④ $r(A'A) = r(AA') = r(A) = r(A')$

3) 연립선형방정식

다음과 같은 1차 연립방정식이 있다고 가정하자.

$$a_{11}x_1 + a_{12}x_2 + \cdots + a_{1k}x_k = b_1$$
$$a_{21}x_1 + a_{22}x_2 + \cdots + a_{2k}x_k = b_2$$
$$\vdots$$
$$a_{k1}x_1 + a_{k2}x_2 + \cdots + a_{kk}x_k = b_k$$

각 방정식의 계수들을 이용하여 $k \times k$ 정방행렬을 유도하고 이를 이용하여 식을 다시 정리하면 다음과 같은 식을 얻을 수 있다.

$$A\bar{x} = \bar{b} \tag{2.3-15}$$

이 식에서 행렬 $A = (a_{ij})$는 위에서 유도된 정방행렬이고 $\bar{x}$와 $\bar{b}$는 다음과 같이 정의되는 벡터이다.

$$\bar{x} = \begin{bmatrix} x_1 \\ \vdots \\ x_k \end{bmatrix}, \quad \bar{b} = \begin{bmatrix} b_1 \\ \vdots \\ b_k \end{bmatrix} \tag{2.3-16}$$

① 역행렬을 이용한 선형연립방정식의 해

식 (2.3-16)에 주어진 식은 A의 역행렬 A^{-1}를 이용하면 해를 구할 수 있다. 즉, A가 비특이행렬이면 $A^{-1}A\bar{x} = A^{-1}\bar{b}$ 에서 $\bar{x} = A^{-1}\underline{b}$를 얻는다. A가 특이행렬이면 해는 존재하지 않거나 무한히 많이 존재한다.

예제 2.20 — 다음 연립방정식을 역행렬을 이용하여 풀어라.

$$-3x_1 + 2x_2 - 2x_3 = 8$$
$$1x_1 + 4x_2 - 6x_3 = 1$$
$$-2x_2 + 2x_3 = -2$$

풀이 주어진 방정식들을 행렬을 이용한 식으로 정리하면 다음과 같다.

$$\begin{bmatrix} -3 & 2 & -2 \\ 1 & 4 & -6 \\ 0 & -2 & 2 \end{bmatrix} \begin{Bmatrix} x_1 \\ x_2 \\ x_3 \end{Bmatrix} = \begin{Bmatrix} 8 \\ 1 \\ -2 \end{Bmatrix}$$

계수행렬 A의 역행렬을 구하면 다음과 같다.

$$A^{-1} = \frac{1}{3} \begin{bmatrix} -1 & 0 & -1 \\ -\frac{1}{2} & -\frac{3}{2} & -5 \\ -\frac{1}{2} & -\frac{3}{2} & -\frac{7}{2} \end{bmatrix}$$

따라서 주어진 연립방정식의 해는 다음과 같이 구해진다.

$$\begin{Bmatrix} x_1 \\ x_2 \\ x_3 \end{Bmatrix} = -\frac{1}{3}\begin{bmatrix} 1 & 0 & 1 \\ \frac{1}{2} & \frac{3}{2} & 5 \\ \frac{1}{2} & \frac{3}{2} & \frac{7}{2} \end{bmatrix}\begin{Bmatrix} 8 \\ 1 \\ -2 \end{Bmatrix} = \begin{Bmatrix} -2 \\ \frac{3}{2} \\ \frac{1}{2} \end{Bmatrix}$$

예제 2.21 — 다음 연립방정식을 역행렬을 이용하여 풀어라.

$$2x_1 - x_2 + 3x_3 = 4$$

$$x_1 + 9x_2 - 2x_3 = -8$$

$$4x_1 - 8x_2 + 11x_3 = 15$$

풀이 주어진 방정식들을 행렬을 이용한 식으로 정리하면 다음과 같다.

$$\begin{bmatrix} 2 & -1 & 3 \\ 1 & 9 & -2 \\ 4 & -8 & 11 \end{bmatrix}\begin{Bmatrix} x_1 \\ x_2 \\ x_3 \end{Bmatrix} = \begin{Bmatrix} 4 \\ -8 \\ 15 \end{Bmatrix}$$

계수행렬 A의 역행렬을 구하면 다음과 같다.

$$A^{-1} = \frac{1}{53}\begin{bmatrix} 83 & -13 & -25 \\ -19 & 10 & 7 \\ -44 & 12 & 19 \end{bmatrix}$$

따라서 주어진 연립방정식의 해는 다음과 같이 구해진다.

$$\begin{Bmatrix} x_1 \\ x_2 \\ x_3 \end{Bmatrix} = \frac{1}{53}\begin{bmatrix} 83 & -13 & -25 \\ -19 & 10 & 7 \\ -44 & 12 & 19 \end{bmatrix}\begin{Bmatrix} 4 \\ -8 \\ 15 \end{Bmatrix} = \begin{Bmatrix} \frac{61}{53} \\ -\frac{51}{53} \\ \frac{13}{53} \end{Bmatrix}$$

② 크래머 법칙 (Cramer's Rule)을 이용한 해법

n개의 미지수를 갖는 n개의 연립방정식의 해를 구하는 방법 중의 하나는 크래머 법칙(Cramer's Rule)을 이용하는 방법이다. 크래머 법칙은 행렬식을 이용하여 위의 연립방정식 $A\overline{x} = \overline{b}$의 해를 직접 구하는 방법으로 해 $\overline{x}$의 각 요소를 다음과 같이 구하는 방법이다.

$$x_i = \frac{|A_i|}{|A|}$$

이 식에서 A_i는 행렬 A의 i 번 째 열을 벡터 $\overline{b}$로 대치한 행렬이다.

앞에서 주어진 연립방정식을 행렬과 벡터를 이용하여 표시한 식 (2.3-16)에서 행렬 A는 다음과 같이 정의된다.

$$A = \begin{bmatrix} a_{11} & a_{12} & \cdots & a_{1n} \\ a_{21} & a_{22} & \cdots & a_{2n} \\ \vdots & \vdots & \ddots & \vdots \\ a_{n1} & a_{n2} & \cdots & a_{nn} \end{bmatrix}$$

또한 행렬 A_i는 다음과 같이 구할 수 있다.

$$A_i = \begin{bmatrix} a_{11} & \cdots & b_1 & \cdots & a_{1n} \\ a_{21} & \cdots & b_2 & \cdots & a_{2n} \\ \vdots & \cdots & \vdots & \cdots & \vdots \\ a_{n1} & \cdots & b_n & \cdots & a_{2n} \end{bmatrix}$$

따라서, $\overline{x}$의 각 요소는 위의 행렬들을 이용하여 다음과 같이 구할 수 있다.

$$x_1 = \frac{|A_1|}{|A|},\ x_2 = \frac{|A_2|}{|A|},\ \cdots,\ x_n = \frac{|A_n|}{|A|}$$

예제 2.22 — 다음 연립방정식의 해를 크래머 법칙을 이용하여 구하시오

$$x_1 + 2x_2 + x_3 = 8$$
$$x_1 - x_2 + x_3 = 2$$
$$2x_2 + x_3 = 7$$

풀이 문제에 주어진 연립방정식을 행렬과 벡터를 이용하여 표시하면 다음과 같다.

$$A\overline{x} = \overline{b}$$

$$A = \begin{bmatrix} 1 & 2 & 1 \\ 1 & -1 & 1 \\ 0 & 2 & 1 \end{bmatrix} \quad \overline{x} = \begin{bmatrix} x_1 \\ x_2 \\ x_3 \end{bmatrix} \quad \overline{b} = \begin{bmatrix} 8 \\ 2 \\ 7 \end{bmatrix}$$

따라서, $\overline{x}$의 세 요소는 다음과 같이 구할 수 있다.

$$x_1 = \frac{\begin{vmatrix} 8 & 2 & 1 \\ 2 & -1 & 1 \\ 7 & 2 & 1 \end{vmatrix}}{\begin{vmatrix} 1 & 2 & 1 \\ 1 & -1 & 1 \\ 0 & 2 & 1 \end{vmatrix}} = \frac{-3}{-3} = 1 \quad x_2 = \frac{\begin{vmatrix} 1 & 8 & 1 \\ 1 & 2 & 1 \\ 0 & 7 & 1 \end{vmatrix}}{\begin{vmatrix} 1 & 2 & 1 \\ 1 & -1 & 1 \\ 0 & 2 & 1 \end{vmatrix}} = \frac{-6}{-3} = 2 \quad x_3 = \frac{\begin{vmatrix} 1 & 2 & 8 \\ 1 & -1 & 2 \\ 0 & 2 & 7 \end{vmatrix}}{\begin{vmatrix} 1 & 2 & 1 \\ 1 & -1 & 1 \\ 0 & 2 & 1 \end{vmatrix}} = \frac{-9}{-3} = 3,$$

2.5 퓨리에 급수(Fourier Series)

2.5.1 퓨리에 급수 및 퓨리에 계수

퓨리에 급수(Fourier Series)란 주어진 임의의 주기함수(Periodic Function)를 서로 다른 주파수를 가진 사인과 코사인 함수들의 급수로 표현하는 방법이다. 주기함수는 시간에 따라 반복되는 모든 함수를 가리킨다. 즉, 주기라고 하는 어떤 고정된 시간 T가 존재해서 시간 t의 모든 값에 대해 $F(t)=F(t+T)$를 만족시키는 함수를 말한다. 간단한 예로, 서로 다른 주파수의 두 사인파의 합으로 이루어진 함수를 들 수 있다.

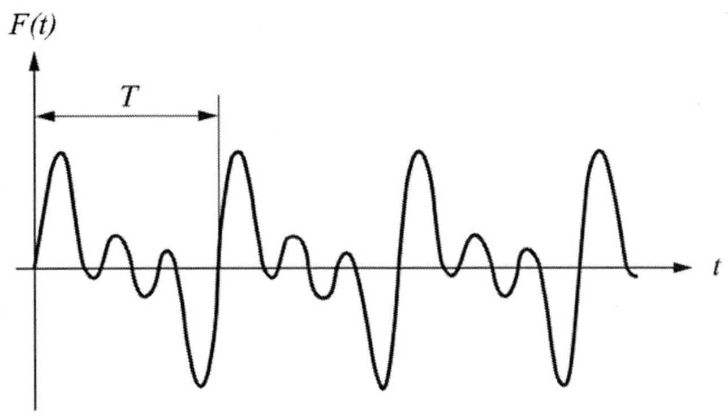

그림 2.5 | 주기가 T인 일반적인 주기함수

그림 2.5는 주기가 T인 일반적인 주기함수 $F(t)$의 예를 보여준다. 그림에서와 같이 만일 주기 T보다 작은 구간에서 보면 주기적으로 보이지 않으나 실제 이 함수는 시간 간격 T마다 계속 반복된다.

푸리에의 정리에 의하면, 주기가 T인 임의의 주기함수 $F(t)$는 다음과 같이 무한급수(Infinite Series)로 표시할 수 있다.

$$F(t)=\frac{a_0}{2}+\sum_{n=1}^{\infty}\left[a_n\cos(n\omega_T t)+b_n\sin(n\omega_T t)\right] \tag{2.5-1}$$

여기서 $w_T=2\pi/T$이고 주어진 주기함수 $F(t)$에 대해 계수 a_0, a_n, b_n은 다음 식으로 계산된다.

$$a_0=\frac{1}{T}\int_0^T F(t)dt \tag{2.5-2}$$

$$a_n = \frac{2}{T}\int_0^T F(t)\cos nw_T t\,dt \quad n = 1, 2, 3\cdots \tag{2.5-3}$$

$$b_n = \frac{2}{T}\int_0^T F(t)\sin nw_T t\,dt \quad n = 1, 2, 3\cdots \tag{2.5-4}$$

첫 번째 계수 a_0는 함수 $F(t)$ 의 1주기 평균의 두 배가 된다. 계수 a_0, a_n, b_n을 푸리에 계수라 한다. 식 (2.5-1)의 급수는 푸리에 급수라 하고, 이 푸리에 급수에 대한 더 자세한 설명은 대부분의 미분방정식 입문 교재에 나와 있다.

푸리에 급수는 이 급수에 사용되는 삼각함수의 특별한 성질 때문에 유용하고 비교적 간단히 적용된다. 직교성(Orthogonality)이라 하는 이 특별한 성질은 다음과 같이 기술된다.

$$\int_0^T \sin nw_T t \sin mw_T t\,dt = \begin{cases} 0 & m \neq n \\ T/2 & m = n \end{cases} \tag{2.5-5}$$

$$\int_0^T \cos nw_T t \cos mw_T t\,dt = \begin{cases} 0 & m \neq n \\ T/2 & m = n \end{cases} \tag{2.5-6}$$

$$\int_0^T \cos nw_T t \sin mw_T t\,dt = 0 \tag{2.5-5}$$

여기서 m과 n은 정수이다. 이 세 직교성 조건은 직접 적분에 의해 증명된다. 이 직교성(즉, 두 함수의 곱의 적분이 영이 된다)은 진동해석에서 반복적으로 사용되며 정역학과 동역학에서도 사용된다.

푸리에 해석에서, 구간 $0 < t < T$에서의 사인과 코사인함수의 직교성은 식 (2.5-2), (2.5-3), (2.5-4)을 유도하는 데 사용된다. 이 계수값은 다음과 같이 유도된다. 식 (2.5-1)에 $\cos mw_T t$를 곱하고 주기 T의 구간에서 적분해서 푸리에 계수 a_n을 구한다. 마찬가지로 계수 b_n은 $\sin mw_T t$를 곱하고 적분해서 구한다. 삼각함수의 직교성에 의해 식 (2.5-1)의 우변의 합은 한 항만을 제외하고 모두 '0'이 된다. 위에 언급된 직교성에 의해 적분곱 $\int_0^T F(t)\sin mw_T t\,dt$의 모든 항은 b_m을 포함하는 항을 제외하고 모두 '0'이다. 이런 과정을 거쳐 식 (2.5-4)을 얻게 된다. 마찬가지로 a_m을 포함하는 항을 제외한 급수 $\int_0^T \cos mw_T dt$의 모든 항은 '0'이 된다. 이렇데 해서 식 (2.5-4)를 얻게 된다. 계속해서 푸리에 급수의 합중에서 n의 모든 값에 대해 이 과정을 반복할 수 있다. 다음 예제는 간단한 힘에 대해 푸리에 계수를 구하는 과정을 보여준다.

예제 2.23 — $-\pi \le t \le \pi$ 에서 $f(t)=t$ 라고 할 때 $f(t)$ 의 푸리에 급수를 구하여라.

풀이 우선 제차방정식 $\ddot{y}(t)+9y(t)=0$ 의 해를 구하기 위하여 특성방정식과 그 해를 구하면 다음과 같다.

$$a_0 = \frac{1}{\pi}\int_{-\pi}^{\pi} t\,dt = 0$$

$$a_n = \frac{2}{\pi}\int_{-\pi}^{\pi} t\cos(nt)\,dt = \left[\frac{1}{n^2\pi}\cos(nt) + \frac{t}{n\pi}\sin(nt)\right]_{-\pi}^{\pi} = 0$$

$$b_n = \frac{2}{\pi}\int_{-\pi}^{\pi} t\sin(nt)\,dt = \left[\frac{1}{n^2\pi}\sin(nt) + \frac{t}{n\pi}\cos(nt)\right]_{-\pi}^{\pi} = \frac{2}{n}(-1)^{n+1}$$

따라서, 주어진 구간에서 $f(t)=t$ 의 푸리에 급수는 다음과 같이 구해진다.

$$f(t) = \sum_{n=1}^{\infty}\frac{2}{n}(-1)^{n+1}\sin(nt)$$

예제 2.14 — $-3 \le t \le 3$ 에서 $f(t)$ 가 다음과 같이 정의된다고 할 때 $f(t)$ 의 푸리에 급수를 구하여라.

$$f(t) = \begin{cases} 0 & -3 \le t \le 0 \\ t & 0 \le t \le 3 \end{cases}$$

풀이 주어진 함수를 이용하여 퓨리에 급수의 계수를 구하면 다음과 같다.

$$a_0 = \frac{1}{3}\int_{-3}^{3} t\,dt = \frac{3}{2}$$

$$a_n = \frac{1}{3}\int_{-3}^{3} t\cos\left(\frac{n\pi t}{3}\right)dt = \frac{1}{3}\int_{0}^{3} t\cos\left(\frac{n\pi t}{3}\right)dt$$

$$= \left[\frac{3}{n^2\pi^2}\cos\left(\frac{n\pi t}{3}\right) + \frac{t}{n\pi}\sin\left(\frac{n\pi t}{3}\right)\right]_0^3 = \frac{3}{n^2\pi^2}[(-1)^n - 1]$$

$$b_n = \frac{1}{3}\int_{-3}^{3} t\sin\left(\frac{n\pi t}{3}\right)dt = \frac{1}{3}\int_{0}^{3} t\sin\left(\frac{n\pi t}{3}\right)dt$$

$$= \left[\frac{3}{n^2\pi^2}\sin\left(\frac{n\pi t}{3}\right) - \frac{t}{n\pi}\cos\left(\frac{n\pi t}{3}\right)\right]_0^3 = \frac{3}{n\pi}(-1)^{n+1}$$

따라서, 주어진 구간에서 $f(t)=t$ 의 푸리에 급수는 다음과 같이 구해진다.

$$f(t) = \frac{3}{4} + \sum_{n=1}^{\infty}\left\{\frac{3}{n^2\pi^2}[(-1)^n - 1]\cos\left(\frac{n\pi t}{3}\right) + \frac{3}{n\pi}(-1)^n\sin\left(\frac{n\pi t}{3}\right)\right\}$$

2.5.2 우함수 및 기함수

만약 주어진 주기함수가 원점을 중심으로 $-T \le t \le T$에서 $f(-t)=f(t)$이면 함수 $f(t)$를 주어진 구간에서 우함수(Even Function)라고 하며 x^2 x^4 $\cos(n\pi x/L)$ 등이 이에

해당한다. 우함수를 주어진 구간에서 적분하면 $\int_{-L}^{L} f(x)\,dx = 2\int_{0}^{L} f(x)\,dx$임을 알 수 있다. 반대로 동일 구간에서 $f(-x) = -f(x)$이면 $f(x)$를 기함수(Odd Function)라고 하며 x, x^3, x^5 및 $\sin(n\pi x/L)$등이 이에 해당한다.

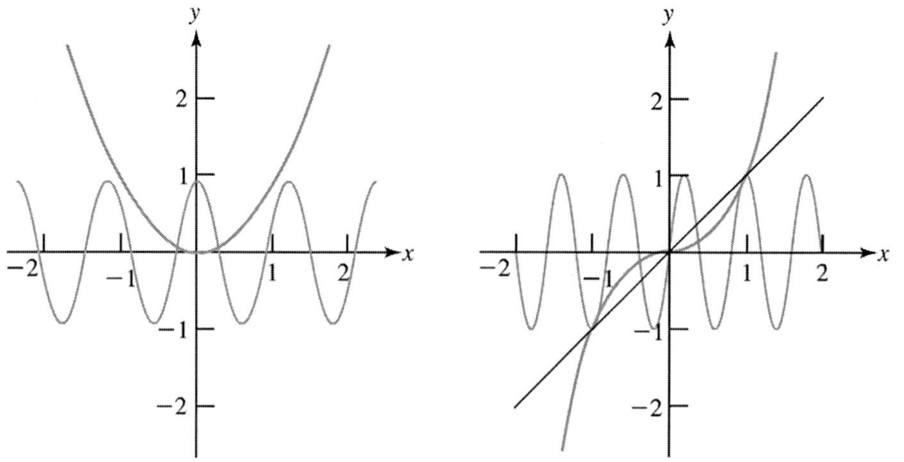

그림 2.6 | 우함수와 기함수의 예 (a) 우함수 (b) 기함수

기함수인 경우 동일 구간에서 적분하면 $\int_{-L}^{L} f(x)\,dx = 0$ 이 된다. 또한 위의 특성을 이용하면 우함수와 우함수 또는 기함수와 기함수의 곱은 우함수이며 우함수와 기함수의 곱은 기함수임을 알 수 있다. 이 사실을 퓨리에 계수에 적용해 보면, 만일 $f(x)$가 짝함수이거나 홀함수라면 퓨리에 계수들 중의 일부는 바로 '0'이 되므로 적분을 계산할 필요가 없다. 예제 2.23에서 다룬 기함수 $f(x) = x$를 보면 $x\cos nx$가 기함수와 우함수의 곱으로 기함수이기 때문에 코사인 계수가 모두 '0'임을 확인했다. 이를 요약하면 함수 $f(x)$가 기함수, 즉 $f(-t) = -f(t)$이면 cosine항은 나타나지 않으며 함수 $f(t)$가 우함수, 즉 $f(t) = -f(t)$ 이면 Sine항이 나타나지 않는다.

예제 2.25 —— $0 \le t \le 2$ 에서 함수 $f(t) = e^{2t}$를 (a) 우함수 (b) 기함수로 가정하여 퓨리에 급수를 구하여라.

풀이 (a) $f(t) = e^{2t}$를 우함수로 가정하면 $f_e(t)$는 다음과 같다.

$$f_e(t) = \begin{cases} e^{-2t} & -1 \le t \le 0 \\ e^{2t} & 0 \le t \le 1 \end{cases}$$

주어진 함수가 우함수이므로 이 함수는 다음과 같이 나타낼 수 있다.

$$f_e(t) = \frac{1}{2}a_0 + \sum_{n=1}^{\infty} a_n \cos(n\pi t)$$

위의 식 (2.5-2)와 (2.5-3)을 이용하여 계수를 구하면 다음과 같다.

$$a_0 = 2\int_0^1 e^{2t} dt = e^2 - 1$$

$$a_n = 2\int_0^1 e^{2t} \cos(n\pi t) dt = 4\frac{e^2(-1)^n - 1}{4 + n^2\pi^2}$$

따라서 주어진 함수의 우함수 전개는 다음과 같다.

$$f_e(t) = \frac{1}{2}(e^2 - 1) + \sum_{n=1}^{\infty} 4\frac{e^2(-1)^n - 1}{4 + n^2\pi^2} \cos(n\pi t)$$

(b) $f(t) = e^{2t}$ 를 기함수로 가정하면 $f_o(t)$는 다음과 같다.

$$f_o(t) = \begin{cases} -e^{-2t} & -1 \le t \le 0 \\ e^{2t} & 0 \le t \le 1 \end{cases}$$

주어진 함수가 기함수이므로 이 함수는 다음과 같이 나타낼 수 있다.

$$f_o(t) = \sum_{n=1}^{\infty} b_n \sin(n\pi t)$$

위의 식 (2.5-4)를 이용하여 계수를 구하면 다음과 같다.

$$b_n = 2\int_0^1 e^{2t} \sin(n\pi t) dt = 2\frac{n\pi[1 - (-1)^n e^2]}{4 + n^2\pi^2}$$

따라서 주어진 함수의 우함수 전개는 다음과 같다.

$$f_o(t) = 2\frac{n\pi[1 - (-1)^n e^2]}{4 + n^2\pi^2} \sin(n\pi t)$$

연습문제

2.2절 미분방정식과 라플라스 변환

2.1 다음 1계 미분방정식의 일반해를 구하여라.

(1) $\dot{y}+2y=t$

(2) $2\dot{y}+3y=e^{2t}$

(3) $\dot{y}-y=2e^{4t}$ $y(0)=-3$

(4) $\dot{y}-4y=t+\sin t$ $y(0)=3$

2.2 다음 2계 미분방정식의 일반해를 구하여라.

(1) $\ddot{y}-\dot{y}-6y=0$

(2) $\ddot{y}+10\dot{y}+26y=0$

(3) $\ddot{y}-4\dot{y}+4y=0$ $y(0)=3,\ \dot{y}(0)=5$

(4) $\ddot{y}+2\dot{y}-3y=0$ $y(0)=6,\ \dot{y}(0)=-2$

2.3 다음 2계 미분방정식의 일반해를 구하여라.

(1) $\ddot{y}-\dot{y}-2y=2t^2+5$

(2) $\ddot{y}-6\dot{y}+8y=3e^t$

(3) $\ddot{y}-3\dot{y}+2y=10\sin t$

(4) $\ddot{y}+8\dot{y}+12y=e^{-t}+7$ $y(0)=1,\ \dot{y}(0)=0$

(5) $\ddot{y}-5\dot{y}+6y=\cos 2t$ $y(0)=0,\ \dot{y}(0)=4$

(6) $\ddot{y}-\dot{y}+y=1$ $y(1)=4,\ \dot{y}(1)=-2$

2.4 다음 2계 미분방정식의 일반해를 구하여라.

(1) $\ddot{y}-\dot{y}-2y=2t^2+5$

(2) $\ddot{y}-6\dot{y}+8y=3e^t$

(3) $\ddot{y}-3\dot{y}+2y=10\sin t$

(4) $\ddot{y}+8\dot{y}+12y=e^{-t}+7$ $y(0)=1,\ \dot{y}(0)=0$

(5) $\ddot{y}-5\dot{y}+6y=\cos 2t$ $y(0)=0,\ \dot{y}(0)=4$

(6) $\ddot{y}-\dot{y}+y=1$ $y(1)=4,\ \dot{y}(1)=-2$

2.5 다음 미분방정식을 라플라스 변환을 이용하여 구하여라.

(1) $\dot{y}-9y=t \ \ y(0)=5$

(2) $\dot{y}+2y=e^{-t} \ \ y(0)=1$

(3) $\dot{y}+4y=1 \ \ y(0)=-3$

(4) $\ddot{y}+y=1 \ \ y(0)=6, \dot{y}(0)=0$

(5) $\ddot{y}-4\dot{y}+4y=\cos t \ \ y(0)=1, \dot{y}(0)=-1$

(6) $\ddot{y}-5\dot{y}+6y=e^{-t} \ \ y(0)=0, \dot{y}(0)=2$

2.3절 복소수 및 복소 평면

2.6 다음을 계산하여라.

(1) $(3-4i)(6+2i)$

(2) $\dfrac{2+i}{4-7i}$

(3) $\left|\dfrac{3i}{-4+8i}\right|$

2.7 다음 복소수의 편각을 계산하여라.

(1) $-2+2i$

(2) $3-4i$

(3) $8+i$

2.8 다음 복소수를 극형식으로 표현하여라.

(1) $-2+2i$

(2) $5-2i$

(3) $-4-i$

2.4절 행렬의 기초

2.9 두 행렬 $A=\begin{bmatrix} 1 & -1 & 3 \\ 2 & -4 & 6 \\ -1 & 1 & 2 \end{bmatrix}$ 및 $B=\begin{bmatrix} -4 & 0 & 0 \\ -2 & -1 & 6 \\ 8 & 15 & 4 \end{bmatrix}$에 대하여 다음을 구하여라.

(1) $2A-3B$

(2) $2AB$

(3) $2BA$

2.10 다음 행렬의 행렬식을 구하여라.

(1) $\begin{bmatrix} -4 & 2 & -8 \\ 1 & 1 & 0 \\ 1 & -3 & 0 \end{bmatrix}$ (2) $\begin{bmatrix} 1 & 1 & 6 \\ 1 & -2 & 1 \\ 3 & -1 & 4 \end{bmatrix}$ (3) $\begin{bmatrix} 5 & -4 & 3 \\ -1 & 1 & 6 \\ -2 & -2 & 4 \end{bmatrix}$

2.11 다음 행렬의 역행렬을 구하고 아니면 주어진 행렬이 특이행렬임을 보여라.

(1) $\begin{bmatrix} -1 & 2 \\ 2 & 1 \end{bmatrix}$ (2) $\begin{bmatrix} -5 & 2 \\ 1 & 2 \end{bmatrix}$ (3) $\begin{bmatrix} -3 & 4 & 1 \\ 1 & 2 & 0 \\ 1 & 1 & 3 \end{bmatrix}$ (4) $\begin{bmatrix} -2 & 1 & -5 \\ 1 & 1 & 4 \\ 0 & 3 & 3 \end{bmatrix}$

2.12 다음 연립방정식을 역행렬을 이용하여 풀어라

$$2x_1 + x_3 = 1$$
$$-2x_1 + 3x_2 + 4x_3 = -1$$
$$-5x_1 - 5x_2 + 6x_3 = 0$$

2.13 다음 연립방정식을 역행렬을 이용하여 풀어라

$$3x_1 - 4x_2 - 6x_3 = 4$$
$$x_1 + x_2 - 3x_3 = 4$$
$$2x_1 - x_2 + 6x_3 = -1$$

2.14 다음 행렬의 고유치와 고유벡터를 구하여라.

(1) $\begin{bmatrix} 1 & 3 \\ 2 & 1 \end{bmatrix}$ (2) $\begin{bmatrix} -5 & 0 \\ 1 & 2 \end{bmatrix}$ (3) $\begin{bmatrix} -2 & 1 & 0 \\ 1 & 3 & 0 \\ 0 & 0 & -1 \end{bmatrix}$ (4) $\begin{bmatrix} 3 & 0 & 0 \\ 1 & -2 & -8 \\ 0 & -5 & 1 \end{bmatrix}$

2.5절 퓨리에 급수

2.15 다음 함수의 퓨리에 급수를 구하여라.

(1) $f(t) = \begin{cases} -1 & -1 \le t \le 0 \\ 1 & 0 \le t \le 1 \end{cases}$

(2) $f(t) = \begin{cases} 0 & -3 \le t \le 0 \\ t & 0 \le t \le 3 \end{cases}$

(3) $f(t) = \begin{cases} 0 & -2 \le t \le -1 \\ a & -1 \le t \le -1 \\ 0 & 1 \le t \le 2 \end{cases}$

2.16 다음 함수를 (a)우함수 (b)기함수로 가정하여 푸리에 급수를 구하여라.

(1) $f(t)=\begin{cases} 1 & 0 \le t \le 1 \\ -1 & 1 \le t \le 2 \end{cases}$

(2) $f(t)=2t \quad 0 \le t \le 1$

(3) $f(t)=e^{-t} \quad 0 \le t \le 1$

CHAPTER 3

진동 모델

3.1 서론

이 장에서는 진동계를 구성하는 요소들의 종류와 특징을 살펴보고 물리적 특성을 수학적으로 표시하는 방법을 소개한다. 이 요소들로는 관성요소, 강성요소 및 감쇠요소 등을 소개하고 있으며 진동계 내에서의 이 요소들의 역할을 검토한다.

진동 형태와 시스템은 여러 기준에 따라 다양하게 분류된다. 3.2절에서는 동역학적 배경에 대해 공부하여 진동 해석의 기본적인 지식을 배양한다. 3.3절에서는 진동계를 구성하는 기본요소, 즉 관성요소, 강성요소 및 감쇠요소들의 종류와 특성을 공부한다. 3.4절에서는 진동 형태와 시스템의 분류 방법과 각각의 특성을 설명한다. 각 진동 시스템은 그 특성에 따라 고유한 진동의 형태를 나타내며 각 형태의 진동은 각각 적절한 수학적인 모델을 가진다.

이 책에서 다루는 이산 진동 시스템은 시스템의 운동을 설명하기 위해 필요한 좌표의 수가 시스템에 따라 달라지며 이를 시스템의 자유도라고 한다. 진동계의 자유도에 따라 계의 거동을 묘사하는 운동방정식의 수가 결정된다. 운동방정식을 유도하기 위해서는 관성요소에 작용하는 모든 힘들을 포함한 자유물체도를 작성하여야 한다. 3.5절에서는 이에 대한 내용을 공부한다.

다음으로 3.6절에서는 진동계의 운동방정식을 유도하기 위한 뉴턴 역학을 이용한 방법과 에너지 개념을 이용한 라그랑지 역학을 이용한 방법을 공부한다.

3.7절에서는 가장 간단한 진동 형태인 단순 조화운동의 특성과 감쇠 조화운동의 특성을 공부한다.

학습목표 |

- 진동 시스템을 구성하고 있는 요소들의 종류와 특성을 파악한다.
- 시스템 내에서 각 요소들의 역할을 이해한다.
- 진동의 형태와 진동 시스템을 분류하고 그 특성을 이해한다.
- 진동 시스템의 자유도의 개념을 파악하고 자유 물체도를 그릴 수 있다.
- 시스템의 운동방정식을 유도할 수 있다.
- 진동의 기본적인 형태인 조화운동의 특성을 파악하고 수학적으로 표현할 수 있다.

3.2 동역학적 배경

동역학의 대상물을 모델링하는 방법은 크게 두 가지의 부류로 나뉘어진다. 하나는 대상물의 질량이 한 점에 집중되어 있다고 가정하여 질점으로 모델링하는 방법이며 다른 하나는 대상물 내에 질량이 분포되어 있으며 대상물의 강성이 무한히 커서 작용하는 힘이나 토크에 의해 변형을 무시하는 강체로 모델링하는 방법이다. 또한 동역학은 해석을 통해 얻고자 하는 정보에 따라 운동학 또는 기구학(Kinematics)과 운동역학(Kinetics)로 분류된다. 운동학에서는 대상물에 작용하는 힘이나 토크를 고려하지 않고 단순히 대상물의 운동 자체 즉, 위치, 변위, 속도 및 가속도 등을 분석하는 분야이다. 반면에 운동역학은 대상물에 작용하는 외력을 고려하여 그에 따라 발생하는 운동학적 영향(변위, 속도 및 가속도 등)을 분석하는 분야이다. 이 절에서는 질점의 운동학과 강체의 평면운동학의 기본 개념을 공부한다. 다음으로 질점과 강체의 운동역학을 뉴턴역학, 일-에너지의 원리 및 운동량과 충격량의 이용하여 해석하는 방법을 공부한다.

3.2.1 질점과 강체의 운동학

1) 질점의 운동학

다음 그림 3.1은 평면 상을 운동하는 질점을 나타낸다.

이러한 질점의 운동을 해석하기 위하여 그림에 표시된 것과 같이 평면상의 두 축 방향의 단위벡터 $\vec{i}, \vec{j}$ 들을 정의한다. 그림의 좌표계와 단위벡터들은 시간에 따라 변화하지 않는다고 가정한다. 즉, 그림의 단위벡터들은 시간에 따라 그 크기와 방향이 변하지 않는다는 의미이다. 위의 가정에 따라 좌표축의 원점도 시간에 따른 위치의 변화가 없다. 그림에서 알 수 있는 바와 같이 좌표 원점을 기준으로 한 질점의 위치벡터는 다음과 같이 나타낼 수 있다.

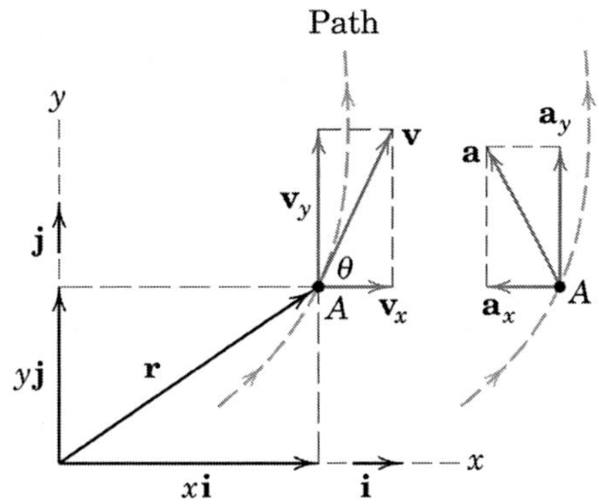

그림 3.1 | 질점의 평면운동

$$\vec{r}_A = x_A \vec{i} + y_A \vec{j} \tag{3.2-1}$$

질점의 위치벡터는 좌표축의 원점에서 질점 A로 향하는 벡터로 정의할 수 있다.

질점의 속도와 가속도 벡터들은 위에 주어진 벡터를 시간에 대해 미분하여 다음과 같이 정의될 수 있다.

$$\vec{v}_A = \dot{\vec{r}}_A = \frac{d}{dt}\vec{r}_A = \frac{d}{dt}(x_A\vec{i} + y_A\vec{j}) = \dot{x}_A\vec{i} + \dot{y}_A\vec{j} \tag{3.2-2}$$

$$\vec{a}_A = \dot{\vec{v}}_A = \frac{d}{dt}\vec{v}_A = \frac{d}{dt}(\dot{x}_A\vec{i} + \dot{y}_A\vec{j}) = \ddot{x}_A\vec{i} + \ddot{y}_A\vec{j} \tag{3.2-3}$$

예제 3.1 — 물체 A의 위치 벡터가 $\vec{r}_A(t) = \sin(\pi t)\vec{i} + \cos(\pi t)\vec{j}\ m$로 주어진다. 다음을 구하여라.

(1) t=0의 순간속도 (2) t=1의 순간속력 (3) t=1의 가속도

풀이 식 (3.2-2)와 (3.2-3)에 따라 물체 A의 속도와 가속도는 다음 식으로 주어진다.

$$\vec{v}_A = \dot{x}_A\vec{i} + \dot{y}_A\vec{j} = \pi\cos(\pi t)\vec{i} - \pi\sin(\pi t)\vec{j}$$

$$\vec{a}_A = \ddot{x}_A\vec{i} + \ddot{y}_A\vec{j} = -\pi^2\sin(\pi t)\vec{i} - \pi^2\cos(\pi t)\vec{j}$$

(1) $\vec{v}_A(0) = \pi\cos(0)\vec{i} - \pi\sin(0)\vec{j} = \pi\vec{i}$

(2) $|\vec{v}_A(1)| = |\pi\cos(\pi)\vec{i} - \pi\sin(\pi)\vec{j}| = |-\pi\vec{i}| = \pi$

(3) $\vec{a}_A(1) = -\pi^2\cos(\pi)\vec{i} - \pi^2\sin(\pi)\vec{j} = \pi^2\vec{i}$

2) 강체의 평면 운동학

다음 그림 3.2에 평면에서 운동하는 강체가 설명되어 있다. 그림 3.1에서 사용되었던 단위벡터들을 그대로 사용하여 강체의 운동을 설명할 수 있다. 질점 운동의 경우와 마찬가지로 강체 운동의 경우에도 위의 단위벡터들은 그 크기와 방향이 일정하다고 가정한다.

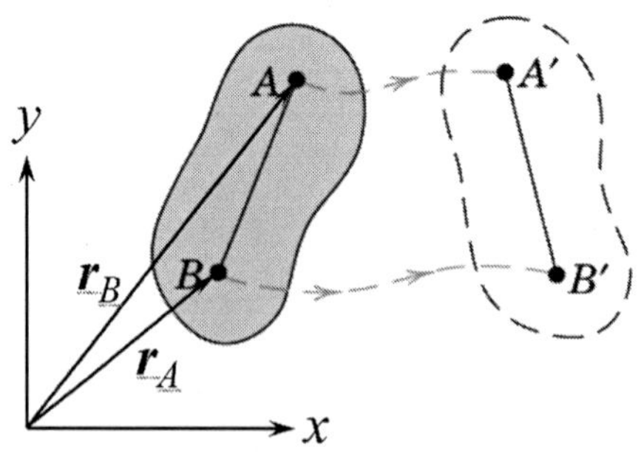

그림 3.2 | 상대운동을 이용한 강체의 평면운동

이들을 이용하여 강체의 운동을 설명할 때 사용되는 방법은 ① 강체 내의 각 점의 절대운동으로 설명하는 방법, ② 강체 내의 임의의 점의 운동을 특정한 한 점에 대한 상대운동으로 설명하는 방법 등 두 가지가 있다.

① 절대운동을 이용하는 방법

이 방법에서는 강체 내의 각 점의 위치를 좌표축의 원점을 기준으로 한 별개의 위치 벡터로 표시하고 각 점의 속도와 가속도 벡터들은 이들을 미분하여 정의한다. 그림 3.2에 주어진 강체상의 두 점 A와 B의 위치는 앞의 단위벡터를 이용하여 다음과 같이 나타낼 수 있다.

$$\vec{r}_A = x_A \vec{i} + y_A \vec{j}$$
$$\vec{r}_B = x_B \vec{i} + y_B \vec{j} \tag{3.2-4}$$

질점의 경우와 동일하게 강체 내의 각 점의 속도 벡터는 위의 벡터를 미분해서 다음과 같이 정의할 수 있다.

$$\vec{v}_A = v_{Ax} \vec{i} + v_{Ay} \vec{j} = \dot{x}_A \vec{i} + \dot{y}_A \vec{j}$$
$$\vec{v}_B = v_{Bx} \vec{i} + v_{By} \vec{j} = \dot{x}_B \vec{i} + \dot{y}_B \vec{j} \tag{3.2-5}$$

또한, 동일한 접근 방법으로 강체 내의 각 점의 가속도은 다음 식으로 구할 수 있다.

$$\vec{a}_A = \dot{v}_{Ax}\vec{i} + \dot{v}_{Ay}\vec{j} = \ddot{x}_A\vec{i} + \ddot{y}_A\vec{j}$$
$$\vec{a}_B = \dot{v}_{Bx}\vec{i} + \dot{v}_{By}\vec{j} = \ddot{x}_B\vec{i} + \ddot{y}_B\vec{j} \quad (3.2\text{-}6)$$

위의 식들에서 알 수 있는 바와 같이 이 방법에서는 강체 내 각 점의 운동을 별개의 벡터들을 이용하여 모델링하고 해석한다.

② 한 점에 대한 상대운동을 이용하는 방법

이 방법에서는 강체 내의 모든 점들의 운동을 강체 내의 특정한 점에 대한 상대운동으로 설명하는 방법이다. 평면상에서 임의의 운동을 하고 있는 두 점의 운동은 다음 그림과 같이 설명될 수 있다.

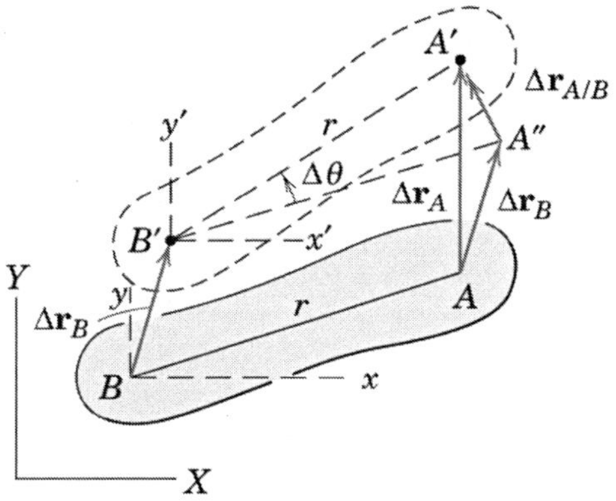

그림 3.3 | 상대운동을 이용한 강체의 평면운동 해석

그림에서 보는 바와 같이 강체 내 임의의 점 A의 운동은 특정한 점 B의 운동과 동일한 운동과 B점에 대한 상대운동의 합으로 설명될 수 있다. 강체의 운동 시 A점과 B점에서 발생되는 변위 벡터는 다음 식 (3.2-7)와 같은 관계를 가진다.

$$\Delta\vec{r}_A = \Delta\vec{r}_B + \Delta\vec{r}_{A/B} \quad (3.2\text{-}7)$$

이 식을 미분하면 두 점의 속도 벡터 사이의 관계를 다음 식과 같이 유도할 수 있다.

$$\vec{v}_A = \vec{v}_B + \vec{v}_{A/B} \quad (3.2\text{-}8)$$

그러나 두 점은 변형이 없는 강체 내의 두 점이므로 B점에 대한 A점의 상대운동은 B점을 중심으로 한 회전운동일 수 밖에 없다. 이 관계를 그림으로 나타내면 다음과 같다.

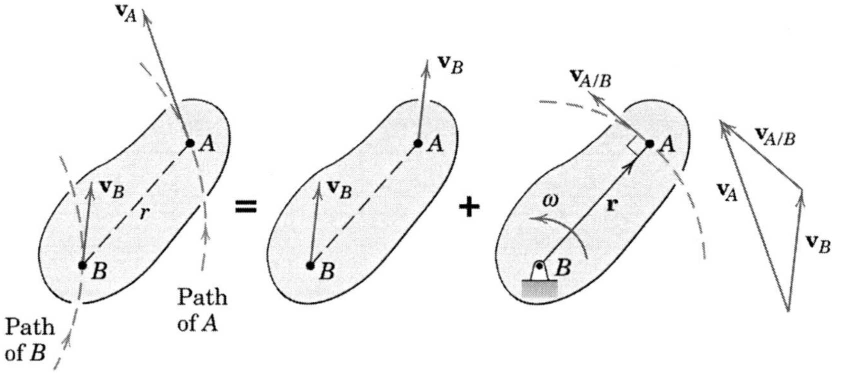

그림 3.4 | 상대운동을 이용한 강제의 평면운동 해석 - 속도

따라서, B점에 대한 A점의 상대속도 $\vec{v}_{A/B}$는 다음 식과 같이 나타낼 수 있다.

$$\vec{v}_{A/B} = \vec{r}_{A/B} \times \vec{\omega} \tag{3.2-9}$$

결과적으로 식 (3.2-8)은 다음과 같이 정의할 수 있다.

$$\vec{v}_A = \vec{v}_B + \vec{r}_{A/B} \times \vec{\omega} \tag{3.2-10}$$

따라서, 강체 내 특정한 한 점에서의 속도과 강체의 회전 각속도를 알면 임의의 강체 내 임의의 점에서 나타나는 속도를 계산할 수 있다.

동일한 접근 방법을 이용하여 강체 내 한 점에서의 가속도와 강체 내 임의의 점에서 나타나는 해당 점에 대한 상대 가속도를 이용하여 임의의 점의 가속도를 정의할 수 있다.

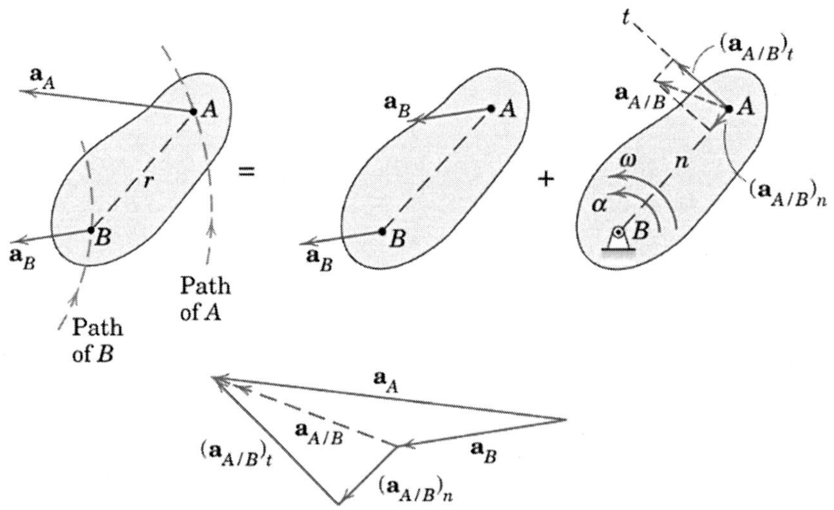

그림 3.5 | 상대운동을 이용한 강제의 평면운동 해석 - 가속도

위의 속도의 경우와 마찬가지로 A점에서의 가속도는 B점의 가속도와 B점에 대한 A점의 상대 가속도를 이용하여 다음과 같이 나타낼 수 있다.

$$\vec{a}_A = \vec{a}_B + \vec{a}_{A/B} \tag{3.2-11}$$

B점의 A점에 대한 상대 운동이 B점을 중심으로 한 회전운동임을 고려하면 B점에 대한 A점의 상대 가속도 $\vec{a}_{A/B}$는 다음 식으로 나타낼 수 있다.

$$\vec{a}_{A/B} = \vec{\omega} \times \left(\vec{\omega} \times \vec{r}_{A/B}\right) + \vec{\alpha} \times \vec{r}_{A/B} \tag{3.2-12}$$

이 식에서 $\vec{\omega}$ 와 $\vec{\omega}$ 는 각각 강체의 회전 각속도와 각가속도이다. 따라서 B점의 가속도는 위의 두 식을 조합하여 다음 식 (3.2-13)과 같이 주어진다.

$$\vec{a}_{A/B} = \vec{\omega} \times \left(\vec{\omega} \times \vec{r}_{A/B}\right) + \vec{\alpha} \times \vec{r}_{A/B} \tag{3.2-13}$$

따라서, 강체 내 특정한 한 점에서의 가속도과 강체의 회전 각속도 및 각가속도를 알면 임의의 강체 내 임의의 점에서 나타나는 가속도를 계산할 수 있다.

예제 3.2 — 다음 그림과 같이 원판이 바닥면을 미끄러짐이 없이 굴러가고 있다. 다음에 답하여라.

(1) 디스크가 굴러가는 수평방향으로 굴러가는 속도

(2) A점의 속도

(3) O 점에 대한 P점의 상대속도 벡터

(4) (1), (3)의 결과를 이용한 P점의 속도 벡터

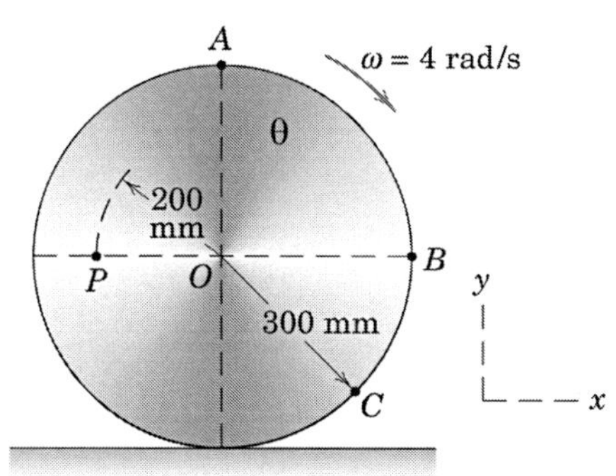

풀이 식 (3.2-2)와 (3.2-3)에 따라 물체 A의 속도와 가속도는 다음 식으로 주어진다.

(1) 원판의 굴러가는 속도는 원판 중심 O점에서의 속도와 동일하다. 원판이 미끄러짐 없이 굴러가므로 접지점에서의 원판의 속도는 '0'이다. 접지점을 D점이라고 하면 O점에서의 속도는 식 (3.2-9)에 의해 다음과 같이 주어진다.

$$\vec{v}_O = \vec{v}_D + \vec{v}_{O/D}$$

원판의 회전을 고려하면 $\vec{v}_{O/D}$는 다음 식으로 주어진다.

$$\vec{v}_{O/D} = \vec{\omega} \times \vec{r}_{O/D} = (-4)\vec{k} \times 0.30\vec{j} = 1.2\vec{i}$$

따라서 $\vec{v}_D = 0$임을 고려하면 $\vec{v}_O = \vec{v}_{O/D} = 1.2\vec{i}$ 이다

(2) (1) 동일한 방법으로 $\vec{v}_A$를 구하면 다음과 같다.

$$\vec{v}_{A/D} = \vec{v}_D + \vec{\omega} \times \vec{r}_{A/D} = (-4)\vec{k} \times 0.60\vec{j} = 2.4\vec{i}$$

(3) O점에 대한 P점의 상대속도 벡터 $\vec{v}_{P/O}$는 다음과 같이 주어진다.

$$\vec{v}_{P/O} = \vec{\omega} \times \vec{r}_{P/O} = (-4)\vec{k} \times (-0.2)\vec{i} = 0.8\vec{j}$$

(4) 상대속도의 개념을 이용하면 P점의 속도는 다음 식으로 주어진다.

$$\vec{v}_P = \vec{v}_O + \vec{v}_{P/O} = 1.2\vec{i} + 0.8\vec{j}$$

3.2.2 질점과 강체의 운동역학

이 절에서는 평면상에서 운동하는 물체에 작용하는 힘 또는 모멘트에 의한 영향을 분석하고 이들에 따른 물체의 운동을 정의하는 방법을 공부한다. 일반적으로 이 과정에서 사용되는 방법은 1) 뉴턴의 제 2법칙을 이용하는 방법 2) 일과 에너지의 원리를 이용하는 방법 3) 운동량과 충격량의 원리를 이용하는 방법 등으로 분류된다. 이 절에서는 이 세 가지 접근 방법을 간단히 살펴보고

1) 뉴턴 역학 이용

질량을 가진 물체에 힘이 작용하거나 관성모멘트를 가진 물체에 모멘트 또는 토크가 작용하면 물체에는 이들에 비례하는 가속도 또는 각가속도가 발생한다. 이를 식으로 나타내면 다음과 같다.

$$\begin{aligned} \vec{F} &= m\vec{a} \\ \vec{T} &= I\vec{\alpha} \end{aligned} \tag{3.2-14}$$

위의 식을 이용하여 외부에서 작용한 힘이나 토크에 의해서 발생되는 물체의 가속도나 각가속도를 계산하면 그 결과를 앞 절에서 공부한 운동학을 이용하여 물체의 거동을 해석할 수 있다.

예제 3.3 — **질량 $m=1.0kg$인 물체에 두 힘이 일정하게 작용하고 있다. $\overrightarrow{F_1}=-1.0\vec{i}-1.0\vec{j}N$ 이고 $\overrightarrow{F_2}$는 크기가 1.0N, 양의 y축 방향이다. 다음에 답하여라.**

(1) 두 힘의 합력을 $\vec{i},\vec{j}$를 이용하여 벡터로 표시하여라.

(2) 물체의 가속도 벡터를 구하여라.

(3) 물체의 초기 속도를 $\overrightarrow{v_0}=0\vec{i}+1.0\vec{j}\,(m/s)$라고 할 때, t=3에서의 속도 벡터를 구하여라.

풀이 (1) $\vec{F}=\sum\vec{F}_i=\vec{F}_1+\vec{F}_2=-1.0\vec{i}$

(2) $\vec{a}=\vec{F}/m=-1.0\vec{i}$

(3) $\vec{v}=\overrightarrow{v_0}+\vec{a}t\,(m/s)$로 주어지므로 위의 계산 결과를 이용하면 t=3에서의 속도 벡터는 다음과 같이 계산된다.

$$\vec{v}=\vec{v}_O+\vec{a}t=0\vec{i}+1.0\vec{j}+(-1.0\vec{i}+0\vec{j})(3.0)=-3.0\vec{i}+1.0\vec{j}$$

2) 일-에너지 원리 이용

계의 운동에너지와 더불어 계에 가해진 일이 정의된 경우 이 둘의 관계를 이용하여 계의 운동역학을 해석하는 것이 가능하다. 계의 운동에너지와 일은 모두 크기만 가진 스칼라양이다. n 개의 질점으로 구성된 질점계의 운동에너지는 다음 식으로 구할 수 있다.

$$T=\frac{1}{2}\sum_{i=1}^{n}m_i(\dot{\vec{r}}_i\cdot\dot{\vec{r}}_i)=\frac{1}{2}\sum_{i=1}^{n}m_i(\vec{v}_i\cdot\vec{v}_i) \tag{3.2-15}$$

이 식에서 $\vec{v}_i$는 i번째 질점의 속도 벡터이며 •는 두 벡터의 내적을 의미한다.

강체의 경우에는 질점과 달리 물체 자체의 회전을 무시할 수 없으므로 운동에너지를 정의할 때에도 다음 식과 같이 강체의 병진운동에 따른 운동에너지와 더불어 회전운동에 의한 운동에너지를 같이 고려해야 한다.

$$T=T_{trans.}+T_{rot.} \tag{3.2-16}$$

운동에너지 계산의 기준점을 물체의 무게중심으로 설정하면 운동에너지는 다음과 같이 정의될 수 있다.

$$T=\frac{1}{2}m(\vec{v}_G\cdot\vec{v}_G)+\frac{1}{2}I_G\dot{\theta}^2 \tag{3.2-17}$$

이 식에서 $\frac{1}{2}m(\vec{v}_G \cdot \vec{v}_G)$는 물체의 무게중심점의 속도 $\vec{v}_G$에 의한 병진 운동에너지이며, $\frac{1}{2}I_G\dot{\theta}^2$는 무게 중심을 통과하며 운동 평면에 수직인 축에 대한 회전 운동에너지이다. 만약 물체가 평면 상 하나의 고정점 O에 대해 회전 운동을 하는 경우 물체의 운동에너지는 다음과 같이 정의된다.

$$T = \frac{1}{2}I_G\dot{\theta}^2 \tag{3.2-18}$$

일-에너지 원리에 따르면 물체가 A점에서 B점까지 이동하는 과정에서 행해진 일은 그 계의 운동에너지의 변화량과 같고 이 관계는 다음 식과 같이 표현된다.

$$U_{AB} = T_B - T_A \tag{3.2-19}$$

이 식에서 U_{AB}는 물체가 A점에서 B점까지 이동하는 과정에서 행해진 일이며 T_A 와 T_B 는 A점과 B점에서 물체가 가지는 운동에너지이다.

예제 3.4 —— 60kg의 물체가 30도의 경사면을 따라 정지상태에서 출발하여 10m를 내려왔다. 중력가속도를 $g = 10m/s^2$로 가정하고 다음에 답하여라.

(1) $10m$를 내려왔을 때 중력이 물체에 한 일은 얼마인가?
(2) 동마찰계수가 0.2라고 할 때 마찰력이 한 일을 구하여라.
(3) 수직항력이 한 일을 구하여라.
(4) 경사면과 물체 사이에 마찰이 없다고 할 때 $10m$를 내려온 후의 속력을 구하여라.
(5) 동마찰계수가 0.2라고 할 때 $10m$를 내려온 후의 속력을 구하여라.

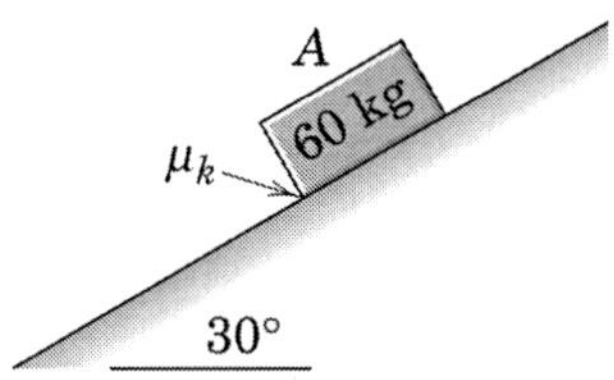

풀이 (1) $U_g = 60 \times 10 \times 10\sin 30° = 3{,}000J$

(2) $U_f = -\mu_k m g \cos 30°(10m) = -600\sqrt{3}\,J$

(3) 수직항력과 운동 방향이 서로 수직이므로 수직항력에 의한 일은 '0' 이다.

(4) 마찰계수가 '0'이므로 마찰력에 의한 일은 '0'이고 $U_{12}=U_g$이다. 또한 정지상태에서 출발했으므로 $T_1=0$, $T_2=\frac{1}{2}(60)v_2^2$로 주어진다. 일-에너지의 원리를 적용하면 다음과 같은 식을 유도할 수 있다.

$$U_{12}=U_g=3000\,J=\frac{1}{2}(60)v_2^2-0$$

따라서, $v_2=10\,m/s$이다.

(5) 이 경우 전체 일은 $U_{12}=U_g+U_f$가 되고 일-에너지의 원리를 적용하면 다음과 같은 식을 유도할 수 있다.

$$U_{12}=U_g+U_f=(3000-600\sqrt{3})\,J=\frac{1}{2}(60)v_2^2-0$$

따라서, $v_2=8.08\,m/s$이다.

3) 운동량-충격량 원리 이용

① 선운동량 법칙

선운동량의 법칙에 따르면 계의 선운동량의 변화율은 계에 직용하는 모든 힘의 합과 같다. 이 법칙은 다음 식 (3.2-20)과 같이 설명될 수 있다.

$$\vec{F}=\frac{d\vec{p}}{dt} \tag{3.2-20}$$

이 식에서 $\vec{F}$는 계에 작용하는 전체 힘의 합력이며 $\vec{p}=m\vec{v}$는 계 전체의 선형운동량이다. 이 식에서 m은 운동하는 물체의 질량이고 $\vec{v}$ 선속도이다. 따라서 앞의 이이나 에너지와는 달리 운동량은 벡터량이다. 이 식을 정리하고 양 변을 적분하면 다음과 같은 식을 얻을 수 있다.

$$\int_{t_1}^{t_2}\vec{F}dt=\int d\vec{p}=\vec{p}_2-\vec{p}_1 \tag{3.2-21}$$

이 식을 운동량-충격량 원리라고 하며 좌변은 물체에 가해진 충격량, 우변은 운동량의 변화량이다. 따라서 이 식에 따르면 물체에 가해진 충격량은 물체의 운동량의 변화량과 같다.

이 원리를 여러 질점으로 이루어진 질점계에 적용하면 다음 식과 같이 표시된다.

$$\vec{F}=\sum_{i=1}^{n}\vec{F}_i=\sum_{i=1}^{n}\frac{d\vec{p}_i}{dt}=\sum_{i=1}^{n}m_i\frac{d\vec{v}_i}{dt} \tag{3.2-22}$$

이 식에서 아래 첨자 i는 n개의 질점 중 i번째 질점을 나타낸다. 또한 $\vec{F}_i$는 질점 i에 작용하는 모든 힘의 합력이고 $\vec{p}_i$는 해당 질점의 선운동량, m_i는 해당 질점의 질량이며 $\vec{v}_i$는 질점의 선속도이다.

질점계의 경우 각 질점에 가해지는 힘은 계 외부에서 가해진 외력과 질점들 사이에 작용하는 내력으로 분류된다. 따라서 질점계 내의 질점 j에 충격량-운동량의 원리를 적용하면 다음과 같다.

$$\vec{F}+\sum_{\substack{i=1 \\ i\neq j}}^{n}\vec{F}_{ij}=\frac{d\vec{p}_j}{dt}=m_j\frac{d\vec{v}_j}{dt} \tag{3.2-23}$$

이 식에서 $\vec{F}_{ij}$는 질점 i에 의해 질점 j에 가해지는 내력이다. 또한, 작용-반작용의 법칙에 따라 한 쌍의 질점이 주고받는 내력은 크기가 같고 방향은 반대이므로 다음 식이 성립한다.

$$\vec{F}_{ij}=-\vec{F}_{ji} \tag{3.2-24}$$

결국 주어진 시간 간격 내에 질점계에 가해진 충격량을 계산하면 질점계의 내력에 의한 충격량은 '0'이 되고 식 (3.2-22)과 같이 질점계에 대한 운동량-충격량 원리가 유도된다. 질점계의 질량 중심을 G라고 하면 식 (3.2-22)은 다음과 같이 수정될 수 있다.

$$\vec{F}=\sum_{i=1}^{n}\frac{d(m_i\vec{v}_i)}{dt}=\frac{d(m\vec{v}_G)}{dt} \tag{3.2-25}$$

이 식에서 m는 질점계의 전체 질량이며 $\vec{v}_G$는 질점계 질량중심의 선속도이다. 이 식은 강체에도 동일하게 적용할 수 있다.

이 식으로부터 질점계에 외력이 작용하지 않으면 선운동량이 보존되고 시간에 따른 변화가 없다는 것을 알 수 있다. 진동계에 충격하중이 가해진 경우에 나타나는 응답을 구할 때에 이 원리를 유용하게 사용된다.

예제 3.5 — 다음 그림에 주어진 시스템에서 질량 $m_1=1kg, m_2=8kg$이며 m_1은 m_2에 부딪힌 후 튀어 나온다고 한다. 충돌이 (1) 완전탄성 충돌이라고 할 때 (2) 완전소성 충돌이라고 할 때 충돌 직후 m_2의 속력을 구하여라.

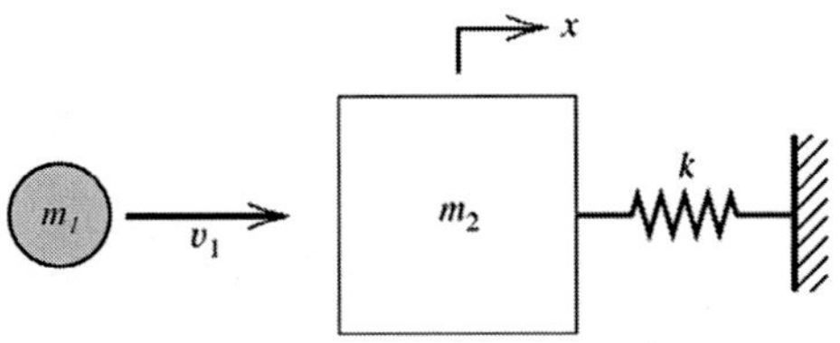

풀이 (1) 완전 탄성충돌인 경우, 충돌 후 질량 m_1의 속도는 다음 식과 같이 주어진다.

$$\frac{m_1 - m_2}{m_1 + m_2} v_1 = -\frac{7}{9} v_1$$

따라서, m_1 의 운동량의 변화 즉, m_1에 가해진 충격량은 다음과 같다

$$\int_0^t f(t) dt = -\frac{7}{9} v_1 - v_1 = -\frac{16}{9} v_1$$

이 충격량으로 인한 m_2의 속도 변화는 다음과 같이 주어진다.

$$(v_2)_a - (v_2)_b = \frac{16}{9(8)} v_1$$

이 식에서 충돌 전의 m_2의 속도 $(v_2)_b$는 '0'이므로 $(v_2)_a$는 다음과 같이 주어진다.

$$(v_2)_a = \frac{16}{9(8)} v_1$$

(2) 완전 소성충돌인 경우, 충돌 후 질량 m_1과 m_2의 속도는 동일하다. 따라서, 충돌 후 두 질량의 속력을 v_a라고 할 때 운동량 보존의 법칙에 따라 다음과 같은 식을 얻을 수 있다.

$m_1 v_1 = (m_1 + m_2) v_a$

결과적으로 충돌 후 m_1 과 m_2 의 속도는 다음과 같이 주어진다.

$$v_a = \frac{1}{1+8} v_1 = \frac{v_1}{9}$$

② 각운동량 법칙

각운동량의 원리는 임의의 고정점에 대한 계의 각운동량의 변화율이 그 고정점에 대한 전체 모멘트와 동일하다는 원리이다. 이 원리를 식으로 표현하면 다음과 같다.

$$\vec{M} = \frac{d\vec{H}}{dt} \qquad (3.2\text{-}26)$$

이 식에서 $\vec{M}$는 좌표계에 고정된 한 점을 기준으로 한모멘트의 합이며 $\vec{H}$는 동일한 점에 대한 계 전체의 각운동량의 합이다. 개별 질점에 대한 각운동량은 다음과 같이 나타낼 수 있다.

$$\vec{H} = \vec{r} \times \vec{p} \qquad (3.2\text{-}27)$$

이 식에서 $\vec{r}$은 고정점에서 질점까지의 위치벡터이고 $\vec{p}$는 이 질점의 선운동량이다. 만약 n개의 질점으로 구성된 질점계에 위의 식 (3.2-27)을 적용하면 각운동량의 법칙은 다음과 같이 나타낼 수 있다.

$$\vec{H}=\sum_{i=1}^{n}\vec{H}=\sum_{i=1}^{n}\vec{r_i}\times\vec{p}_i \tag{3.2-28}$$

이 식에서 $\vec{r_i}$는 기준 고정점에서 질점 i로 향하는 위치벡터이며, $\vec{p}_i$는 질점 i의 선운동량이다. 평면상을 운동하는 강체의 경우 임의의 고정점 O에 대한 강체의 각운동량은 다음과 같이 나타낼 수 있다.

$$\vec{H}_O = I_O\dot{\theta}\vec{k} \tag{3.2-29}$$

여기서 I_O는 고정점에 대한 강체의 관성모멘트이고, $\vec{k}$는 강체가 운동하는 평면에 대해 수직인 방향의 단위벡터이다. 고정점을 강체의 질량 중심으로 선정하면 위 식 (3.2-29)는 다음과 같이 수정된다.

$$\vec{H}_G = I_G\dot{\theta}\vec{k} \tag{3.2-30}$$

위의 식 (3.2-29)과 (3.2-30)로부터 계에 외부로부터 모멘트가 작용하지 않으면 계가 가진 각운동량이 보존되고 계 전체의 각운동량이 시간에 따라 변화하지 않는다는 것을 알 수 있다.

3.3 진동계의 구성 요소

실제 산업 현장에는 다양한 형태의 진동 시스템들이 사용되고 있으며 그 시스템을 구성하고 있는 요소들도 다양한 특성을 가지고 있다. 그러나 이들 시스템을 공학적으로 모델링할 때에는 스프링 요소, 감쇠 요소 및 질량 요소로 구분하여 모델링하고 경우에 따라서는 하나의 요소에 둘 이상의 특성이 포함되는 경우도 많다.

이 장에서는 진동계를 구성하는 기본 요소들의 특성을 정의하고 이들 기본요소들이 조합된 시스템 대상으로 계의 거동을 나타내는 운동방정식을 유도하는 방법에 대해서 공부한다.

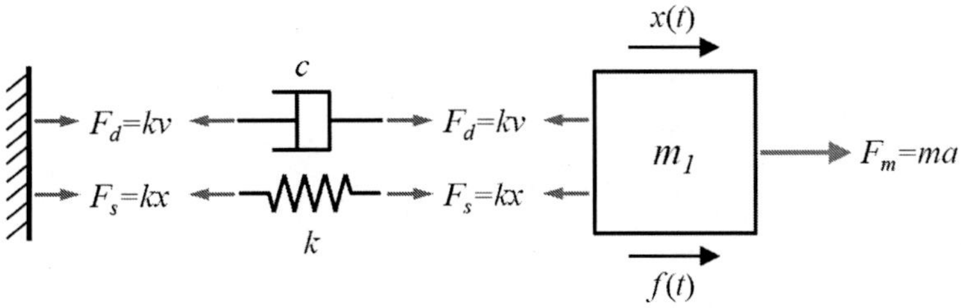

그림 3.6 | 1자유도 진동계의 구성 요소

3.3.1 스프링 요소

다음 그림과 같이 스프링이 힘을 받아 변형되는 경우, 작용력 F는 스프링의 변형량 δ에 비례하고 이 둘 사이의 관계는 다음과 같이 나타낼 수 있다.

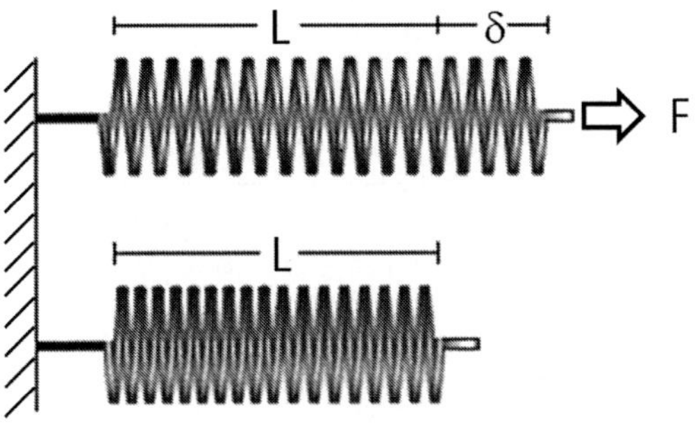

그림 3.7 | 압축 스프링에서의 힘과 변형

$$F = k\delta \tag{3.3-1}$$

위 식에서 δ는 스프링의 '다른 끝에 대한 한 끝의 상대 변위' 로 정의되는 변형량이며 일반적으로 m를 단위로 하며 k는 스프링 강성 혹은 스프링 상수라고 하며 N/m의 단위를 이용한다.

회전 운동을 하는 시스템의 경우에는 스프링의 특성은 작용하는 토크(T)와 스프링의 회전 변위(θ) 사이의 관계로 표시되며 일반적으로 작용하는 토크와 발생하는 변위는 비례하는 것으로 가정한다.

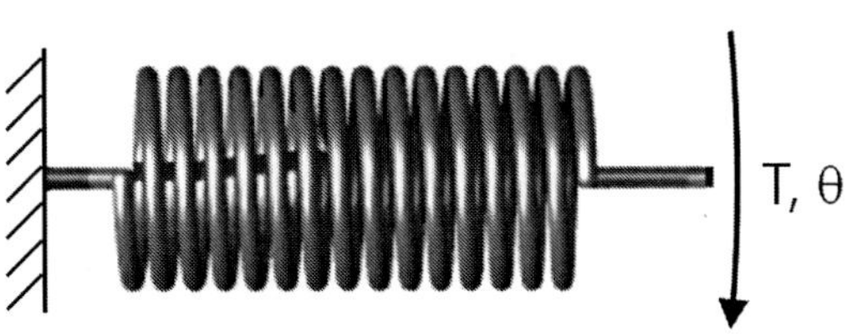

그림 3.8 | 비틀림 스프링에서의 토크과 회전변위

$$T = k\theta \tag{3.3-2}$$

위 식에서 θ 단위는 일반적으로 라디안(rad)을 사용하며 k는 Nm/rad의 단위를 이용한다.

그러나 많은 일반적인 공학 시스템의 경우에는 위와 같은 코일스프링 외에도 경우에 따라서는 보, 봉 및 케이블 등 일반적으로 공학에서 사용되는 탄성요소들이 스프링의 용도로 사용되는 경우가 많다. 이런 경우에는 이러한 요소들을 위의 형태를 가진 등가의 스프링으로 이상화할 필요가 있다.

다음 표는 일반적을 사용되는 스프링 요소들의 일부분에 대하여 등가 스프링 상수를 구한 결과를 나타내고 있다.

표 3.1 | 각종 스프링 요소와 등가 스프링 상수

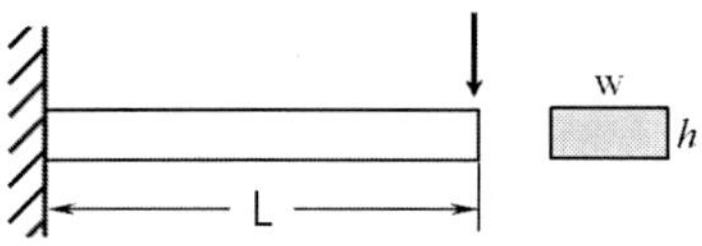	$k = \dfrac{Ewh^3}{4L^3}$ L : 길이, w : 폭, h : 높이
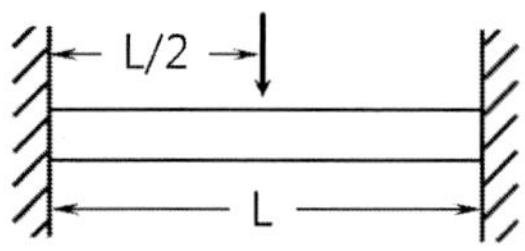	$k = \dfrac{192Ewh^3}{L^3}$ L: 길이, w: 폭, h: 높이
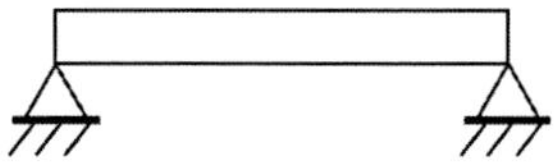	$k = \dfrac{16Ewh^3}{L^3}$ L : 길이, w : 폭, h : 높이
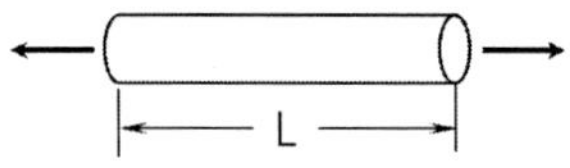	$k = \dfrac{EA}{L}$ A : 단면적, L : 길이
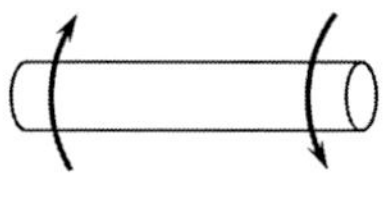	$k = \dfrac{\pi G(D_o^4 - D_i^4)}{32L}$ A: 단면적, L: 길이, D_o: 직경, D_i: 직경
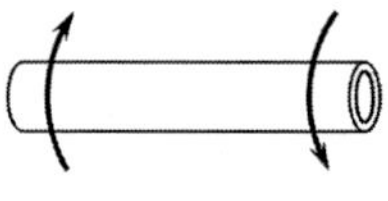	$k = \dfrac{\pi GD^4}{32L}$ A : 단면적, L : 길이, D : 직경
	$k = \dfrac{Gd^4}{8nD^3}$ D: 직경, d: 선경, n: 스프링 권수

예제 3.6 — 길이가 L인 외팔보의 단면의 폭과 높이가 각각 w, h라고 한다. 보의 자유단에 작용한 힘과 동일한 위치에서 발생하는 변위를 기준으로 보의 스프링 상수를 유도하여라.

풀이 공업역학 책을 이용하여 외팔보 자유단에 작용하는 힘과 변위의 관계를 유도하면 다음과 같다.

$$\delta_{st} = \frac{L^3}{3EI}P$$

이 식에서 δ_{st}는 외팔보 자유단에서의 변위이고 P는 자유단에 가해진 힘이며 I는 외팔보의 길이 방향의 축에 대한 면적관성모멘트이다. 공업역학 책을 이용 폭과 높이가 각각 w, h 인 사각 단면 보의 면적관성모멘트는 다음 식으로 주어진다.

$$I = \frac{wh^3}{12}$$

이 관계를 위의 식에 대입하면 다음과 같은 식을 구할 수 있다.

$$\delta_{st} = \frac{12L^3}{3Ewh^3}P = \frac{4L^3}{Ewh^3}P$$

따라서, 외팔보의 스프링 상수는 다음과 같이 구할 수 있다.

$$k = \frac{P}{\delta_{st}} = \frac{Ewh^3}{4L^3}$$

다음 그림 3.9와 같이 두 개의 스프링이 병렬로 연결된 경우 두 스프링의 조합을 등가의 스프링 상수 k_{eq}를 가진 하나의 스프링으로 표시할 수 있다. 그림과 같이 힘 F가 작용하였을 경우 두 스프링에는 동일한 변형 δ가 발생한다. 따라서 힘의 평형을 고려하면 다음과 같은 식을 유도할 수 있다.

$$F = k_1\delta + k_2\delta = (k_1 + k_2)\delta \tag{3.3-3}$$

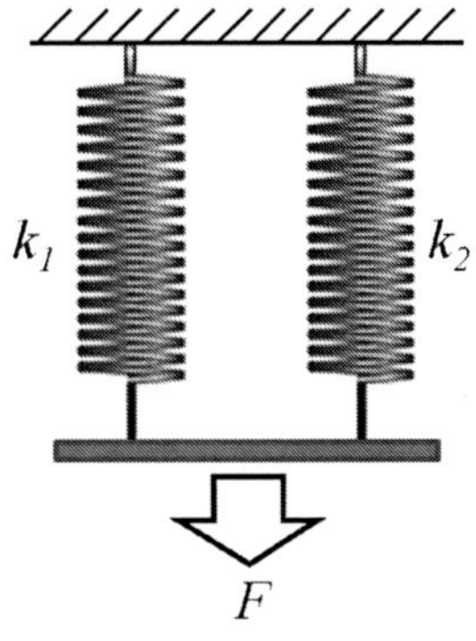

그림 3.9 | 압축 스프링의 병렬 연결

등가의 스프링 상수 k_{eq} 를 이용한 힘과 변형의 관계 $F = k_{eq}\delta$ 를 이용하면 의 관계를 유도할 수 있다.

$$k_{eq} = k_1 + k_2 \tag{3.3-4}$$

다음 그림 3.10과 같이 두 개의 스프링이 직렬로 연결된 경우에는 힘의 평형 원리에 따라 두 스프링에는 동일한 힘 F가 작용한다. 즉, 각각의 스프링에서 발생한 변위를 δ_1, δ_2라 하면 작용력 F과 변위 δ_1, δ_2 사이의 관계는 다음과 같다

$$F = k_1\delta_1 = k_2\delta_2 \tag{3.3-5}$$

따라서, δ_{eq} 를 전체 변형량, k_{eq} 를 등가 스프링 상수라고 하면 다음과 같은 식을 유도할 수 있다.

$$\delta_{eq} = \delta_1 + \delta_2 \ , F = k_{eq}\delta_{st} \ , \ k_1\delta_1 = k_2\delta_2 = k_{eq}\delta_{st} \tag{3.3-6}$$

따라서 이 경우의 k_{eq} 는 다음 식과 같이 유도된다.

$$\therefore \frac{1}{k_{eq}} = \frac{1}{k_1} + \frac{1}{k_2} \tag{3.3-7}$$

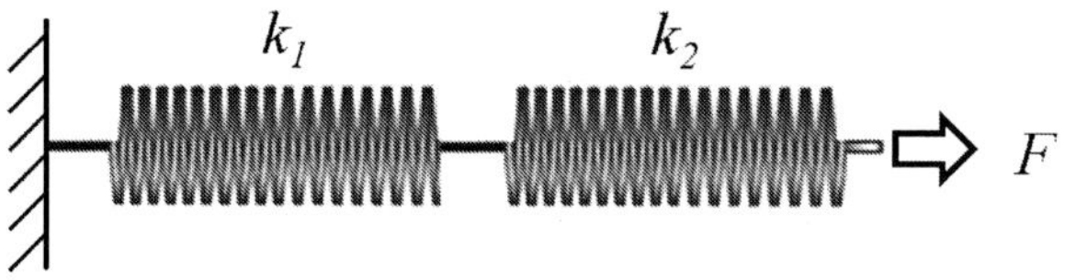

그림 3.10 | 압축 스프링의 직렬 연결

3.3.2 관성 요소

진동 시스템 내에서 가해지는 힘이나 토크에 의해 속도나 각속도가 변화하는 것에 저항하는 특성을 관성이라고 하며 관성이 클수록 동일한 힘 또는 토크가 작용했을 때 발생하는 가속도나 각가속도의 변화의 크기가 줄어들게 된다. 진동계의 진동 운동이 병진운동인 경우에는 관성요소가 질량의 형태로 주어지고 회전운동인 경우에는 관성요소가 질량관성모멘트의 형태로 나타나게 된다. 또한, 관성요소는 진동 과정에서 속도 또는 각속도를 가지고 운동하게 되면 각각에 해당하는 운동에너지를 가지게 되고 이 운동에너지는 진동 과정에서

진동계에 포함된 스프링의 위치에너지로 변환되거나 감쇠기에 의해 소실된다. 관성요소의 운동에너지는 요소의 운동 형태에 따라 병진운동에 의한 운동에너지 $KE = \frac{1}{2}mv^2$, 회전운동에 의한 에너지 $KE = \frac{1}{2}I\omega^2$ 또는 두 에너지가 복합된 형태로 나타나게 된다.

(a) 병진운동 (b) 회전운동

그림 3.11 | 병진운동 및 회전운동의 관성요소

3.3.3 감쇠 요소

진동 시스템 내의 역학적 에너지를 외부로 소산시켜 진동을 점진적으로 줄여주는 역할을 하는 요소로 이런 요소가 진동시스템 내에 존재하는 경우 외력이 없는 자유 진동의 진폭이 점진적으로 줄어드는 현상이 나타난다. 일반적인 진동시스템은 정도의 차이는 있지만 다양한 형태의 감쇠요소가 포함되어 있고 이에 따라 외부에서 진동에너지가 공급되지 않는 경우 일정한 시간이 지난 후에 진동이 소멸되는 현상을 나타낸다. 감쇠요소는 시스템의 운동특성과 진동에 저항하는 힘(감쇠력)의 특성의 상관관계에 따라 점성감쇠, 건조마찰감쇠 등으로 크게 분류된다.

1) 점성감쇠 요소(Viscous Damping Elements)

만약 진동계에서 운동하는 물체가 지지하는 고정부와 사이에 유막을 두고 상대운동을 하는 경우 유막을 형성하는 유체의 점성에 의해 저항력이 나타난다. 이러한 저항력은 진동에 대한 감쇠력으로 작용하고 이 감쇠력은 자유 진동의 진동에너지를 흡수하여 진폭을 감소시키고 궁극적으로 진동을 멈추게 하는 역할을 한다. 이러한 경우, 나타나는 감쇠력은 운동하는 방향과 반대 방향으로 작용하며 속도에 비례하는 크기로 발생된다. 일반적으로 유체의 점성에 의해 나타나는 감쇠 특성이 이와 유사한 특성을 나타내므로 감쇠 특성이 이와 같은 특성을 가진 감쇠요소를 점성감쇠 요소라고 한다. 점성감쇠의 경우 감쇠력(F_d)과 상대속도(v) 사이의 관계는 다음 식으로 나타난다.

$$F_d = c\,v \tag{3.3-8}$$

이 식에서 c는 감쇠계수로 감쇠력과 속도와의 비례상수를 나타내며 단위는 Ns/m 이다. 이와 같은 특성을 이용하여 여러 가지 경우의 감수계수는 다음과 같이 유도된다.

주어진 유체가 Newton 유체라고 가정하면 유체내의 전단응력 τ는 다음과 같이 속도구배에 비례한다.

$$\tau = \mu \frac{du}{dy} \tag{3.3-9}$$

여기서 μ는 점도이며 $u(y)$는 유체속도로서 어떤 기준점으로부터의 거리인 y의 함수이다. 위의 관계식을 이용하여 여러 형태의 감쇠장치의 감쇠계수 c에 대한 표현식을 유도하기 위해 이 관계식이 사용될 수도 있을 것이다.

가장 간단한 예로 다음 그림과 같이 상대 속도 v로 움직이며 거리 d만큼 떨어진 두 평면에 대한 점성 감쇠 계수 c를 구해보자.

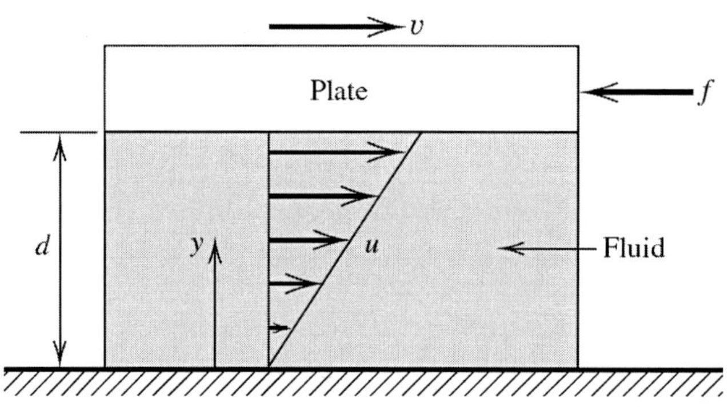

그림 3.12 | 상대속도를 가진 두 평면 내의 유체 내의 유속 분포

문제를 단순화하기 위하여 그림 3.12에 나타낸 것과 같이 고정 표면과 속도 v로 움직이는 평판 사이에 두께 d의 유막이 존재한다고 가정하자. 평판에 접한 유체는 속도 v로 움직이며, 고정 표면에 접한 유체의 속도는 0이다. 유속이 고정 표면으로부터의 거리에 따라 선형적으로 변한다고 가정하면 다음과 같은 식으로 유체의 속도를 나타낼 수 있다.

$$u = v\frac{y}{d} \tag{3.3-10}$$

따라서, 유막 내의 y에 대한 유체속도 구배는 $\frac{du}{dy} = \frac{v}{d}$ 로 주어진다.

만약, 유막의 단면적을 A라고 가정하면 움직이는 평판에 작용하는 힘 즉, 감쇠력은 전단응력 τ에 단면적 A를 곱해서 다음 식과 같이 구해진다.

$$F_d = \tau A = \mu \frac{du}{dy} A = \mu \frac{v}{d} A \tag{3.3-11}$$

따라서 식 (3.3-8)과 (3.3-10)을 이용하여 다음 식과 같이 감쇠계수를 구할 수 있다.

$$c = \frac{F_d}{v} = \mu \frac{A}{d} \tag{3.3-12}$$

다른 경우로 다음 그림과 같이 유체로 채워진 실린더 내부를 이동하는 피스톤을 이용한 감쇠기의 경우를 살펴보자.

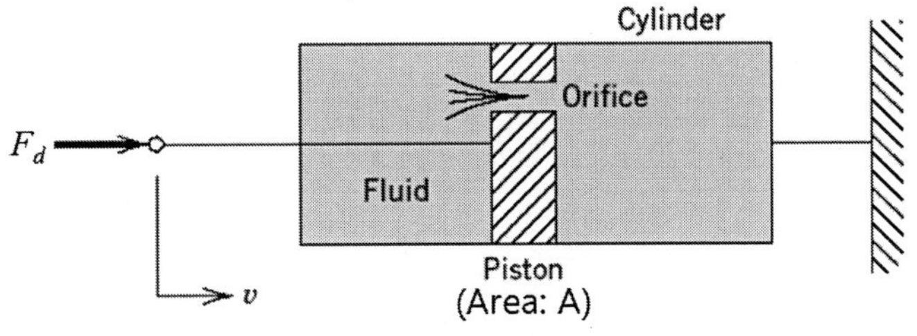

그림 3.13 | 유체감쇠기의 작동

일반적으로 오리피스를 통과하는 유체의 질량유량 q는 다음의 식으로 나타낼 수 있다.

$$q = \frac{1}{R} \sqrt{\Delta p} \tag{3.3-13}$$

이 식에서 R은 비례상수로 일반적으로 실험적으로 구해지며 Δp는 오리피스 양단의 압력 차이를 나타낸다. 오리피스를 통과하는 유체의 흐름을 이용하여 감쇠를 만드는 장치의 경우 위 식을 이용하여 감쇠력과 속도의 관계를 유도할 수 있다. 그림에서와 같이 피스톤에는 오리피스가 있어 피스톤이 운동하면 실린더 내부의 유체가 오리피스를 통해 피스톤의 한 쪽에서 반대쪽으로 움직일 수 있다. 피스톤의 관성력을 무시할 수 있다고 가정하면 위 식 (3.3-8)을 이용하여 피스톤의 속도 v와 감쇠력 F_d 사이의 관계를 구할 수 있다. 만일 비압축성인 유체의 비중이 ρ라고 하면 위 그림에서 유체의 질량유량 q는 다음 식과 같이 주어진다.

$$q = \rho A v \tag{3.3-14}$$

이 식과 위의 식 (3.3-8)을 결합하면 다음과 같은 식을 얻는다.

$$q = \rho A v = \frac{1}{R}\sqrt{\Delta p} \tag{3.3-15}$$

따라서, 피스톤의 속도 v는 다음과 같이 나타낼 수 있다.

$$v = \frac{1}{\rho A R}\sqrt{\Delta p} \tag{3.3-16}$$

위에서 피스톤의 관성력을 무시할 수 있다고 가정하였으므로 아래 식과 같이 감쇠력은 피스톤 양단의 압력차에 피스톤의 면적을 곱한 것과 같다.

$$F_d = A\,\Delta p \tag{3.3-17}$$

이 식에서 구한 $\Delta p = F_d/A$를 식 (3.3-16)에 대입하면 다음 식을 구할 수 있다.

$$v = \frac{1}{\rho A R}\sqrt{\frac{F_d}{A}} \tag{3.3-18}$$

이 식은 다음과 같이 다시 쓸 수 있다.

$$F_d = \rho^2 A^3 R^2 v^2 \tag{3.3-19}$$

위 식에서 알 수 있는 바와 같이 이 경우 감쇠력은 속도의 제곱에 비례하는 비선형의 관계를 나타내며 속도에 따라 감쇠력이 증가함을 알 수 있다.

많은 응용분야에서 등가 감쇠기 요소는 복합적으로 사용되며, 이러한 경우 결합된 요소들의 한 개의 등가 감쇠계수를 구해야 한다. 그림 3.14와 같이 두 감쇠기가 나란히 연결되어 있을 때 등가 감쇠계수는 다음과 같이 구할 수 있다.

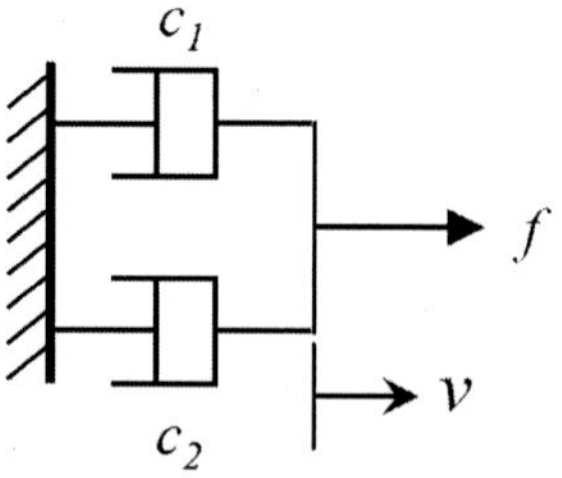

그림 3.14 | 감쇠요소의 병렬 연결

두 감쇠기 양단에 대해 같은 속도 차이 v를 가지며 각각 다른 힘 f_1과 f_2를 갖도록 힘 f가 가해진다고 가정하면, 다음 식이 성립한다.

$$v = \frac{f_1}{c_1} = \frac{f_2}{c_2} \tag{3.3-20}$$

계가 정적 평형상태에 있다면 다음 식이 만족되어야 한다.

$$v = \frac{f_1}{c_1} = \frac{f_2}{c_2} f = f_1 + f_2 = c_1 v + c_2 v = (c_1 + c_2) v \tag{3.3-21}$$

이다. 한 개의 감쇠기를 가진 등가계에 대해서는 이므로 등가 감쇠계수는 $c = c_1 + c_2$로 주어짐을 알 수 있다. 이 공식은 다음과 같이 같은 속도 차이를 겪는 n개의 감쇠기의 경우로 확장될 수 있다.

$$c_{eq} = \sum_{i=1}^{n} c_i \tag{3.3-22}$$

두 감쇠기가 감계쇠수는 다음 그림과 같이 직렬로 연결되어 있어 같은 힘을 받는다면, 이들의 등가감쇠 계수는 다음과 같이 구할 수 있다.

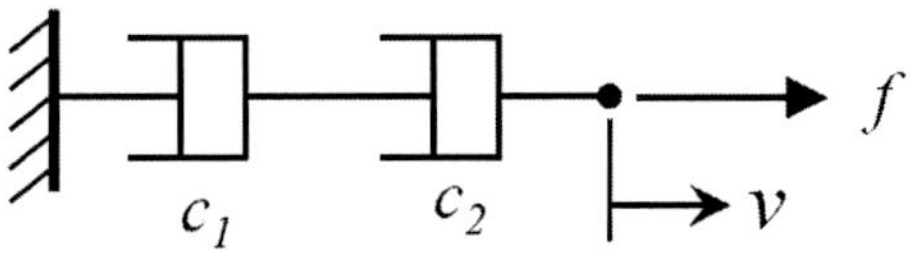

그림 3.15 | 감쇠요소의 병렬 연결

두 감쇠기가 정적인 평형상태에 있다고 가정하면 같은 힘 f를 받지만 각 감쇠기 양단의 속도 차이는 감쇠계수에 따라 서로 다를 수도 있을 것이다. 만약 계 양단의 전체 속도 차이가 v라고 가정하면 다음의 관계가 성립한다.

$$v = \frac{f}{c_1} + \frac{f}{c_2} = \left(\frac{1}{c_1} + \frac{1}{c_2}\right) f \tag{3.3-23}$$

따라서 두 감쇠기를 하나의 감쇠기로 나타내었을 때 등가감쇠계수 c_{eq}는 다음과 같이 구할 수 있다.

$$\frac{1}{c_{eq}} = \frac{1}{c_1} + \frac{1}{c_2} \tag{3.3-24}$$

위 식은 병렬 연결된 감쇠기와 마찬가지로 직렬 연결된 n 개의 감쇠기의 경우로 확장될 수 있다.

$$\frac{1}{c_{eq}} = \sum_{i=1}^{n} \frac{1}{c_i} \tag{3.3-25}$$

2) 건조 마찰 감쇠 요소(Dry Friction Damping Elements)

진동시스템에서 관성요소가 건조면 상에서 운동하는 경우, 관성요소에는 운동속도와 무관하게 일정한 마찰력이 운동 방향과 반대 방향으로 작용하게 된다. 이러한 경우 이 마찰력은 시스템의 진동에너지를 소실시켜 진폭을 감소시키는 역할을 하게 되는데 이러한 특성을 가진 감쇠요소를 건조마찰 감쇠요소라고 한다. 다음 표 3.2에 마찰면의 재질에 따른 마찰계수를 정리하였다.

표 3.2 | 마찰면의 재질에 따른 마찰계수

마찰면의 재질	동마찰계수	정마찰계수
금속과 금속(윤활이 있는 경우)	0.06	0.15
금속과 나무	0.20	0.25
강철과 강철(윤활이 없는 경우)	0.30	0.75
강철과 강철(윤활이 있는 경우)	0.06	0.15
강철과 구리	0.36	0.53
강철과 알루미늄	0.47	0.61
나무와 나무	0.20	0.25-0.50
고무와 강철	1.00	1.20
유리와 유리	0.40	0.94
얼음과 얼음	0.03	0.10
콘크리트와 고무	0.80	1.00
인체의 관절	0.003	0.01
테프론과 테프론	0.04	0.04

만약 그림 3.16 (a)와 같은 진동계에서 관성요소와 바닥면 사이에 마찰이 존재한다고 가정하면 이로 인한 마찰력은 그림 3.16 (b)에서와 같이 항상 관성요소의 속도에 반대 방향

으로 일정한 크기 μN 으로 작용하게 된다.

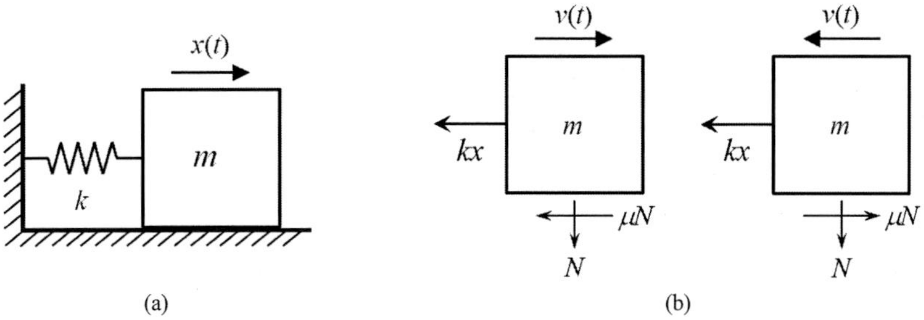

그림 3.16 | 마찰력에 의한 감쇠

이와 같은 힘은 진동에너지를 감소시켜 결국에는 운동을 정지시키는 역할을 하게 되고 따라서 일종의 감쇠력의 역할을 하게 된다. 이와 같은 진동계의 운동에 대해서는 4장과 5장에서 공부하게 된다.

3.4 진동 형태 및 시스템의 분류

3.4.1 진동 형태 분류

1) 외력의 존재에 따른 분류 - 자유 / 강제 진동

진동 시스템에 외부에서 가해지는 작용력이 없이 시스템의 초기 조건(초기 변위, 속도 등)에 의해 발생되는 진동을 자유 진동이라고 한다. 이론적으로 감쇠가 없는 경우 자유진동은 무한히 계속되며 감쇠가 있는 경우에는 감쇠로 인한 진동 에너지의 소산으로 일정한 시간이 지난 후에 진동이 정지하게 된다. 수학적으로는 이와 같은 문제를 초기치 문제라고 하며 제차미분방정식으로 나타난다.

강제진동은 시스템의 외부에서 가해지는 외력이 있는 상태에서 발생하는 진동으로 일반적으로 외력의 특성에 따라 진동의 형태가 결정된다. 가해지는 외력의 형태로는 조화가진, 일반 주기가진 및 충격가진 등이 있다. 외력이 지속적으로 작용하면 시스템의 진동도 계속되며 수학적으로는 비제차미분방정식으로 나타난다.

2) 감쇠요소 존재에 따른 분류 - 비감쇠 / 감쇠 진동

시스템의 구성요소에 감쇠요소가 포함되지 않은 경우 발생되는 진동을 비감쇠 진동이라고 하며 초기조건에 의해 유발된 자유진동이 무한히 계속되는 특성을 나타낸다. 물론 비감쇠 진동계라고 하면 그림에 표시된 점성감쇠 외에 마찰감쇠, 이력감쇠 등 모든 형태의 감쇠가 전혀 포함되지 않은 계를 의미한다.

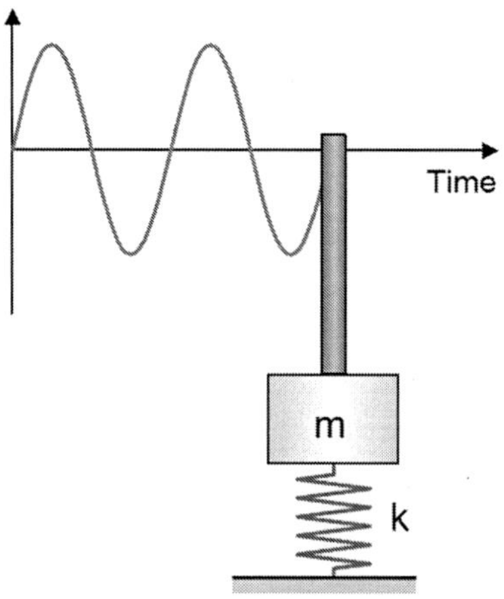

그림 3.17 | 1자유도 비감쇠 진동계와 진동 형태

시스템에 감쇠요소가 포함되어 있는 경우에 나타나는 진동 형태를 감쇠진동이라고 하며 이러한 경우, 발생되는 자유진동은 시간에 따라 진폭이 감소하여 결국 진동이 정지하는 현상을 나타낸다.

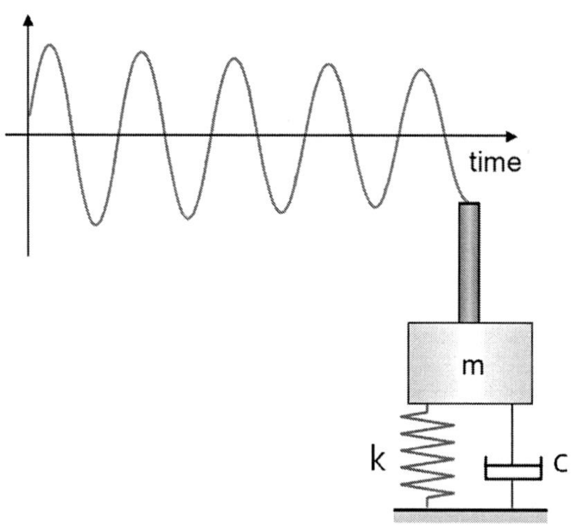

그림 3.18 | 1자유도 점성 감쇠 진동계와 진동 형태

3) 시간 경과에 따른 분류 – 과도 / 정상상태 진동

일반적으로 진동시스템에는 일정한 감쇠특성이 존재하고 따라서 해당 시스템에 초기조건과 가진력이 작용하면 어느 정도의 시간이 흐른 후에 주어진 가진력에 따라 결정되는 안정

적이고 시간에 따라 변화하지 않는 응답이 나타나게 된다. 이러한 영역을 시스템의 정상상태(Steady State)라고 이 때 나타나는 응답을 정상상태 응답(Steady State Response)이라고 한다. 반면에 시스템에 외란이 작용한 후 정상상태에 이르기까지 특정한 구간의 과도기를 지나게 되며 이 구간에서는 응답이 시간에 따라 변화하는 특성을 가진다. 이러한 영역을 과도상태(Transient State), 이 구간의 응답을 과도응답(Transient Response)이라 한다.

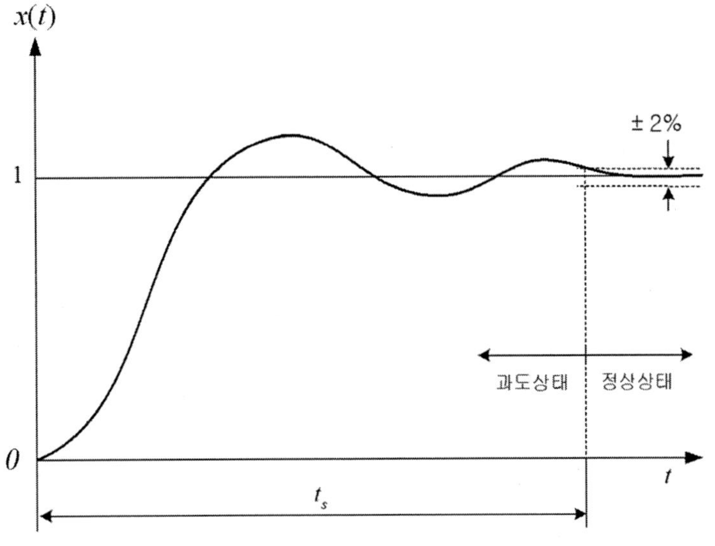

그림 3.19 | 1자유도 진동 시스템의 과도응답과 정상상태 응답

4) 외력의 유무에 따른 분류

진동계가 진동을 시작하게 되는 원인을 살펴보면 다음의 두 가지로 크게 나뉜다. 첫 번째는 스프링에 질량을 매달고 당겼다가 놓는 경우와 같이 운동 중에 진동계에 가해지는 외력이 없이 초기 상태에 작용된 변위, 속도 등의 초기 조건에 의해 발생되는 진동이 있다. 이러한 진동을 자유진동(Free Vibration)이라고 하며 이러한 경우에도 계의 특성에 따라 여러 형태의 진동이 나타난다. 수학적으로는 초기치를 가진 제차미분방정식으로 표현되는 초기치 문제가 된다.

다음으로 진동계에 다양한 형태의 외력이 운동 중에 작용하고 이에 의해 발생되는 진동이 있다. 이러한 진동을 강제진동(Forced Vibration)이라고 하며 주로 가해진 외력에 따라 진동 형태가 결정된다. 자주 사용되는 외력에는 조화가진(Harmonic Excitation), 충격가진(Impulse Excitation)등이 있으며 수학적으로는 비제차 미분방정식(Non-homogeneous Differential Equation)으로 표현된다. 물론 이러한 진동에도 특정한 초기 조건이 주어지면 외력에 의한 진동에 초기 조건으로 인한 진동이 중첩되어 나타나게 된다.

3.4.2 진동 시스템의 분류

1) 매개변수의 특성에 다른 분류

진동계를 구성하고 있는 요소들의 물리적 특성은 경우에 따라서 공간상의 각각의 위치에 집중되어 있는 형태로 단순화하여 가정할 수 있는 시스템도 있고 이런 경우 다음 그림과 같이 진동계를 모델링할 수 있다. 이러한 시스템을 집중 매개 변수 시스템(Lumped Parameter System) 또는 이산시스템 (Discrete System)이라고 하며 이런 시스템의 진동은 시간에 대한 변수만 존재하여 상미분방정식(Ordinary Differential Equation)을 이용하여 해석이 가능하다

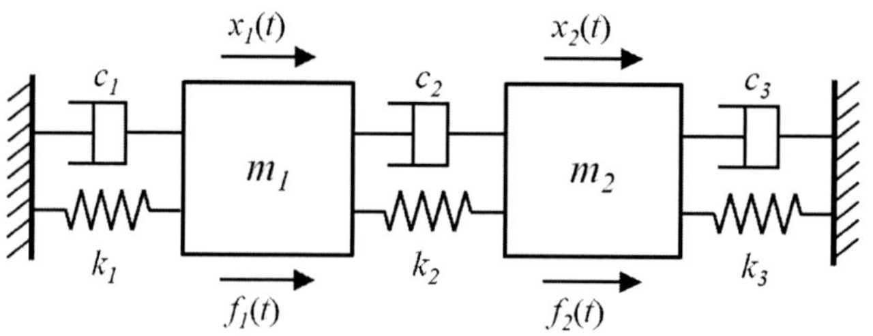

그림 3.20 | 집중매개변수 진동계의 예

위의 경우와 반대로 진동계를 구성하고 있는 요소들이 공간상의 일정한 부피나 면적을 차지하며 물리적 특성도 분포되어 있는 시스템은 분포매개변수시스템(Distributed Parameter System) 또는 연속시스템 (Continuous System)이라고 한다. 이 경우 진동 운동은 시간과 공간 등 여러 변수에 의해 영향을 받으므로 편미분방정식 (Partial Differential Equation) 사용하여 해석하여야 한다.

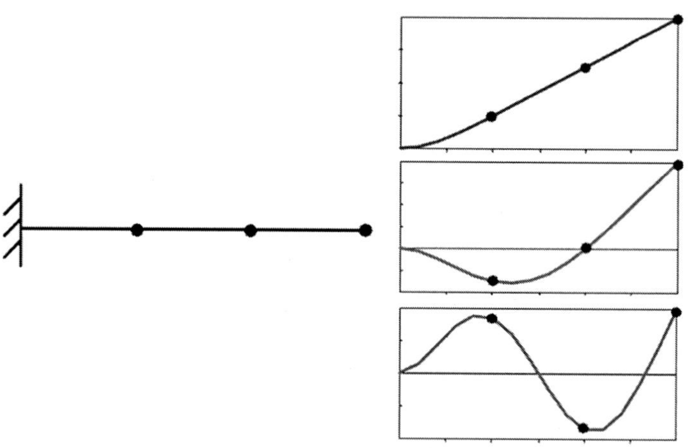

그림 3.21 | 분포매개변수 진동계의 예

2) 시스템의 선형성에 따른 분류

주어진 시스템에 대한 입력 x_1과 x_2에 대한 시스템의 출력이 y_1과 y_2라고 가정할 때 입력 x_1+x_2에 대한 출력은 y_1+y_2이고, 입력 $a_1x_1+a_2x_2$에 대한 출력이 $a_1y_1+a_2y_2$로 주어진다고 할 때 이러한 시스템을 선형시스템 (Linear System)이라 한다. 선형시스템은 일반적으로 실제 시스템을 단순화한 시스템으로 중첩(Superposition)의 원리를 적용 가능하므로 다중 입력에 대한 해법 용이하고 주파수 영역 해석(Frequency Domain Analysis)이 가능하다. 반면에 이러한 관계들을 만족하지 않는 시스템을 비선형시스템(Nonlinear System)이라 한다. 일반적으로 실제 공학의 시스템은 어느 정도의 비선형을 갖고 있으며, 이를 고려할 경우, 중첩의 원리를 사용하는 것이 불가능하므로 해법이 복잡하고 시간 영역 해석(Time Domain Analysis)만이 가능하다.

비록 위에서 언급한 바와 같이 실제 진동 시스템들은 어느 정도의 비선형을 포함하고 있는 경우가 있지만 이러한 경우에 대한 이론적인 해는 다른 접근방법을 필요로 하므로 이 책에서는 선형시스템만을 다루고 비선형시스템의 진동은 관련 주제를 다루는 다른 책을 참고하기를 바란다.

3) 시스템 특성의 변화에 따른 분류

일반적으로 기계, 구조물 등은 관심 시간 간격이 특별히 크지 않으면 시간에 따라 그 특성이 변하지 않는 것으로 가정할 수 있다. 이와 같은 가정이 타당한 시스템을 시불변 시스템 (Time Invariant System)이라고 한다. 만약 주어진 시스템을 시불변 시스템으로 가정하면 시스템의 특성을 나타내는 변수는 시간의 함수가 아닌 것으로 가정한다.

이와는 반대로 경우에 따라서는 로켓트, 자동차 연료 저장 장치 등과 같이 시간에 따라 특성이 변하는 시스템이 있으며 이러한 특성을 가진 요소가 포함된 진동 시스템을 시변 시스템(Time Varying System)이라고 한다.

비록 현실적으로 시간에 따라 시스템의 특성이 변하는 경우도 있지만 이러한 경우에 대한 이론적인 접근이 아주 어려우므로 이 책에서는 다루는 모든 시스템들은 시간에 따라 그 특성의 변화가 없는 시불변 시스템으로 가정된다.

3.5 자유도(Degree of Freedom) 및 자유물체도(Free Body Diagram)

3.5.1 좌표와 자유도

좌표는 지정된 위치를 표시하기 위해 사용되는 독립적인 량을 말하며 물체의 위치의 변동을 나타내는 변위를 표시할 때도 사용된다. 따라서 물체의 운동을 기술할 때 좌표의 적절하게 선택하면 해당 물체의 위치, 속도 또는 가속도를 상대적으로 간단하게 표현을 할 수 있다. 반면에 간단한 문제에서도 부적절한 좌표를 선택하게 되면 불필요한 어려움을 겪게 된다.

주어진 진동계에 사용되는 좌표계는 계에 따라 정해진 것이 아니고 문제 해석을 위하여 적절한 좌표를 선택할 수 있다

예를 들어 그림 3.22과 같은 단순 진자의 운동의 경우에 질량 m의 위치는 직각 좌표 x와 y로 설명될 수 있으며 만약 진자의 길이 L이 일정한 경우 각도 θ 하나의 좌표를 이용해서 표현할 수도 있다. 이 경우를 자세히 살펴보면 좌표 x와 y는 서로 독립된 좌표가 아니며 $x^2+y^2=L^2$에 의해 구속됨을 알 수 있다. 일반적으로 선택한 좌표에서 물체의 운동을 제한하는 구속조건들이 존재한다는 것은 물체의 운동을 기술하는데 더 적은 수의 좌표가 필요하다는 것을 의미한다.

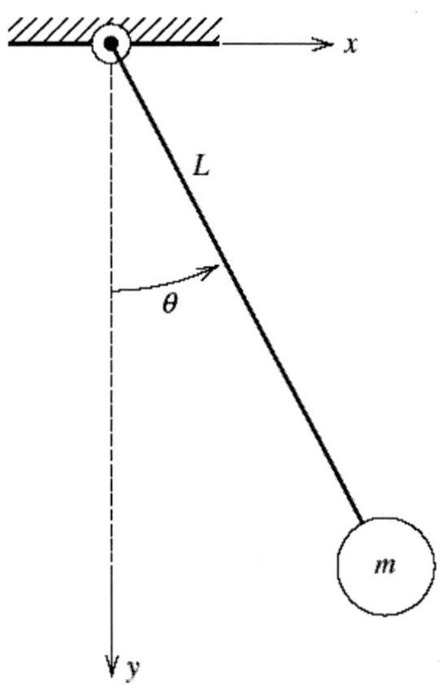

그림 3.22 | 단순진자 운동의 좌표계

시스템의 거동을 묘사하기 위해 필요한 최소한의 좌표수를 시스템의 자유도라고 하며 일반적으로 시스템의 거동을 묘사하는 운동방정식의 수로도 정의된다. 따라서, 위의 진자의 경우에는 자유도가 1인 시스템이 된다. 일반적으로 진동 시스템의 경우 독립적으로 운동하

는 관성요소의 수와 시스템의 자유도가 일치한다.

가장 간단한 1자유도 시스템의 예가 그림 3.23에 설명되어 있다. 시스템의 운동을 설명하기 위해 필요한 좌표는 x(t) 하나뿐이며 따라서 1자유도 시스템이다

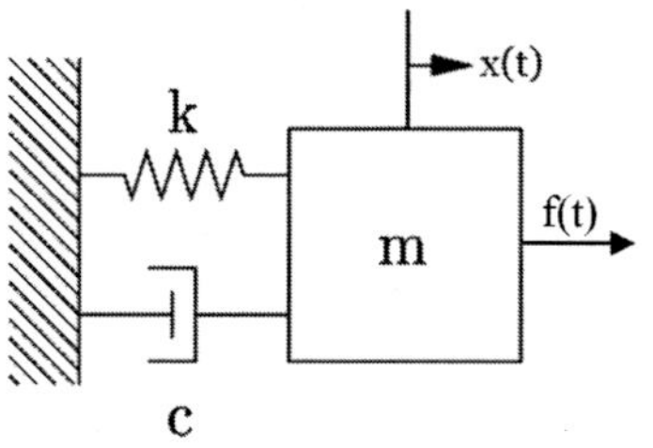

그림 3.23 | 1자유도 진동계

그림 3.24에 설명되어 있는 시스템은 독립적으로 운동하는 두 개의 관성요소 m_1과 m_2를 가지고 있으며 두 개의 좌표 $x_1(t)$와 $x_2(t)$로 시스템의 거동이 설명된다. 따라서 이 시스템은 2자유도 시스템이다.

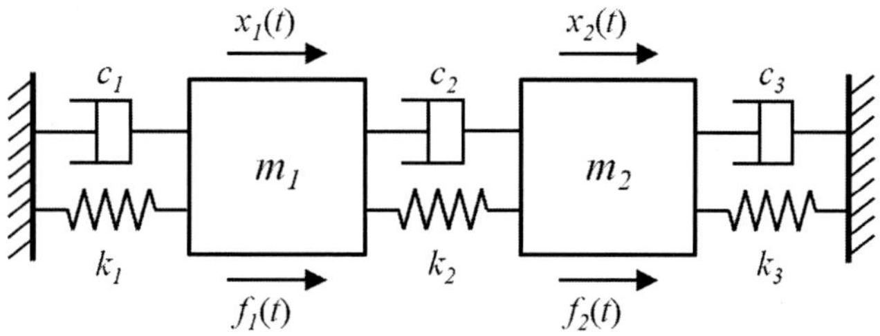

그림 3.24 | 2자유도 점성감쇠 진동계

동일한 방법으로 두 개 이상의 자유도를 가진 다자유도 시스템도 설명될 수 있다.

일반적으로 진동 시스템의 운동방정식을 유도하면 시스템의 자유도와 동일한 수의 운동방정식이 얻어진다.

예제 3.7 — 다음 그림과 같은 진동계의 자유도를 구하여라.

풀이 위의 그림에서 질량 m_1과 m_2를 연결하고 있는 케이블이 늘어나지 않는다면 두 질량의 변위 x_1과 x_2는 다음의 관계식으로 서로 구속되어 있다.

$$x_1 + r_1 + x_2 + r_2 + x_2 + D = const.$$

이 식을 간단하게 정리하면 다음과 같이 x_1과 x_2사이의 관계를 구할 수 있다.

$$x_2 = C - \frac{1}{2}x_1,\ \ C : \text{상수}$$

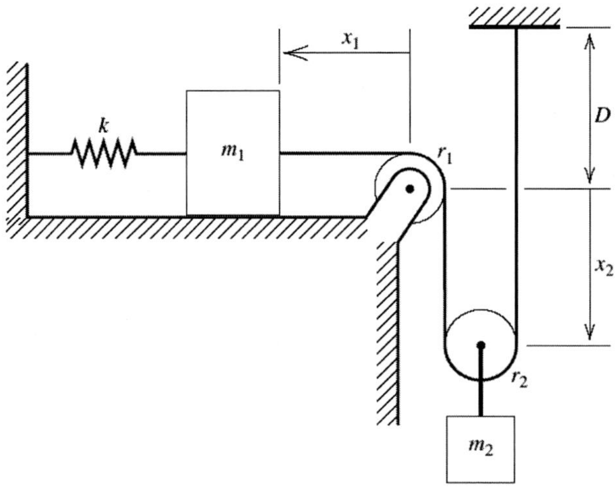

따라서, 그림의 진동계는 하나의 좌표로 운동이 기술되는 1자유도 진동계이다.

3.5.2 자유물체도(Free Body Diagram)

진동계의 운동방정식을 구하기 위하여는 진동계를 구성하고 있는 관성요소들에 대하여 작용하는 모든 종류의 힘들을 표시한 그림을 작성하고 이를 기준으로 운동방정식을 유도하여야 한다. 예를 들어 그림 3.25와 같은 시스템에 대한 운동방정식을 유도하면 시스템의 자유도 1과 동일한 수의 운동방정식이 얻어진다.

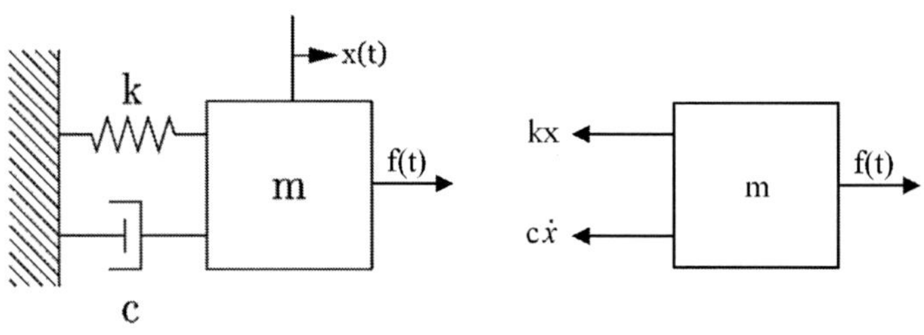

그림 3.25 | 자유도 관성요소의 자유물체도

예제 3.8 — 다음 그림과 같은 진동계에서 질량 m에 대한 자유물체도를 그려라.

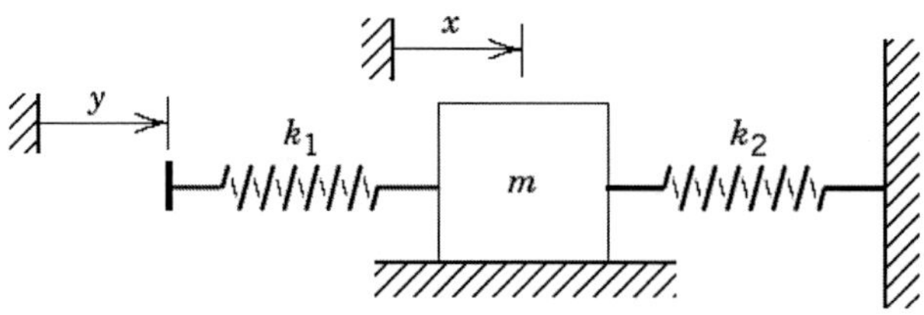

풀이 위의 그림에서 스프링 k_1에 의해 질량에 양의 x방향으로 작용하는 힘은 $k_1(y-x)$로 주어진다. 또한 스프링 k_2에 의해 m에 양의 x방향으로 작용하는 힘은 $-k_2x$로 나타낼 수 있다. 자유물체도는 다음과 같이 구할 수 있다.

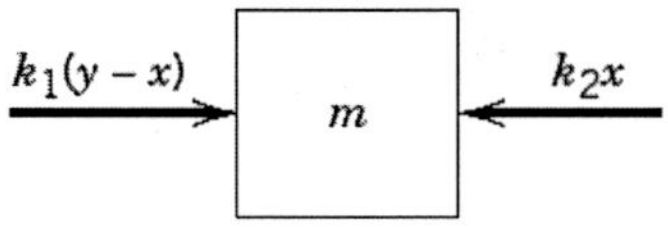

3.6 시스템 운동방정식

일반적으로 진동시스템의 수학적인 모델인 운동방정식은 뉴턴역학(Newtonian mechanics) 또는 라그랑즈역학(Lagrangian mechanics)을 이용하여 유도된다. 뉴턴역학은 뉴턴의 제2법칙에 바탕을 둔 벡터역학에 기초한 방법이며 라그랑즈역학은 에너지 개념에 바탕을 둔 해석적 역학이다. 이와 같이 얻어진 운동방정식은 일반적으로 상수계수를 가진 상미분방정식으로 나타나고 이들은 2장에서 설명된 다양한 방법을 이용하여 해를 구할 수 있다.

3.6.1 뉴턴 역학

관성요소에 작용하는 모든 힘의 평형관계에 근거하여 운동방정식을 유도한다. 일반적으로 물체에 작용하는 모든 힘 벡터의 합과 발생되는 가속도 벡터 관계는 다음과 같은 뉴턴의 제 2법칙으로 설명된다.

$$\boldsymbol{F} = m\boldsymbol{a} \tag{3.6-1}$$

$\boldsymbol{F}$는 관성요소에 작용하는 모든 힘의 벡터합, m은 강체의 질량이며 $\boldsymbol{a}$는 관성요소에서 발생하는 가속도벡터이다. 회전운동을 하는 물체의 경우에는 다음과 같은 식으로 표시된다.

$$\boldsymbol{M} = m\boldsymbol{\alpha} \tag{3.6-2}$$

이 식에서 M은 강체에 작용하는 모든 토크의 합, I는 물체의 질량관성모멘트이며 $\boldsymbol{\alpha}$는 물체의 각가속도이다.

간단한 예로 그림 3.26 왼쪽 그림과 같은 1자유도 시스템의 운동방정식을 뉴턴역학을 이용하여 유도해보자. 관성요소에 작용하는 모든 힘은 오른쪽 그림과 같이 나타낼 수 있다

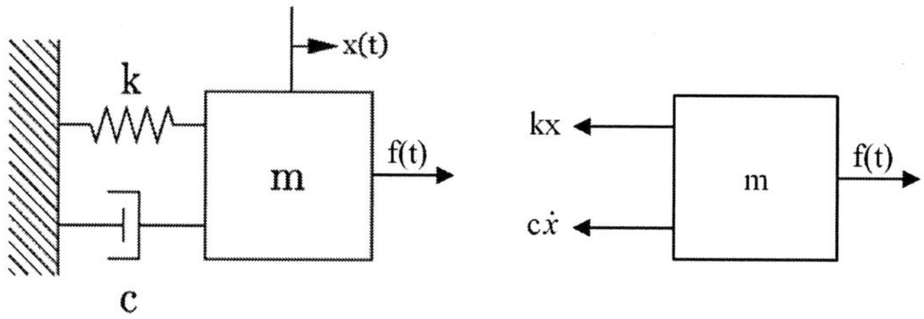

그림 3.26 | 1자유도 관성요소와 작용력

뉴턴의 제 2법칙을 이 시스템에 적용하면 다음과 같이 운동방정식을 유도할 수 있다.

$$\sum F = ma:\ -kx - c\dot{x} + f(t) = m\ddot{x} \tag{3.6-3}$$

예제 3.9 — 위의 예제 3.8에 주어진 진동계에 대하여 운동방정식을 유도하여라.

풀이 위의 예제에서 얻어진 자유물체도에 뉴턴의 방정식을 적용하면 다음과 같은 식을 얻을 수 있다.

$$\sum F = k_1(y-x) - k_2 x = m\ddot{x}$$

이 식을 다시 정리하면 다음의 식을 얻을 수 있다.

$$m\ddot{x} + (k_1 + k_2)x = ky$$

예제 3.5 — 다음 그림과 같은 1자유도 진동계의 운동방정식을 뉴턴 역학을 이용하여 유도하여라.

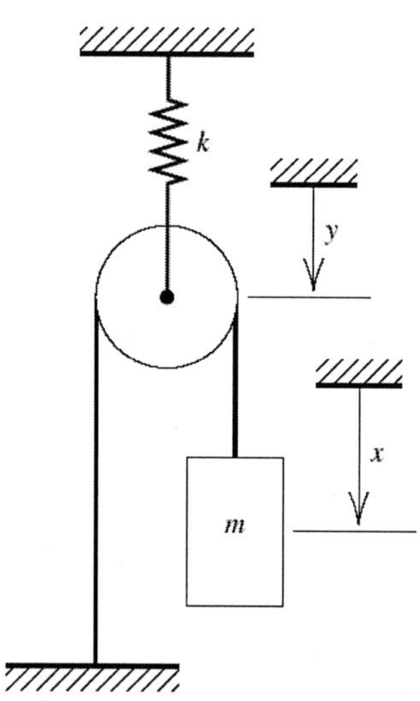

풀이 우선 기하학적인 관계에 의하여 다음과 같은 관계를 유도할 수 있다.

$$y = \frac{x}{2}$$

또한 줄의 장력을 T라 하고 풀리의 평형을 고려하면 다음 식을 구할 수 있다.

$$2T = ky = k\frac{x}{2} \Rightarrow T = k\frac{x}{4}$$

줄의 장력과 질량의 가속도 사이의 관계는 다음과 같이 정의된다.

$$m\ddot{x} = -T$$

따라서 운동방정식은 다음과 같이 유도된다.

$$m\ddot{x} + k\frac{x}{4} = 0$$

3.5.2 에너지 방법

만일 어떤 물체나 기계부품에 작용하는 힘 혹은 토크를 결정하기 어려우면, 에너지 방법이 더욱 효율적일 수 있다, 이 방법에서는 운동방정식이 에너지 보존법칙(Principle of Energy Conservation)을 이용하여 얻어진다. 이 보존법칙은 보존 시스템에 대한 뉴턴의 법칙과 동일한 것이며, 질점의 위치에너지와 운동에너지의 합은 질점이 운동하는 매순간 일정하다는 것이다.

$$T + U = \text{일정} \tag{3.6-4}$$

여기서 T와 U는 각각 운동에너지와 위치에너지를 가리킨다. 에너지 보존법칙은 운동에너지의 변화와 위치에너지의 변화가 같다는 것을 암시한다.

$$U_1 - U_2 = T_2 - T_1 \tag{3.6-5}$$

여기서 U_1과 U_2는 각각 시간 t_1 및 t_2에서의 질점의 위치에너지를 나타내며, T_1과 T_2는 각각 t_1과 t_2에서의 질점의 운동에너지를 나타낸다. 주기 운동을 하고 있는 보존 시스템에서 다음과 같은 결과를 얻을 수 있다,

$$T_{\max} = U_{\max} \tag{3.6-6}$$

에너지는 스칼라 양이기 때문에 에너지 보존법칙을 이용하면 벡터를 이용하지 않고 시스템의 운동방정식을 얻을 수 있다.

식 (3.6-4), (3.6-5) 및 (3.6-6)은 에너지 보존법칙의 세 가지 표현이다. 이 표현들 각각

은 스프링-질량 시스템의 운동방정식을 결정하는데 이용될 수 있다. 스프링-질량 시스템의 전체 위치에너지는 스프링의 위치에너지와 중력에 의한 위치에너지의 합이다. 스프링의 위치에너지는 다음 식으로 주어진다.

$$U_{spring} = \frac{1}{2}k(\Delta + x)^2 \tag{3.6-7}$$

중력에 의한 위치에너지는 아래 식과 같다.

$$U_{grav} = -mgx \tag{3.6-8}$$

여기서 음의 부호는 질량이 기준점 $x=0$ 보다 낮은 위치에 있음을 나타낸다. 시스템의 운동에너지는 아래 식과 같다.

$$T = \frac{1}{2}m\dot{x}^2 \tag{3.6-9}$$

이것을 식 (3.6-4)에 대입하면

$$\frac{1}{2}m\dot{x} - mgx + \frac{1}{2}k(\Delta + x)^2 = \text{일정} \tag{3.6-10}$$

이것을 시간에 대해 미분하면

$$\dot{x}(m\ddot{x} + kx) + \dot{x}(k\Delta - mg) = 0 \tag{3.6-11}$$

질량에 가해지는 정적 힘의 평형으로부터 $k\Delta = mg$이므로, 식 (3.5-11)은 다음과 같다.

$$\dot{x}(m\ddot{x} + kx) = 0 \tag{3.6-12}$$

속도 $\dot{x}$는 항상 영이 될 수는 없다. 속도가 항상 영이 되면 $x(t)$는 일정하며 진동은 없게 된다. 따라서 식(3.6-12)는 다음과 같은 표준 운동방정식이 된다.

$$m\ddot{x} + kx = 0 \tag{3.6-13}$$

이러한 과정으로 운동방정식을 얻는 방법을 에너지법이라고 한다. 이 식의 해는 다음 절에 설명되는 단순조화함수 $x(t) = A\sin(\omega_n t + \phi)$ 형태로 나타난다. 에너지방법은 진동하고 있는 보존시스템의 고유진동수를 직접 구하는 데도 이용할 수 있다. 사인(그리고 코사인)의 최대 값은 1이다. 따라서 위에 주어진 해 $x(t) = A\sin(\omega_n t + \phi)$로부터 최대 변위는 A이며, 최대 속도는 $w_n A$이다. 이 최대 값들을 $U_{\max}$와 $T_{\max}$의 표현에 대입하고 에너지방정식 (3.6-6)을 이용하면 다음과 같다.

$$\frac{1}{2}m(w_n A)^2 = \frac{1}{2}kA^2 \tag{3.6-14}$$

이것을 w_n에 대해 풀면 고유 진동수 관계인 $w_n = \sqrt{k/m}$ 을 얻는다.

에너지 방법은 두 가지로 사용될 수 있다. 첫 번째는 조화운동 가정 하에서 최대 운동에너지와 최대위치에너지를 같게 놓은 것 이다. 이 경우 운동방정식을 유도하지 않고 진동시스템의 고유진동수를 얻을 수 있다, 그러나 고유진동수를 얻는 이 방법은 제한된 범위 내에서 활용 되어야 한다. 두 번째로 에너지 방법을 사용하는 것은 보존 시스템의 에너지 변화는 없다는 사실을 이용하여 진동 시스템의 운동방정식을 유도할 수 있다, 이 개념은 매우 유용하다. 운동방정식을 유도할 때 에너지를 사용하는 개념은 4장의 다자유도 시스템 및 6장의 분포매개변수 시스템들로 확장될 수 있다, 이러한 방법을 라그랑주 방법이라 하며, 여기서는 간략하게 개념만 언급하고자 한다. 좀 더 구체적인 내용은 4장에서 소개되며, 라그랑주 방법의 강점을 배우게 된다.

보존시스템에 대한 라그랑주 방법은 먼저 라그랑지안(Lagrangian) $L = T - U$를 정의하는 것으로 시작된다. 여기서 T는 시스템의 전체 운동에너지를, U는 전체 위치에너지를 의미한다. 이 에너지들은 전부 일반화 좌표계로 기술되어 있다, $q_i(t)$라고 나타내는 일반화 좌표계의 정의는 나중에 정식으로 다루게 된다. 보존 시스템에 대한 라그랑주 방법은 비감쇠 시스템의 자유진동 운동방정식을 다음과 같은 식으로 나타낸다.

$$\frac{d}{dt}\left(\frac{\partial L}{\partial \dot{q}_i}\right) - \frac{\partial L}{\partial \dot{q}_i} = 0 \tag{3.6-15}$$

식(1.62)에 L에 대한 표현식을 대입하면

$$\frac{d}{dt}\left(\frac{\partial T}{\partial \dot{q}_i}\right) - \frac{\partial T}{\partial q_i} + \frac{\partial U}{\partial q_i} = 0 \tag{3.6-16}$$

여기서 각각의 하첨자에 i에 대하여 한 개의 식이 존재함을 유의해야 한다. 이 장과 같은 1자유도 시스템의 경우, 좌표의 수는 한 개이며(i=1) 운동방정식의 수도 한 개다. 다음 예제는 라그랑주 방법을 사용하여 스프링-질량 시스템의 운동방정식을 유도한 것이다.

이 절에서는 라그랑주 방법을 진동계의 자유도가 1인 비감쇠 시스템(보존 시스템)의 자유응답에 적용했다. 그러나 이 방법은 일반적인 방법이기 때문에 감쇠 시스템에도 적용 가능하며 또한 강제응답의 경우에도 적용 가능하다.

지금까지 세 가지 기본시스템, 즉 스프링-질량 시스템의 직선운동 혹은 병진운동, 원판-축 시스템의 회전운동, 매달린 질량 시스템의 진자운동을 모델링했다. 각 운동은 보통 어떤 특정한 형태로 진동에너지를 소산한다. 병진운동에 대한 점성 감쇠 모델은 비틀림 운동이나 진자운동에 모두 적용할 수 있다. 축의 비틀림 운동의 경우에는 에너지 소산이 재료 또는 공기저항으로부터 온다고 가정한다. 때로는 자동차의 크랭크축이나 캠축을 모델링하기 위해 막대와 원판을 이용할 때처럼, 원판과 축 주위의 윤활유나 축을 지지하는 베어링으로부터 감쇠가 생긴다고 볼 수 있다,

이 세 경우 감쇠는 속도에 비례하는 것으로 모델링한다.($f_c = c\dot{x}$ 또는 $f_c = c\dot{\theta}$). 따라서 운동방정식은 표1.1에 있 형태가 된다. 이 모든 방정식은 선형 감쇠진동계로 나타낼 수 있다. 그러므로 이 세 가지 시스템은 고유진동수와 감쇠비에 의해 진동특성이 결정된다. 즉, 감쇠비 ζ값에 따라 해의 형태가 결정된다.

운동하는 물체가 가지는 각종 에너지, 즉 운동에너지, 위치에너지, 그리고 감쇠에너지 등을 이용하여 운동방정식을 유도하는 방법으로 다음의 식으로 나타낼 수 있다.

$$\frac{d}{dt}\left(\frac{\partial T}{\partial \dot{q}_j}\right) - \frac{\partial T}{\partial q_j} + \frac{\partial V}{\partial q_j} + \frac{\partial D}{\partial \dot{q}_j} = Q_j, \quad j = 1, 2, \cdots, n \tag{3.6-17}$$

이 식에서 q_j는 일반화 좌표변수, T는 시스템의 운동에너지, V는 위치에너지, D는 감쇠에너지이며 Q_j는 q_j에 대응하는 비보존 일반화된 힘이다.

시스템의 운동에너지T는 다음의 식으로 나타낼 수 있다.

$$T = \frac{1}{2}mv^2 + \frac{1}{2}I\omega^2 \tag{3.6-18}$$

m과 I는 각각 운동하는 물체의 질량과 관성모멘트이며 v와 ω는 각각 물체의 속도 및 각속도이다.

마찰에 의한 감쇠에너지는 다음 식으로 나타낼 수 있으며 이 식에서 c는 점성감쇠 계수, v는 물체의 속도이다.

$$D = \frac{1}{2}cv^2 \tag{3.6-19}$$

예제 3.11 — **다음 그림과 같은 1자유도 진동 시스템의 운동방정식을 라그랑지 역학을 이용하여 구하여라.**

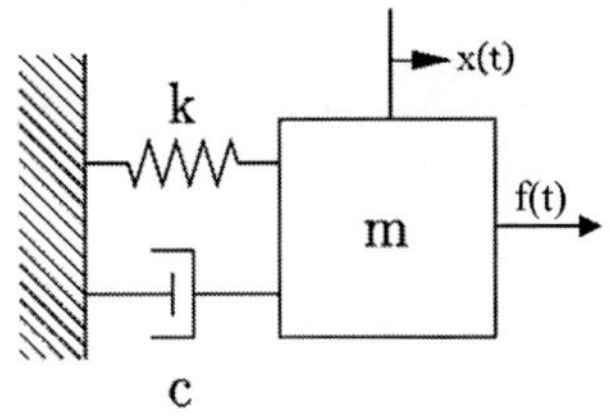

풀이 위 그림의 1자유도 진동계에 이 라그랑지 역학을 적용하면, n은 1이며 일반화된 좌표는 q_1는 x가 되고 시스템의 운동, 위치 및 감쇠 에너지는 다음의 식으로 나타낼 수 있다.

$$T = \frac{1}{2}m\dot{x}^2,\ \ V = \frac{1}{2}kx^2,\ \ D = \frac{1}{2}b\dot{x}^2$$

위의 에너지 항들을 이용하여 식 (3.5-17)에 주어진 각 항들을 구하면 다음과 같다.

$$\frac{d}{dt}\left(\frac{\partial T}{\partial \dot{x}}\right) = m\ddot{x},\ \ \frac{\partial T}{\partial x} = 0,\ \ \frac{\partial V}{\partial x} = kx,\ \ \frac{\partial D}{\partial \dot{x}} = c\dot{x}$$

따라서 이 항들을 라그랑지 방정식에 대입하면 다음과 같은 운동방정식을 구할 수 있다.

$$m\ddot{x} + c\dot{x} + kx = 0$$

3.7 조화 운동(Harmonic Motion)

3.7.1 단순조화 운동(Simple Harmonic Motion)

진동하는 물체에서 나타나는 운동 중 가장 간단한 형태의 운동이 일정 시간 간격으로 반복되면 주기운동이며 주기운동의 가장 단순한 형태가 하나의 Sine 또는 Cosine 함수로 표시되는 단순조화 운동이다. 이 운동은 가장 간단한 진동 시스템인 1자유도 비감쇠 진동에서 나타나는 운동의 형태이다. 이 운동을 수학적으로 표현하면 $x(t) = X\cos(\omega t + \phi)$ 또는 $x(t) = X\sin(\omega t + \phi)$로 나타낼 수 있다. 이와 같은 운동의 형태가 그림 3.27에 설명되어 있다.

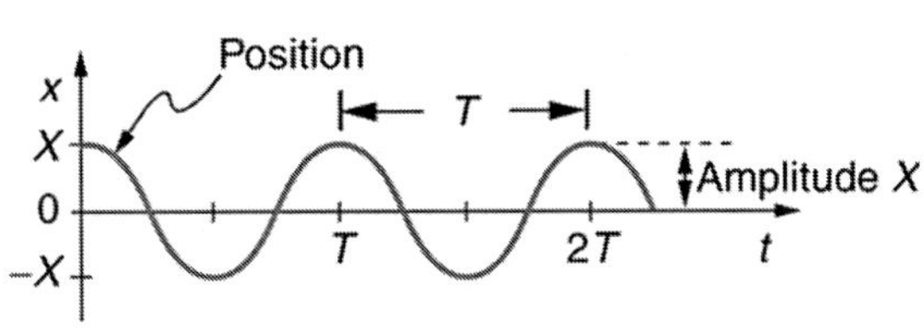

그림 3.27 | 관성요소

이 식에서 알 수 있는 바와 같이 이 운동은 세 개의 변수 X, ω 및 ϕ에 따라 운동의 형태가 결정된다. 운동의 크기를 결정하는 X는 진폭이라 하고 단위는 m로 나타낸다. 운동의 속도를 결정하는 ω는 각진동수이며 단위는 rad/s를 이용한다. 또한 운동의 시작위치를 결정하는 ϕ(rad)는 위상각이라고 한다. 이와 같은 단순조화운동에서 물체가 임의의 위치에서부터 한 사이클의 운동을 해서 원래 위치로 돌아오는데 걸리는 시간을 주기(T)라고 한다. 또한 단위시간(1초)당 나타나는 주기의 수를 주파수(f)라고 하며 단위는 헤르츠(Hz)를 이용한다. 이들의 관계는 다음 식으로 정의된다.

$$T = \frac{2\pi}{\omega} = \frac{1}{f} \tag{3.7-1}$$

속도와 가속도에 대한 표현은 다음과 같이 $y(t)$를 미분하여 구할 수 있다

$$\dot{x}(t) = X\omega\cos(\omega t + \phi) = X\omega\sin(\omega t + \phi + \frac{\pi}{2}) \tag{3.7-2}$$

$$\ddot{x}(t) = -X\omega^2\sin(\omega t + \phi) = X\omega^2\sin(\omega t + \phi + \pi) \tag{3.7-3}$$

위의 식에서 알 수 있는 바와 같이 변위, 속도 및 가속도는 모두 같은 주파수 ω로 진동하지만 진폭은 모두 다르다. 속도는 변위와 위상이 $\pi/2\,rad$, 즉 90° 차이가 나며, 가속도는 변위와 위상이 $\pi\,rad$, 즉 180° 차이가 난다. 따라서 속도는 변위와 가속도가 최소 또는 최대일 때 0이다. 가속도는 변위가 최대일 때 최소이다. 가속도가 변위에 비례하면서 부호가 반대인 이런 유형의 운동을 단순 조화운동(Simple Harmonic Motion) 이라고 한다. 이 운동은 질량에 가해지는 힘이 변위에 비례하는 복원력일 때 일어난다.

정현함수와 여현함수가 $Asin(\omega t + \phi)$와 같이 위상각(Phase Angle) 또는 위상편이(Phase Shift)를 갖는다면, 이 식을 다음의 삼각함수 항등식을 이용하여 단순 정현함수와 여현함수로 바꿀 수 있다.

$$X\sin(\omega t + \phi) = Xcos\phi\sin\omega t + A\sin\phi\cos\omega t \tag{3.7-4}$$

다음과 같은 삼각함수의 합이 주어졌다고 가정하자.

$$y(t) = B\sin\omega t + C\cos\omega t \tag{3.7-5}$$

이와 같은 식을 $y(t)$를 $y(t) = A\sin(\omega t + \phi)$와 같이 표현해야 할 때가 있다. B와 C

가 주어졌을 때, A와 ϕ를 구하기 위해 식 (3.7-4)와 식 (3.7-5)를 비교하면 다음을 얻을 수 있다.

$$A\sin\phi = C,\ A\cos\phi = B \tag{3.7-6}$$

위의 두 식을 제곱하여 더하면 다음과 같은 식을 얻는다.

$$B^2 + C^2 = (A\cos\phi)^2 + (A\sin\phi)^2 = A^2(\cos\phi^2 + A\sin\phi^2) = A^2 \tag{3.7-7}$$

따라서 A의 해는 다음과 같이 두 개가 존재한다.

$$A = \pm\sqrt{B^2 + C^2} \tag{3.7-8}$$

A에 대한 양의 해를 선택하면, 다음과 같이 $\cos\phi$와 $\sin\phi$에 대해 식 1.2-3을 풀 수 있다.

$$\sin\phi = \frac{C}{A},\quad \cos\phi = \frac{B}{A} \tag{3.7-9}$$

위의 두 식으로부터 각 ϕ를 유일하게 결정할 수 있다.

예제 3.12— 두 삼각함수의 합이 다음과 같이 주어졌다고 할 때 이를 하나의 식으로 나타내어라.

$$y(t) = -10\sin 5t + 6\cos 5t$$

풀이 위의 설명을 참고하여 A를 구하면 다음 식과 같다.

$$A = \pm\sqrt{(-10)^2 + 6^2} = 2\sqrt{34}$$

또한 ϕ를 구하기 위하여 식 (3.1-1)을 적용하면 다음과 같다.

$$\sin\phi = \frac{3}{\sqrt{34}},\quad \cos\phi = \frac{-5}{\sqrt{34}}$$

$\sin\phi > 0$이고 $\cos\phi < 0$이므로 ϕ는 2사분면에 있으며 $\phi = \cos^{-1}(-5/\sqrt{34}) = 2.6\,rad$이다.

따라서 $y(t)$는 다음과 같이 구해진다.

$$y(t) = 2\sqrt{34}\sin(5t + 2.6)$$

3.7.2 감쇠 조화 운동(Damped Harmonic Motion)

지수함수와 정현 또는 여현의 곱은 아주 흔하게 발생하는 함수이며, 대표적인 예가 다음과 같은 형태이다.

$$x(t) = Xe^{-t/\tau}\sin(\omega t + \phi) \tag{3.7-10}$$

이 함수를 그림으로 나타내면 그림 3.28과 같다.

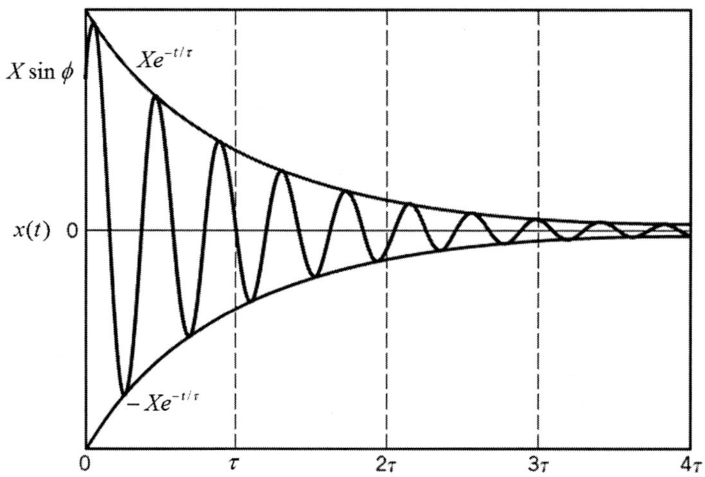

그림 3.28 | 정현함수와 지수함수를 곱한 함수

그림에서 알 수 있는 바와 같이 Sine 함수의 진폭이 $Xe^{-t/\tau}$로 시간에 따라 감소한다. $\tau > 0$일 때 τ를 시정수(time constant)라고 하며 τ에 따라 진폭의 감소율이 결정된다. 당연히 $t \to \infty$이면 $e^{-t/\tau} \to 0$이 되며 t가 증가함에 따라 다음 표와 같이 함수 값이 감소한다.

표 3.3 | 시간 흐름에 따른 진폭 감소율

$t = \tau$	$e^{-t/\tau} = e^{-1} = 0.37$
$t = 4\tau$	$e^{-t/\tau} = e^{-4} = 0.02$
$t = 5\tau$	$e^{-t/\tau} = e^{-5} = 0.01$

지수함수 $e^{-t/\tau} \to 0$는 $t = \tau$에서 초기 값의 37%, $t = 4\tau$에서 초기 값의 2%, $t = 4\tau$에서 초기 값의 1% 임을 알 수 있다. 식 (3.7-10)의 진동 진폭은 지수의 감쇠 때문에 시간에 따라 감소하며 따라서 시정수를 이용하여 진동이 사라지는데 필요한 시간을 추정할 수

있다. $t = 4\tau$ 이후의 진폭은 가장 큰 진폭의 1%이내가 될 것이다. 식 (3.7-10)으로 표시되는 변위에서 가속도를 유도하면 변위에 비례하지 않음을 알 수 있고 따라서, 이 식으로 표현되는 운동은 단순 조화운동이 변위가 아니다.

연습문제

3.2절 동역학적 배경

3.1 다음 그림에 주어진 시스템에서 질량 $m_1 = 1kg, m_2 = 8kg$이며 m_1은 m_2에 부딪힌다. 충돌이 완전 비탄성 충돌이라고 할 때 충돌 직후 m_2의 속력을 구하여라.

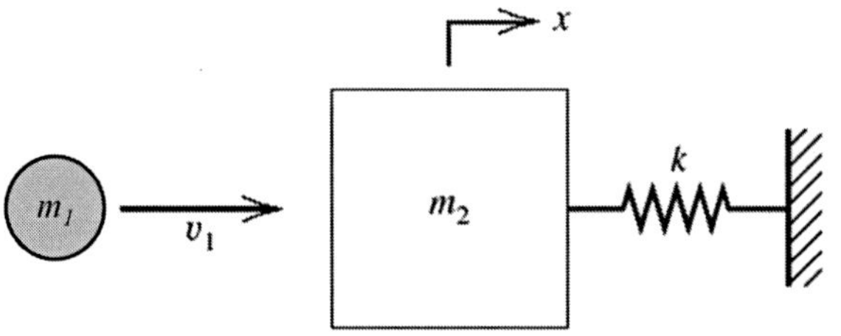

3.3절 진동계의 구성 요소

3.2 스프링이 원래 길이로부터 늘어나는 길이는 스프링에 가해지는 인장력 크기의 함수이다. 다음 표는 주어진 인장력에 의해 특정 스프링에서 발생한 스프링의 길이를 나타낸 것이다. 스프링의 원래 길이는 $0.12m$이다. 스프링 작용력과 늘어나 길이 δ사이의 함수관계를 구하라.

힘(N)	0	2.09	5.12	7.30
스프링 길이(m)	0.120	0.183	0.269	0.328

3.3 두 개의 스프링으로 계의 전체 강성을 증가시키려고 한다고 하자. 직렬연결과 병렬연결 중 어떤 방식으로 스프링을 연결해야 하는가?

3.4 길이가 L, 두께가 h이며 폭이 w인 양단 고정 지지의 보에 대한 스프링 상수의 식을 유도하라. 힘 f는 보의 중앙에 작용하며, 변형 x는 보의 중앙을 기준으로 한다고 가정한다.

3.5 다음 그림과 같은 두 스프링에 연결되어 있는 레버에 수평력 f가 작용하고 있다. 이로 인한 움직임이 작아서 본질적으로 수평운동이라고 가정하고, 힘 f와 이로 인한 변위 x사이의 등가 스프링상수에 대한 표현식을 구하라.

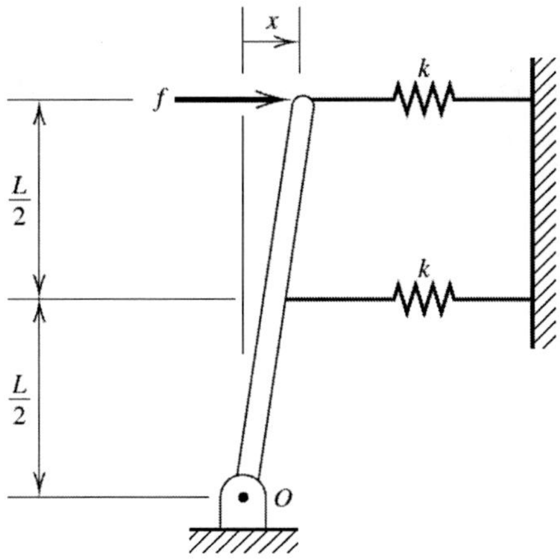

3.6 다음 그림과 같은 스프링 장치에서 가해진 힘 f에 의해 변위 x가 발생한다. 계가 정적인 평형상태에 있다고 가정하여 x에 대한 f의 그림을 그려라. 이 스프링 장치에 대한 등가 스프링 상수 k_e를 구하라.

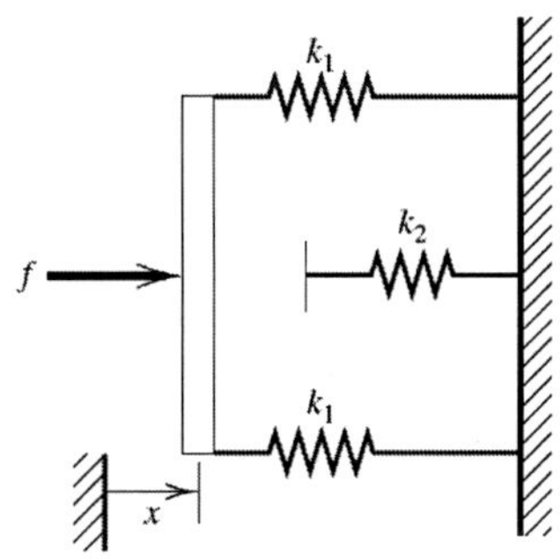

3.7 다음 그림과 같은 스프링 장치에서 스프링이 외팔보 끝에 연결되어 있다. 스프링의 스프링상수를 k_s로 표시하라. 가해진 힘 f에 의해 변위 x가 발생한다.

(a) 외팔보의 스프링 상수 k_b를 구하여라.

(b) 두 스프링은 직렬연결인가? 병렬연결인가?

(c) 이 스프링 장치의 등가 스프링 상수 k_e는 얼마인가?

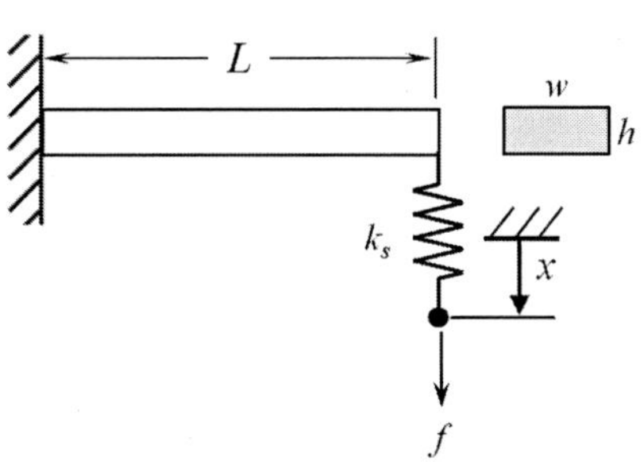

3.8 다음 그림과 같은 속이 꽉 찬 2단 실린더는 같은 재질로 이루어져 있으며 축방향 힘 f를 받는다. 이 실린더에 대해 등가 병진 스프링 상수를 구하라. 두 스프링은 직렬연결인가? 병렬연결인가?

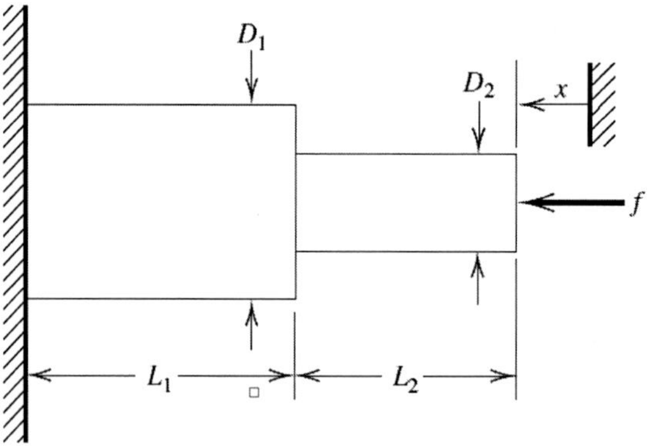

3.9 네 개의 같은 다리를 가진 탁자가 수직력을 지탱한다. 네 개의 다라는 속이 꽉 찬 실 린더형 다리로서 모두 동일하며 $E=2\times10^{11}\,N/m^2$을 가진 금속으로 만들어졌다. 다리의 길이는 $1\,m$이며 직경은 $0.03\,m$이다. 탁자 표면이 단단하다고 가정하고, 네 다리로 인한 등가 스프링상수를 계산하라.

3.10 다음 그림과 같은 보는 스프링 지지의 추가로 강성이 증가하였다. 강철보는 길이가 $0.91m$, 두께가 $0.03\,m$, 폭이 $0.3\,m$이며 질량은 $55\,kg$이다. 질량 m은 $580\,kg$이다. 보의 질량을 무시할 때, 보의 정적 변형이 스프링 k가 추가되기 전의 원래 변형의 절반으로 줄어드는 데 필요한 스프링 상수 k를 구하라.

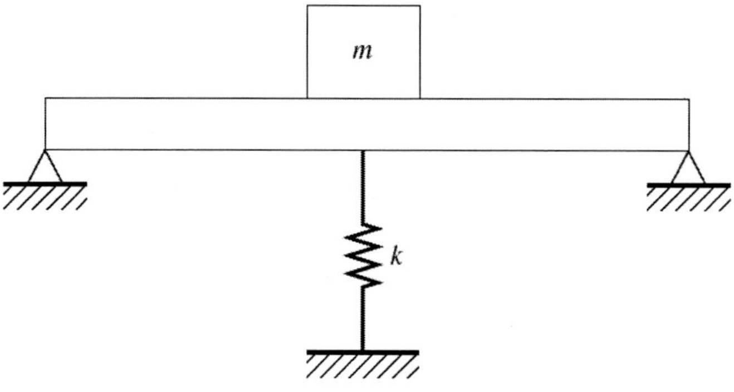

3.11 다음 그림과 같이 2단으로 구성된 축에 대해 등가 비틀림 스프링 상수를 구하라. 축 재질은 $G = 8 \times 10^{10} N/m^2$이다

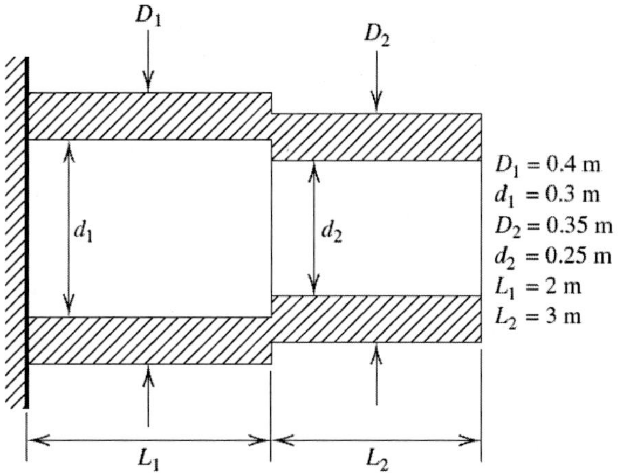

3.12 그림과 같이 연결된 스프링 구성에 대해 등가 스프링 상수를 구하라. 모든 스프링이 동일한 스프링 상수 k를 갖는다.

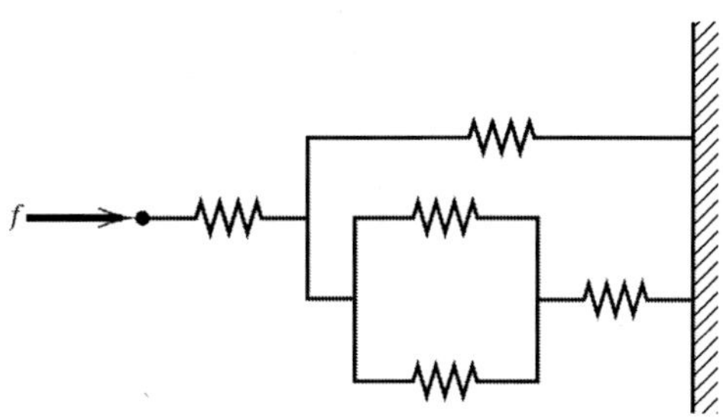

3.13 그림과 같은 스프링 계에서 가해진 힘 f에 의해 변위 x가 발생한다. 계가 정적 평형상태에 있으며 각 θ가 작다고 가정하여 이 계에 대한 등가 스프링상수 k_e를 구하라.

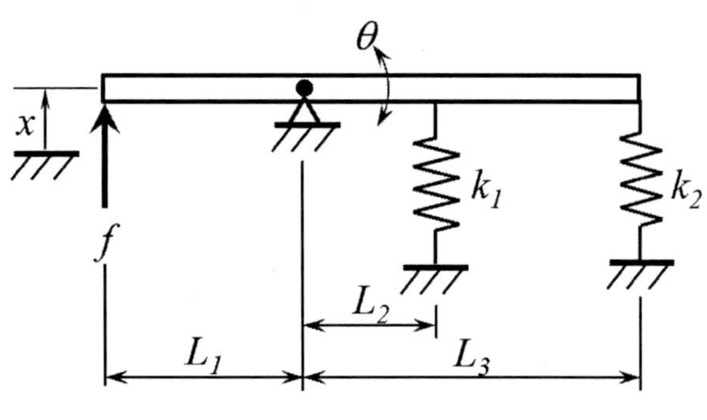

3.14 평판이 기름으로 덮인 수평 명면 상에서 미끄러진다. 기름의 점도가 $\mu = 0.8\,Ns/m^2$ 이고 평판과 평면 사이의 접촉면적은 $0.15\,m^2$ 이다.

(a) 기름막의 두께가 $1\,mm$ 라고 가정하여 점성계수 c 를 구하라.

(b) 평판이 $0.6\,m/s$ 로 계속 움직이기 위해 필요한 힘의 크기는 얼마인가?

(c) 기름막 두께의 추정치가 ±50%의 오차를 갖는다고 가정하자. 감쇠 계수의 불확도(uncertainty)를 계산하라.

3.15 그림의 감쇠기는 점도 μ 인 액체로 채워진 실린더와 이 속에서 회전하는 직경 D 의 피스톤으로 구성되어 있다. 감쇠기는 일정한 회전속도 ω 의 함수인 토크 T 로 운동에 저항한다. D, ϵ, d, h 와 μ 로 감쇠기의 감쇠계수 c 에 대한 표현식을 유도하라.

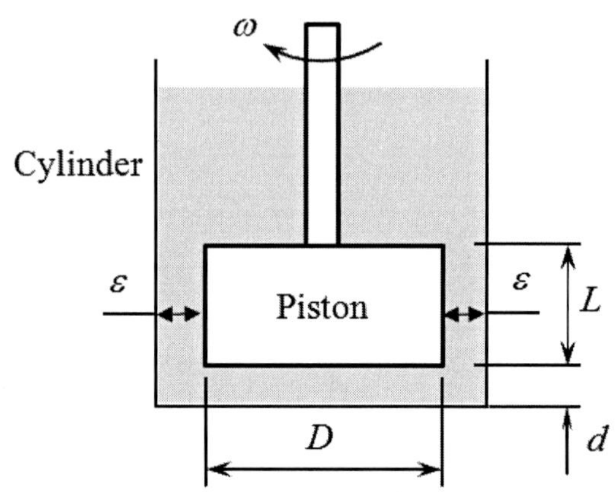

3.16 다음 그림의 감쇠기는 점도 μ인 액체로 채워진 실린더와 이 속에서 왕복운동하는 직경 D의 피스톤으로 구성되어 있다. 감쇠기는 피스톤의 속도 v의 함수인 힘 f로 운동에 저항한다. 감쇠기의 감쇠계수 c를 D, ϵ, L와 μ 를 이용하여 나타내어라.

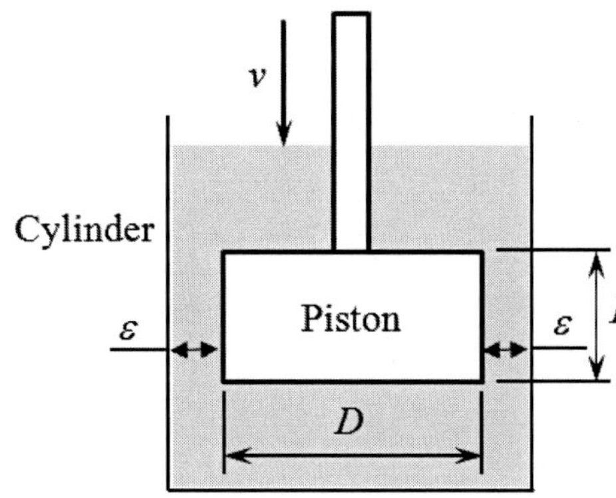

3.17 다음 그림과 같은 감쇠장치의 등가 감쇠계수 c_e의 식을 구하라. 여기서 $f = c_e v$이다. 감쇠기들은 직렬연결인가? 병렬연결인가?

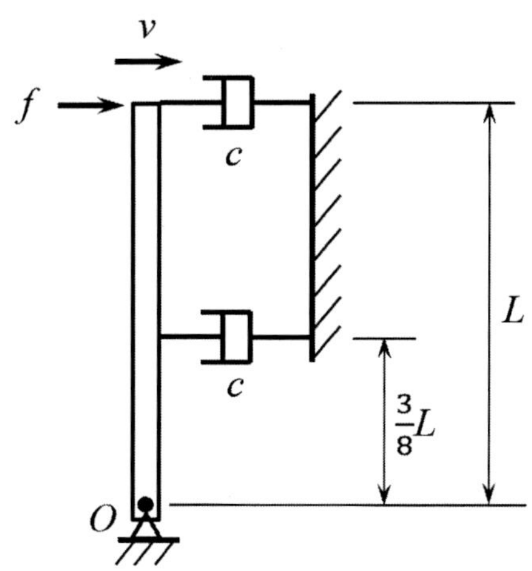

3.18 다음 그림과 같은 감쇠기에 대해 $f = c_e v$를 만족하는 등가 감쇠계수 c_e 를 구하라.

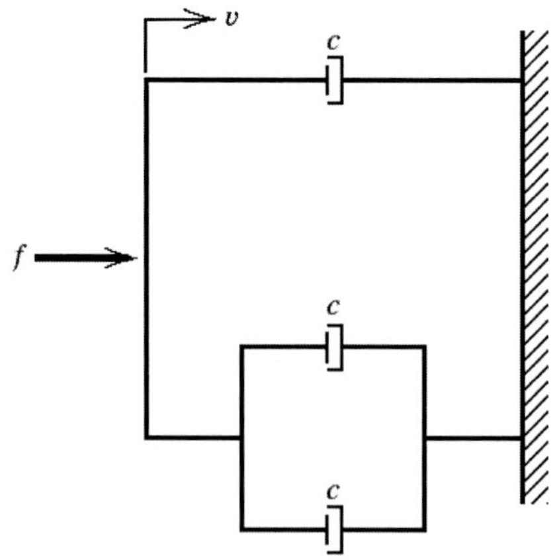

3.6절 시스템 운동방정식

3.19 다음 그림과 같은 진동계의 운동방정식을 유도하라. 평형위치는 $x = y = 0$ 이다.

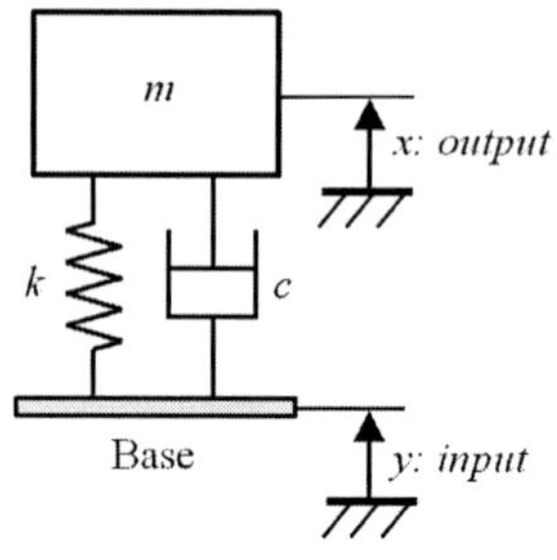

3.20 다음 그림과 같은 진동계의 운동방정식을 유도하라. 평형위치는 $x = y = 0$ 이다.

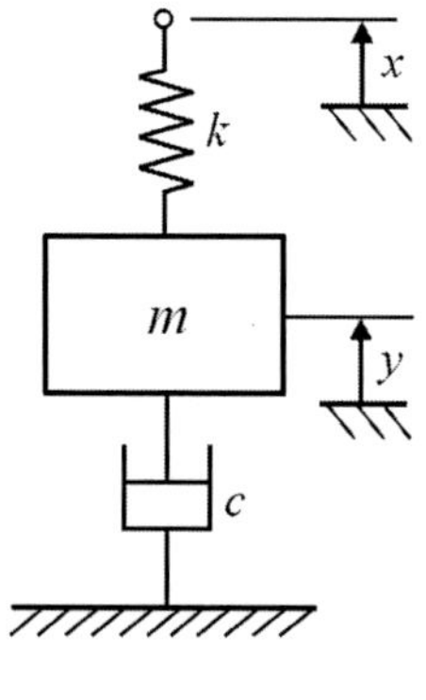

3.7절 조화 운동

3.21 전동기가 6000 rpm의 속도로 회전한다.

(a) 전동기의 회전속도를 각진동수로 나타내어라.

(b) 모터의 회전 주기와 주파수를 구하여라.

3.22 어떤 물체의 변위가 $x(t)=10\sin 5t$로 기술되며, 여기서 시간 t의 단위는 초(second)이다. 이 물체의 주기를 구하고 진동수를 rad/s와 Hz로 계산하라.

3.23 다음 식이 성립하기 위한 A와 B의 값은 얼마인가?

$$5(\sin 3t+2)=A\cos 3t+B\sin 3t$$

3.24 다음 식이 성립하기 위한 A와 ϕ의 값은 얼마인가?

$$A(\sin 6t+\phi)=-6.062A\sin 3t-3.5\cos 6t$$

3.25 어떤 물체의 변위가 미터 단위로 $y(t)=0.5\sin(7t+4)$ 기술되며, 여기서 시간 t의 단위는 초이다. 이 물체의 속도와 가속도 식을 시간의 함수로 구하라. 속도와 가속도의 진폭은 얼마인가?

3.26 어떤 물체의 변위가 $y(t)=5\cos 3t+8\sin 7t$로 기술되며, 여기서 시간 t의 단위는 초이다. 이 물체의 속도와 가속도 식을 시간의 함수로 구하라. 속도와 가속도의 진폭은 얼마인가?

3.27 어떤 물체의 변위가 미터 단위로 $y(t)=0.07\sin(5t+\phi)$로 기술되며, 여기서 t는 초 단위이다. $t=0$에서 물체의 속도는 $0.41m/s$로 알려져 있다. 위상각 ϕ의 값을 계산하라.

3.28 어떤 물체의 변위가 $y(t)=A\sin(5t+\phi)(m)$로 기술되며, 여기서 시간 t의 단위는 초이다. $t=0$에서 물체의 변위는 $0.48m$이며 물체의 속도는 $0.62m/s$로 주어져 있다. A와 ϕ의 값을 계산하라.

3.29 가속도계로 측정한 결과, 진동하는 어떤 물체의 가속도 진폭이 0.7g이고 주파수는 10 Hz 였다. 이 운동을 단순 조화운동이라고 가정하고 물체의 변위와 속도의 진폭

을 계산하라. $g = 10.0\,m/s^2$을 이용하라.

3.30 불균형 전동기의 변위 진폭은 $0.10\,mm$로, 가속도의 진폭은 0.5g로 측정되었다. 전동기의 속력을 구하라. $g = 10.0\,m/s^2$을 이용하라.

3.31 함수 $y(t) = 6e^{-t/3}\sin(0.25\pi t)$의 그래프를 그리려고 한다. y와 t의 범위는 얼마가 적당하겠는가?

CHAPTER 4

1자유도계의 자유응답

4.1 서론

이 장에서는 감쇠 및 비감쇠 1자유도 진동계의 자유응답을 공부한다. 자유진동은 관성요소에 스프링력, 감쇠력 또는 중력을 제외한 다른 외부의 힘이 작용하기 않은 상태에서 발생하는 진동을 의미한다. 1자유도 진동계에 조화함수 형태 또는 일반적인 가진력이 작용할 때 발생하는 강제진동 문제는 이후의 장에서 다룬다.

주어진 진동계의 자유응답을 구하려면 운동방정식을 유도하여야 하며 이 장에서는 비감쇠 또는 감쇠 진동계에 대한 운동방정식을 구하는 과정을 설명한다. 감쇠가 없는 질량-스프링 진동계에 대한 운동방정식은 4.2절에서 유도하고 해를 구하는 과정을 소개한다. 관성요소에 스프링력과 점성감쇠력이 동시에 작용하는 진동계의 자유진동에 대해서는 4.3절에서 다룬다. 마지막으로 다른 형태의 감쇠인 마찰감쇠를 포함한 진동계의 자유진동은 4.4절에서 다룬다

학습목표 |

- 질량–스프링–점성감쇠(또는 쿨롱마찰)로 구성된 1자유도계의 운동방정식을 유도한다.
- 선형 운동방정식을 풀어 자유응답을 구한다.
- 감쇠 및 비감쇠 고유진동수, 대수감쇠율, 시정수, 감쇠비 등의 계산하고 안정성을 판별한다.
- 스프링상수, 감쇠계수 및 마찰계수를 추정한다.

4.2 비감쇠 자유진동

4.2.1 비감쇠 자유진동의 운동 방정식

아래 그림과 같은 가장 간단한 진동시스템인 감쇠가 없는 1자유도 시스템의 경우 운동방정식은 $m\ddot{x}+kx=f(t)$로 표현된다.

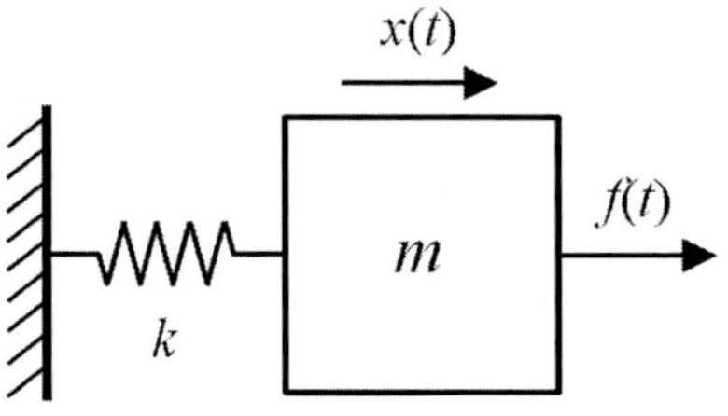

그림 4.1 | 1자유도 비감쇠 진동 모델

이 시스템에 외부에서 작용하는 힘 $f(t)$=0 인 경우에 나타나는 진동을 자유진동이라고 하며 이 경우 위 미분방정식의 해 $x(t)$ 를 자유응답이라 한다. 따라서 1자유도 비감쇠 자유진동의 운동방정식은 다음과 같이 나타난다.

$$m\ddot{x}+kx=0 \tag{4.2-1}$$

시스템의 질량(m)과 스프링 강성(k)이 상수 값으로 주어지면 위의 운동방정식은 상수계수 2차 상미분방정식이다. 이러한 방정식의 해를 구하는 방법은 2장에 이미 설명되어 있다. 수학적인 관점에서 위 방정식을 보면 임의의 함수를 시간에 대해 두 번 미분하고 상수를 곱해서 원래 함수에 상수를 곱해 더하면 '0'이 되는 함수 $x(t)$를 구하는 방정식이고 따라서 이 방정식의 해는 정현 또는 여현함수로 가정할 수 있다. 따라서 해를 $x(t)=A_1\sin\omega t$ 로 가정하여 위식에 대입하고 식 $\ddot{x}(t)=-A_1\omega^2\sin\omega t$ 을 이용하면 아래 식을 얻는다.

$$m(-\omega^2A_1\sin\omega t)+k(A_1\sin\omega t)=0 \text{ 또는 } (-m\omega^2+k)(A_1\sin\omega t)=0 \tag{4.2-2}$$

여기에서 A_1과 ω는 미지수이다. A_1=0 이면 $x(t)=0$ 이 되므로 A_1은 '0'이 될 수 없으며 $\sin\omega t$도 t에 무관하게 항상 '0'이 될 수는 없다. 따라서 위의 관계가 항상 성립되려면 $-m\omega^2+k=0$ 이어야 하며 따라서, $\omega=\sqrt{k/m}$ 이 된다. 결과적으로 $m\ddot{x}+kx=0$의 해는 $x(t)=A_1\sin\sqrt{k/m}\,t$ 이다. 여기에서 질량 m은 각진동수 $\sqrt{k/m}$ (rad/s) 로

진동함을 알 수 있으며 이를 고유진동수라 부른다. 또는 감쇠가 없는 상태에서의 고유진동수라는 의미로 비감쇠 고유진동수라고도 부르며 ω_n 으로 표기한다.

$$\omega_n = \sqrt{\frac{k}{m}} \tag{4.2-3}$$

위의 풀이 과정에서 유추할 수 있는 바와 같이 $x(t) = A_2 \cos \omega t$ 도 식 (4.2-1)의 해가 됨을 알 수 있다. 정현함수와 여현함수는 서로 독립적이므로 다음 식도 식 (4.2-1)의 해가 된다.

$$x(t) = A_1 \sin \omega_n t + A_2 \cos \omega_n t \tag{4.2-4}$$

삼각함수 합의 공식 $A \sin(\omega_n t + \phi) = A \sin \omega_n t \cos \phi + A \cos \omega_n t \sin \phi$ 로부터 위의 해는 다음의 형태로 표현될 수도 있다.

$$x(t) = A \sin(\omega_n t + \phi) \tag{4.2-5}$$

위 식에서 $A_1 = A \cos \phi$, $A_2 = A \sin \phi$ 임을 알 수 있다.

4.2.2 초기 조건

자유응답의 경우 $f(t)$=0 이므로 임의의 시간 t 에서 관성요소의 변위 $x(t)$ 와 속도 $\dot{x}(t)$는 초기조건 $x(0)$ 와 $\dot{x}(0)$ 에 의해 결정된다. 예를 들어 $t = 0$에서 질량 m 에 힘을 가해 스프링을 x_0 만큼 변형시킨 후 정지 상태에서 놓았다면 초기변위 $x(0)$=x_0, 초기속도 $\dot{x}(0) = 0$ 이다. 그러나, 동일한 조건에서 관성요소에 초기속도 $\dot{x}(0) = v_0$ 를 주었다면 앞의 경우와 다른 $x(t)$와 $\dot{x}(t)$를 나타내게 된다.

식 (4.2-4)와 (4.2-5)에 두 개의 미지수가 있으므로 이를 구하려면 두 개의 조건이 필요하다. 다시 말해 $t \neq 0$ 인 임의의 시점에서의 변위 또는 속도가 주어진 경우에도 해를 구할 수 있다. 종합하면 $t = 0$를 포함한 임의의 시점에서 두 개의 변위나 속도 조건이 주어지면 $x(t)$와 $\dot{x}(t)$를 정의할 수 있다. 예를 들어 초기변위 $x(0)$와 어느 시점 $t > 0$에서의 변위 $x(t_1)$이 주어지는 경우이다. 대부분의 경우, 초기 변위 x_0와 속도 v_0가 주어지며 해는 다음과 같이 구할 수 있다.

1) $x(t) = A_1 \sin\omega_n t + A_2 \cos\omega_n t$인 경우

식 (4.2-4)에 $t=0$을 대입하고 식 (4.2-4)를 시간에 대하여 한번 미분한 후 $t=0$ 을 대입하면 다음 식을 얻는다.

$$x(0) = A_1 \sin 0 + A_2 \cos 0 = A_2 = x_0 \tag{4.2-6}$$

$$\dot{x}(0) = A_1\omega_n \cos 0 - A_2\omega_n \sin 0 = A_1\omega_n = v_0 \tag{4.2-7}$$

따라서, 이 두 식을 이용하여 구한 A_1과 A_2를 대입하면 식 (4.2-4)는 다음과 같이 표현된다.

$$x(t) = \frac{v_0}{\omega_n}\sin\omega_n t + x_0 \cos\omega_n t \tag{4.2-8}$$

여기에서 초기속도 $v_0 = 0$ 인 경우, 응답은 $x = x_0 \cos\omega_n t$ 로서 Cosine 형태가 되고 진폭은 초기변위 x_0가 됨을 알 수 있다.

2) $x = A\sin(\omega_n t + \phi)$인 경우

식 (4.2-5)에 대해서 위와 동일한 과정을 반복하면 다음 식을 얻는다.

$$x(0) = x_0 = A\sin\phi,\ \dot{x}(0) = v_0 = A\omega_n \cos\phi \tag{4.2-9}$$

또는

$$\sin\phi = \frac{x_0}{A},\ \cos\phi = \frac{v_0}{A\omega_n} \tag{4.2-10}$$

위상각 ϕ 는 다음과 같다.

$$\phi = \tan^{-1}\left(\frac{\sin\phi}{\cos\phi}\right) = \tan^{-1}\frac{x_0\omega_n}{v_0} \tag{4.2-11}$$

위 식을 풀면 두 개의 $\pm\phi$값이 구해진다. A값을 구하고 이를 식 (4.2-3)에 대입하여 ϕ가 어느 상한의 값인지를 결정한다.

식 (4.2-10) 과 식 $\sin^2\phi + \cos^2\phi = 1$ 을 이용하여 다음 식을 구한다.

$$\sin^2\phi + \cos^2\phi = \left(\frac{x_0}{A}\right)^2 + \left(\frac{v_0}{A\omega_n}\right)^2 = 1 \tag{4.2-12}$$

위 식에서 진폭 A_r에 대하여 풀어 양수값을 취하면 다음과 같다.

$$A = +\sqrt{x_0^2 + \frac{v_0^2}{\omega_n^2}} \tag{4.2-13}$$

따라서 응답은 다음과 같다.

$$x = \sqrt{x_0^2 + \frac{v_0^2}{\omega_n^2}}\, sin(\omega_n t + \phi) \tag{4.2-14}$$

여기에서 ϕ는 식 (4.2-11)로부터 구하며, 식 (4.2-10)으로부터 어느 상한에 위치하는지를 결정한다. $A > 0$이다. 만일 초기속도 $v_0 = 0$이면 진폭 $A = x_0$이고, $x(0) > 0$인 경우 $\phi = \pi/2$ 이고 $x(0) < 0$ 이면 $\phi = -\pi/2$ 가 된다. 따라서 $x(0) > 0$ 인 경우에 응답은 $x = x_0 \sin(\omega_n t + \pi/2) = x_0 \cos \omega_n t$ 이 된다. 식 (4.2-8)의 형태가 식 (4.2-14)의 형태보다 상수 계산이 편리하다. 반면에 식 (4.2-14)는 진폭을 직접 계산할 수 있고 그 표현이 간단하다.

예제 4.1 — 다음 그림에 주어진 진동시스템에서 질량은 2kg, 스프링 강성은 32N/m 라고 한다. 초기 조건이 $x(0) = 0.05m$, $v(0) = 0.4m/s$라고 할 때 시스템의 자유응답을 (a) $x = A\sin(\omega_n t + \phi)$, (b) $x(t) = A_1 \sin \omega_n t + A_2 \cos \omega_n t$ 두 형태로 구하여라.

풀이 고유진동수 $\omega_n = \sqrt{32/2} = 4rad/s$이다.

(a) 식 (4.2-13)을 이용하여 응답의 진폭을 구하면 다음과 같다.

$$A = \sqrt{0.05^2 + \frac{0.4^2}{4^2}} = 0.062m$$

에 주어진 초기 조건을 대입하면 다음과 같이 응답의 위상을 구할 수 있다.

$$x(t) = \frac{0.4}{4}\sin 4t + 0.05\cos 4t = 0.01\sin 4t + 0.05\cos 4t$$

(b) 식 (4.2-8)에 주어진 초기 조건을 대입하면 다음과 같이 응답을 구할 수 있다.

$$x(t) = \frac{0.4}{4}\sin 4t + 0.05\cos 4t = 0.01\sin 4t + 0.05\cos 4t$$

4.2.3 단순 조화운동

운동방정식 $m\ddot{x} = -kx$로부터 가속도 $\ddot{x} = -kx/m = -\omega_n^2 x$임을 알 수 있다. 이와 같이 가속도가 변위에 비례하고 서로 부호가 반대가 되는 운동을 단순조화운동이라 부른다. 이러한 운동은 스프링력(복원력)이 변위에 비례하는 경우에 발생한다. 단순조화운동에서의 변위, 속도, 가속도 사이의 관계를 살펴보자.

$m\ddot{x} + kx = f(t)$ 식의 응답(해)은 $x = A\sin(\omega_n t + \phi)$이다. $\omega_n = \sqrt{k/m}$이고 진폭 A와 위상각 ϕ는 초기조건에 의해서 결정된다. $x(t)$를 시간에 대하여 미분하여 아래의 속도와 가속도 식을 구한다.

$$\dot{x} = A\omega_n \cos(\omega_n t + \phi) = A\omega_n \sin\left(\omega_n t + \phi + \frac{\pi}{2}\right) \tag{4.2-15}$$

$$\ddot{x} = -A\omega_n^2 \sin(\omega_n t + \phi) \tag{4.2-16}$$

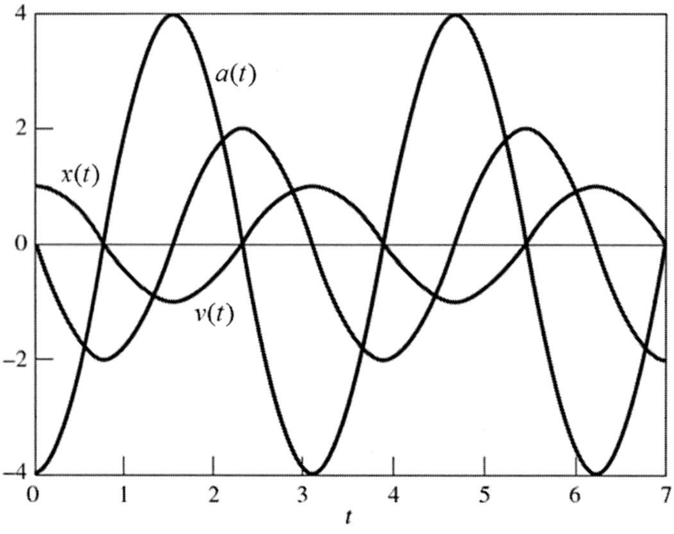

그림 4.2 | $\omega = 2\,rad/s$인 단순조화운동의 변위, 속도 및 가속도

여기에서, 변위, 속도, 가속도의 주파수는 모두 ω_n으로 동일하나 그 진폭은 모두 다름을 알 수 있다. 변위가 최대/최소일 때 속도는 0이고 가속도는 변위와 부호가 반대이다. 가속도의 크기는 변위의 크기에 ω_n^2을 곱한 값이다. 그림 4.2는 초기조건 $x(0) = 1$, $\dot{x}(0) = 0$이고 $\omega_n = 2$인 경우의 변위, 속도, 가속도를 나타낸 것이다.

예제 4.2 — **다음 그림에 주어진 진동시스템에서 질량은 10kg이라고 한다. 고유진동수가 $10\,rad/s$가 되도록 코일 스프링을 설계하여라.**

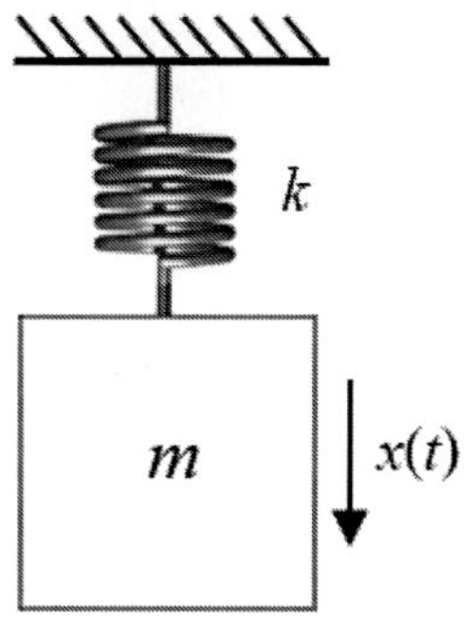

풀이 고유진동수 $\omega_n = \sqrt{k/m} = 10\,rad/s$이다. 따라서, 스프링의 강성 k는 다음 식으로 구할 수 있다.

$$k = \omega_n^2 m = 10^2 10 = 1000\,N/m$$

표 3.1에서 코일스프링의 강성은 다음 식으로 주어진다.

$$k = \frac{Gd^4}{8nD^3}$$

이 식에서 D는 스프링의 직경이며 d는 스프링의 선경이고 n은 스프링의 권수, G는 스프링재료의 전단계수로 다음과 같이 주어진다.

$$G = 8 \times 10^{10}\,N/m^2$$

위에서 정의된 값들을 이용하여 스프링 상수를 구하면 다음과 같다.

$$1000\,N/m = \frac{8 \times 10^{10}\,N/m^2 d^4}{8nD^3}$$

따라서, 코일 스프링의 선경을 $1.0\,cm$ 직경을 $10.0\,cm$라고 결정하면 다음과 같이 권수를 결정할 수 있다.

$$n = 1000\,N/m = \frac{8 \times 10^{10}\,N/m^2 \times 0.01^4}{1000\,N/m\,(8)\,0.1^3} = 12.5$$

4.3 점성감쇠 자유진동

4.3.1 점성감쇠 자유진동

윤활된 표면 위를 운동하는 질량-스프링 시스템에서 윤활작용에 의해서 점성감쇠 효과가 발생한다. 이러한 시스템에 대해 얻어진 이상화 모델과 관성요소에 대한 자유물체도가 다음 그림에 설명되어 있다.

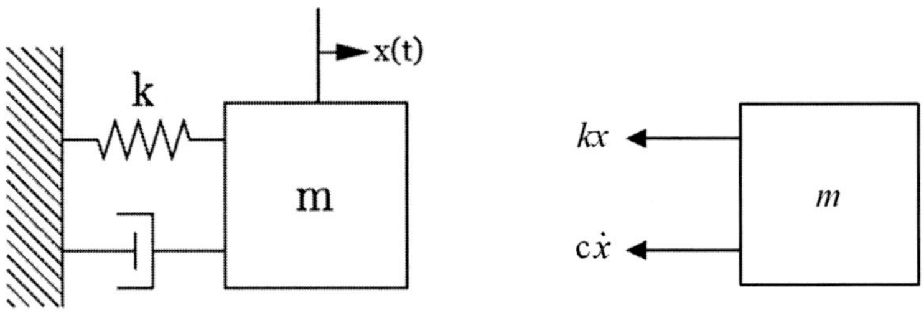

그림 4.3 | 1자유도 점성감쇠 진동 모델

자유물체도를 기준으로 뉴턴의 제 2법칙을 적용하면 다음과 같은 식이 얻어진다.

$$m\ddot{x} = -c\dot{x} - kx \tag{4.3-1}$$

또는 이 식을 정리하여 다음과 같이 나타낼 수 있다

$$m\ddot{x} + c\dot{x} + kx = 0 \tag{4.3-2}$$

이 방정식은 점성감쇠가 있는 선형 1자유도계의 자유진동에 대한 운동방정식으로 이 방정식의 해는 비감쇠 자유진동의 경우와 같이 조화함수로 가정하는 것이 불가능하며 2장에서 배운 내용을 적용하면 해를 지수함수Ae^{st}로 가정하여야 한다. $\dot{x}(t) = Ase^{st}$, $\ddot{x}(t) = As^2e^{st}$ 를 같이 운동방정식 식 (4.3-2)에 대입하고 정리하면 다음 식을 얻는다.

$$(ms^2 + cs + k)Ae^{st} = 0 \tag{4.3-3}$$

$A = 0$이면 $x(t)$는 의미 없는 해가 되고 $e^{st} \neq 0$ 이므로 다음 관계가 만족되어야 한다.

$$\left(ms^2 + cs + k\right) = 0 \tag{4.3-4}$$

이 식을 운동방정식 (4.3-2)의 특성방정식, 그 근을 특성근이라 부른다. 위식의 해는 다음과 같다.

$$s_{1,2} = \frac{-c \pm \sqrt{c^2 - 4mk}}{2m} \tag{4.3-5}$$

이 특성근의 형태는 제곱근 내부의 값에 따라 다음 세 가지 형태를 갖는다.

① $c^2-4mk>0$ 경우

이는 감쇠계수 c가 m이나 k에 비해 상대적으로 커서 과도감쇠라고 한다. 서로 다른 실수근 s_1, s_2 를 특성근으로 가지며 따라서 운동방정식의 일반해는 다음과 같이 지수함수 Ae^{st}의 선형 조합으로 표현된다.

$$x = A_1 e^{r_1 t} + A_2 e^{r_2 t} \tag{4.3-6}$$

감쇠계수 c가 양의 값인 경우 $|-c| > \sqrt{c^2-4mk}$ 이므로 r_1, r_2 는 모두 음의 값을 가지게 되며 관성요소는 주기적인 운동이 아닌 일방적으로 감소하는 지수함수 형태의 운동을 하게 된다. 또한 초기조건을 $x(0)=x_0,\ \dot{x}(0)=v_0$ 인 경우 $x_0 = A_1 + A_2,\ v_0 = r_1 A_1 + r_2 A_2$ 이 되고 따라서 A_1, A_2는 다음과 같다.

$$A_1 = \frac{v_0 - r_2 x_0}{r_1 - r_2}, \quad A_2 = \frac{r_1 x_0 - v_0}{r_1 - r_2} = x_0 - A_1 \tag{4.3-7}$$

② $c^2-4mk=0$ 인 경우

주기적인 운동의 경계적인 경우로 임계감쇠라고 하며 특성근은 실수 중근 $r_1=-c/2m$ 으로 주어진다. 이런 경우 2장에서 공부한 바와 같이 이 경우에는 $e^{r_1 t}$ 와 함께 $tA_2e^{r_1 t}$ 도 해집합으로 고려해야 하며 일반해는 다음과 같이 주어진다.

$$x = A_1 e^{r_1 t} + tA_2 e^{r_1 t} \tag{4.3-8}$$

이 경우에도 감쇠계수 c가 양인 경우 $r_1<0$ 이며 과도감쇠와 같이 관성요소의 주기적인 운동은 발생하지 않는다. 초기조건을 적용하면 $x_0 = A_1,\ v_0 = r_1 A_1 + A_2$이 된다. 따라서 A_1, A_2는 다음과 같다.

$$A_1 = x_0,\ A_2 = v_0 - r_1 x_0 \tag{4.3-9}$$

③ $c^2-4mk<0$ 인 경우

감쇠계수 c가 m이나 k에 비해 상대적으로 작은 경우로 부족감쇠라고 한다. 위의 특성방정식은 2개의 공액 복소근 $r+iq,\ r-iq(q>0)$를 가지며 $r=-c/2m,\ q=\sqrt{4mk-c^2}/2m$ 로 주어진다. 이 경우의 해는 다음과 같이 지수함수 Ae^{st}의 선형 조합으로 표현된다.

$$x = A_1 e^{(r+iq)t} + A_2 e^{(r-iq)t} = e^{rt}\left(A_1 e^{iqt} + A_2 e^{-iqt}\right) \tag{4.3-10}$$

2장에서 학습한 내용을 바탕으로 오일러의 공식과 삼각함수 합의 공식을 적용하면 위 식은 다음 식과 같이 나타낼 수 있다.

$$x = Be^{rt}\sin(qt+\phi) \tag{4.3-11}$$

$c > 0$인 경우 $r < 0$이며 위 식에서 알 수 있는 바와 같이 관성요소는 주기적인 진동을 하지만 그 진폭은 Be^{rt}로 시간에 따라 지수함수 형태로 감소함을 알 수 있다. 또한, 초기조건을 적용하면 $x_0 = B\sin\phi$, $v_0 = rB\sin\phi + A_2$가 되므로

$$\sin\phi = \frac{x_0}{B}, \ \cos\phi = \frac{v_0 - rx_0}{qB} \tag{4.3-12}$$

이며 위상각 ϕ는 위 식으로부터 다음과 같이 계산된다.

$$\phi = \tan^{-1}\left(\frac{\sin\phi}{\cos\phi}\right) = \tan^{-1}\frac{qx_0}{v_0 - rx_0} \tag{4.3-13}$$

위 식으로부터 ϕ를 구해보면 서로 다른 2개의 값이 구해지므로 식 (4.3-12)로부터 ϕ 값의 상한을 결정해야 한다. 식 (4.3-12)와 $\sin^2\phi + \cos^2\phi = 1$로부터 다음 식을 얻는다.

$$\sin^2\phi + \cos^2\phi = \left(\frac{x_0}{B}\right)^2 + \left(\frac{v_0 - rx_0}{qB}\right)^2 = 1 \tag{4.3-14}$$

위 식에서 B를 구하고 B는 진폭이므로 양수값을 취하면 다음과 같다.

$$B = \sqrt{x_0^2 + \left(\frac{v_0 - rx_0}{q}\right)^2} = \frac{1}{q}\sqrt{(qx_0)^2 + (v_0 - rx_0)^2} \tag{4.3-15}$$

식 (4.3-12)에서 $\sin\phi$, $\cos\phi$의 부호와 이 부호에 적합한 상한을 결정한 후 식 (4.3-13)로부터 위상각 ϕ를 구한다.

위 세 가지 경우에 대한 자유응답 해를 구해보자. 해를 구하려면 초기조건으로부터 두 개의 미지 상수를 구하여야 한다. 초기조건은 $x(0) = x_0$, $\dot{x}(0) = v_0$이다.

위의 세 가지 경우에 대한 전형적인 해의 형태가 다음 그림 4-4에 설명되어 있다.

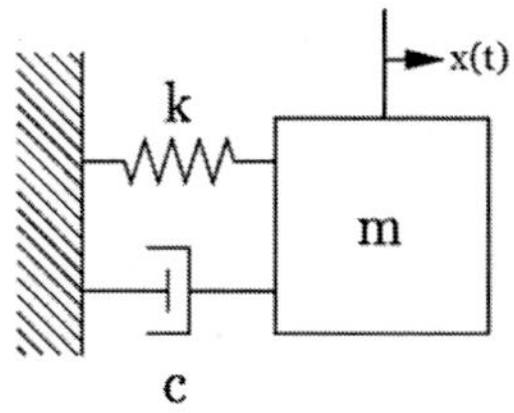

운동방정식 $m\ddot{x} + c\dot{x} + kx = 0$

초기조건 $x(0) = x_0 \quad \dot{x}(0) = v_0$

특성방정식 $ms^2 + cs + k = 0$

$$s_{1,2} = \frac{-c \pm \sqrt{c^2 - 4mk}}{2m}$$

2 실근 $s_1 \neq s_2$

$$x(t) = A_1 e^{s_1 t} + A_2 e^{s_2 t}$$
$$A_1 = \frac{v_0 - s_2 x_0}{s_1 - s_2}$$
$$A_2 = \frac{s_1 x_0 - v_0}{s_1 - s_2} = x_0 - A_1$$

중근 $s_1 = s_2$

$$x(t) = (A_1 + A_2 t)e^{s_1 t}$$
$$A_1 = x_0$$
$$A_2 = v_0 - s_1 x_0$$

2 허근 $s_{1,2} = r \pm iq$

$$x(t) = Be^{rt}\sin(qt + \phi)$$
$$\phi = \tan^{-1}\frac{qx_0}{v_0 - rx_0}$$
$$B = \frac{1}{q}\sqrt{(qx_0)^2 + (v_0 - rx_0)^2}$$

그림 4.4 | 1자유도 점성감쇠 진동계의 응답

그림 4.4에서 알 수 있는바와 같이 과도감쇠나 임계감쇠의 경우에는 자유진동에 의해 주기적인 운동이 발생하지 않으므로 일반적으로 진동공학에서는 부족감쇠의 경우에 대해서만 관심을 가지고 있다. 이 경우에 대해 좀 더 자세히 살펴보자. $r < 0$인 경우 3에 대한 응답이 그림 4.5에 나타나 있다.

기에서 $a = -r$, $a > 0$ 으로 정의되어 있다. 정현파 진동의 주파수는 q(rad/sec)이다. 진폭이 시간의 흐름에 따라 감소하므로 질량은 결국 평형점에서 멈추게 된다. 이때 이 시스템은 안정하다(Stable)고 한다. 이 진동은 지수함수 e^{-at} 에 비례하는 상하 두 개의 포락선(Envelope Curve)안에 존재하게 된다. 이 포락선의 시정수 $\tau = 1/a$ 이므로 $t = 1/a$ 이후에는 그 진폭이 그 최대값의 37% 정도가 되고 $t > 4/a$ 이면 그 진폭이 그 최대값의 2% 미만이 된다. 따라서 $t = 4/a$ 이후에 진동이 거의 사라진다고 할 수 있다.

$r < 0$ 이면 $s_{1,2} = -1/\tau \pm qi$ 로 나타낼 수 있다. 그러므로 실수부가 음수인 복소근을 갖는 시스템의 경우에 시정수는 근의 실수부의 음의 역수임을 알 수 있다. $r > 0$ 이면 시간에 따라 진폭이 증가하며 이러한 운동을 불안정한(Unstable) 운동이라고 한다. $r = 0$ 이면 진폭은 일정하며 이 운동을 중립 안정한(Neutrally Stable) 운동이라고 하며 비감쇠 자

유진동이 이에 해당된다.

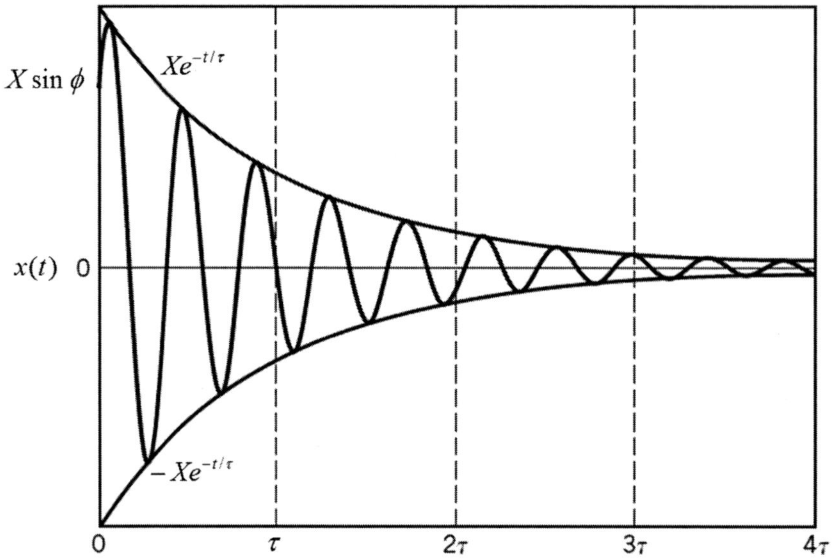

그림 4.5 | $r<0$ 경우의 응답

예제 4.3 — **다음 그림에 주어진 진동시스템에서 질량** m**은** $2\,kg$, **감쇠계수** c**는** $6\,Ns/m$ **이며 스프링 강성** k**는** $17\,N/m$ **라고 한다. 초기 조건이**

(1) $x(0)=2\,m,\ \dot{x}(0)=5\,m/s$

(2) $x(0)=2\,m,\ \dot{x}(0)=-5\,m/s$

(3) $x(0)=2\,m,\ \dot{x}(0)=0\,m/s$**의 세 경우에 대하여 시스템의 자유응답을 구하여라.**

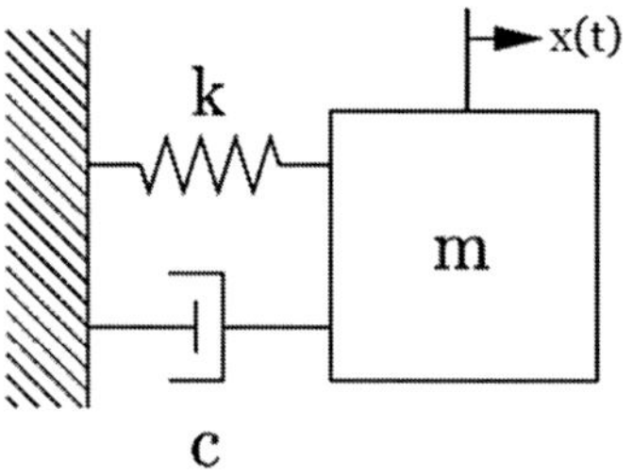

풀이 이 시스템의 운동방정식은 다음과 같다.

$$2\ddot{x}+6\dot{x}+17x=0$$

특성방정식과 그 근은 다음과 같이 구해진다.

$$2\lambda^2+6\lambda+17=0\,,\quad s_{1,2}=-1.5\pm 2.5i$$

따라서, $r=-1.5,\ q=2.5$로 주어지며 응답의 형태는 다음과 같다.

$$x(t) = Xe^{-1.5t}\sin(2.5t+\phi)$$

그림 4.4에서 B, ϕ를 구하고 초기조건 $x(0)=2$, $v_0=\dot{x}(0)$를 대입하면 다음 식을 얻는다.

$$X = +\frac{1}{2.5}\sqrt{5^2+(v_0+3)^2}$$

$$\sin\phi = \frac{2}{B} > 0 \qquad \cos\phi = \frac{v_0+3}{2.5B}$$

각 경우에 대한 풀이 과정과 해는 다음과 같다.

(1) $\dot{x}(0)=5$인 경우

$$B = +\frac{1}{2.5}\sqrt{5^2+(5+3)^2} = 3.773\,,\ \phi = \tan^{-1}\left(\frac{5}{5+3}\right) = 0.559 \text{ or } 0.559+\pi$$

$$\sin\phi = \frac{2}{3.773} > 0 \quad \cos\phi = \frac{5+3}{2.5(3.773)} > 0$$

$\sin\phi > 0$, $\cos\phi > 0$이므로 ϕ는 1 사분면에 있으며 따라서 $\phi = 0.559\,rad$이며 응답은 다음과 같다.

$$x(t) = 3.773e^{-1.5t}\sin(2.5t+0.559)$$

(2) $\dot{x}(0)=-5$인 경우

$$B = +\frac{1}{2.5}\sqrt{5^2+(-5+3)^2} = 2.154$$

$$\phi = \tan^{-1}\left(\frac{5}{-5+3}\right) = -1.19 \text{ or } -1.19+\pi = 1.951$$

$$\sin\phi = \frac{2}{2.154} > 0 \quad \cos\phi = \frac{-5+3}{2.5(2.154)} = \frac{-2}{2.5(2.154)} < 0$$

$\sin\phi > 0, \cos\phi < 0$이므로 ϕ는 2사분면의 각이며 따라서 $\phi = 1.951\,rad$이며 응답은 다음과 같다.

$$x(t) = 2.154e^{-1.5t}\sin(2.5t+1.951)$$

(3) $\dot{x}(0)=0$ 인 경우

$$B = +\frac{1}{2.5}\sqrt{5^2+(0+3)^2} = 2.332$$

$$\phi = \tan^{-1}\left(\frac{5}{0+3}\right) = 1.03 \text{ or } 1.03+\pi$$

$$\sin\phi = \frac{2}{2.332} > 0,\ \cos\phi = \frac{0+3}{2.5(2.154)} = \frac{3}{2.5(2.154)} > 0$$

$\sin\phi > 0, \cos\phi > 0$이므로 ϕ는 1사분면의 각이며 따라서 $\phi = 1.03\,rad$이다. 따라서 진동계의 응답은 다음과 같다.

$$x(t) = 2.332e^{-1.5t}\sin(2.5t+1.03)$$

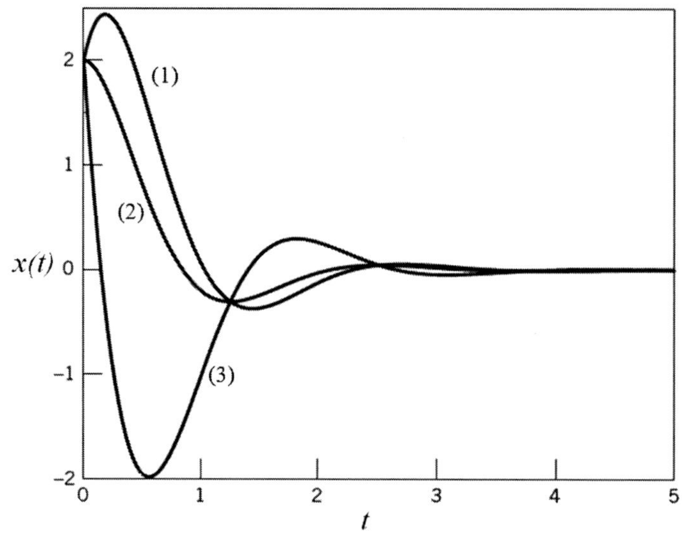

(1), (2), (3) 세 가지 경우를 비교해 보면 초기조건에 의해서 진폭과 위상각이 달라지며 주파수와 진폭 감소율은 특성방정식의 근에 따라 결정됨을 알 수 있다. 위의 그림에 응답선도가 나타나있다. 세 경우 모두 주파수는 $2.5\,rad/s$ 동일하고 주기는 $2\pi/2.5=2.51s$ 이다. 세 경우 모두 시정수 $\tau=1/1.5=2/3$ 이다. 따라서, $t=4\tau=8/3=2.67$초 이후에 진동은 거의 0이 된다. 이 시간이 주기와 거의 일치하므로 한 번의 진동 후에 운동이 거의 사라지는 것을 볼 수 있다.

4.3.2 감쇠비와 감쇠 고유진동수

앞 절에서 알 수 있는 바와 같이 1 자유도 점성감쇠 시스템의 자유응답 특성은 시스템의 특성 즉, c^2-4mk 의 부호에 따라 결정된다. 이와 같은 특성은 경우에 따라 다음 식과 같이 정의되는 감쇠비(ζ)를 이용하여 설명하기도 한다.

$$\zeta=\frac{c}{2\sqrt{km}} \tag{4.3-16}$$

이와 같이 정의된 감쇠비를 이용하면 앞 절에서 c와 m, k의 상대적인 크기에 설명된 세 가지 경우를 다음과 같이 설명할 수 있다.

① 임계감쇠의 경우

$c^2-4mk>0$이므로 $c=2\sqrt{mk}$가 되며 이런 경우의 감쇠계수를 임계감쇠계수 c_c 라고 한다. 따라서 $\zeta=c/c_c$로 표시할 수 있으며 이 경우 $\zeta=1$이 된다.

② 과도감쇠의 경우

$c^2 - 4mk > 0$이므로 $c > 2\sqrt{mk} = c_c$가 되고 $\zeta > 1$이 된다.

③ 부족감쇠의 경우

$c^2 - 4mk < 0$이므로 $c < 2\sqrt{mk} = c_c$가 되고 $0 < \zeta < 1$이 된다.

감쇠계수가 음인 경우에는 시스템이 불안정하고 응답이 시간에 따라 증가하므로 감쇠비는 정의되지 않으나 정의에 따라 계산하면 $\zeta < 0$임을 알 수 있다.

감쇠가 없는 경우 즉 $c = 0$ 인 경우, 4.2절에서 다룬 비감쇠 시스템이 되고 특성방정식의 근은 순허수가 되며 그 허수부 값 $\omega_n = \sqrt{k/m}$ 이 진동의 주파수가 된다. 이를 비감쇠 고유진동수라고 부른다. 앞의 식 (4.3-4)에 주어진 특성방정식을 ζ 와 ω_n을 이용하여 나타낼 수 있다. 식 (4.3-2)의 양변을 m 으로 나누고 $2\zeta\omega_n = c/m$ 임을 이용하면 다음 식을 구할 수 있다.

$$s^2 + 2\zeta\omega_n s + \omega_n^2 = 0 \tag{4.3-17}$$

근의 공식에 따라 위 식의 근은 다음과 같다.

$$s = -\zeta\omega_n \pm i\omega_n\sqrt{1-\zeta^2} \tag{4.3-18}$$

따라서 앞 절에서 설명된 특성근의 실수부 r은 $-\zeta\omega_n$이 되고 허수부 q는 $\omega_n\sqrt{1-\zeta^2}$이 된다. 앞에서 설명한 바와 같이 특성근의 허수부는 점성감쇠 시스템의 자유진동 주파수이며 이를 고유진동수 ω_n과 구분하기 위해서 감쇠 고유진동수 ω_d 라 부른다.

$$\omega_d = \omega_n\sqrt{1-\zeta^2} \tag{4.3-19}$$

또한 앞 절에서 설명된 시정수 τ는 다음과 같이 나타낼 수 있다.

$$\tau = \frac{1}{\zeta w_n} \tag{4.3-20}$$

진동수 ω_n, ω_d는 $\zeta < 1$인 부족감쇠의 경우에만 물리적인 의미가 있으며 위 식에서 $\omega_n > \omega_d$임을 알 수 있다. 즉 감쇠 고유진동수는 언제나 비감쇠 고유진동수보다 작다.

부족감쇠 2차 시스템의 자유응답을 ζ와 ω_n으로 나타내면 다음과 같다.

$$x(t) = Be^{-\zeta w_n t}\sin(\omega_d t + \phi) \tag{4.3-21}$$

여기에서 B와 ϕ는 초기조건 $x(0)$와 $\dot{x}(0)$에 의해 결정된다.

식 (4.3-18)을 복소평면 상에 표시해 보면 위에 설명한 내용들을 확인할 수 있다. 안정한 진동계라고 가정하면 특성방정식의 근들은 모두 허수축의 왼쪽 좌반 평면에 위치한다.

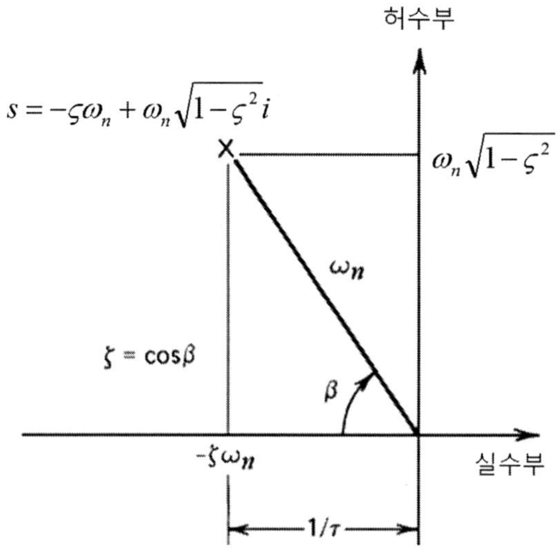

그림 4.6 | 특성근의 위치와 무차원 변수들의 관계

예제 4.4 — 다음 그림과 같이 차량의 차제와 현가장치를 모델링하였다. 차량의 질량 m은 $1400kg$ 이며 감쇠계수 c와 스프링 강성 k는 차량 현가장치의 등가감쇠 및 등가강성이며 이들은 차량의 감쇠계수가 0.3이 되도록 설계되었다. 또한 정적인 상태에서 차량의 중량으로 인해 50mm의 변형($\varDelta$)이 발생되었다고 한다. (1) 이 경우 차량의 강성과 감쇠계수는 얼마인가? (2) 동일한 차량에서 승차인원, 연료 등으로 290kg의 질량이 추가되었다고 하면 감쇠비는 얼마인가?

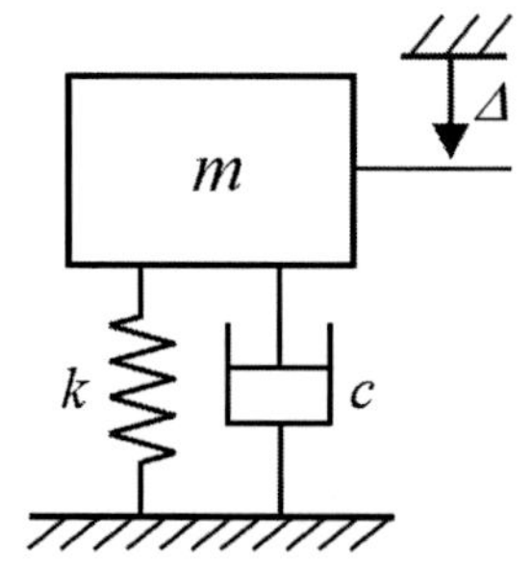

풀이 (1) 정적인 변형을 기준으로 차량 현가장치의 강성을 구하면 다음과 같다.

$$k=\frac{mg}{\Delta}=2.744\times 10^5\,N/m$$

이를 이용하면 차량의 고유진동수는 다음의 식으로 구할 수 있다.

$$\omega_n=\sqrt{\frac{k}{m}}=\sqrt{\frac{g}{\Delta}}=\sqrt{\frac{9.81}{0.05}}=14\,rad/s$$

따라서, 차량의 질량과 고유진동수 및 감쇠비에서 현가장치 감쇠계수응 다음과 같이 구할 수 있다.

$$c=2\zeta m\omega_n=2(0.3)(1400)(14)=1.176\times 10^4\,Ns/m$$

(2) 추가된 질량을 고려하면 정적변형은 다음과 같다.

$$\Delta=\frac{mg}{k}=\frac{1400\times 9.81}{2.744\times 10^5}=0.06m$$

이 값을 기준으로 고유진동수를 구하면 다음과 같다.

$$\omega_n=\sqrt{\frac{g}{\Delta}}=\sqrt{\frac{9.81}{0.06}}=12.79\,rad/s$$

따라서 이 경우의 감쇠비는 다음과 같이 구할 수 있다.

$$\zeta=\frac{c}{2m\omega_n}=\frac{1.176\times 10^4}{2(1690)(12.79)}=0.272$$

4.3.3 특성근과 진동형태

위의 절에서 알 수 있는 바와 같이 특성방정식의 근 즉, 특성근은 진동시스템의 거동을 이해하는데 매우 중요한 역할을 한다. 특성근의 실수부 $-c/2m$ 또는 $-\zeta\omega_n$의 부호에 따라 시스템의 안정성이 결정된다. 예를 들어 허수부 $\sqrt{4mk-c^2}$ 또는 $\omega_n\sqrt{1-\zeta^2}$에 따라 시스템의 감쇠특성(과도, 임계 및 부족감쇠)이 결정된다. 또한 부족감쇠의 경우 실수부는 진폭이 감소하는 형태를 나타내는 포락선 및 시정수를 결정하며 허수부는 점성감쇠 운동의 진동수를 결정한다. 이러한 특성은 일반적으로 가로축을 실수축, 세로축을 허수축으로 하는 복소평면 상에서 설명하며 이 경우 다음과 같은 특성을 나타낸다.

① 특성근이 허수축의 왼쪽에 존재하면 시스템은 안정한 응답을 나타내며 허수축에서의 거리가 증가할수록 진동이 감쇠되는 속도가 증대된다.

② 특성근이 허수축의 오른쪽에 존재하면 시스템은 불안정한 응답을 나타내며 허수축에서의 거리가 증가할수록 응답이 발산하는 속도가 증대된다.

③ 특성근이 허수축 상에 존재하는 경우 자유진동에 의한 응답은 시스템의 비감쇠 고유진동수로 진폭인 일정한 조화함수 형태의 응답을 나타낸다.

④ 특성근이 실수축 상에 존재하는 경우 원점의 오른쪽에 존재하면 시스템은 불안

정한 응답을 나타내며 허수축에서의 거리가 증가할수록 응답이 발산하는 속도가 증대된다.

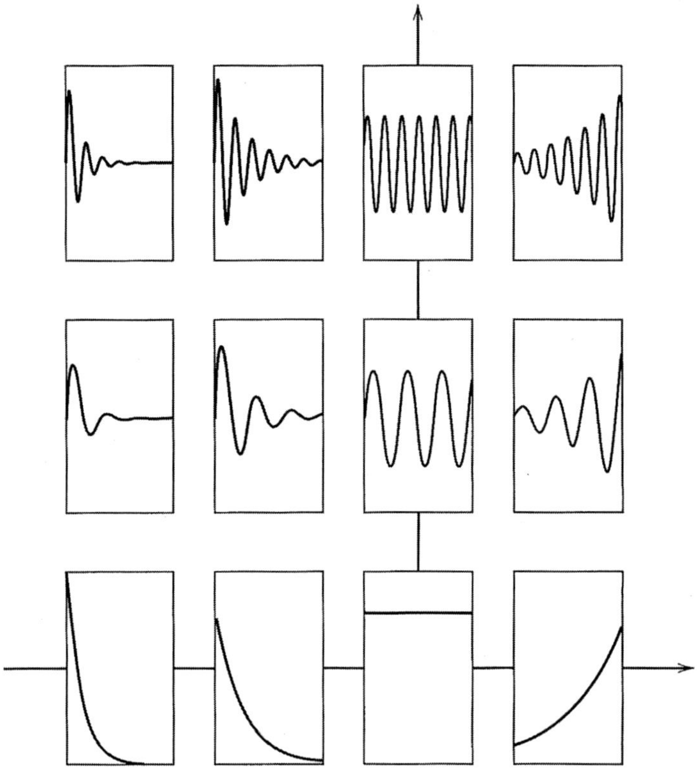

그림 4.7 | 복소평면에서의 특성근의 위치와 계의 진동 형태

4.3.4 대수감소율(The Logarithmic Decrement)

진동에 관련된 측정은 여러 가지 목적으로 이용될 수 있다. 첫째로 어떠한 시스템의 진동운동을 해석하는데 필요한 변수는 모두 측정으로 구해진다. 앞 절에서 설명된 수학적인 모델에 대해서도 질량, 감쇠 및 강성에 대한 정보를 필요로 한다. 이러한 계수들은 이 절에서 설명되는 다양한 방법의 실험으로 구할 수 있다.

이 장에서 다루고 있는 1자유도 점성감쇠 시스템의 특성 중 관성요소 m과 강성요소 k의 값은 간단한 정적 실험을 통하여 구할 수 있으나 일반적으로 변수들 중에서 감쇠계수 c를 측정하는 것이 가장 어렵다.

많은 경우에 있어 진동시스템을 구성하고 있는 질량 m과 스프링 상수 k는 정적실험을 통하여 측정할 수 있다. 병진운동 시스템의 질량 m의 경우 저울을 이용하여 간단하게 측정할 수 있으며 강성요소 k는 알고 있는 힘을 가한 다음 발생하는 변위를 측정함으로써 구할 수 있다.

시스템 구성요소의 특성값을 구하기 위하여 동적인 실험을 이용하는 경우도 있다. 회전운동 시스템의 질량관성모멘트의 경우에는 정해진 길이의 진자운동을 발생시킨 다음 주기를 측정하여 구하는 방법을 사용한다. 강성이나 감쇠요소의 경우에는 진동시스템을 구성 후 자유진동을 발생시킨 다음 이 결과를 분석하여 결정하는 방법을 사용한다. 우선 강성 k의 경우 알고 있는 질량의 물체로 비감쇠 자유진동 시스템을 구성한 다음 고유진동수를 측정한 다음 이 결과를 $\omega_n = \sqrt{k/m}$ 의 관계를 이용하여 k를 결정한다. 감쇠계수 c 를 측정하려면 실험으로 대수감소율을 측정하여 감쇠비 ζ 를 구하면 식 $c = 2\zeta\sqrt{mk}$ 에서 c를 계산할 수 있다. 지금부터 이 과정을 고찰해 보자.

부족감쇠의 경우 특성근은 $s = -\zeta\omega_n \pm i\omega_n\sqrt{1-\zeta^2}$ 이고 자유응답은 다음 식과 같다.

$$x(t) = Be^{-\zeta\omega_n t}\sin(w_d t + \phi) \tag{4.3-22}$$

진동주파수가 ω_d 이므로 주기 $P = 2\pi/\omega_d$이다. 대수감소율 δ는 아래 식과 같이 두 개의 인접한 진폭의 비에 자연대수를 취한 값으로 정의된다. 즉,

$$\delta = \ln\frac{x(t)}{x(t+P)} \tag{4.3-23}$$

식 (4.3-22)을 이용하여 식 (4.3-23)를 다시 쓰면 다음과 같다.

$$\delta = \ln\left[\frac{Be^{-\zeta\omega_n t}\sin(\omega_d t + \phi)}{Be^{-\zeta\omega_n(t+P)}\sin(\omega_d t + \omega_d P + \phi)}\right] \tag{4.3-24}$$

이 식에서 분모 부분은 첫 번째 항은 다음과 같이 쓸 수 있다.

$$e^{-\zeta\omega_n(t+P)} = e^{-\zeta\omega_n t}e^{-\zeta\omega_n P} \tag{4.3-25}$$

또한, $\sin(\theta + 2\pi) = \sin\theta$이고 $\omega_d P = 2\pi$이므로 $P = 2\pi/\omega_d$ 이므로 다음과 같은 관계가 성립한다.

$$\sin(\omega_d t + \omega_d P + \phi) = \sin(\omega_d t + \phi) \tag{4.3-26}$$

또한 $P = 2\pi/\omega_n\sqrt{1-\zeta^2}$ 이므로 대수감소율은 다음과 같다.

$$\delta = \frac{2\pi\zeta}{\sqrt{1-\zeta^2}} \tag{4.3-27}$$

위식에서 ζ에 대하여 풀면 다음과 같다.

$$\zeta = \frac{\delta}{\sqrt{4\pi^2+\delta^2}} \tag{4.3-28}$$

실제 적용하는 과정은 다음과 같다. 실험을 통하여 $x(t)$ 에 관한 그래프를 구하고 시간 t와 $t+P$에서의 $x(t)$ 값을 측정한다. 측정한 $x(t)$ 값을 식 (4.3-28)에 대입하여 ζ를 구하고 이를 식 $c=2\zeta\sqrt{mk}$에 대입하면 c 값이 계산된다. 실험 시 $x(t)$ 측정치에 오차가 있을 수 있다. 따라서 n 주기만큼의 시차를 가진 두 시점의 $x(t)$ 최대값을 이용하여 c값을 계산한다. 그림 4.8에서와 같이 각 정점에서의 x값을 B_1, B_2, … 라 하면 다음식이 성립된다.

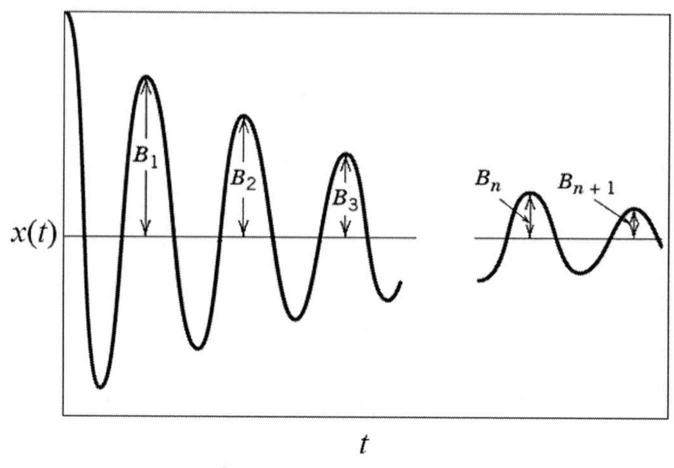

그림 4.8 | 점성감쇠 진동계의 진폭 변화

$$\ln\left(\frac{B_1}{B_2}\frac{B_2}{B_3}\frac{B_3}{B_4}\cdots\frac{B_n}{B_{n+1}}\right) = \ln\left(\frac{B_1}{B_{n+1}}\right) \tag{4.3-29}$$

$$\ln\frac{B_1}{B_2}+\ln\frac{B_2}{B_3}+\ln\frac{B_3}{B_4}\cdots\ln\frac{B_n}{B_{n+1}} = \ln\frac{B_1}{B_{n+1}} \tag{4.3-30}$$

따라서 다음과 같은 관계를 유도할 수 있다.

$$\delta + \delta + \delta + \cdots + \delta = n\delta = \ln\frac{B_1}{B_{n+1}}, \text{ 또는 } \delta = \frac{1}{n}ln\frac{B_1}{B_{n+1}} \qquad (4.3\text{-}31)$$

일반적으로 첫 번째 피크 값 B_1을 이용한다. 이 값이 가장 큰 피크 값이고 측정오차가 가장 작기 때문이다. 그러나 어떤 피크 값을 사용하여도 무방하다.

예제 4.5 — 다음 그림과 같은 1자유도 점성감쇠 진동시스템에서 질량 m은 2kg이며 정적시험을 통해 파악한 스프링의 강성은 1500N/m이다. 인접한 두 개의 Peak에서의 변위가 각각 8mm와 1mm라고 할 때 시스템에 포함된 감쇠계수를 구하여라.

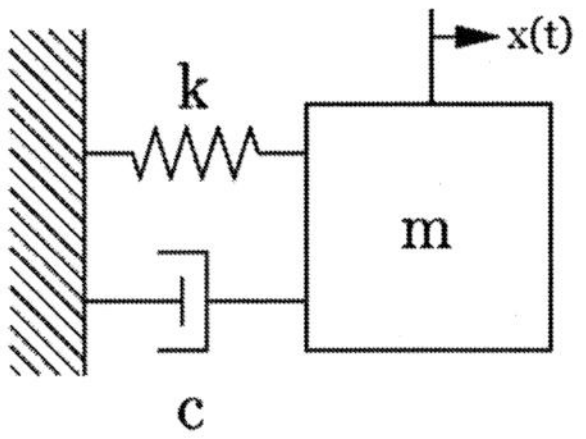

풀이 식 (4.3-31)에 주어진 정의를 이용하여 시스템의 대수감소율을 계산하면

$$\delta = \ln\frac{x(t)}{x(t+P)} = \ln(\frac{8}{1}) = 2.0972$$

따라서, 식 (4.3-31)로부터

$$\zeta = \frac{2.0972}{\sqrt{4\pi^2 + 2.0972^2}} = 0.317$$

$$c = \zeta c_{cr} = \zeta \times 2\sqrt{mk} = 0.307 \times 2\sqrt{2 \times 1500} = 33.63 \text{ (kg/s)}$$

예제 4.6 — 다음 그림과 같은 1자유도 점성감쇠 진동시스템에 초기 변위가 주어졌다고 가정하자. 임의의 시간 t_0 에서 진폭이 초기 진폭의 40%이며 그로부터 2주기 후의 진폭이 초기 진폭의 10%라고 할 때 시스템의 감쇠비는 얼마인가?

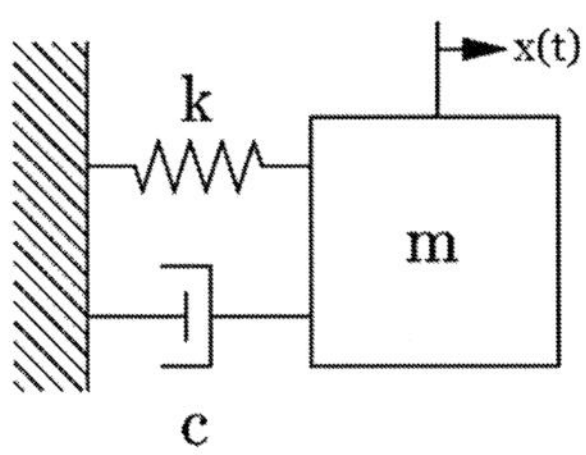

풀이 식 (4.3-31)에 주어진 정의를 이용하여 시스템의 대수감소율을 계산하면

$$\delta = \ln\frac{x(t_0)}{x(t_0+P)} = \ln\left(\frac{0.4}{0.1}\right) = 0.693$$

따라서, 식 (4.3-31)으로부터

$$\zeta = \frac{0.693}{\sqrt{4\pi^2 + 0.693^2}} = 0.11$$

4.4 마찰감쇠 자유진동

3장에서 공부한 바와 같이 운동하는 물체에 작용하는 마찰력은 운동방향의 반대방향으로 작용하여 진동에너지를 소산시켜 진폭을 감소시키고 결국 진동 운동을 정지하게 하므로 일종의 감쇠라 할 수 있다. 그러나 이와 같은 힘은 점성감쇠의 경우와 달리 마찰감쇠 일정한 힘 또는 토크를 작용시킨다. 앞 절에서 공부했던 1자유도 마찰감쇠 진동계와 운동방향에 따른 자유물체도를 다음 그림 4.9에 다시 나타내었다.

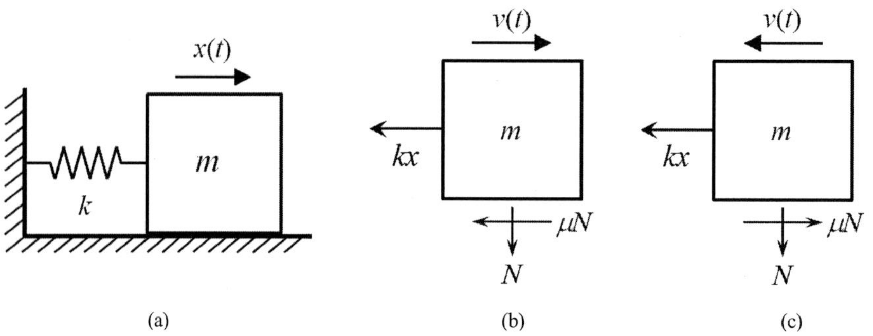

그림 4.9 | 1자유도 마찰감쇠 진동계와 자유물체도

그림에서 알 수 있는 바와 같이 관성요소의 속도의 방향에 따라 작용력의 방향이 반전되며 이에 따라 운동방향에 따라 별도의 운동방정식을 유도하여야 한다.

질량이 오른쪽으로 움직일 때 마찰력은 왼쪽으로 작용하며 이 경우의 자유물체도는 그림 4.9 (b)에 제시되어 있다. 이 경우 운동방적식은 다음과 같이 유도된다.

$$m\ddot{x} + kx = -\frac{\mu N}{k} \tag{4.4-1}$$

2장에서 배운 내용을 이용하면 이 식의 해는 다음과 같은 형태를 가진다.

$$x(t) = A_1 \sin\omega_n t + B_1 \cos\omega_n t - \frac{\mu N}{k} \tag{4.4-2}$$

그림 4.9 (c)에 주어진 질량이 왼쪽으로 움직이는 경우에는 마찰력은 오른쪽으로 작용하며 이 경우 운동방적시은 다음과 같이 유도된다.

$$m\ddot{x} + kx = \frac{\mu N}{k} \tag{4.4-3}$$

2장에서 배운 내용을 이용하면 이 식의 해는 다음과 같은 형태를 가진다.

$$x(t) = A_2 \sin\omega_n t + B_2 \cos\omega_n t + \frac{\mu N}{k} \tag{4.4-4}$$

위의 식 (4.4-2)와 (4.4-4)에서 상수들은 질량이 왼쪽 또는 오른쪽으로 움직이기 시작하는 시점에서의 변위 x와 속도 v에 의하여 결정된다.

$t=0$에서 질량이 $x(0)=x_0>0$인 위치에서 정지상태($v(0)=\dot{x}(0)=0$에서 놓여졌다고 가정하면 질량은 왼쪽으로 움직이므로 식 (4.4-4)이 적용되며 초기 조건을 대입하면 다음과 같이 상수들을 구할 수 있다.

$$A_2 = 0,\ B_2 = x_0 - \frac{\mu N}{k} \tag{4.4-5}$$

따라서 해는 다음과 같다.

$$x(t) = \left(x_0 - \frac{\mu N}{k}\right)\cos\omega_n t + \frac{\mu N}{k} \tag{4.4-6}$$

위 식은 운동이 시작된 후 다시 속도 $v=\dot{x}=0$가 되는 시점까지 유효하다. 이 시점을 지나면 질량은 반대로 오른쪽으로 움직이기 시작한다. 이 시점을 구하기 위하여 식 (4.4-6)을 미분하면 다음 식을 얻는다.

$$\dot{x}(t) = -\omega_n\left(x_0 - \frac{\mu N}{k}\right)\sin\omega_n t \tag{4.4-7}$$

따라서 시간 $t=\pi/\omega_n$에서 속도가 0이 되고 이때 변위는 다음과 같이 구해진다.

$$x(\pi/\omega_n) = \frac{2\mu N}{k} - x_0 \tag{4.4-8}$$

제 질량이 오른쪽으로 움직이기 시작하면 식 (4.4-2)를 사용하여 A_1, B_1을 구해야 한다. 위 식에서 구한 $x(\pi/\omega_n)$과 초기속도 0인 점을 이용하여 $x(t)$를 구하면 다음과 같다.

$$x(t) = \left(x_0 - \frac{3\mu N}{k}\right)\cos\omega_n t - \frac{\mu N}{k} \tag{4.4-9}$$

이 식도 운동 시작 후 속도가 다시 0이 되는 시점까지만 유효하므로 이 식이 유효한 시간구간은 $\pi/\omega_n \le t \le 2\pi/\omega_n$이며 이 구간 후에는 방향이 반전되어 다시 왼쪽으로 움직이기 시작한다. 다시 속도가 0이되는 $t = 2\pi/\omega_n$에서 변위 x는 다음과 같다.

$$x(2\pi/\omega_n) = x_0 - \frac{4\mu N}{k} \tag{4.4-10}$$

따라서 질량이 $0 \le t \le 2\pi/\omega_n$의 시간 구간에서 1 회 왕복운동한 후에 진폭은 $4\mu N/k$ 만큼 감소하며 위의 과정을 반복해보면 1/2 사이클의 진동마다 변위는 $2\mu N/k$만큼 감소함을 알 수 있다. 이러한 운동은 스프링력이 마찰력보다 작게 되면 정지하게 되고 따라서 속도가 0인 위치에서 변위의 크기가 $\mu N/k$보다 작게되는 1/2 사이클 위치에서 운동이 정지한다. 따라서, 정지할 때까지 발생되는 1/2 사이클의 횟수 n은 다음과 같이 구해질 수 있다.

$$x_0 - n\left(\frac{2\mu N}{k}\right) \le \frac{\mu N}{k} \tag{4.4-11}$$

결국 n은 아래 식을 만족하는 정수 중 가장 작은 숫자이다.

$$n \ge \frac{kx_0}{2\mu N} - \frac{1}{2} \tag{4.4-12}$$

위의 결과를 요약하면 다음과 같다.

1. 1자유도 마찰감쇠 진동계의 경우에 서로 인접한 두 피크의 크기 관계는 다음과 같다.

$$X_{n+1} = X_n - \frac{4\mu N}{k}$$

따라서 두 피크의 정점을 잇는 한 쌍의 직선의 경사각은 $\pm 2\omega_n \mu N/\pi k$ 이다. 점성감쇠의 경우, 두 인접한 피크를 잇는 포락선은 지수함수로 주어진다.

2. 마찰감쇠의 경우 질량은 결국 완전히 정지하게 된다. 반면에 점성감쇠의 경우, 이론적으로는 질량은 영원히 운동을 계속한다.
3. 마찰감쇠의 경우 자유진동의 주파수는 비감쇠 고유진동수 ω_n 과 같으나 점성감쇠의 경우에는 $\omega_d = \omega_n \sqrt{1-\zeta^2}$ 으로 비감쇠 고유진동수 ω_n 과 다르다.
4. 마찰감쇠의 경우 자유진동은 언제나 주기적인 운동이지만 점성감쇠의 경우 감쇠비에 따라 운동의 형태가 주기적이지 않을 수도 있다.

예제 4.7 — 다음 그림과 같이 마찰이 있는 수평면 위에 놓인 질량-스프링계에서 질량을 20mm만큼 잡아당긴 후 초기속도가 0인 상태에서 놓아 진동시켰다. 질량은 10Hz의 주파수로 진동하며 20 사이클 후에 정지하였다. 마찰계수를 구하여라.

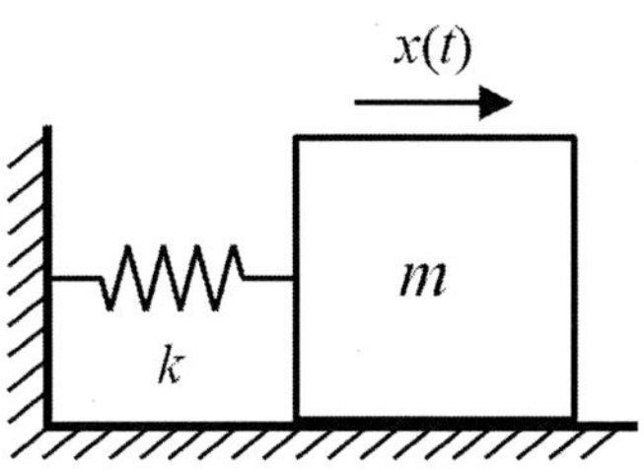

풀이 문제에 주어진 진동계의 질량과 스프링 강성을 각각 m, k 라고 하자. 이 경우 수직반력은 $N = mg$ 로 주어지고 고유진동수가 $10Hz$ 이므로 $k = (2\pi \times 10)^2 m$ 으로 주어진다. 이들을 식 (4.4-12)에 대입하면 다음과 같은 관계를 얻을 수 있다.

$$n \geq \frac{kx_0}{2\mu N} - \frac{1}{2} = \frac{m\omega_n^2 x_0}{2\mu mg} - \frac{1}{2}$$

위 식을 μ 에 대해서 풀고 문제에서 주어진 값들을 대입하면 다음의 식을 얻는다.

$$\mu = \frac{x_0 \omega_n^2}{2g(n+0.5)} = \frac{0.02(20\pi)^2}{2(9.81)(20+0.5)} = 0.19$$

따라서 $\mu = 0.19$ 이다.

예제 4.8 — 다음 그림과 같이 마찰이 있는 수평면 위를 운동하는 질량-스프링가 있다. 질량을 정지위치로부터 30mm만큼 잡아당긴 후 초기속도가 0인 상태에서 놓아 진동시켰다. 질량은 1초 동안 4 사이클의 속도로 진동 후에 정지위치로부터 4.0mm 떨어진 최종위치로 움직였다, 질량과 수평면 사이의 마찰계

수를 구하여라.

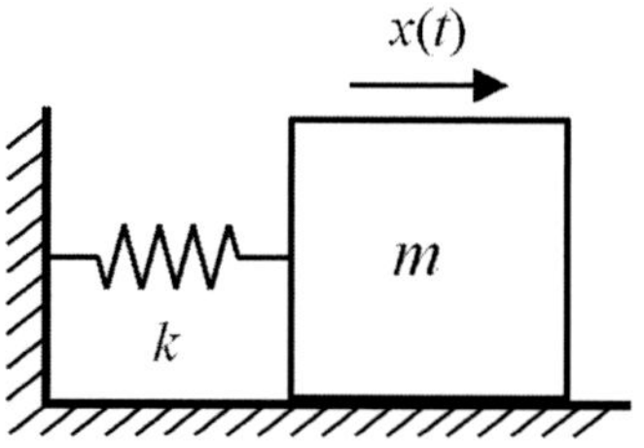

풀이 주어진 초기위치와 최종위치를 기준으로 감소하는 피크선의 기울기를 구하면 다음과 같다.

$$\text{기울기} = \frac{-30+4}{1} = -26\,mm/s$$

또한 문제에서 1초에 4 사이클의 진동이 발생했으므로 진동수는 $4\,Hz$ 또는 $25.13\,rad/s$ 이다. 위 본문의 설명을 기준으로 피크선의 기울기는 $\pm 2\omega_n \mu N/\pi k$ 으로 주어지므로 위에서 계산된 기울기를 이용하면 다음과 같은 식을 유도할 수 있다.

$$26 = \frac{2\omega_n \mu N}{\pi k} = \frac{2\omega_n \mu mg}{\pi k} = \frac{2\omega_n \mu g}{\pi \omega_n^2} = \frac{2\mu g}{\pi \omega_n}$$

따라서 마찰면의 마찰계수는 다음 식으로 구해진다.

$$\mu = \frac{26\pi\omega_n}{2g} = \frac{\pi(26\,mm/s)(25.13\,rad/s)}{2\times 9.81\,m/s^2} = 0.105$$

연습문제

4.2절 비감쇠 자유진동

4.1 다음 그림과 같은 진동계의 질량은 $10kg$ 이고 스프링의 강성은 $640N/m$ 이며 초기조건은 $x(0)=0.05m$, $\dot{x}(0)=0.3m/s$ 이다. 운동방정식을 구하고 초기 조건을 이용하여 응답을 구하여라.

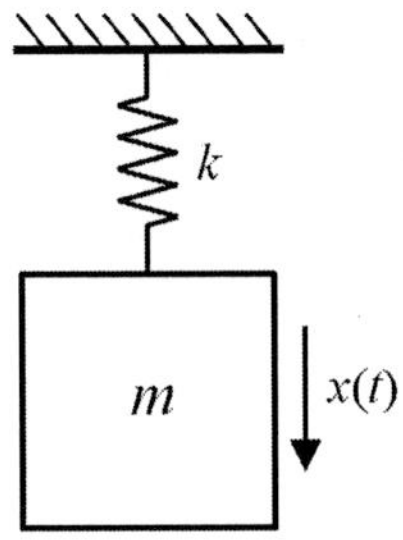

4.2 어느 진동계의 관성요소의 운동방정식은 $x(t)=20\sin(3t+\pi/4)$ 라고 한다. 관성요소의 초기변위와 초기속도를 구하여라.

4.3 다음 그림의 진동계에서 초기조건은 $x(0)=0.05m$, $x(\pi/4)=0.03536m$ 이라고 한다. 응답을 나타내는 아래 식에서 A, ω_n 및 ϕ 값들을 구하여라.

$$x(t)=A\sin(\omega_n t+\phi)$$

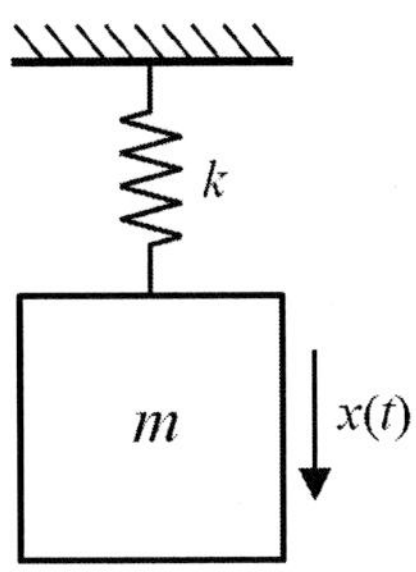

4.4 다음 그림과 같은 진동계에 대하여, x 에 관한 운동방정식을 유도하고 고유진동수를 구하라. 풀리의 질량은 무시한다.

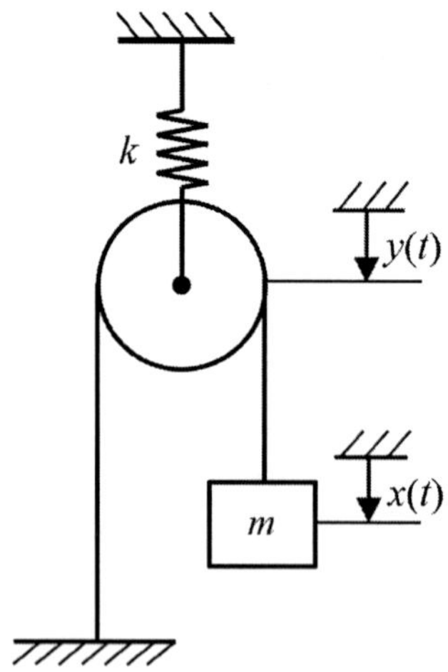

4.5 다음 그림과 같은 진동계에 대하여, x 에 관한 운동방정식을 유도하고 고유진동수를 구하여라. 풀리의 질량은 무시한다.

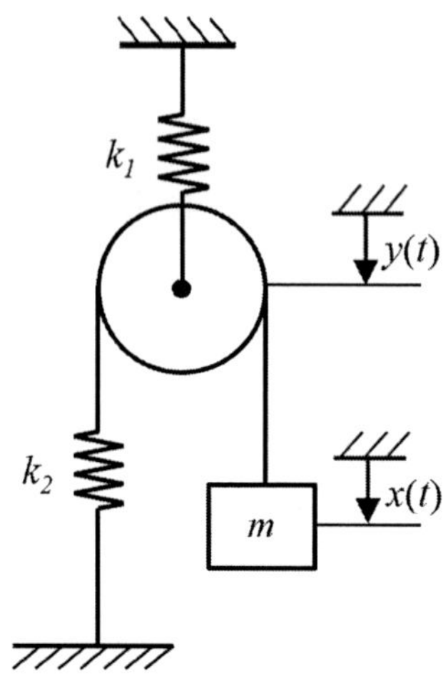

4.6 공장 바닥으로부터 전달되는 진동을 차단하기 위하여 질량이 $100\,kg$ 인 기계를 고무패드위에 설치하였다. 기계의 무게에 의한 고무패드의 압축 변위는 $4\,mm$이다. 이 계의 고유진동수를 구하라. 중력가속도는 $10\,m/s^2$으로 가정한다.

4.7 무게가 $10 \times 10^3 N$인 기계를 4개의 동일한 스프링에 설치하였다 고유진동수가 $1.5\,Hz$와 $2Hz$ 사이에 있기 위해 필요한 스프링 상수를 계산하라. 중력가속도는 $10\,m/s^2$으로 가정한다.

4.8 현가장치위에 놓인 질량 $1.8 \times 10^3 kg$ 인 어느 자동차의 정적 처짐이 $0.05\,m$ 이다. 자동차의 수직운동에 대한 고유진동수를 구하라. 중력가속도는 $10\,m/s^2$으로 가정한다.

4.9 다음 그림과 같은 진동계에서 봉의 질량은 무시할 수 있다고 한다. 계의 고유진동수를 구하라.

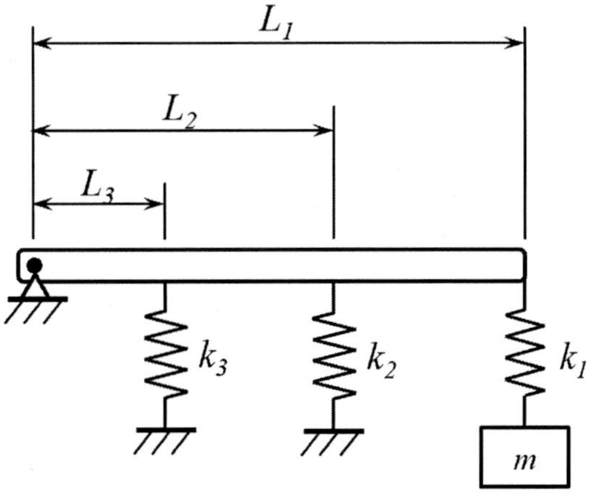

4.10 다음 그림에 설명된 진동계에 대하여 변위가 작다고 가정하고 고유진동수를 구하라. 풀리의 질량은 무시한다.

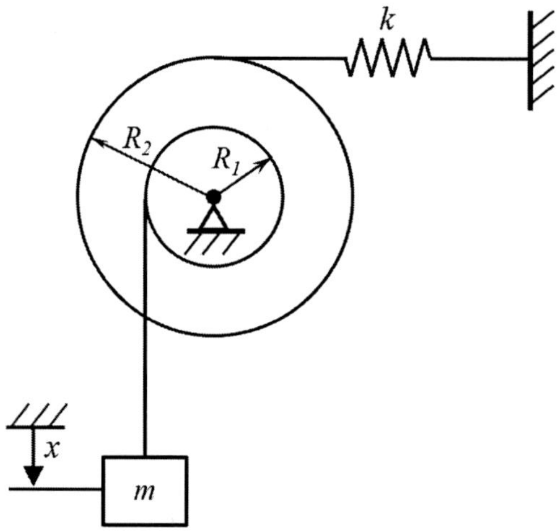

4.11 다음 그림과 같은 진동계에 대하여, 변위가 작다고 가정하고 고유진동수를 구하라. 피봇점에 관한 봉의 관성모멘트는 I이다

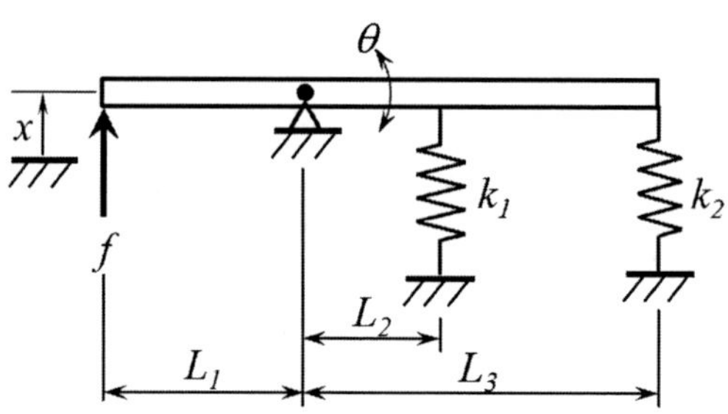

4.12 다음 그림과 같은 진동계에서케이블과 풀리의 질량을 무시할 수 있고 케이블의 길이가 변하지 않는다고 가정한다. 이 계의 고유진동수를 구하라.

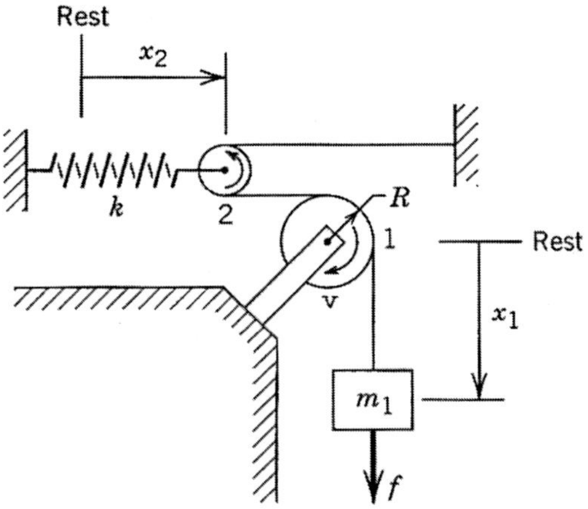

4.3절 점성감쇠 자유진동

4.13 다음 계의 자유응답을 구하라.

(a) $\ddot{x}+4\dot{x}+8x=0$ $\quad x(0)=3,\ \dot{x}(0)=5$

(b) $\ddot{x}+8\dot{x}+12x=0$ $\quad x(0)=0,\ \dot{x}(0)=1$

(c) $\ddot{x}+4\dot{x}+4x=0$ $\quad x(0)=6,\ \dot{x}(0)=-2$

4.14 다음 계의 자유응답을 구하라. 초기조건은 $x(0)=0,\ \dot{x}(0)=-1$이다.

(a) $\ddot{x}+7\dot{x}+10x=0$

(b) $\ddot{x}+4\dot{x}+4x=0$

(c) $\ddot{x}+4\dot{x}+29x=0$

4.15 질량 $2.3\,kg$인 어느 물체가 스프링에 매달려 있으며 스프링의 다른 한 끝은 고정되어 있다. 공기 중에서의 질량의 진동주파수는 $4.1667\,Hz$이며, 액체 중에서는 $4.0\,Hz$이다. 질량이 액체 중에서 운동할 때, 계의 스프링 상수 k, 감쇠비 ζ, 감쇠계수 c를 구하라.

4.16 다음 그림과 같은 1/4 차량 모델에서 $m = 200\,kg$, $k = 2500 N/m$, $c = 500 Ns/m$이다. 타이어가 돌출부에 충돌할 때 스프링은 $0.1\,m$만큼 압축되었으며 그때의 속도 $v(0) = 1.2 m/s$이다. 타이어는 충돌 후 노면과의 접촉이 떨어진 상태이다. (a) 타이어의 변위 $x(t)$, (b) 스프링의 최대 압축량을 구하라.

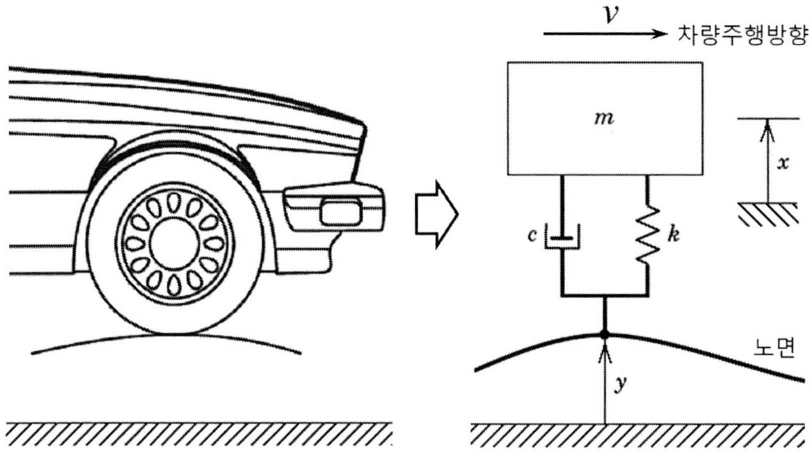

4.17 다음 그림과 같은 계에서 $m_1 = 1000kg$, $m_2 = 200kg$이다. 지지대 강성 $k = 10^7 N/m$, 감쇠계수 $c = 2\times10^4 Ns/m$이다. m_1은 $h = 1m$ 높이에서 낙하하여 정지상태의 m_2와 충돌한다. 반발계수가 (1) $e = 0$ (2) $e = 1$ 인 두 경우에 대하여 충돌 후 m_1의 변위를 시간의 함수로 나타내어라.

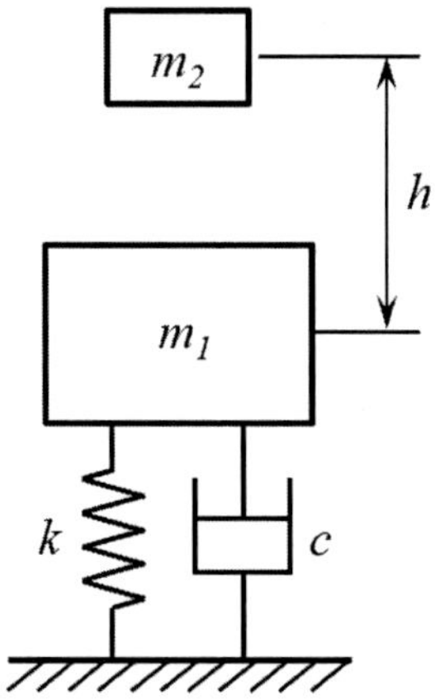

4.18 다음 그림과 같이 질량이 $18,000kg$인 화물열차가 $1.3m/s$의 속도로 선로 끝에서 충격흡수기와 충돌한다. 충격흡수기의 강성 $k=73,000N/m$, 감쇠계수 $c=88,000Ns/m$이다. (1) 스프링의 최대 압축변위 (2) 화물차가 정지할 때 까지 걸리는 시간을 구하라.

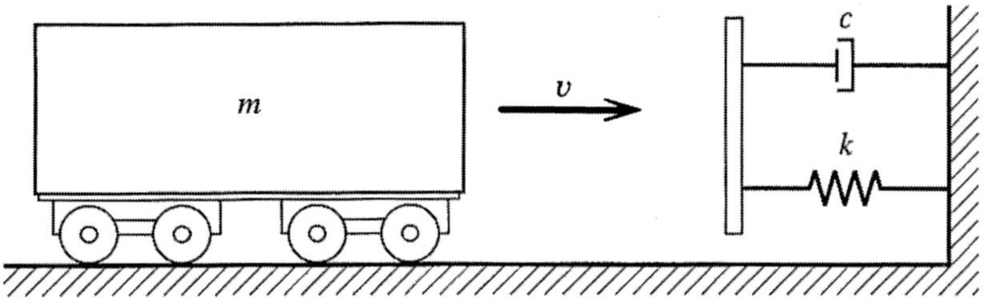

4.19 아래 계에 대하여 가능한 경우에 한하여 시정수와 진동주파수를 구하라. 자유응답이 사라지는데 걸리는 시간을 구하라.

(a) $\ddot{x}+7\dot{x}+10x=0$

(b) $\ddot{x}+4\dot{x}+4x=0$

(c) $\ddot{x}+4\dot{x}+29x=0$

4.20 진동계의 운동방정식이 $\ddot{x}+13\dot{x}+30x=0$라고 할 때 계의 시정수와 자유응답이 사라지는데 걸리는 시간을 구하라.

4.21 진동계의 특성근이 아래와 같이 주어졌다고 한다. 가능한 경우에 한하여 ζ, τ, ω_n, ω_d와 특성방정식을 구하라.

(a) $s=-1\pm 3i$

(b) $s=1\pm 5i$

(c) $s=-10,-10$

(d) $s=-10$

4.22 질량–스프링–감쇠기계의 질량은 $100kg$이다. 주기가 2초이며 60초 후의 자유응답의 크기는 첫 번째 사이클 후의 자유응답의 크기의 20%이다 감쇠계수 c와 스프링 상수 k값을 계산하라.

4.23 점성감쇠가 있는 질량–스프링계에서 (1) $\zeta = 0.5$, (2) $\zeta = 0.707$인 두 경우에 대하여 자유응답곡선의 인접한 두 피크의 진폭비를 구하라.

4.24 자유응답곡선의 인접한 두 피크의 진폭비가 3:2이다. 대수감쇠율 δ와 감쇠비 ζ를 구하라.

4.25 어느 점성감쇠가 있는 질량–스프령계의 질량은 $11\,kg$이고 강성은 $k = 15{,}000N/m$이다. 자유응답곡선에서 첫 번째부터 네 번째까지의 피크 값은 차례대로 0.098, 0.073, 0.055, 0.041이다. 이 진동계의 감쇠계수 c를 계산하라

4.26 어느 점성감쇠 진동계에서 $m = 100\,kg$, $k = 8{,}000N/m$이다. 다음에 답하여라.

(1) 임계감쇠계수 c_c는 얼마인가?

(2) $c = c_c/3$일 때 감쇠 고유진동수 ω_d와 대수감쇠율 δ를 계산하라.

4.4절 쿨롱감쇠 자유진동

4.27 수평면 위의 질량–스프링 계를 정지상태에서 $0.1m$만큼 잡아당긴 후 놓았다. 스프링상수 $k = 800N/m$이고 마찰계수 $\mu = 0.2$이다 질량이 멈추기까지의 절반 사이클의 회수와 질량의 정지 위치를 결정하라.

4.28 수평면 위에 질량–스프링계가 정지상태로 놓여져 있다 질량($m = 5\,kg$)을 $30\,mm$만큼 잡아당긴 후 놓아 진동시킨다. 질량의 진동주파수는 $20\,Hz$이며 35번의 절반 사이클 후에 정지한다. 마찰계수를 결정하라.

4.29 질량–스프링계가 수평면 위에 정지상태로 놓여져 있다. 질량을 $0.076m$만큼 잡아당긴 후 놓아주어 운동을 시작한다. 질량의 운동 주기는 10초이고, 진폭은 사이클마다 $0.005m$만큼 감소한다. 마찰계수를 구하고, 질량이 멈추기까지 운동하는 절반 사이클의 회수를 구하라.

CHAPTER 5

1자유도계 조화응답

5.1 서론

조화응답이란 진동 시스템에 대한 입력 $f(t)$가 시간 t에 대하여 하나의 진동수를 가지는 정현함수나 여현함수로 표시되는 조화함수 형태인 경우 시스템에 나타나는 응답을 말하며 일반적인 선형시스템에서는 입력과 동일한 주파수를 갖는 조화함수의 형태를 갖는다. 이러한 조화입력은 기계나 구조물에 자주 가해지며 특히 회전 운동을 하는 기계에서 가해지는 입력은 거의 조화입력이 대부분이다.

조화입력에 의해 나타나는 응답은 수학적으로 비교적 쉽게 구할 수 있으며 다음 장에서 다루어지겠지만 일반적인 형태의 입력에 대한 응답도 조화응답의 합으로 나타내는 경우가 많으므로 진동 시스템의 응답을 구하는데 있어 상당히 중요하다.

지진에 의해 야기된 지표 운동과 차량의 주행에 의해 발생되는 변위입력은 기저가진의 중요한 예이다. 이러한 기저가진 진동에서 관심이 있는 두 가지 량은 기저 운동으로 인해 지지되어 있는 시스템에 발생되는 변위와 시스템에 전달되는 힘이다.

회전 불균형에 의해 발생되는 가진력은 조화입력의 대표적인 예이다. 이와 같은 입력은 회전 불균형을 가진 시스템에 진동을 발생시키고 시스템을 지지하고 있는 장치를 통해 기저에 힘을 전달하게 된다. 이와 같은 진동과 전달력은 시스템 설계에 있어 아주 중요하다.

위와 같은 조화 가진력에 의한 진동과 전달력을 줄이기 위해 사용되는 것이 진동 절연장치이다. 이와 같은 시스템에서 진동과 전달력을 최소화할 수 있는 절연장치를 설계하는 것은 시스템의 안전을 위해서 필수적이다.

고속으로 회전하는 회전자와 축으로 구성되는 시스템에서는 특정한 속도 이상이 되면 큰 진동이 발생하는 현상이 발생한다. 이 속도를 임계속도라고 하며 이를 피해 시스템이 설계되어야 안전한 운전이 가능하다.

마지막으로 마찰감쇠를 가진 1자유도 진동계에 조화가진이 작용했을 경우에 대한 응답을 마찰감쇠와 동일한 에너지 손실을 갖는 점성감쇠 진동계의 응답을 이용하여 유도한다. 또한 그 응답 특성을 점성감쇠의 경우와 비교하여 분석한다.

학습목표 |

- 1자유도를 가지는 계의 조화응답을 얻을 수 있다.
- 운동방정식으로부터 전달 함수를 얻을 수 있다.
- 주파수 전달함수를 얻을 수 있다.
- 정현입력으로부터 정상상태 출력의 진폭과 위상을 결정하기 위해 주파수 전달함수 또는 그림을 이용할 수 있다.
- 공진주파수 피크응답과 대역폭을 결정하고 저역통과, 고역통과 또는 대역통과 필터로서 계를 정의할 수 있다.
- 기저가진, 회전 불균형 또는 회전자-축 진동을 가지는 계의 전달력과 변위를 분석한다.
- 고정된 기초 또는 움직이는 기초를 가진 진동계에 대한 절연기를 설계할 수 있다.
- 마찰감쇠를 가진 1자유도 진동계의 조화응답을 구할 수 있다.

5.2 비감쇠 조화응답

그림 5.1과 같이 진동 시스템에서 감쇠를 무시할 수 있는 경우 즉, $c=0$ 인 1자유도 진동 시스템을 가정해 보자

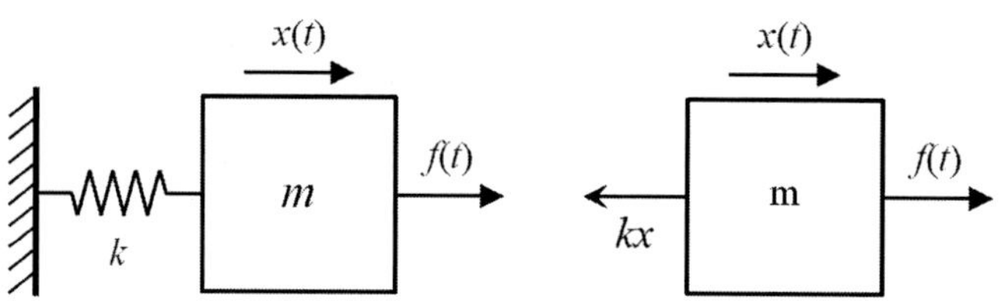

그림 5.1 | 1자유도 강제 진동 시스템

가진력이 하나의 주파수 ω 를 가진 조화함수로 주어진다고 가정하면 시스템의 가진력은 $F(t)=F_0\sin\omega t$ 로 표시되고 운동방정식은 다음과 같이 나타낼 수 있다.

$$m\ddot{x}+kx=F_0\sin\omega t \tag{5.2-1}$$

이 식에서 F_0 는 가진력의 크기이며 ω 는 가진력의 주파수로 입력주파수, 가진주파수 또

는 구동주파수라고도 한다. 위의 가진력은 $F_0 \cos\omega t$ 로도 나타낼 수 있으며 경우에 따라서는 $F(t) = F_0 e^{i\omega t}$ 같은 복소수 지수함수로도 표시할 수 있다.

식 (5.2-1)에 주어진 식에서 양변을 m으로 나누면 다음과 같은 식이 얻어진다.

$$\ddot{x} + \omega_n^2 x = f_0 \sin\omega t,\ f_0 = F_0/m \tag{5.2-2}$$

이 식은 우변이 0이 아닌 비제차 2계 상미분방정식이고 이 방정식의 일반해는 우변이 0일 때의 제차해와 우변이 이 식과 같을 때의 특수해의 합으로 표현된다. 제차해는 3장에서 이미 구했으므로 여기서는 특수해 $x_p(t)$를 구한다. 특수해는 다음과 같은 형태로 가정할 수 있다.

$$x_p(t) = B_1 \cos\omega t + B_2 \sin\omega t \tag{5.2-3}$$

이 특수해를 원래 미분방정식에 대입하면 상수 B_1과 B_2를 구할 수 있다.

위와 같이 특수해가 정해지면, 주어진 운동방정식에 대한 일반해는 다음과 같이 나타낼 수 있다.

$$x(t) = A_1 \sin\omega_n t + A_2 \cos\omega_n t + B_1 \cos\omega t + B_2 \sin\omega t \tag{5.2-4}$$

위식을 운동방정식에 대입하면 B_1 과 B_2는 각각 다음과 같이 정해진다.

$$B_1 = 0,\ B_2 = \frac{F_0}{k - m\omega^2} = \frac{F_0}{k}\frac{1}{1-\omega^2/\omega_n^2} = \frac{F_0}{k}\frac{1}{1-r^2} \tag{5.2-5}$$

이 식에서 $r = \omega/\omega_n$ 은 시스템 고유진동수와 가진주파수의 비로 진동수비라고 한다. 따라서 전체응답의 형태는 다음과 같다.

$$x(t) = A_1 \sin\omega_n t + A_2 \cos\omega_n t + \frac{F_0}{k}\frac{1}{1-r^2}\sin\omega t \tag{5.2-6}$$

위 식에서 미지수 A_1, A_2는 제차해와 마찬가지로 초기조건을 대입하여 구한다.

$$A_1 = \frac{\dot{x}(0)}{\omega_n} - \frac{F_0}{k}\frac{r}{1-r^2},\quad A_2 = x(0) \tag{5.2-7}$$

그러므로 전체응답은 다음과 같다.

$$x(t) = (\frac{\dot{x}(0)}{\omega_n} - \frac{F_0}{k}\frac{r}{1-r^2})\sin\omega_n t + x(0)\cos\omega_n t + \frac{F_0}{k}\frac{1}{1-r^2}\sin\omega t \quad (5.1\text{-}8)$$

위식에서 초기조건을 0으로 놓으면 정상상태 응답에 관한 다음의 식을 얻는다.

$$x(t) = \frac{F_0}{k}\frac{1}{1-r^2}(\sin\omega t - r\sin\omega_n t) \quad (5.2\text{-}9)$$

위 식을 보면 시스템의 고유진동수 ω_n의 진동과 가진 주파수 ω의 진동이 동시에 나타남을 알 수 있다. 이 응답은 ω_n과 ω의 상대적 크기에 따라 1) $|\omega_n| \ll |\omega|$ 또는 $|\omega_n| \gg |\omega|$, 2)$|\omega_n| \approx |\omega|$, 3) $\omega_n = \omega$의 세 경우로 나뉜다.

1) $|\omega_n| \ll |\omega|$ 또는 $|\omega_n| \gg |\omega|$인 경우의 응답

만약 ω_n과 ω의 차이가 충분히 크면 식 (5.2-9)의 두 진동이 단순 중첩되어 나타나는데 이러한 응답의 예가 다음 그림 5.2에 설명되어 있다.

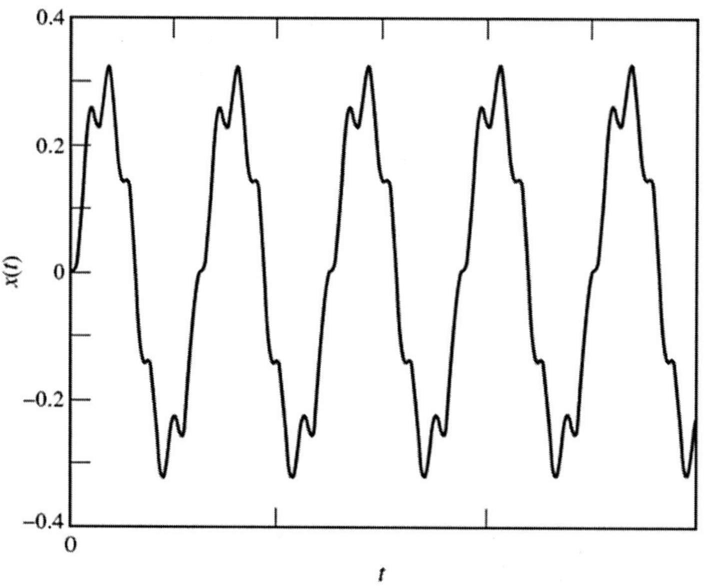

그림 5.2 | 고유진동수 ω_n 과 차이가 큰 ω에 대한 응답

예제 5.1 — **다음 그림과 같은 1자유도 비감쇠 진동시스템에서 스프링 강성은 $k = 1000\,N/m$이고 질량은 $m = 10\,kg$ 이다. 초기조건이 $x_0 = 0\,m$, $v_0 = 0.2\,m/s$이고 가진력 크기가 $20\,N$, 각진동수 ω가 $20\,rad/s$ 라고 할 때 나타나는 시스템의 응답 $x(t)$를 구하여라.**

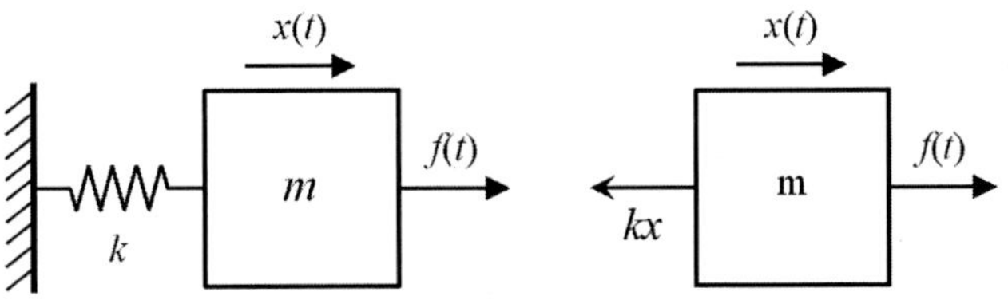

풀이 정의에 따라 고유진동수를 구하면

$$\omega_n = \sqrt{k/m} = \sqrt{1000/10} = 10 rad/s$$

이 결과와 주어진 초기조건을 식 (5.1-8)를 대입하여 $x(t)$를 구하면 다음과 같다.

$$\begin{aligned} x(t) &= (\frac{0.2}{10} - \frac{20}{1000}\frac{2}{1-2^2})\sin 10t + \frac{20}{1000}\frac{1}{1-2^2}\sin 20t \\ &= (0.02 + 0.0133)\sin 10t + 6.667 \times 10^{-3}\sin 20t \\ &= (0.0333)\sin 10t + 6.667 \times 10^{-3}\sin 20t \end{aligned}$$

2) $|\omega_n| \approx |\omega|$ 인 경우의 응답

1)의 경우와 달리 ω이 ω_n과 가까워지면 즉, $r \approx 1$이 되면 그림 5.2의 응답과 달리 특수한 응답이 나타나게 된다. 이 경우 식 (5.2-9)는 다음과 같이 쓸 수 있다.

$$x(t) = \frac{F_0}{k}\frac{1}{1-r^2}(\sin\omega t - r\sin\omega_n t) = \frac{F_0}{m}\frac{1}{\omega_n^2 - \omega^2}(\sin\omega t - \sin\omega_n t) \quad (5.2\text{-}10)$$

아래의 삼각함수의 합과 차에 대한 공식을 이용하면

$$\begin{aligned} 2\sin\frac{\omega - \omega_n}{2}t\cos\frac{\omega + \omega_n}{2}t &= \sin\frac{\omega}{2}t\cos\frac{\omega}{2}t - \cos\frac{\omega_n}{2}t\sin\frac{\omega_n}{2}t \\ &= \sin\omega t - \sin\omega_n t \end{aligned} \quad (5.2\text{-}11)$$

식 (5.2-10)은 다음과 같이 변환된다.

$$x(t) \approx \left(\frac{2F_0}{m}\frac{1}{\omega_n^2 - \omega^2}\sin\frac{\omega - \omega_n}{2}t\right)\cos\frac{\omega + \omega_n}{2}t \quad (5.2\text{-}12)$$

위 식을 자세히 보면 큰 괄호 안의 부분을 각진동수 $(\omega+\omega_n)/2$ 를 가진 진동의 진폭이라고 볼 수 있다. 따라서 위 $x(t)$의 진폭은 각진동수 $|(\omega-\omega_n)/2|$ 로 주기적으로 변동한다고 할 수 있다. 이러한 현상을 맥놀이(Beat) 또는 울림이라고 하며 진폭의 변동 주기를 맥놀이 주기(Beat Period), 그 역수를 맥놀이 주파수(Beat Frequency)라고 한다.

$$Beat\,frequency = \frac{|\omega-\omega_n|}{4\pi} \tag{5.2-13}$$

이러한 현상의 예로 $\omega_n = 10\pi\,(rad/s)$, $\omega = 12\pi\,(rad/s)$ 일 때 나타나는 맥놀이가 그림 5.3에 설명되어 있다. 그림에서 보는 바와 같이 주파수 1 Hz로 진폭이 주기적으로 변동됨을 알 수 있다.

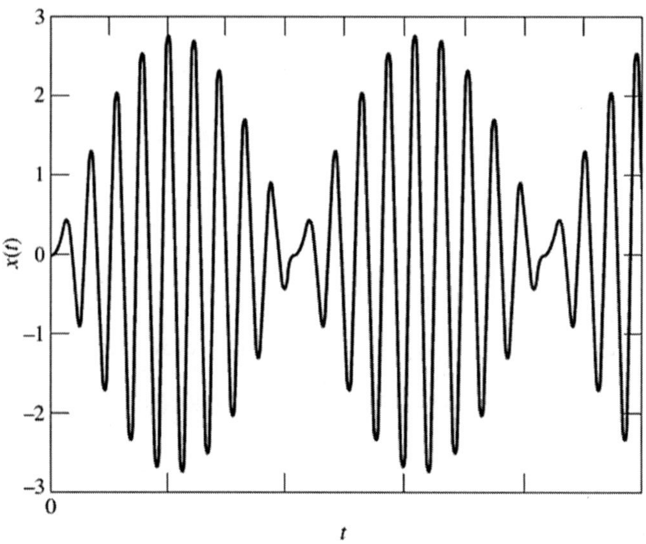

그림 5.3 | $|\omega_n| \approx |\omega|$ 경우의 응답(맥놀이)

예제 5.2 — **그림과 같은 1자유도 비감쇠 진동시스템에서 스프링의 강성은 $k = 1000\,N/m$ 이고 질량은 $m = 10\,kg$ 이다. 초기조건이 $x_0 = 0\,m$, $v_0 = 0\,m/s$ 이고 가진력의 크기가 $10\,N$, 각진동수 ω가 $12 rad/s$ 라고 할 때 나타나는 시스템의 응답 $x(t)$를 구하여라.**

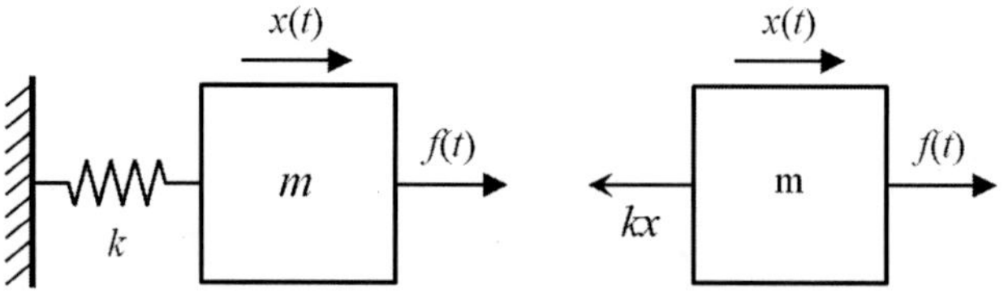

풀이 정의에 따라 고유진동수를 구하면

$$\omega_n = \sqrt{k/m} = \sqrt{1000/10} = 10rad/s$$

이 결과와 주어진 초기조건을 식 (5.2-12)에 대입하여 $x(t)$를 구하면 다음과 같이 응답을 구할 수 있다.

$$x(t) = (\frac{2\times 10}{10} - \frac{20}{10^2 - 12^2}\sin\frac{12-10}{2}t)\cos\frac{10+12}{2}t$$
$$= (2.0 + \frac{20}{44}\sin 1.0t)\cos 11t$$

3) $\omega_n = \omega$의 경우

이 경우는 2장에서 설명한 미분방정식 풀이 과정에서 일반적인 특수해와 재차해가 겹치는 경우에 해당한다. 따라서 특수해를 가정할 때 $x_p(t) = Bt\sin\omega t$ 의 형태로 가정해야 한다. 식 (5.2-9)에 $\omega = r\,\omega_n$ 식을 대입하고 $r\to 1$ 인 관계를 고려한 후 L'Hopital 법칙을 적용한다.

$$\begin{aligned} x(t) &= \lim_{r\to 1}\frac{F_0}{k}\frac{1}{1-r^2}(\sin\omega_n rt - r\sin\omega_n t) \\ &= \frac{F_0}{k}\lim_{r\to 1}\frac{\frac{d}{dr}(\sin\omega_n rt - r\sin\omega_n t)}{\frac{d}{dr}(1-r^2)} \\ &= \frac{F_0}{k}\lim_{r\to 1}\left(\frac{\omega_n t\cos\omega_n rt - \sin\omega_n t}{-2r}\right) \\ &= \frac{F_0\omega_n}{2k}\left(\frac{\sin\omega_n t}{\omega_n} - t\cos\omega_n t\right) \end{aligned} \qquad (5.2\text{-}14)$$

위 식에서 m=4, k=36, $F_0 = 10$ 에 대한 그래프를 그림 5.4에 보였다. 그림에서 보는 바와 같이 진폭이 시간에 따라 선형적으로 증대됨을 확인할 수 있다. 이렇게 진폭이 큰 경우에는 수학적인 모델을 유도할 때 적용한 선형적이라는 가정을 적용할 수가 없어 해의 정확도를 보증할 수 없다. 더구나 실제의 모든 진동시스템은 작더라도 감쇠를 가지고 있고 따라서 감쇠비가 0이 되는 경우는 없고 위의 예와 같이 진폭이 무한대가 되는 경우는 없다. 그러나 이러한 현상이 발생하면 매우 큰 진폭의 진동이 발생하게 되고 이에 따라 시스템에 구조적인 문제나 사용자들에게 심한 불편함을 발생시킬 수 있다. 따라서 해당 시스템의 설계자는 이러한 공진현상을 피하기 위해 다양한 방법으로 노력해야 한다. 그림에서 진폭이 시간에 따라 점점 증가하는 공진현상을 관찰할 수 있다.

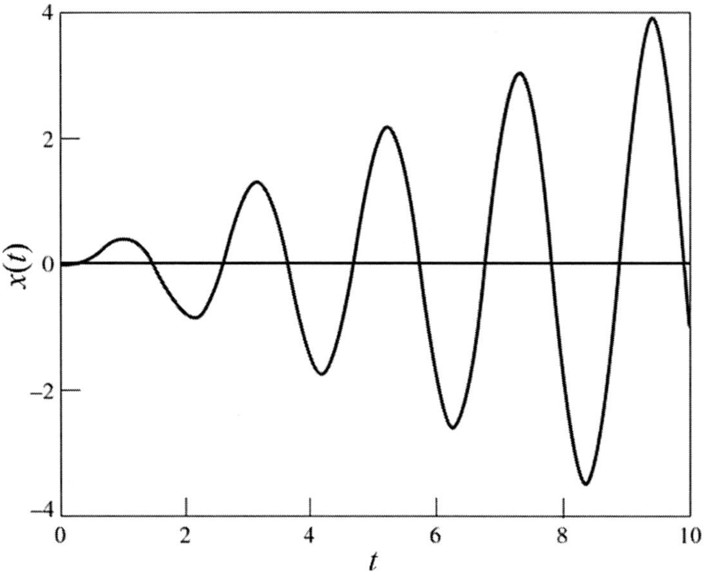

그림 5.4 | $\omega_n = \omega$ 경우의 응답(공진)

예제 5.3 — 그림과 같은 1자유도 비감쇠 진동시스템에서 스프링의 강성은 $k = 1000\,N/m$이고 질량 m은 10kg이다. 가진력의 크기가 $20N$, 각진동수 ω가 20rad/s 라고 할 때 나타나는 시스템의 응답 $x(t)$를 구하여라. 초기조건은 $x_0 = 0\,m$, $v_0 = 0.0\,m/s$으로 가정한다.

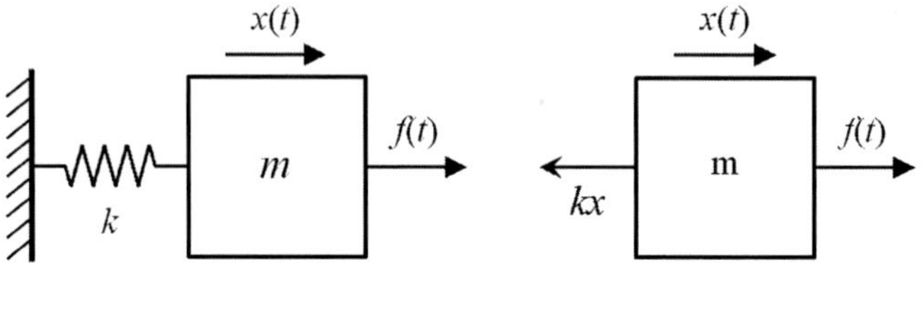

풀이 정의에 따라 고유진동수를 구하면

$$\omega_n = \sqrt{k/m} = \sqrt{1000/10} = 10rad/s$$

이 결과와 주어진 초기조건을 식 (5.2-12)에 대입하여 $x(t)$를 구하면 다음과 같이 응답을 구할 수 있다.

$$x(t) = \frac{20(10)}{2(1000)}\left(\frac{\sin 10t}{10} - t\cos 10t\right)$$

$$x(t) = (0.1)\left(\frac{\sin 10t}{10} - t\cos 10t\right)t$$

5.3 점성감쇠 조화응답

5.3.1 점성감쇠 조화응답

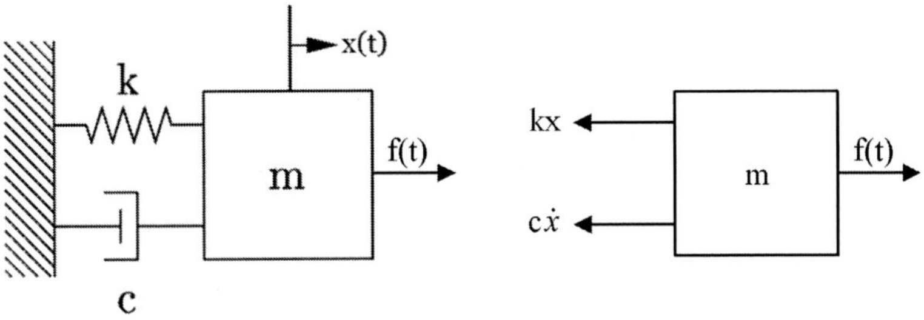

그림 5.5 | 1자유도 점성감쇠 강제 진동 시스템

그림 5.5의 진동시스템에서 가진력 $f(t)=F_0\sin\omega t$와 같이 시간에 관하여 조화함수 형태인 경우, 시스템 운동방정식은 다음과 같다.

$$m\ddot{x}+c\dot{x}+kx=f(t) \quad \Rightarrow \quad m\ddot{x}+c\dot{x}+kx=F_0\sin\omega t \tag{5.3-1}$$

앞에서 설명한 여러 경우와 같이 위 미분방정식의 일반해는 제차해와 특수해의 나타낼 수 있다.

진동시스템의 경우 제차해는 자유진동에 의해 나타나는 응답이며 3장에서 이미 공부한 바와 같이 시스템의 특성방정식 $ms^2+cs+k=0$의 근의 형태에 따라 진동 특성이 결정된다.

1. $c^2-4mk>0$인 경우 특성방정식은 두 실근 r_1과 r_2를 가지며 자유응답은 $A_1e^{r_1t}+A_2e^{r_2t}$로 주어진다.
2. $c^2-4mk=0$인 경우 특성방정식은 중근 r_1를 가지며 자유응답은 $A_1e^{r_1t}+A_2te^{r_1t}$로 주어진다.
3. $c^2-4mk<0$인 경우 특성방정식은 공액 복소근 $r\pm iq$를 가지며 이때 $r=-c/2m$, $q=\sqrt{4mk-c^2}/2m$이며 자유응답은 $Be^{rt}\sin(qt+\phi)$로 주어진다.

위의 마지막 경우처럼 근이 $r\pm iq$인 경우 진동계의 자유응답은 다음과 같이 나타난다.

$$x_h(t)=e^{rt}(A\sin qt+B\cos qt) \tag{5.3-2}$$

특수해는 강제진동에 의한 응답으로 가진력의 형태가 조화함수임을 고려하여 다음의 형태로 가정하여야 한다.

$$x_p(t) = C\sin\omega t + D\cos\omega t \tag{5.3-3}$$

이 식을 시간에 대해 미분하면 다음의 두 식이 얻어진다.

$$\dot{x}_p(t) = \omega C\cos\omega t - \omega D\sin\omega t,\ \ddot{x}_p(t) = -\omega^2(C\sin\omega t + D\cos\omega t) \tag{5.3-4}$$

이 결과를 식 (5.3-1)에 대입하고 정리하면 다음과 같다.

$$\left\{(k - m\omega^2)C - c\omega D - F_0\right\}\sin\omega t + \left\{c\omega C - (k - m\omega^2)D\right\}\cos\omega t = 0 \tag{5.3-5}$$

각 계수항이 모두 0이 되어야 하므로 다음과 같은 두 식이 얻어진다.

$$\begin{aligned} &(k - m\omega^2)C - c\omega D = F_0 \\ &c\omega C - (k - m\omega^2)D = 0 \end{aligned} \tag{5.3-6}$$

정리하여 미지의 계수 C, D를 구하면 다음과 같다.

$$C = \frac{(k - m\omega^2)F_0}{(k - m\omega^2)^2 + (c\omega)^2},\ D = -\frac{c\omega F_0}{(k - m\omega^2)^2 + (c\omega)^2} \tag{5.3-7}$$

결과적으로 미분방정식 (5.3-1)의 일반해는 제차해와 특수해의 합으로 다음과 같이 구성된다.

$$x(t) = Ae^{rt}\sin qt + Be^{rt}\cos qt + C\sin\omega t + D\cos\omega t \tag{5.3-8}$$

다음으로 식 (5.3-8)로 주어진 제차해를 시간에 대하여 미분하면 다음과 같은 결과를 얻는다.

$$x(t) = (rA - Bq)e^{rt}\sin qt + (qA + Br)e^{rt}\cos qt + C\omega\cos\omega t - D\omega\sin\omega t \tag{5.3-9}$$

$$\begin{aligned} \ddot{x}(t) = &(r^2A - qA^2 - 2rqB)e^{rt}\sin qt + (r^2B - q^2B + 2rqA)e^{rt}\cos qt \\ &- C\omega^2\sin\omega t - D\omega^2\cos\omega t \end{aligned} \tag{5.3-10}$$

미분한 결과를 운동방정식 (5.3-1)에 대입하고 정리하면 다음과 같다.

$$(mr^2 - mq^2 + cr + k)A - q(2mr + c)B = 0 \tag{5.3-11 a}$$

$$q(2mr + c)A + (mr^2 - mq^2 + cr + k)B = 0 \tag{5.3-11 b}$$

$$(k - m\omega^2)C - c\omega D - F_0 = 0 \tag{5.3-11 c}$$

$$c\omega C + (k - m\omega^2)D = 0 \tag{5.3-11 d}$$

식 (5.3-11 c)과 (5.3-11 d)를 이용하면 미지수 C와 D를 아래 두 식과 같이 얻을 수 있다.

$$C = \frac{(k - m\omega^2)F_0}{(k - m\omega^2)^2 + c^2\omega 2} \tag{5.3-12}$$

$$D = -\frac{c\omega F_0}{(k - m\omega^2)^2 + c^2\omega 2} \tag{5.3-13}$$

A와 B값은 위에서 구한 C와 D값과 초기조건으로부터 구할 수 있다. 초기조건이 모두 영인 경우, $x(0) = B + D = 0$, $\dot{x}(0) = qA + Br + C\omega = 0$이므로 다음 식을 얻는다.

$$A = -\frac{Br + C\omega}{q} = -\frac{\omega F_0}{q}\frac{rc + k - m\omega^2}{(k - m\omega^2)^2 + (c\omega)^2} \tag{5.3-14}$$

$$B = -D = \frac{c\omega F_0}{(k - m\omega^2)^2 + (c\omega)^2} \tag{5.3-15}$$

따라서 초기조건을 영인 경우의 완전해는 다음과 같다.

$$\begin{aligned} x(t) = &\frac{F_0}{(k - m\omega^2)^2 + (c\omega)^2}\left[-\frac{\omega}{q}(rc + k - m\omega^2)e^{rt}\sin qt + c\omega e^{rt}\cos qt\right] \\ &+ \frac{F_0}{(k - m\omega^2)^2 + (c\omega)^2}\left[(k - m\omega^2)\sin\omega t - c\omega\cos\omega t\right] \end{aligned} \tag{5.3-16}$$

만일 초기조건이 영이 아닌 경우에는 아래 식의 자유응답(homogeneous solution)과 강제응답을 더하여 구할 수 있다.

$$x(t) = Be^{rt}\sin(qt+\psi) \tag{5.3-17}$$

$$B = \frac{1}{q}\sqrt{(qx_0)^2+(v_0-rx_0)^2},\ \sin\psi = \frac{x_0}{B},\ \cos\psi = \frac{v_0-rx_0}{qB} \tag{5.3-18}$$

예제 5.4 — **다음 그림과 같은 1자유도 점성감쇠 진동시스템에서 질량 m은 $1.0kg$, 감쇠계수 c는 $1.0Ns/m$이고 스프링의 강성 k는 $1.0N/m$이다. 초기조건이 $x_0 = 0m$, $v_0 = 0m/s$이고 가진력이 $f(t) = \sin\omega t$라고 할 때 다음 두 가진주파수 (1) $\omega = 1.0rad/s$ (2) $\omega = 2.0rad/s$에 대하여 시스템의 시간응답을 구하여라.**

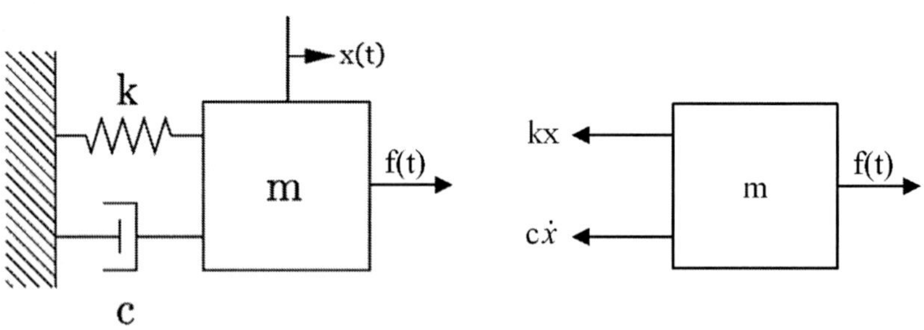

풀이 주어진 진동계에 대하여 특성방정식을 구하면 다음과 같다.

$$s^2+s+1=0$$

따라서 식 (5.3-16) r과 q는 각각 -0.5 및 0.866으로 주어진다. 또한 초기조건이 모두 '0'으로 주어졌으므로 시스템의 응답은 식 (5.3-16)을 이용하여 구할 수 있다.

(1) $\omega = 1.0rad/s$인 경우

초기조건이 모두 '0'으로 주어졌으므로 응답은 식 (5.3-16)을 이용하여 구할 수 있다. 위의 특성근 해석 결과와 문제에 주어진 진동계의 특성을 대입하면 다음과 같이 응답을 구할 수 있다.

$$x(t) = 0.577e^{-0.5t}\sin 0.866t + e^{-0.5t}\cos 0.866t - \cos t$$

이 결과를 그림으로 나타내면 다음과 같다.

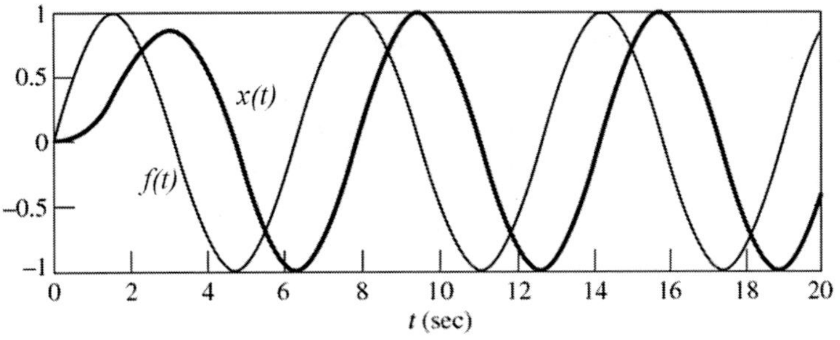

(2) $\omega = 2.0\,rad/s$ 인 경우

위의 특성근 해석 결과와 문제에 주어진 진동계의 특성을 대입하면 다음과 같이 응답을 구할 수 있다.

$x(t) = 0.577e^{-0.5t}\sin 0.866t + e^{-0.5t}\cos 0.866t - \cos t$

이 결과를 그림으로 나타내면 다음과 같다.

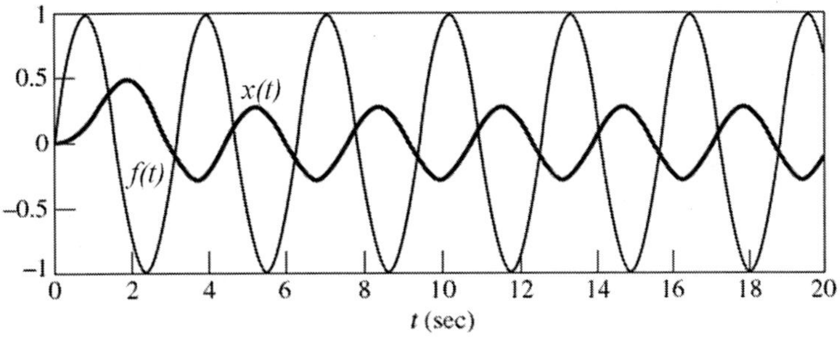

위의 예제에서 알 수 있는 바와 같이 동일한 크기의 가진력이 작용하는 경우에도 가진 주파수에 따라 응답의 크기가 크게 달라짐을 알 수 있다. 앞의 예제에서는 $\omega = 1.0\,rad/s$ 인 경우의 응답의 크기가 $\omega = 2.0\,rad/s$ 인 경우의 응답의 크기에 비해 훨씬 크다. 이는 $\omega = 1.0\,rad/s$ 일 때 가진 주파수와 시스템의 고유진동수가 일치하여 공진현상을 나타내기 때문이다. 아울러, 진동이 시작된 후 초기에는 시간에 따라 변화하는 진동이 나타나지만 일정한 시간이 지난 후에는 시간에 따라 변동이 없는 응답을 나타내게 된다. 이와 같이 진동계의 조화응답은 두 구간으로 나뉘는데 앞 부분의 변동하는 응답을 과도상태 응답이라 한다. 이 구간에서는 식 (5.3-16)에서 e^{rt} 을 포함한 항들로 표시되는 자유응답이 전체 응답에 포함되어 나타나는 구간이다.

반대로 운동 시작 후 오랜 시간이 흐른 후에는 r 이 음수인 경우에 $\lim_{t \to \infty} e^{rt} = 0$ 이므로 시간에 따라 변동하는 자유응답은 나타나지 않게 된다. 이와 같은 응답을 나타내는 구간을 정상상태라고 하며 이 구간의 응답을 정상상태 응답이라 한다. 따라서 충분한 시간이 지난 후 나타나는 정상상태 응답은 다음과 같다.

$$x_{ss}(t) = \frac{F_0}{(k-m\omega^2)^2+(c\omega)^2}\left[(k-m\omega^2)\sin\omega t - c\omega\cos\omega t\right] \tag{5.3-19}$$

위 정상상태 응답은 다음과 같이 하나의 조화함수로 다음과 같이 나타낼 수 있다.

$$x_{ss}(t) = X(\omega)\sin\left[\omega t + \phi(\omega)\right] \tag{5.3-20}$$

$$X(\omega) = \frac{F_0}{\sqrt{(k-m\omega^2)^2+(c\omega)^2}} \tag{5.3-21}$$

$$\phi(\omega) = \tan^{-1}\frac{c\omega}{m\omega^2-k} \tag{5.3-22}$$

만약 $m\omega^2-k>0$이라면 각 ϕ는 3사분면일 것이다. $m\omega^2-k<0$이면 4사분면, $m\omega^2-k=0$ 이고 $c\neq 0$이면 $\phi=-90^\circ$ 이다

예제 5.5 — **다음 그림과 같은 1자유도 점성감쇠 진동시스템에서 질량 m은 $10kg$, 감쇠계수 c는 $70Ns/m$이고 스프링의 강성 k는 $100N/m$이다. 가진력 $f(t)$가 $300\sin 4t$라고 할 때 정상상태 응답을 구하여라.**

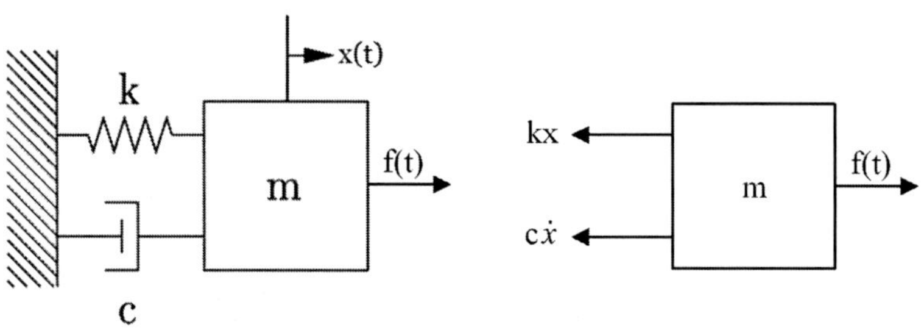

풀이 진동계의 특성방정식은 $10s^2+70s+100=0$이며 특성근은 $s=-2$와 $s=-5$로 주어진다. 따라서 자유응답은 시간에 따라 감쇠되어 사라지고 정상상태에서는 강제응답만 존재하게 된다. 식 (5.3-21)와 (5.3-22)를 이용하여 정상상태 응답의 진폭과 위상각을 구하면 다음과 같다.

$$X(4) = \frac{300}{\sqrt{[100-10(4)^2]^2+70^2 4^2}}$$

$$\phi(4) = \tan^{-1}\frac{(70)(4)}{(10)4^2-100} = 1.36+\pi = 4.5\,rad$$

이 결과를 대입하여 $x(t)$를 구하면 다음과 같다

$$x(t) = 1.048\sin(4t+4.5)$$

5.3.2 전달함수(Transfer Function)

앞에서 설명된 점성감쇠 진동시스템의 정상상태 응답은 라플라스 변환에 기초한 전달함수의 개념을 이용해서 구할 수도 있다. 일반적으로 전달함수 $T(s)$는 (응답의 라플라스 변환)/(입력의 라플라스 변환)으로 정의된다.

그림 5.1에 설명된 시스템의 운동방정식 $m\ddot{x}+c\dot{x}+kx=f(t)$을 생각해보자. $x(t)=X(s)e^{st}$ $f(t)\equiv F(s)e^{st}$ 라고 가정하고 원래 운동방정식에 대입한 후 정리하면 다음과 같은 식이 얻어진다.

$$ms^2X(s)+csX(s)+kX(s)=F(s) \tag{5.3-23}$$

이 식은 운동방정식의 양변에 라플라스 변환을 적용하고 응답 $x(t)$와 입력 $f(t)$의 라플라스 변환을 각각 $\mathcal{L}\{x(t)\}=X(s)$, $\mathcal{L}\{f(t)\}=F(s)$이라 하고 초기조건을 모두 영으로 가정하였을 경우에 얻어지는 식과 동일하다. 따라서, 초기조건이 '0'인 상태에서 입력의 라플라스 변환 $\mathcal{L}\{f(t)\}=F(s)$와 출력의 라플라스 변환 $\mathcal{L}\{x(t)\}=X(s)$로 정의되는 진동시스템의 전달함수는 다음과 같이 구해진다.

$$T(s)=\frac{X(s)}{F(s)}=\frac{1}{ms^2+cs+k} \tag{5.3-24}$$

일반적으로 선형시스템의 경우 입력이 조화함수로 주어진 경우, 특수해도 동일한 주파수를 가진 조화함수의 형태로 나타난다. 그러나 시스템의 특성과 주파수에 따라 응답의 진폭과 위상이 정해지며 응답의 진폭과 위상도 시스템의 전달함수를 이용하여 정의할 수 있다. 이 경우 위의 전달함수의 복소변수 s는 $i\omega$로 대치될 수 있다. 이렇게 얻어지는 전달함수 $T(i\omega)$를 '주파수전달함수'라고 한다.

$$T(i\omega)=T(s)|_{s=i\omega}=\frac{1}{k-m\omega^2+c\omega i} \tag{5.3-25}$$

복소수인 전달함수 $T(i\omega)$는 다음과 같은 형태로 나타낼 수 있다.

$$T(i\omega)=\frac{1}{k-m\omega^2+c\omega i}=|T(i\omega)|\,e^{i\phi(\omega)} \tag{5.3-26}$$

2장에 설명되어 있는 복소함수의 내용을 이용하면 주어진 각주파수 ω에 대해 복소수

$T(i\omega)$의 크기 $|T(i\omega)|$와 위상각 $\phi(\omega)$을 구하면 다음과 같다.

$$|T(i\omega)| = \frac{1}{\sqrt{(k - m\omega^2)^2 + (c\omega)^2}} \tag{5.3-27}$$

$$\begin{aligned} \phi(\omega) &= \angle T(i\omega) = \angle 1 - \angle (k - m\omega^2 + c\omega i) \\ &= 0 - \tan^{-1}\frac{c\omega}{k - m\omega^2} = \tan^{-1}\frac{c\omega}{m\omega^2 - k} \end{aligned} \tag{5.3-28}$$

식 (5.3-5)과 (5.3-6)에서 $X(\omega) = F_0 |T(i\omega)|$, $\phi(\omega) = \angle T(i\omega)$ 임을 알 수 있다.

위에서 설명된 일반 전달함수와 주파수 전달함수의 관계는 다음과 같이 요약될 수 있다.

1. 시스템의 일반적인 전달함수 $T(s)$에서 복소 변수 s를 $i\omega$로 대치함으로써 주파수 전달함수 $T(i\omega)$를 구할 수 있다.
2. 가진함수가 조화함수 $A\sin\omega t$인 경우 선형시스템의 정상상태의 응답은 $B\sin(\omega t + \phi)$의 형태를 나타낸다.
3. 주파수 전달함수 $T(i\omega)$의 크기에 따라 주어진 조화가진력에 대한 응답의 진폭이 결정되며 다음과 같은 관계를 나타낸다.

$$\frac{B}{A} = |T(i\omega)|$$

4. 가진함수와 응답의 위상차 ϕ는 주파수 전달함수 $T(i\omega)$의 편각에 따라 결정되며 다음과 같은 관계를 나타낸다.
   크기비는 정상상태 응답의 크기를 가진함수의 크기 F_0로 나누어 구할 수 있다. 왜냐하면 정현함수의 크기는 정현함수의 진폭이고 진폭비는 경우에 따라 크기비로 사용된다.

다음과 같은 변수를 정의하고 상기 식들을 다시 나타내면 다음과 같다.

$$\zeta = \frac{c}{2\sqrt{mk}}, \quad \omega_n = \sqrt{\frac{k}{m}}, \quad \frac{2\zeta}{\omega_n} = \frac{c}{k}, \quad r = \frac{\omega}{\omega_n} \tag{5.3-29}$$

$$\begin{aligned} X(\omega) &= F_0 \frac{1/k}{\sqrt{(1 - m\omega^2/k)^2 + (c\omega/k)^2}} \\ &= \frac{F_0}{k}\frac{1}{\sqrt{(1 - \omega^2/\omega_n^2)^2 + (2\zeta\omega/\omega_n)^2}} = \frac{F_0}{k}\frac{1}{\sqrt{(1 - r^2)^2 + (2\zeta r)^2}} \end{aligned} \tag{5.3-30}$$

$$\phi(\omega) = \tan^{-1}\frac{c\omega/k}{m\omega^2/k-1} = \tan^{-1}\frac{2\zeta\omega/\omega_n}{\omega^2/\omega_n^2-1} = \tan^{-1}\frac{2\zeta r}{r^2-1} \qquad (5.3\text{-}31)$$

따라서 정상상태 응답, 식 (5.3-20)은 다음과 같다.

$$x_{ss}(t) = \frac{F_0}{k}\frac{1}{\sqrt{(1-r^2)^2+(2\zeta r)^2}}\sin(\omega t+\phi) \qquad (5.3\text{-}32)$$

정상상태 응답의 크기와 힘의 크기의 비는 다음과 같다.

$$M = \frac{|x_{ss}(t)|}{F_0} = \frac{1}{k}\frac{1}{\sqrt{(1-r^2)^2+(2\zeta r)^2}} \qquad (5.3\text{-}33)$$

그리고 조화가진력의 크기 F_0와 같은 크기의 정적인 하중이 작용했을 때 시스템에 발생되는 변형을 F_0/k를 정적처짐 δ_{st}로 정의하면 위식은 다음과 같이 쓸 수 있다.

$$\frac{X}{\delta_{st}}kM = \frac{1}{\sqrt{(1-r^2)^2+(2\zeta r)^2}} \qquad (5.3\text{-}34)$$

위 식에서 $\omega = \omega_n$일 때 $\left(\frac{X}{\delta_{st}}\right)_{\omega=\omega_n} = \frac{1}{2\zeta}$이다.

그림 5.6에 X/δ_{st}와 ϕ를 r의 함수로 나타내었다. 식 (5.3-34)에서 $\frac{X}{\delta_{st}}$의 최대값은 식 (5.3-34)의 분모가 최소일 때, 즉 다음 조건에서 발생한다.

$$r = \sqrt{1-2\zeta^2},\ 즉\ \ \omega_p = \omega_n\sqrt{1-2\zeta^2},\ \ 0 \le \zeta \le \frac{1}{\sqrt{2}} \qquad (5.3\text{-}35)$$

이때의 $\frac{X}{\delta_{st}}$의 최대값은 다음과 같다.

$$\frac{X}{\delta_{st}}\Big|_p = \frac{1}{2\zeta\sqrt{1-\zeta^2}},\quad 0 \le \zeta \le \frac{1}{\sqrt{2}} \qquad (5.3\text{-}36)$$

$$X_p = \delta_{st}\frac{1}{2\zeta\sqrt{1-\zeta^2}},\quad 0 \le \zeta \le \frac{1}{\sqrt{2}} \qquad (5.3\text{-}37)$$

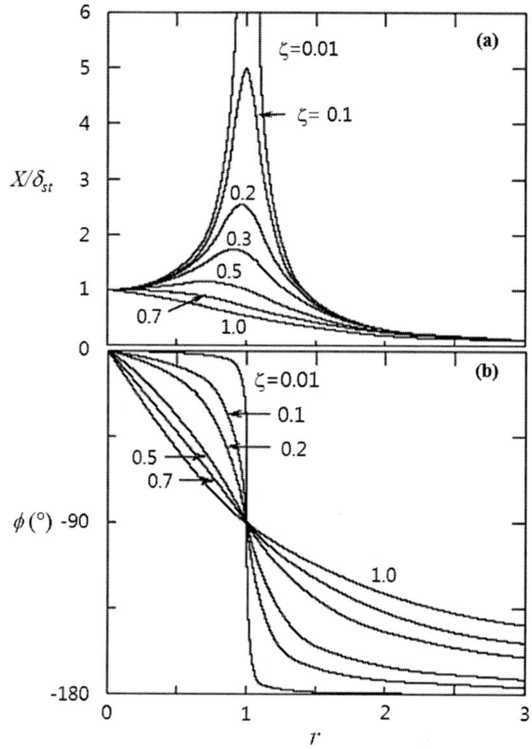

그림 5.6 | 1 자유도 점성감쇠 진동계의 강제 응답

5.4 기저가진

중요한 기계나 시스템의 경우 지지하고 있는 기저부(Base)로부터 또는 기저부로 전달되는 진동은 시스템에 부정적인 영향을 주고 경우에 따라서는 내구력에 문제를 발생시키기도 한다. 이 절에서는 기저부의 가진에 의한 진동계의 응답을 공부한다. 이는 불균일한 노면을 주행하는 자동차의 서스펜션 상부의 진동이나 지진으로 인해 건물에 발생하는 진동을 해석하는 방법이라고 할 수 있다. 기저부에 지지되어 있는 시스템을 상하 방향으로 진동하는 하나의 관성요소로 가정하고 지지부를 하나의 스프링과 감쇠요소의 조합으로 가정하면 다음 그림 5.7과 같이 1자유도 모델을 얻을 수 있다.

그림의 관성요소에 뉴턴의 제 2법칙을 적용하면 다음 운동방정식을 얻는다.

$$m\ddot{x} = f_t = c(\dot{y} - \dot{x}) + k(y - x) \tag{5.4-1}$$

여기에서 $f_t = c(\dot{y} - \dot{x}) + k(y - x)$ 는 질량에 전달되는 힘을 나타낸다.

이 식을 다시 정리하면 다음과 같은 식을 얻을 수 있다.

$$m\ddot{x}+c\dot{x}+kx=c\dot{y}+ky \tag{5.4-2}$$

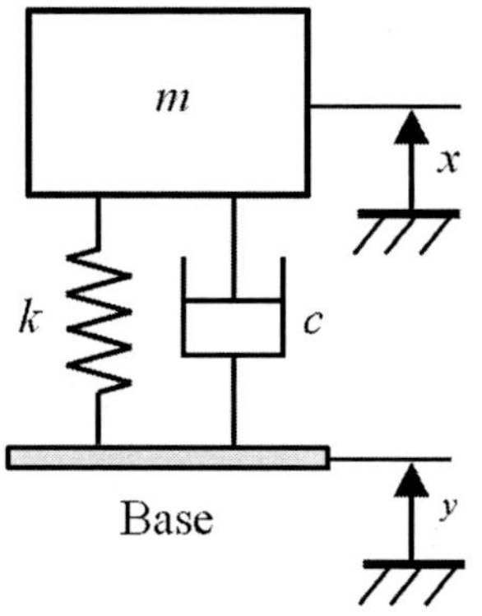

그림 5.7 | 1자유도 기저가진 진동계

기저부의 변위를 $y=Y\sin\omega t$와 같은 조화함수라고 가정하고 전달함수를 구하고 이로부터 주파수 전달함수를 구하면 다음과 같다.

$$T_{x/y}(s)=\frac{X(s)}{Y(s)}=\frac{cs+k}{ms^2+cs+k}=\frac{2\zeta\omega_n s+\omega_n^2}{s^2+2\zeta\omega_n s+\omega_n^2} \tag{5.4-3}$$

$$T_{x/y}(i\omega)=\frac{2i\zeta\omega_n\omega+\omega_n^2}{-\omega^2+2i\zeta\omega_n\omega+\omega_n^2}=\frac{2i\zeta r+1}{1-r^2+2i\zeta r},\quad r=\frac{\omega}{\omega_n} \tag{5.4-4}$$

위 주파수 전달함수의 크기를 변위 전달률이라고 하며 다음과 같이 나타낼 수 있다.

$$|T_{x/y}(i\omega)|=\frac{X}{Y}=\sqrt{\frac{4\zeta^2r^2+1}{(1-r^2)^2+4\zeta^2r^2}} \tag{5.4-5}$$

또한 위 주파수 전달함수의 위상각은 다음과 같이 주어진다.

$$\begin{aligned}\phi(\omega)&=\angle T_{x/y}(i\omega)=\angle(2\zeta ri+1)-\angle(1-r^2+2\zeta ri)\\&=\tan^{-1}2\zeta r-\tan^{-1}\frac{2\zeta r}{1-r^2}\end{aligned} \tag{5.4-6}$$

기저가진의 대표적인 예는 불균일한 노면들 주행하는 차량에서 잘 볼 수 있다. 다음 그림 5.8은 차량의 1/4 부분을 모델링한 1 자유도 진동계를 나타내고 있다. 타이어에 존재하는 감쇠가 서스펜션의 감쇠에 비해 무시할 수 있다고 가정하면 진동계의 감쇠 c는 서스펜션의 감쇠가 되고 k는 서스펜션과 타이어가 직렬 연결된 강성이다. 이 진동계의 운동방정식은 위에 주어진 식 (5.4-1)과 동일하다. 또한 일반적인 노면은 완전한 조화함수 형태의 변동을 나타내지는 않지만, 노면의 상하변위 y를 조화함수로 가정을 하면 여러 속도에서 현가장치의 진동 감소 성능을 파악할 수 있다.

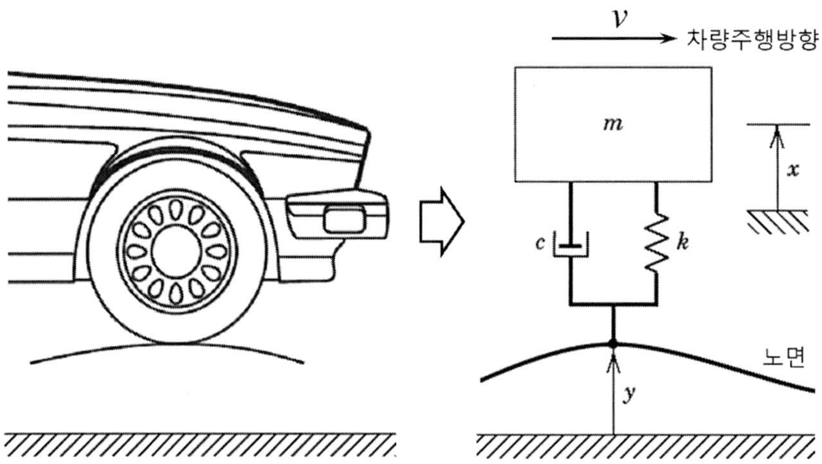

그림 5.8 | 1/4 차량 현가장치 모델

예제 5.6 — 그림 5.8에 주어진 1/4 차량 진동계에서 차량의 전체 질량 m이 $1450\,kg$, 서스펜션의 강성이 $1.6\times10^4\,N/m$, 감쇠계수가 $5300\,Ns/m$이며 타이어의 강성이 $1.5\times10^5\,N/m$라고 한다. 이 차량이 주행하는 노면의 형상은 파장이 $3m$이고 진폭이 $0.03\,m$ 조화함수라 가정한다. (1) 전체 1/4 차량 모델의 강성 k를 구하여라. (2) 차량의 속도가 $36\,km/h$, $72\,km/h$라고 할 때 $y(t)$를 각각 구하여라. (3) 두 경우에 대한 차체의 진폭을 구하여라.

풀이 (1) 서스펜션의 스프링과 타이어가 직렬로 연결되어 있으므로 전체 강성 k는 다음과 같이 구해진다.

$k = k_s k_t/(k_s + k_t) = (1.5\times10^4)(1.5\times10^5)/(1.65\times10^5) = 1.3636\times10^4\,N/m$

(2) 노면의 파장이 $3m$ 이므로 노면의 가진 주파수 ω는 다음 식으로 구해진다.

$$\omega = \left(\frac{1000}{3}\right)\left(\frac{1}{3600}\right)(2\pi)v = 0.5818v\,rad/s$$

따라서 차량의 속도가 $36\,km/h$, $72\,km/h$일 때의 $y(t)$는 각각 다음과 같다.

$$y(t) = 0.03\cos(20.9448t) \quad v = 36km/h \text{일 때}$$

$$y(t) = 0.03\cos(2 \times 20.9448t) \ v = 72km/h \text{일 때}$$

(3) 문제에 주어진 값들을 이용하면 차체의 고유진동수는 다음과 같이 구해진다.

$$\omega_n = \sqrt{\frac{k}{m}} = \sqrt{\frac{1.3636 \times 10^4}{1450/4}} = 6.1332\, rad/s$$

따라서 차량의 속도가 $36\,km/h$, $72\,km/h$일 때의 진동수비 r는 각각 다음과 같다.

$$r_{36kph} = \frac{20.9448}{6.1332} = 3.415, \ r_{72kph} = \frac{2 \times 20.9448}{6.1332} = 6.830$$

주어진 정보를 이용하여 감쇠비를 구하면 다음과 같다.

$$\zeta = \frac{c}{2\sqrt{km}} = \frac{5300}{2\sqrt{(1.3636 \times 10^4)(362.5)}} = 0.596$$

이 문제와 같은 기저가진의 경우 입력과 출력의 진폭비는 다음과 같이 주어진다.

$$X = Y\sqrt{\frac{4\zeta^2 r^2 + 1}{(1-r^2)^2 + 4\zeta^2 r^2}}$$

따라서, 위에서 구해진 진동수비와 감쇠비를 이용하여 서로 다른 두 속도에 대해 차체 진폭을 구하면 다음과 같다.

$$X_{36kph} = 0.03\sqrt{\frac{4(0.596)^2(3.415)^2 + 1}{(1-3.415^2)^2 + 4(0.596)^2(3.415)^2}}$$

$$X_{72kph} = 0.03\sqrt{\frac{4(0.596)^2(6.830)^2 + 1}{(1-6.830^2)^2 + 4(0.596)^2(6.830)^2}}$$

이 문제의 경우 노면의 형상의 주기가 $3m$이고 진폭이 $0.03\,m$이라고 할 때 속도가 2배로 증가함에 따라 진폭이 크게 감소하며 이는 진동수비가 $r \geq \sqrt{2}$인 영역에 있기 때문이다.

5.5 회전 불균형

일상 생활에서 사용되는 기계나 시스템 내부에 회전하는 부품이 포함되어 있는 경우가 굉장히 많으며 일반적으로 이런 부품들은 굉장히 넓은 범위의 속도로 회전한다. 또한, 이러한 회전부품들은 다양한 원인으로 인해 회전체의 질량 중심과 회전 중심이 일치하지 않아 발생하는 질량 불균형이 어느 정도, 필연적으로 나타난다. 이 상태로 회전체가 회전하게 되면 불균형 질량에 의해 발생하게 되는 원심력이 시스템에 대한 가진력으로 작용하게 된다. 원심력의 어느 한 방향으로 작용하는 분력을 고려하면 다음 식과 같은 조화 가진력이 됨을 알 수 있다.

$$f = mR\omega_R^2 \sin\omega_R t \tag{5.5-1}$$

이 식에서 m은 불균형 질량, ω_R는 회전체의 회전 각속도이며 R은 회전 중심으로부터 편심질량까지의 거리이다

다음 그림 5.9는 회전체를 포함하는 전체 기계에 1자유도 모델이다. 전체 기계에 대한 운동방정식을 유도하면 다음과 같다. 이 식에서 M은 전체 기계의 질량이다.

$$M\ddot{x}+c\dot{x}+k=mR\omega_R^2\sin w_R t \tag{5.5-2}$$

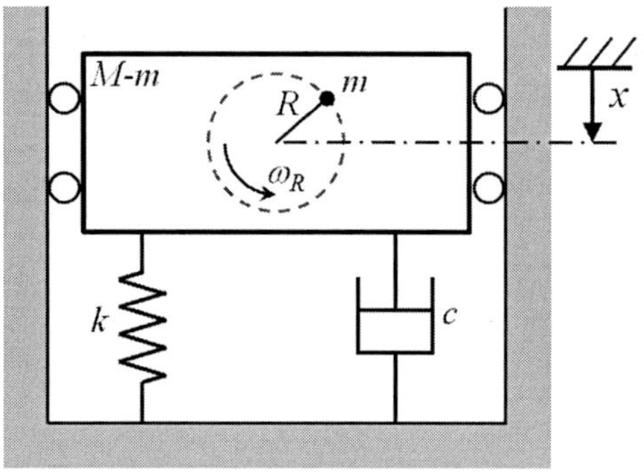

그림 5.9 | 회전 불균형을 가진 진동계

위와 같은 경우 전체 기계나 시스템을 지지하고 있는 지지부를 통해 전달되는 기저 또는 토대부로 전달되는 힘이 과다한 경우에는 지지부나 기저에 구조적인 문제점을 발생시킬 수 있어 이에 대한 검토와 제어가 필요하다.

만약, 위 그림과 같이, 전체 기계와 기저부 사이의 지지부를 하나의 스프링과 감쇠요소로 이상화하면 회전기계로부터 지지부를 통해 기저로 전달된 힘은 다음 식과 같이 얻어진다.

$$f_t = kx + c\dot{x} \tag{5.5-3}$$

식 (5.5-1)에서 알 수 있는 바와 같이 기계의 작동 과정에서 발생되는 불균형 힘의 크기는 $F=mR\omega_R^2$ 이다. 이 힘의 크기와 기저로 전달되는 힘의 크기 F_t 사이의 비를 힘전달율이라고 하며 이 비가 증가할수록 동일한 불균형 힘에 대해 기저로 전달되는 힘의 크기가 커진다고 할 수 있다.

이와 같은 힘 전달율은 식 (5.3-24)에 주어진 전달함수의 개념을 이용하여 구할 수 있다. 전체 기계에 가해진 힘의 크기 F와 발생되는 진동의 크기 사이의 전달함수는 다음과 같다.

$$T(s)=\frac{X(s)}{F(s)}=\frac{1}{Ms^2+cs+k} \tag{5.5-4}$$

앞에서 설명된 바와 같이 불균형 질량에 의한 가진력이 각진동수 ω_R의 조화력임을 고려하여 복소변수 s를 $i\omega_R$로 대치하여 주파수 전달함수를 구하고 크기를 정의하면 다음과 같다.

$$|T_{x/f}(i\omega_R)| = \frac{X(i\omega_R)}{F(i\omega_R)} = \frac{1}{\sqrt{(k - M\omega_R^2)^2 + (c\omega_R)^2}} \tag{5.5-5}$$

따라서, 진동의 크기 X는 다음과 같이 주어진다.

$$X = \frac{mR\omega_R^2}{\sqrt{(k - M\omega_R^2)^2 + (c\omega_R)^2}} \tag{5.5-6}$$

이 식의 분모와 분자를 M으로 나누고 $\omega_n = \sqrt{\frac{k}{M}}$, $\zeta = \frac{c}{2\sqrt{Mk}}$ 와 $r = \frac{\omega}{\omega_n}$를 이용하여 무차원화하면 다음과 같은 식을 얻을 수 있다.

$$X = |X(i\omega_R)| = \frac{mR}{M}\frac{r^2}{\sqrt{(1-r^2)^2 + (2\zeta r)^2}} \tag{5.5-7}$$

식 (5.5-3)에 라플라스변환을 적용하면 다음 식을 얻을 수 있다.

$$F_t(s) = (k + cs)X(s) \tag{5.5-8}$$

위 식과 식 (5.5-4)을 이용하여 힘전달율 (기저로 전달된 힘의 크기F_t/불균형 힘의 크기 F)을 구하면 다음과 같다

$$T_{f_t/f}(s) = \frac{F_t(s)}{F(s)} = \frac{cs + k}{Ms^2 + cs + k} \tag{5.5-9}$$

조화가진력임을 고려하여 주파수 전달함수를 구하면 다음과 같다.

$$T_{f_t/f}(i\omega_R) = \frac{F_t(i\omega_R)}{F(i\omega_R)} = \frac{c\omega_R i + k}{-M\omega_R^2 + c\omega_R i + k} \tag{5.5-10}$$

분모와 분자를 M으로 나누고 $\omega_n = \sqrt{\frac{k}{M}}$, $\zeta = \frac{c}{2\sqrt{Mk}}$와 $r = \frac{\omega}{\omega_n}$를 이용하여 무차원화하면 다음과 같은 식을 얻을 수 있다.

$$T_{f_t/f}(i\omega_R) = \frac{1+2\zeta ri}{1-r^2+2\zeta ri} \tag{5.5-11}$$

힘전달률 T_f는 이 식의 크기가 되고 다음과 같다.

$$T_f = |T_{f_t/f}(i\omega_R)| = \frac{F_t}{F} = \sqrt{\frac{1+4\zeta^2 r^2}{(1-r^2)^2+4\zeta^2 r^2}} \tag{5.5-12}$$

이 절에서 다루고 있는 불균형 질량의 회전에 의한 진동의 경우, 가진력의 크기 $F = mR\omega_R^2$임을 고려하면 기저에 전달되는 힘의 크기 F_t는 다음의 식으로 정의된다.

$$F_t = mR\omega_R^2\sqrt{\frac{1+4\zeta^2 r^2}{(1-r^2)^2+4\zeta^2 r^2}} \tag{5.5-13}$$

또한, 식 (5.5-12)은 그림 5.1의 진동계에 크기가 F인 조화 가진력이 작용했을 경우, 정상상태에서 기저에 전달되는 힘의 크기 F_t와 F의 비를 표시하는 힘전달률을 나타내는 식으로 일반화 될 수 있다.

예제 5.7 — **다음 그림과 같은 불균형 질량을 가지는 회전진동계가 $3600\,rpm$으로 회전하고 있다. 기계의 전체 질량은 $100\,kg$, 불균형 질량이 $0.01\,kg$, 이심율이 $0.1\,m$이며 회전기계 지지부의 강성은 $500\,kN/m$라고 한다. 지지부의 감쇠비 ζ가 0.1이라고 할 때 (a) 기저로 전달되는 힘의 크기 F_t를 구하여라. (b) F_t줄이기 위해서는 ζ를 어떻게 조정해야 하는지 설명하여라.**

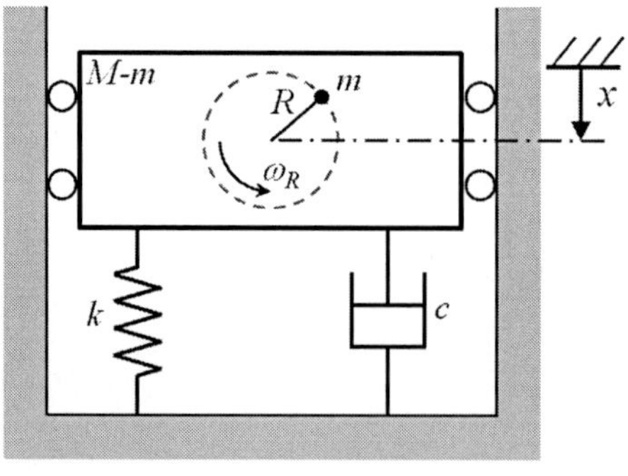

풀이 (a) 문제에 주어진 조건을 이용하여 기계의 각진동수 ω_R을 구하면 다음과 같다.

$$\omega_R = \frac{3600rev.}{60\sec} = \frac{3600 \times 2\pi}{60} = 120\pi\, rad/s$$

불균형 질량에 의한 가진력의 크기는 다음과 같다

$$mR\omega_R^2 = 0.01 \times 0.1 \times (120\pi)^2 = 142.1$$

$$r = \frac{\omega_R}{\sqrt{k/M}} = \frac{120\pi}{\sqrt{500000/100}} = 5.331$$

따라서, 식 (5.5-12) 및 (5.5-13)을 이용하여 힘전달률과 전달력의 크기 F_t를 구하면 다음과 같다.

$$T_f = \sqrt{\frac{1+(2\times 0.1 \times 5.331)^2}{(1-5.331^2)^2+(2\times 0.1\times 5.331)^2}} = 0.03886$$

$$F_t = 0.03886 \times 142.1 = 5.5215\,N$$

(b) 위에서 알 수 있는 바와 같이 $r = 5.331 > \sqrt{2}$ 이므로 힘전달율을 줄이기 위해서는 감쇠비 ζ를 더 줄여야 하나 이 경우 감쇠성능 부족으로 별도의 문제점을 발생시킬 수 있다.

5.6 진동 절연

진동이 발생하여 전달되고 나타나는 기전을 일반화하면 가진력을 받아 진동을 발생시키는 진동원(Source), 발생된 진동이 전달되는 경로(Path) 및 실제 진동을 나타내는 수진계(Receiver)로 구분될 수 있다. 일반적으로 원하지 않는 진동을 감소시키는 가장 효과적인 방법은 진동원의 가동을 중지하거나 수정하는 것이다. 만약 이런 방법이 불가능하면, 발생된 진동이 전달되는 경로를 개선하는 방법이 다음으로 효과적인 방법이다. 이렇게 진동 경로를 개선하는 방법으로 많이 사용되는 것이 문제가 되는 수진계으로부터 진동원을 절연시키는 진동 절연 장치(Vibration Isolation System)이다.

진동 절연은 진동원으로부터 전달되는 힘을 감소시키는 것과 변위를 감소시키는 진동원과 진동으로부터 보호받아야 할 장치 사이에 고무 같은 감쇠가 큰 재료를 사용해서 강성과 감쇠를 변화시킴으로써 진동원을 절연할 수 있다. 진동원으로부터 장치를 절연시키는 문제는 바닥운동을 통해 전달되는 진동변위를 감소시키는 문제로 해석할 수 있다. 또한, 진동원을 주위로부터 절연시키는 장착 지점들을 통해 진동원으로부터 전달되는 힘을 감소시키는 문제로 볼 수 있다. 힘전달률과 변위전달률을 저감하는 것을 모두 진동 절연 문제라고 한다.

실제 진동계에 작용하는 하중의 형태는 조화 가진력 외에도 다양한 종류의 충격하중, 일반 주기하중 등 여러 가지가 있으나 이 절에서는 조화 가진력에 대한 절연 성능에 국한하여 설명하기로 한다.

5.6.1 고정된 기초에 대한 진동 절연

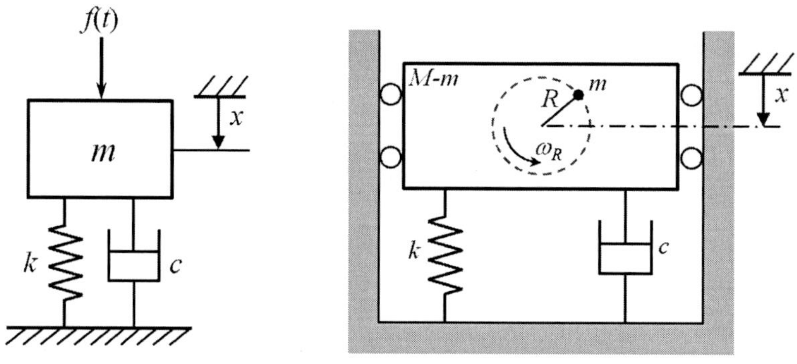

그림 5.10 | 고정된 기초에 대한 진동 절연장치의 예

이 장에서 다룬 진동계 중 고정된 기초를 가진 대표적인 예들이 그림 5.10에 설명되어 있다. 이들 예에서 (a)의 가진력 $f(t)$와 (b)의 불균형 질량에 의해 발생된 진동은 스프링과 감쇠기로 구성된 절연장치를 통해 기저에 힘을 전달하고 이 힘들이 과도하면 기자나 절연장치에 여러 문제점들을 발생시킨다. 따라서 절연장치의 특성을 적절하게 선택하여 기저로 전달되는 힘을 감소시키는 것이 필요하다. 이들 진동계에 작용하거나 발생된 힘의 크기 F와 기저로 전달되는 힘 F_t의 크기의 비를 힘 전달률($T_f = F_t / F$)이라고 하며 이를 감소시켜야만 위에서 언급된 문제점들을 예방할 수 있다.

그림 5.10의 (a)에서 $f(t) = F_0 \sin\omega t$ 이면 F는 F_0이 되고 (b)에서는 $F = mR\omega_R^2$이 된다. 또한 두 경우 모두 기저로 전달되는 힘은 다음과 같이 시간 t의 함수로 다음과 같은 식으로 나타낼 수 있다.

$$\begin{aligned} F_t(t) &= kX\cos(\omega t - \Phi) - c\omega X\sin(\omega t - \Phi) \\ &= kX\cos(\omega t - \Phi) + c\omega X\cos(\omega t - \Phi + \pi/2) \end{aligned} \tag{5.6-1}$$

이 식으로부터 알 수 있는 바와 같이 두 개의 항이 서로 위상차가 90° 로 두 개의 수직 벡터로 간주할 수 있으므로 따라서 $F_T(t)$의 크기는 식 (5.6-1)의 오른쪽 두 개의 항을 벡터로 합하여 계산할 수 있고 따라서, 전달된 힘의 크기는 아래와 같다.

$$F_t = \sqrt{(kX)^2 + (c\omega X)^2} = X\sqrt{k^2 + c^2\omega^2} \tag{5.6-2}$$

5.4절과 5.5절에 설명되어 있는 바와 같이 힘 전달률은 절연장치를 구성하고 있는 스프링 강성 k와 감쇠계수 c에 따라 결정되며 무차원화된 변수 ω_n, ζ 및 r을 이용하여 다음

식으로 나타낼 수 있다.

$$T_f = \sqrt{\frac{1+4\zeta^2 r^2}{(1-r^2)^2+4\zeta^2 r^2}} \tag{5.6-3}$$

이 식을 이용하여 주어진 ζ 및 r에 대해 T_f를 그래프로 나타내면 다음 그림과 같다.

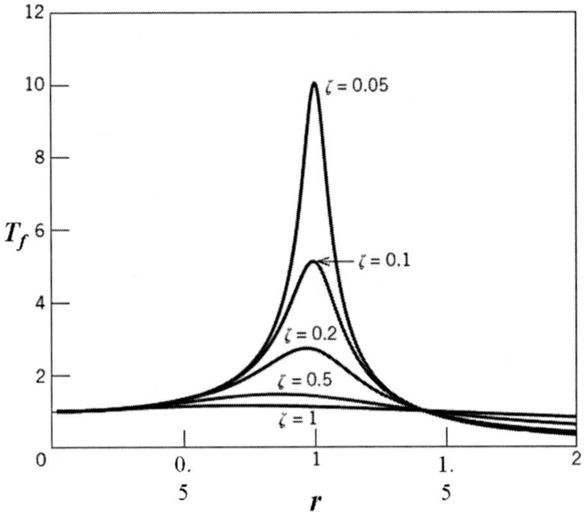

그림 5.11 | 힘전달율(T_f)와 진동수비(r)의 관계

그림에서 알 수 있는 바와 같이 주어진 모든 곡선은 $r=\sqrt{2}$ 에서 $T_f=1$ 인 점을 통과한다. 또한 $r<\sqrt{2}$ 의 영역에서는 $T_f>1$이며 특히 $r=1$인 공진영역에서는 T_f가 급격히 증가함을 알 수 있다. 따라서, 주어진 진동계에서 전체 질량이 주어졌다고 할 때 만족스러운 절연 성능을 위해서는 주어진 질량에 대해 진동수비 r이 1에 근접하지 않도록 k를 선정하여야 한다. 그러나 이를 위하여 k를 너무 작은 값으로 선정하면 전체 질량으로 인한 정적 변형이 과다해지고 절연장치의 내구성이 저하하는 등 부가적인 문제점이 발생하게 된다.

또한 그림에서 알 수 있는 바와 같이 $r=1$인 공진영역에서는 T_f가 ζ의 값에 크게 영향을 받는다. 이 영역을 포함하여 $r<\sqrt{2}$ 의 영역에서는 ζ가 증가함에 따라 T_f가 감소한다. 반대로 $r>\sqrt{2}$ 영역에서는 이전 영역에서 만큼 T_f가 ζ에 큰 영향은 받지 않지만, ζ가 증가함에 따라 반대로 T_f가 증가한다. 그러므로 절연장치가 적절히 설계되어 기계의 일반 사용 영역에서 $r>\sqrt{2}$ 라고 하면 ζ를 감소시켜 T_f를 감소시킬 수 있으나 기계가 동작을 시작하거나 정지하는 경우에 $r=1$인 공진영역을 통과하면 과도한 힘이 기저나 절연 장치에 작용할 수 있으므로 이를 고려하여 적절한 ζ값을 선정하여야 한다.

만약 ζ가 충분히 작고 $r > \sqrt{2}$ 라고 하면 T_f는 다음 식과 같이 단순하게 근사화할 수 있다.

$$T_f = \frac{1}{r^2 - 1} \Rightarrow r^2 = \frac{1 + T_f}{T_f} \tag{5.6-4}$$

예제 5.8 — 질량이 $100\,kg$ 인 기계에 크기가 $600\,N$ 이고 진동수가 $20\,Hz$ 인 조화 가진력이 작용한다고 한다. 감쇠를 무시할 수 있는 절연기를 사용하여 작용력의 10% 이하의 힘이 기저에 전달되도록 하려면 강성을 얼마로 하여야 하나? 이 때 발생하는 진폭은 얼마인가?

풀이 문제에서 T_f가 0.1 이하로 주어졌으므로 r의 범위는 다음 식으로 구할 수 있다.

$$r^2 > \frac{1+0.1}{0.1} = 11$$

$r^2 = \dfrac{\omega^2}{\omega_n^2} = \dfrac{\omega^2}{k/m}$ 이므로 절연기의 강성의 범위는 다음과 같이 주어진다.

$$k < \frac{m\omega^2}{r^2} = \frac{100\,[(2\pi)(20)]^2}{11} = 1.436 \times 10^5 N/m$$

발생되는 진폭은 다음 식으로 구할 수 있다.

$$X < \frac{600}{k}\frac{1}{r^2-1} = \frac{600}{1.436\times 10^5}\frac{1}{11-1} = 4.18\times 10^{-4} m$$

예제 5.9 — 다음 그림에 주어진 기계가 $3600\,rpm$으로 회전할 때 불평형 질량의 회전에 의한 원심력의 크기가 $350N$, 기계의 전체 질량은 $150kg$이라고 한다.

(a) 바람직한 절연 성능을 나타내는 절연기 강성의 범위를 구하여라.

(b) 시동 또는 정지 시에 기저에 전달되는 최대 힘이 $1000N$ 이하가 되도록 감쇠비를 선정하여라.

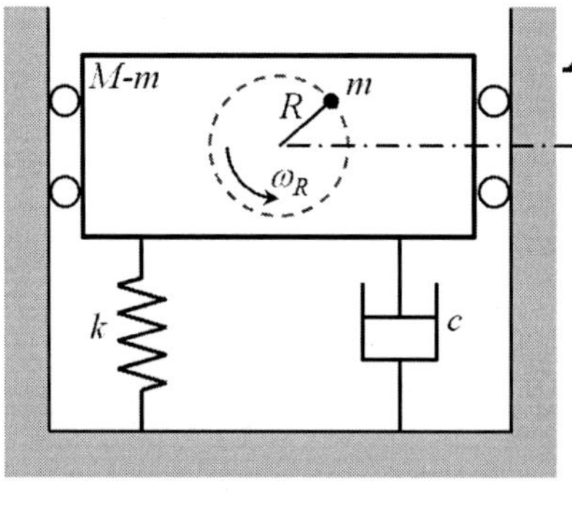

풀이 문제에 주어진 조건을 이용하여 기계의 각진동수 ω_R을 구하면 다음과 같다.

$$\omega_R = \frac{3600 rev.}{60 \sec} = \frac{3600 \times 2\pi}{60} = 120\pi \, rad/s$$

(a) 바람직한 절연 성능을 위해서는 $r > \sqrt{2}$ 이어야 하므로 $r^2 = \frac{\omega^2}{\omega_n^2} = \frac{\omega^2}{k/m}$ 이므로 절연기의 강성의 범위는 다음과 같이 주어진다.

$$k < \frac{M\omega_R^2}{r^2} = \frac{150[(2\pi)(60)]^2}{2} = 10.66 \times 10^6 N/m$$

(b) $F_t = 1000N$이면 $T_f = 1000/350 = 2.86$ 이 된다. 따라서 시동 또는 정지 시에 $r = 1$ 인 영역을 지난다고 가정하고 그 때의 힘 전달률이 2.86 이하가 되는 감쇠비를 구하면 다음과 같다.

$$T_f = \sqrt{\frac{1+4\zeta^2}{4\zeta^2}} \le 2.86$$

이 조건을 만족하기 위해서는 $\zeta > 0.1866$ 의 조건을 만족해야 한다.

상용 절연장치는 마운팅 구조물과 탄성재로 구성되는 것이 일반적이다. 절연장치의 설계는 재료의 감쇠와 강성에 대해 요구되는 값을 계산하기 위하여 앞에서 설명된 공식들을 이용한다. 이와 같은 장치를 설계할 때에는 주어진 사용처에 적용하기 위해 필요한 크기, 형태, 무게 및 고정부 등 요구사항과 구속사항 등을 반드시 고려하여야 한다. 물론 이와 함께 공학적 설계에서 정상적으로 고려되어야 하는 가격, 신뢰성, 유용성 및 장착의 용이성 등도 반드시 같이 고려하여 검토하여야 한다.

위에서 공부하였던 바와 같이 이 절에서 절연장치를 검토할 때 시스템에 가해지는 가진력은 조화함수 형태를 가지며 정상상태에 도달한 상태라는 가정을 적용한다. 그러나 자동차 엔진, 현가장치 및 지진 등 많은 실제 상황 하에서의 입력은 일정한 진동수를 가지지 않고 조화적이지 않으며 랜덤 입력에 가깝다고 할 수 있다. 이와 같은 상황을 고려하여 해석에 사용되는 진동수는 시스템에 가장 큰 영향을 미치는 입력의 진동수를 사용하거나 실제 사용 조건에서 나타나는 진동수 범위의 한 부분에 해당하는 진동수를 사용하기도 한다. 때로는 절연 성능이 요구되는 전체 범위 내에서 필요한 성능을 가지도록 설계해야 하는 경우도 있고 이러한 경우 위에서 사용된 진동수비 r은 하나의 값이 아니고 해당하는 범위 내의 영역으로 주어진다. 조화함수 형태의 입력에 대하여 충분한 절연성능을 발휘하기 위해서는 절연기의 강성은 $r > \sqrt{2}$ 를 만족하도록 선정되어야 하며 감쇠는 작은 값으로 선정되어야 한다. 감쇠가 과도하게 작은 경우 충격가진에 취약하고 따라서 조화입력에 대해서 양호한 절연성능을 제공하는 절연기가 때로는 충격 입력에 대해서는 불량한 절연성능을 나타내거나 또는그 반대의 경우를 종종 발견한다. 통상적으로 질량은 절연하려고 시도하는 기계나 시스템에 의하여 정해지므로 이를 기준으로 절연기의 강성은 $r > \sqrt{2}$ 가되도록 선정된다.

만약 그것이 실행되기 어려우면 $r=\frac{\omega}{\sqrt{k/m}}$ 임에 착안하여, 기계에 질량을 부가하여 r을 증가시킴으로써 수용 가능한 설계가 되도록 하기도 한다.

많은 회사들이 진동절연기를 공급하며, 설계가능성의 범위가 넓다. 앞의 여러 장에서 본 헤리컬-코일 스프링과 판스프링 외에도 절연기의 일반적인 형태는 고무 또는 다른 탄성중합체로 만들어진다. 그림 5.12에 두 가지 형태의 절연기 설계가 설명되어 있다. 그림에 주어진 절연기의 형상과 더불어 판매자는 판매하는 절연기 특성을 나타내는 전형적인 하중-처짐 선도를 제공한다. 힘과 변형의 관계를 나타내는 두 사선은 최대 안전 정적처짐을 의미하고, 그 사선 이상의 곡선은 동적 상태에 대해서 사용될 수 있다. 그러한 절연기는 전형적으로 0.02~0.1의 감쇠비를 가지며, 이 감쇠는 강성과 함께 증가한다. 이들 절연기는 각 방향에 대하여 다른 하중-처짐 곡선을 가지며 전단이나 비틀림에도 사용될 수 있다.

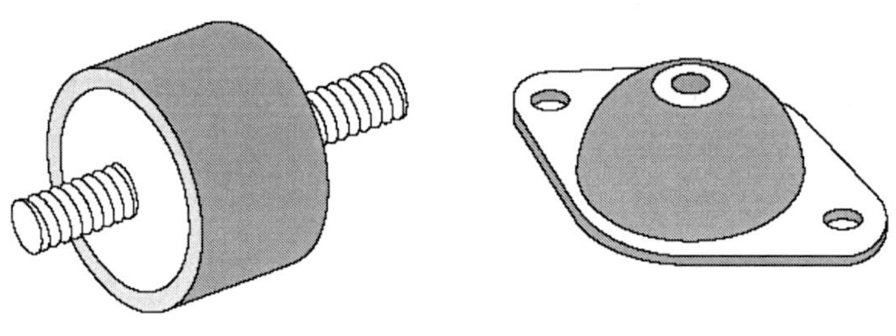

그림 5.12 | 고무 절연장치의 두 가지 형태

5.6.2 기초 운동 대한 진동 절연

보통 기계나 시스템이 설치되어 있는 기저가 여러 가지 원인으로 진동하는 경우 이 진동의 변위나 힘이 지지부를 통해 전달되면 해당 기계나 시스템에 문제를 발생시킬 수도 있다. 따라서 지지부에 적절한 절연 성능을 확보하여 전달되는 힘과 변위를 적정 수준 이하로 감소시키는 것이 아주 중요하다.

기저 운동이 조화운동인 경우, 정상상태 하에서 기저의 변위의 크기와 기계 또는 시스템에 발생하는 진동 변위의 크기의 비율을 변위전달률이라고 하며 그 이론적인 배경에 대해서는 5.4절에서 충분히 검토하였다.

그림 5.13에 설명된 진동계에서 기저의 변위가 $y(t) = Y\sin\omega t$와 같은 조화함수로 주어진 경우 시스템의 변위도 동일한 진동수를 가진 조화함수 $x(t) = X\sin(\omega t + \phi)$로 나타나게 된다. 또한 변위전달률 T_r은 다음의 식으로 구할 수 있다

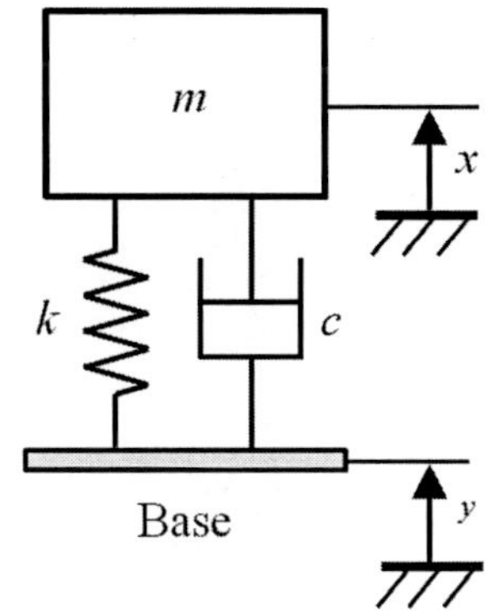

그림 5.13 | 기저운동을 가진 1자유도 진동계

$$T_r = \frac{X}{Y} = \sqrt{\frac{4\zeta^2 r^2 + 1}{(1-r^2)^2 + 4\zeta^2 r^2}} \tag{5.6-5}$$

위 식의 변위전달률 T_r 은 정상상태에서 절연기를 통해 바닥의 변위(Y)가 얼마나 위에 설치된 기기의 운동(X)으로 전달이 되는가를 나타내는 지표이다. 즉, T_r 의 값이 클수록 동일한 기저 변위에 대해 기기의 진폭이 더 커진다는 것을 의미한다. 식에서 알 수 있는 바와 같이 T_r 은 감쇠비 ζ와 주파수 비 r에 의해 결정되며 이들 사이의 관계를 그림으로 나타내면 다음 그림 5.14와 같다.

이러한 곡선들은 절연기를 설계하는데 유용하다. 특히 설계과정은 사용 가능한 절연기 재질의 범위 내에서 T_r 이 작도록 ζ 나 r의 값을 선택하는 것을 의미한다. 그림 5.14로부터 주목할 것은 주파수비 r이 $\sqrt{2}$ 보다 큰 경우에는 장치의 진동 크기가 외란 크기 Y보다 더 작아지고 진동이 절연된다는 점이다. $\sqrt{2}$ 보다 작은 r에 대해서는 진폭 X가 증가한다. 즉, X가 Y보다 크다. 그림 5.14에서 각 곡선은 각기 다른 ζ를 표시한다. 감쇠비의 값은 주어진 주파수비에 대해서 진동의 진폭 감소를 결정한다. 공진 근처에서 T_r 은 ζ의 값에 의해 즉, 절연기의 감쇠에 의해 전적으로 결정된다. 절연영역에선 ζ의 값이 작을수록 T_r 값이 작아지며 절연이 더 잘 된다. 또한 고정된 ω에 대해 r값이 증가함에 따라 T_r 의 값이 감소함을 주목하라. 이것은 질량을 증가시키거나 절연기의 강성을 감소시키는 것에 해당된다.

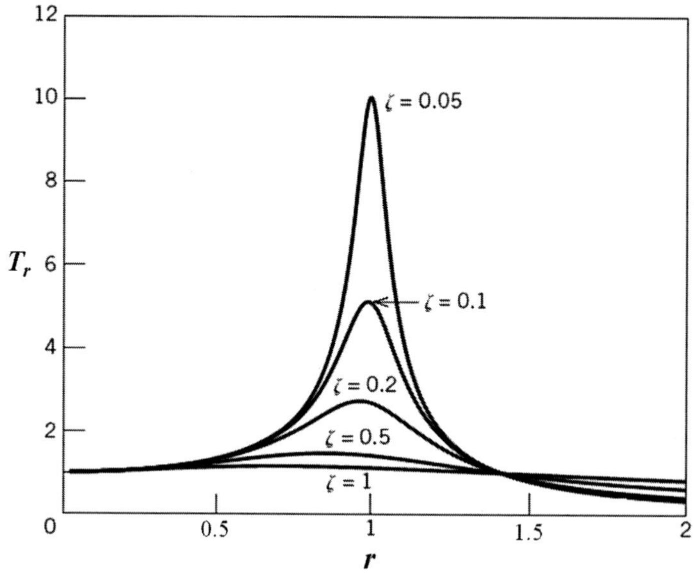

그림 5.14 | 기저가진에 대한 변위전달율

지지부 절연장치를 통해 전달되는 힘에 대한 전달특성을 정의하는 것도 필요하다. 이 특성은 기저에서 발생하는 변위의 크기와 전달되는 힘의 크기의 비로 나타낼 수 있다.

5.4절에서 설명된 바와 같이 그림 5.13의 진동계에 대한 운동방정식과 지지부를 통해 전달되는 힘은 다음 식으로 나타낼 수 있다.

$$m\ddot{x} + c\dot{x} + kx = c\dot{y} + ky \tag{5.6-6}$$

$$f_t = c(\dot{y} - \dot{x}) + k(y - x) \tag{5.6-7}$$

두 식에서 초기치를 모두 '0'으로 가정하고 라플라스 변환을 적용하면 다음의 두 식을 얻을 수 있다.

$$(ms^2 + cs + k)X(s) = (cs + k)Y(s) \tag{5.6-8}$$

$$F_t(s) = (cs + k)[Y(s) - X(s)] \tag{5.6-9}$$

위의 두식을 이용하여 $F_t(s)$와 $Y(s)$의 관계를 정리하면 다음과 같다

$$F_t(s) = (cs + k)\left[Y(s) - \frac{cs + k}{ms^2 + cs + k}Y(s)\right] = (cs + k)\frac{ms^2}{ms^2 + cs + k}Y(s) \tag{5.6-10}$$

따라서, 기저의 변위가 각진동수 ω의 조화함수로 주어지는 경우 $F_t(i\omega)$와 $Y(i\omega)$의 주파수 전달함수는 다음과 같이 얻어진다.

$$\frac{F_t(i\omega)}{Y(i\omega)} = (ic\omega + k)\frac{-m\omega^2}{k - m\omega^2 + ic\omega} \tag{5.6-11}$$

무차원 변수들을 이용하여 이 식을 표현하면 다음과 같다.

$$\frac{F_t(i\omega)}{Y(i\omega)} = -k(2\zeta ri + 1)\frac{r^2}{1 - r^2 + 2\zeta ri} \tag{5.6-12}$$

주파수 전달함수를 무차원화하기 위하여 분모에 k를 곱하고 크기를 구하면 다음과 같이 힘전달률을 구할 수 있다.

$$\left|\frac{F_t(i\omega)}{kY(i\omega)}\right| = \frac{F_t}{kY} = r^2\sqrt{\frac{4\zeta^2 r^2 + 1}{(1 - r^2)^2 + 4\zeta^2 r^2}} \tag{5.6-13}$$

식 (5.6-5)과 식 (5.6-13)을 비교하면 다음과 같이 기저운동의 변위 및 힘전달률의 관계를 유도할 수 있다.

$$\frac{F_t}{kY} = r^2\frac{X}{Y} \tag{5.6-14}$$

이 식을 이용하여 다양한 ζ값에 대하여 r과 힘전달률 $\dfrac{F_t}{kY}$ 사이의 관계를 그림으로 나타내면 그림 5.15와 같다.

그림에서 알 수 있는 바와 같이 $r = 1$인 공진영역에서는 $\dfrac{F_t}{kY}$가 ζ의 값에 크게 영향을 받음을 알 수 있다. 또한 $r \geq \sqrt{2}$의 영역에서는 ζ가 증가함에 따라 $\dfrac{F_t}{kY}$가 증가한다. 이는 해당 영역에서 r이 증가함에 따라 감소하는 T_r과 반대의 경향을 나타내고 있다.

만약 $T_r = X/Y$와 X를 먼저 계산하였다면, 위에 설명된 관계를 이용하면 F_t와 $\dfrac{F_t}{kY}$를 손쉽게 계산할 수 있다.

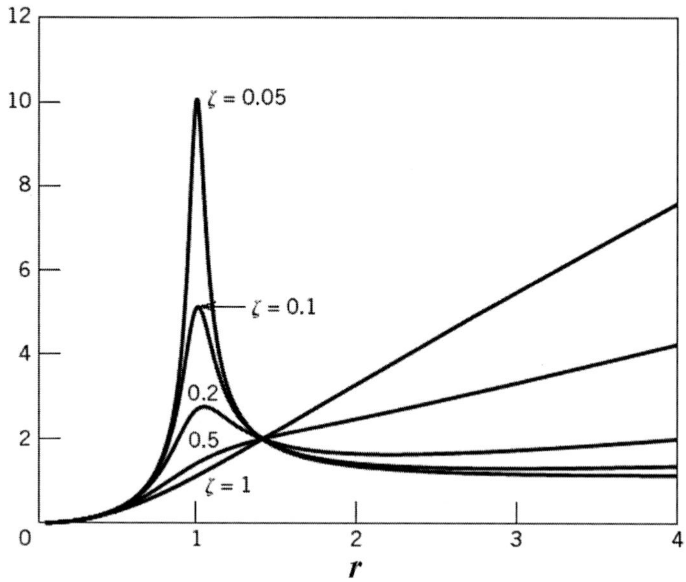

그림 5.15 | 기저가진에 대한 힘전달률

예제 5.10 — **전자제어 장치가 진동하는 판 위에 설치되어 있다. 제어장치의 피로나 파괴로부터 보호하기 위하여 진폭이 $5\,mm$ 이하로 유지되어야 한다고 하며 판과 장치 사이에 절연장치를 추가하여 진동을 관리하려고 한다. 제어장치의 전체 질량이 $3\,kg$ 이며 판의 주된 진동은 $y(t)=0.01\sin(35t)\,m$ 라고 할 때 다음에 답하여라.**

(a) 절연장치의 강성 k와 감쇠계수 c를 선정하여라.

(b) 절연장치를 통해 제어장치에 전달되는 힘을 구하여라.

풀이 (a) 제어장치의 진동을 $x(t)=X\sin(35t+\phi)\,m$ 라고 할 때 문제에 주어진 요구 조건에서 다음과 같은 관계를 유도할 수 있다.

$$X \le 0.005\,m \Rightarrow T_r \le \frac{X}{Y}=0.5$$

다음 그림과 같은 전달율 곡선을 이용하면 $T_r=0.5$을 만족하는 여러 r과 ζ의 조합을 찾을 수 있다. 예를 들어 $\zeta=0.5, r=2.354$ 또는 $\zeta=0.2, r=1.846$ 등도 주어진 조건을 만족하는 조합들이다. 여기서 $\zeta=0.2, r=1.846$의 조합을 이용하여 k를 선정하면 다음 식과 같다.

$$r=\frac{\omega}{\omega_n}=1.846 \Rightarrow \omega_n=\frac{\omega}{1.846}=\frac{35}{1.846}rad/s$$

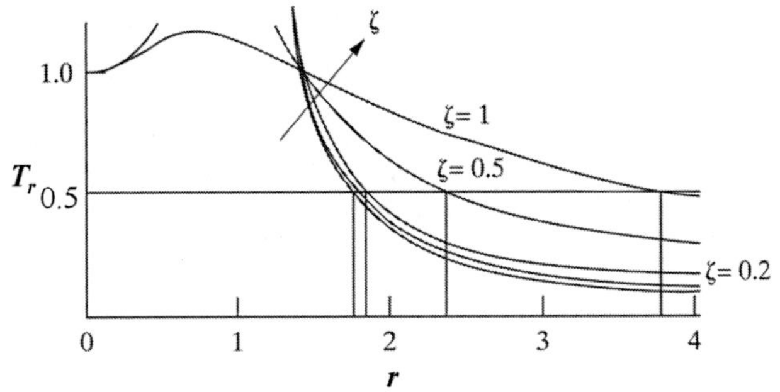

$$k = m\,\omega_n^2 = 3\left(\frac{35}{1.846}\right)^2 = 1078\,N/m$$

다음으로 감쇠계수는 다음의 식으로 구할 수 있다.

$$c = 2\zeta m\,\omega_n = 2(0.2)(3)\left(\frac{35}{1.846}\right) = 22.75\,Ns/m$$

(b) 제어장치로 전달되는 힘은 식 (5.7-1)을 이용하여 구할 수 있다.

$$F_t = r^2 k Y T_r = (1.846)^2(1078)(0.01)(0.5) = 18.37\,N$$

5.6.3 기저에 가해지는 충격 입력에 대한 진동 절연

충격 절연시스템은 충격 입력에 포함된 주파수 성분 즉, 충격 스펙트럼을 고찰함으로써 특성을 결정할 수 있다. 진동 절연과 명확히 비교하기 위해, 고유진동수와 펄스의 지속시간 t_1의 곱을 x축으로 하고 외란 가속도 진폭(즉, $\ddot{y}(t)$의 진폭)과 응답의 최대 가속도진폭(즉, $\omega^2 X$)의 비를 y축으로 그린 충격 스펙트럼을 다시 생각해 보자. 여기서, 외란 $y(t)$는 그림 5.16에서와 같이 반사인곡선(Half Sinusoid)의 형태로 모델링된다.

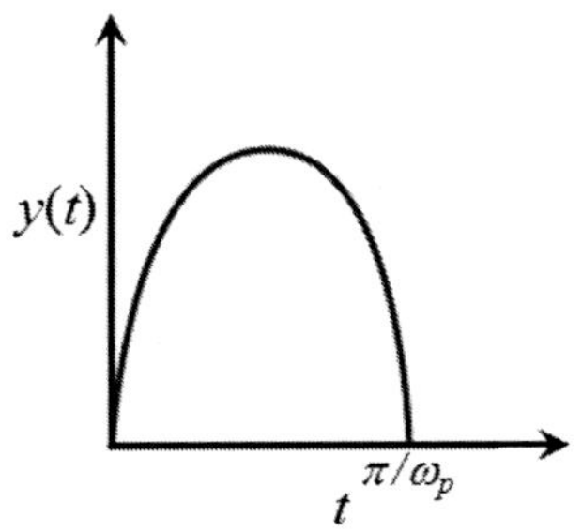

그림 5.16 | 반사인곡선 형태의 충격 입력

$$y(t) = \begin{cases} Y\sin\omega_p t & 0 \le t \le \dfrac{\pi}{\omega_p} \\ 0 & t > \dfrac{\pi}{\omega_p} \end{cases} \tag{5.6-15}$$

이러한 형태의 외란은 종종 충격펄스(Shock Pulse)라고 한다. 주파수 ω_p와 그에 상응하는 시간 $t_1 = \pi/\omega_p$는 얼마나 오랫동안 충격펄스가 지속될 지를 결정한다. 진동 절연시스템을 설계할 때 주파수비를 횡축으로 사용한 반면에, 충격전달률을 그릴 때는 고유주파수와 지속시간의 곱 $\omega_n t_1$이 횡축으로 많이 사용된다.

그림 5.17은 $\omega_n t_1$에 대한 가속도진폭비의 선도를 나타낸다. 이 그림은 응답의 가속도진폭을 계산하고 그 값을 입력외란가속도의 크기와 비교함으로써 그릴 수 있다. 펄스폭이 길어져서 가로좌표가 증가함에 따라 장치의 가속도는 입력가속도보다 더 커진다. 그림 5.17을 살펴보면 절연에 의한 가속도의 감소는 전달률이 숫자 1을 통과하는 수평선 아래에 있을 때만 일어난다는 것을 알 수 있다. 예를 들어 $\zeta = 0.5$ 인 선을 고려한다. 충격절연이 발생하기 위해서는 다음과 같은 조건이 필요하다.

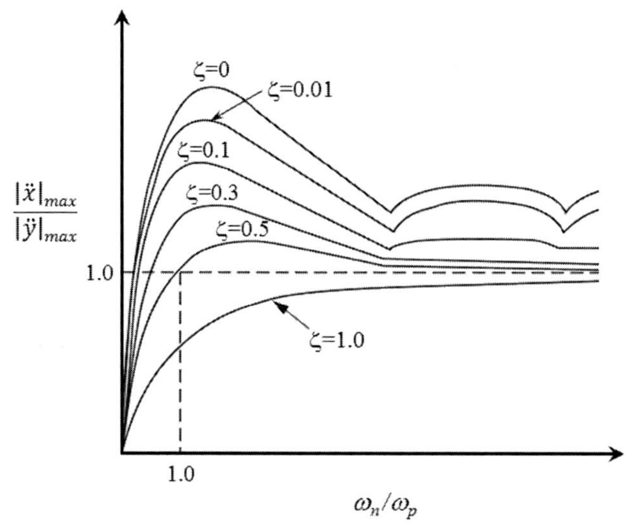

그림 5.17 | 다양한 ζ에 대한 반사인 충격응답의 크기비

$$\frac{\omega_n}{\omega_p} < 1.0, \quad \text{or} \quad k < \frac{m}{\omega_p^2} \tag{5.6-16}$$

다음에 충격절연에 대한 감쇠효과를 고려한다. 그림 5.17을 살펴보면 감쇠가 증가하면 최대가속도가 크게 감소한다는 사실을 알 수 있다. 즉, 임계감쇠($\zeta = 1.0$)상태에서는 펄스 지속시간(t_1)에 관계없이 절연이 된다. 그래서 우수한 충격 절연기는 높은 감쇠를 필요로 한다.

다음으로 조화 진동원을 주변으로부터 절연시키는 문제를 고려하자. 이것은 그림 5.10 a에 설명된 진동계와 같이 질량에 조화가진력이 가해지는 경우 절연기를 통해 전달되는 힘을 감소시키는 것과 관련된 고정된 바닥의 절연문제이다. 일반적인 예로, 일정한 주파수에서 조화력을 발생시키는 회전기계를 들 수 있다. 전기모터, 증기터빈, 내연기관, 발전기, 세탁기, 디스크 드라이브 모터 등이 이런 기계들이다.

그림 5.11의 전달률 곡선을 살펴보면, 절연기의 강성값이 $\omega/\omega_n > \sqrt{2}$의 조건을 만족할 때 진동절연이 시작됨을 알 수 있다. 이 영역에서는 전달률이 1보다 작아지며 바닥에 전달된 힘은 회전 기계에 의해 발생된 힘보다 작다. 보통 질량은 기계의 특성상 일정하기 때문에 절연 장치는 대개 $r > \sqrt{2}$을 만족하는 강성을 기초로 하여 선택된다. 만약 이 방법이 저주파수 가진력에 대해 적절한 해를 주지 못한다면, 때때로 기계에 질량을 추가할 수 있다($\omega_n = \sqrt{k/m}$). 진동수비는 $r = \omega/\sqrt{k/m}$으로 표현되기 때문에 낮은 강성 값은 큰 값의 r에 해당되고 보다 우수한 절연 다시 말해 좀 더 작은 $T.R.$ 값이 이루어진다.

$r > \sqrt{2}$의 범위에서 고정된 r에 대해 감쇠가 증가하면 T_r의 값도 증가하므로 작은 감쇠가 자주 사용된다. 그러나 멈춰 있던 기계를 가동시켜 정상속도에 도달할 때까지 일정한 주파수범위의 조화가진력을 일으키는 경우에는 대개 공진점($r = 1$)을 통과하게 되고 공진점에서 전달률을 감소시키기 위해 감쇠가 반드시 요구되므로 어느 정도의 감쇠는 꼭 필요하다. 전달률 곡선을 살펴보면 충분히 큰 진동수비($r > 3$)와 충분히 작은 감쇠 ($\zeta < 0.2$)에 대해서, T_r 값은 감쇠값에 영향을 받지 않는다는 것을 알 수 있다. 대부분의 스프링은 매우 작은 내부감쇠($\zeta \leq 0.01$)를 가지기 때문에, $(2\zeta r)^2$의 항은 매우 작아진다. 예를 들어, $\zeta = 0.01$이면 $r = 3$에 대해 $(2\zeta r)^2 = 0.0036$이다. 따라서 보통 식 (5.6-5)에서 감쇠를 무시하고 진동절연기를 설계한다. 이 경우 양의 T_r 값을 얻기 위해 음의 제곱근을 택하면 T_r은 다음과 같다.

$$T.R. = \frac{1}{r^2 - 1} \quad (r > 3) \tag{5.6-17}$$

식 (5.6-17)은 회전 기계의 마운팅을 위해 진동절연 패드를 선택하는 설계 도표를 만드는 데 사용할 수 있다.

기계의 구동주파수는 대개 회전속도 혹은 분당 회전수(rpm)로 표시된다. 만약 n이 rpm으로 나타낸 모터 속도라면 회전 각속도는

$$\omega = \frac{2\pi n}{60} \tag{5.6-18}$$

이 된다. 또한 스프링은 종종 $\Delta = W/k = mg/k$로 정의되는 정적 변형(Static Deflection)

의 관점에서 분류된다. 여기서 m은 기계의 질량이고 g는 중력가속도이다. 절연기를 설계하는 매우 일반적인 방법은 기계의 회전속도 n과 정적 변형 Δ를 이용하는 것이다. 전달저감률 R은 다음과 같이 정의되며 일반적으로 절연기의 성능을 표시하는 양으로 사용된다.

$$R = 1 - T_r \tag{5.6-19}$$

비감쇠 T_r 값을 식 (5.6-19)에 대입하고 r에 대해 풀면 다음을 얻는다.

$$r = \frac{\omega}{\sqrt{k/m}} = \sqrt{\frac{2-R}{1-R}} \tag{5.6-20}$$

ω대신 식 (5.6-18)을 대입하고 $k = mg/\Delta$로 대체하면 다음과 같다.

$$n = \frac{30}{\pi}\sqrt{\frac{g(2-R)}{\Delta(1-R)}} = 29.9093\sqrt{\frac{2-R}{\Delta(1-R)}} \tag{5.6-21}$$

위 식은 모터의 속도를 전달저감률과 스프링의 정적 변형의 함수로 나타내고 있다. 식 (5.6-21)에 상용로그를 취하면 설계곡선을 작성할 수 있다. 이것은 각 R 값에 대해 로그-로그 선도 상의 직선으로 나타나며 다음과 같다.

$$\log n = -\frac{1}{2}log\,\Delta + \log\left(29.9093\sqrt{\frac{2-R}{1-R}}\right) \tag{5.6-22}$$

이 식은 정적 변형에 대한 모터속도를 나타낸 설계 선도를 만드는 데 사용된다.

크고 무거운 기계에 대해 조화력을 절연시키는 문제는 바로 정적 변형의 문제가 된다. 완벽한 절연을 요구하는 기계에는 낮은 진동수에서 요구되는 큰 정적 변형을 주기 위해 코일스프링이 사용된다. 어떤 경우에는 요구된 정적 변형이 너무 커서 작은 장치에서 물리적으로 얻지 못할 수도 있다. 이와 같은 예는 컴퓨터의 소형화에서 볼 수 있다. 노트북 컴퓨터의 생산자는, 얼마나 소형화할 수 있는지 특히 섀시를 얼마나 얇게 할 수 있는지에 따라 컴퓨터의 판매가 달려 있다고 믿는다. 이 경우 디스크 드라이브 모터 또는 다른 부품들에 필요한 절연장치가 두께를 감소시키는 데 제한요소가 될 수 있다.

진동절연기의 설계에서 충격과 진동(조화) 가진의 두 가지에 대해서 효과적으로 작동하는 절연기를 설계하는 것은 어려운 일이다. 그 한 가지 이유는 진동절연에 대한 그림 5.11과 충격절연에 대한 그림 5.17을 관찰함으로써 알 수 있다. 그림 5.11에서 절연은 $r > \sqrt{2}$ 의 영역에서 일어나고, 이 영역에서는 감쇠의 증가가 효과적인 진동절연을 감소시키는 것이 명백하다. 따라서, 우수한 진동절연 성능을 위해서는 작은 감쇠가 필요하다. 그러나 그림 5.17의 충격절연 그림을 관찰해보면 효과적인 충격절연을 위해서는 큰 감쇠가 필요하다. 위에서 설명된 두 가지 입력에 대하여 우수한 절연 성능을 제공하기 위해 필요한 이러한 두 가지의 요구는 종종 상충된다.

절연 마운트의 설계에서는 핵심사항이 두 가지이다. 첫 번째는 조화함수 형태의 진동에 대한 설계인가 또는 충격에 대한 설계인가를 결정하는 것이다. 다음은 시스템의 정적 변위를 점검하는 것이다.

5.7 회전축의 위험 속도

회전하는 기계장치의 설계에 있어서 주요 관심사는 위험속도에서의 진동현상이다. 이런 현상은 두 개의 베어링 사이에서 지지된 축을 중심으로 회전하는 제트엔진 터빈 블레이드처럼 원판이 달린 회전축이 축-원판 시스템의 굽힘 고유진동수와 같은 속도로 회전할 때 일어난다. 이것이 축이 큰 변형을 일으키고 시스템이 심하게 파손되는 공진조건이다. 안전이 보장되는 제품을 설계하기 위해서 설계자는 반드시 공진의 특성과 공진현상을 지배하는 인자를 알고 그 값들을 계산해 보아야 한다. 위험속도 문제를 이론적으로 정리해보면 그러한 공진과 위험속도를 피하는 방법을 직관적으로 알 수 있다.

만약 원판으로 모델링된 회전 부품이 어떠한 결함으로 불균일하거나 대칭이 아니라면 그 물체의 기하학적인 중심과 무게중심은 서로 일치하지 않고 그림 5.18 (b)의 R처럼 어느 정도 떨어져 있다. 그림 5.18은 이것을 나타내며, 대형 전기모터(예를 들면 날개 달린 터빈엔진)의 축과 로터(Rotor)시스템의 단순화된 모델을 나타낸다. 축은 두 개의 베어링에 의해서 반경방향으로 움직일 수 없도록 구속되어 있다. 축이 각속도 ω로 회전하면 편심된 무게중심은 축을 중심선에서 벗어나게 끌어 당겨 축이 회전할 때 휘어지게 한다. 이것을 선회(Whirling)라고 한다.

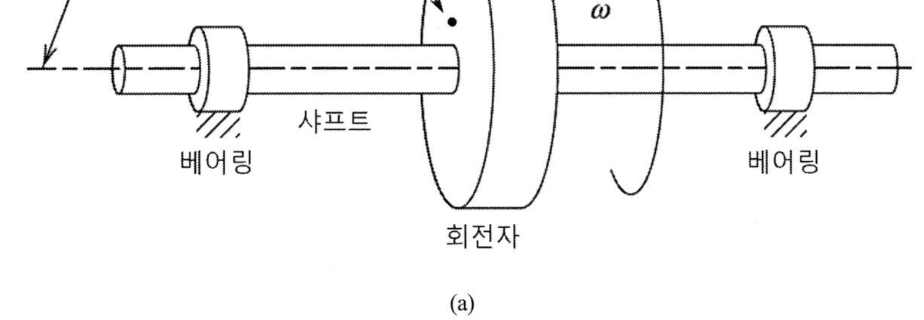

(a)

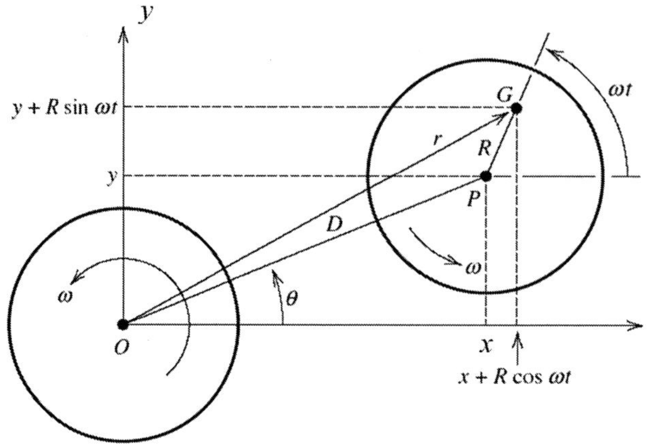

(b)

그림 5.18 | 질량 편심을 가진 회전축계의 모델링

질량중심에 작용하는 힘은 관성력, 내부 또는 외부에서 작용하는 임의의 감쇠력 그리고 축의 탄성력이다. 힘의 평형으로부터 벡터형태의 다음 식을 얻는다.

$$m\ddot{\boldsymbol{r}} = -kx\boldsymbol{i} - ky\boldsymbol{j} - c\dot{x}\boldsymbol{i} - c\dot{y}\boldsymbol{j} \tag{5.7-1}$$

여기서 $\boldsymbol{i}, \boldsymbol{j}$는 단위 벡터, R은 선분 PG로 정의된 위치벡터, m은 원판의 질량, c는 축 시스템의 감쇠계수 그리고 k는 축시스템의 강성계수이다. 그림 5.18의 단면도를 고찰하면 위치벡터 $\boldsymbol{r}$은 다음 식과 같이 단위벡터 $\boldsymbol{i}$와 $\boldsymbol{j}$의 항으로 표시할 수 있다.

$$\boldsymbol{r} = (x + R\cos\omega t)\boldsymbol{i} + (y + R\sin\omega t)\boldsymbol{j} \tag{5.7-2}$$

두 번 미분하면 질량중심의 가속도벡터가 얻어진다.

$$\ddot{\boldsymbol{r}} = (\ddot{x} - R\omega^2\cos\omega t)\boldsymbol{i} + (\ddot{y} - R\omega^2\sin\omega t)\boldsymbol{j} \tag{5.7-3}$$

식 (5.7-3)을 식 (5.7-1)에 대입하면 다음 식을 얻을 수 있다.

$$(m\ddot{x} - mR\omega^2\cos\omega t + c\dot{x} + kx)\boldsymbol{i} + (m\ddot{y} - mR\omega^2\sin\omega t + c\dot{y} + ky)\boldsymbol{j} = 0 \tag{5.7-4}$$

이 식은 벡터 방정식이므로 다음과 같은 두 개의 스칼라 방정식으로 나타낼 수 있다.

$$m\ddot{x} + c\dot{x} + kx = mR\omega^2\cos\omega t \tag{5.7-5 a}$$

$$m\ddot{y} + c\dot{y} + ky = mR\omega^2\sin\omega t \tag{5.7-5 b}$$

위의 두 식은 5.5절에서 공부한 회전 불균형에 대한 식 (5.5-2)와 정확히 같은 형식이다. 이 경우에 x와 y방향 운동은 5.5절에서 논의된 기계의 수직방향 병진운동 대신에 축의 굽힘 진동에 해당한다.

위의 내용을 참조해 보면 식 (5.7-5 a, b)의 해는 식 (5.5-7)에 설명된 정상상태 응답 진폭을 갖는다. 이 경우 $m = m_0$ 와 $e = R$ 이므로 즉 식 (5.7-5 a)는 다음과 같은 정상상태 해를 갖는다.

$$x(t) = X\cos(\omega t - \phi) \tag{5.7-7}$$

비슷한 방법으로, 식 (5.7-5 b)는 아래와 같은 정상상태 해를 가진다.

$$y(t) = Y\sin(\omega t - \phi) \tag{5.7-6}$$

위의 두 식에서 $X = Y = \dfrac{Rr^2}{\sqrt{(1-r^2)^2 + (2\zeta r)^2}}$ 이고 $\phi = \tan^{-1}\dfrac{2\zeta r}{1-r^2}$ 이다. 식 (5.7-7)과 식 (5.7-6)로 주어진 해는 위상차가 90° 이고 위상각 ϕ는 가진력의 위상과 무관하다. 위의 그림에서 각 ϕ는 선분 OP와 OG사이의 각이 된다. 그림 5.18에서 x축과의 선분 OP사이의 각 θ는 다음과 같이 구할 수 있다.

$$\tan\theta = \frac{y}{x} = \frac{\sin(\omega t - \phi)}{\cos(\omega t - \phi)} = \tan(\omega t - \phi) \tag{5.7-8}$$

이 식은 다음과 같이 단순화된다.

$$\theta = \omega t - \phi \tag{5.7-9}$$

식 (5.7-9)를 t에 대해 미분하면 $\dot{\theta} = \omega$를 얻는다.

속도 $\dot{\theta}$는 선회 속도이다. 선회는 축의 회전중심 축 둘레를 회전하는 변형된 축의 각운동이다. 식 (5.7-9)의 유도과정과 그 도함수는 선회속도가 축 둘레를 회전하는 원판의 속도와 같다는 것을 보여준다. 이러한 특별한 운동을 동위상 선회(Synchronous Whirl)라고 한다.

중립축에 대한 축중심의 선회진폭은 그림 5.18에서 알 수 있는 바와 같이 선분 OP이다. 벡터 $\overrightarrow{OP} = x\boldsymbol{i} + y\boldsymbol{j}$임을 주목하라. 이 벡터의 크기를 D라고 하면 이는 다음과 같이 구할 수 있다.

$$D = \sqrt{x^2 + y^2} = X\sqrt{\sin^2(\omega t - \phi) + \cos^2(\omega t - \phi)} = X = Y \tag{5.7-9}$$

이 식에 따르면 축과 그 회전중심 축과의 거리는 항상 일정하고 크기는 다음과 같다는 것을 의미한다.

$$D = \frac{Rr^2}{\sqrt{(1 - r^2) + (2\zeta r)^2}} \tag{5.7-10}$$

이 식에 바탕으로 동위상 선회 시 D/R과 진동수비 r 사이의 관계를 그림 5.19에 설명하였다. 공진현상은 예상대로 $r = 1$근처에서 일어난다는 것을 알 수 있다. 회전축의 감쇠가 작은 경우 이와 같은 공진현상은 허용할 수 없는 큰 선회진폭을 발생시키게 된다. $r = 1$인 특별한 경우를 회전축 시스템의 위험속도(critical speed)라고 한다. 만약 회전축 시스템이 위험 속도로 회전한다면 큰 변형이 베어링에 큰 힘을 전달하여 결국에는 파손된다. 설계의 관점에서 보면 주어진 회전축에 대해 구동속도, 질량과 강성을 검토하여 변형이 원판의 질량중심까지의 거리로 제한되도록 $r > 3$일 될 때까지 재설계해야 한다. 그러나 로터 시스템이 작동하기 시작할 때 반드시 $r = 1$이 되는 지점을 지나게 된다. 만약 이 시동과정이 너무 천천히 일어나면 공진현상은 로터베어링에 손상을 입힐 수 있다. 따라서 시스템에서 어느 정도의 감쇠는 공진 시 과도한 진폭을 피하기 위해 필요하다. 그림 5.19에서 ζ가 증가함에 따라 공진에서의 D/R가 상당히 작아지는 것을 알 수 있다.

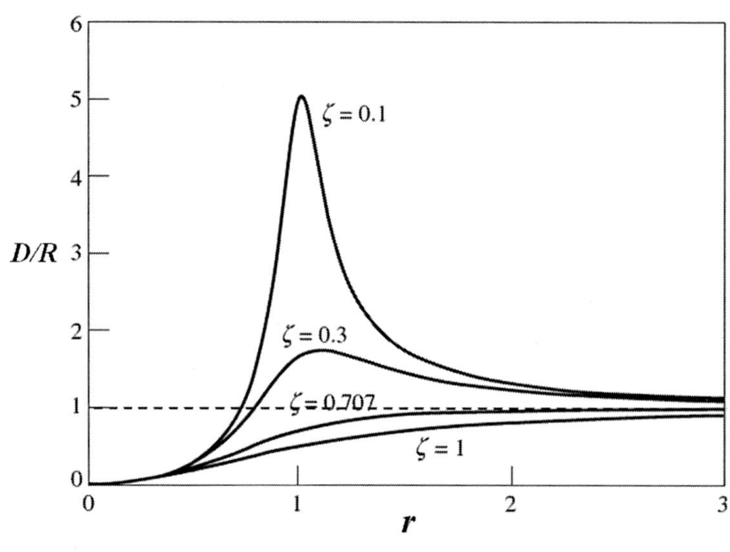

그림 5.19 | 회전축 진동계에서의 변형

예제 5.11 — **질량이 $60\,kg$ 회전자가 강성이 $1.54\times10^7 N/m$ 인 축에 고정되어 $6{,}000\,rpm$ 으로 회전한다고 한다. 축의 감쇠비는 $\zeta=0.05$ 이고 제작 공정 상 최대 $1.0\,mm$ 의 편심이 발생할 수 있다고 한다. (a) 회전자의 위험속도를 구하여라. (b) 구동속도에서의 선회진폭을 구하여라. (c) 위험속도에서의 선회진폭을 구하여라.**

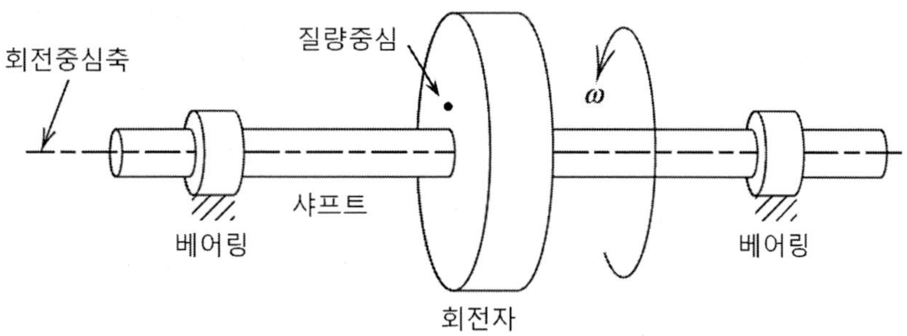

풀이 (a) 주어진 조건을 이용하여 회전자의 고유진동수 ω_n 을 구하면 다음과 같다.

$$\omega_n=\sqrt{\frac{k}{m}}=\sqrt{\frac{1.54\times10^7 N/m}{60\,kg}}=506.6\,rad/s$$

이 고유진동수를 기준으로 축의 회전수를 구하면 다음과 같다.

$$506.6\,rad/s\times60s/\min\times cycle/2\pi=4837.7\,rpm$$

(b) (a)의 결과를 이용하여 진동수비 r 을 구하면 다음과 같다.

$$r=\frac{6{,}000rpm}{4{,}837.7rpm}=1.24$$

따라서, 식 (5.7-10)을 이용하여 구동속도에서의 선회진폭을 구하면 다음과 같다.

$$D=\frac{0.001\times1.24^2}{\sqrt{(1-1.24^2)+[2(0.05)(1.24)]^2}}=0.0027\,m$$

(c) 위험속도에서 $r=1$ 이므로 선회진폭은 다음과 같다.

$$D=\frac{R}{2\zeta}=\frac{0.001}{2(0.05)}=0.01\,m$$

예제 5.11로부터 선회진폭이 질량의 변화와 강성의 변화에 민감하다는 사실에 유의한다. 또한, 그림 5.19에서 만약 공진으로부터 충분히 멀리 선택된다면(즉, $r>2$) 선회진폭에 대해 설계변수를 선택할 때 감쇠값은 거의 고려할 필요가 없다는 점에 주목하라. 감쇠는 오히려 시동을 걸거나 정지할 때만 발생하는 공진점 부근에서 진폭을 제한하기 위해 선택된다(즉, 공진에서 $X=a/2\zeta$이다). 여기서 소개한 위험속도와 회전체 동역학의 해석은 단순한 가정으로 주제에 대해 짧게 소개한 것이다. 회전체 동역학에 대한 주제는 별도의 학문분야로 되어 있고, 회전체 동역학 교재에 상세히 설명되어 있다.

예제 5.12 — **예제 5.11에 주어진 회전자 시스템에서 설계상의 요구 조건으로 공진상태에서 발생하는 선회 진폭이 2mm 이내로 제한되어야 한다고 할 때 1) 질량을 변화시키는 경우 2) 강성을 변화시키는 경우 두 경우에 대하여 각각 질량과 강성을 결정하여라.**

풀이 (a) 질량을 변화시키는 경우에 대한 해는 다음과 같다. 주어진 조건을 바탕으로 식 (5.7-10)을 이용하여 진동수비 r을 구하면 다음과 같다.

$$D = 0.002\,m = \frac{0.001 \times r^2}{\sqrt{(1-r^2) + [2(0.05)r]^2}}$$

이 식을 정리하면 $r^4 - 2.653r^2 + 1.3332 = 0$가 되고 따라서, $r = 0.8207$ 또는 $r = 1.406$이고 결과적으로 $r = 1.406$이 된다. 이 값과 문제에 주어진 운전속도 및 강성을 이용하면 다음 식과 같은 r과 질량의 관계를 구할 수 있다.

$$r = \frac{6000\,rpm \dfrac{1\min}{60s}\dfrac{2\pi\,rad}{rev.}}{\sqrt{k/m}\,rad/s} = \frac{628.12}{\sqrt{1.54 \times 10^7/m}} = 1.406$$

이 식을 질량 m에 대해 풀면 다음과 같이 질량을 구할 수 있다.

$$m = 70.3\,kg$$

(b) 강성을 변화시키는 경우에 대한 해는 다음과 같다

$$r = 1.406 = \frac{628.12}{\sqrt{k/55\,kg}}$$

이 식을 k에 대해 풀면 다음과 같다.

$$k = 1.2 \times 10^7 N/m$$

5.8 마찰감쇠 진동계의 강제진동

마찰감쇠가 있는 강제진동은 그 운동방정식을 간결하게 표현하면 다음과 같다.

$$m\ddot{x}(t) + \mu N sgn(\dot{x}(t)) + kx(t) = F\sin\omega t \qquad (5.8\text{-}1)$$

정상상태 변위는 $x(t) = X\sin(\omega t + \phi)$로 주어진다. 마찰력 $F = \mu N$으로 행해진 일은 4번의 절반 사이클(Half Cycle) 동안의 변위와 힘에 의한 결과이다. 그래서 행해진 일과 같은 사이클 당 에너지 소산은 $E = 4X\mu N$이다. 따라서, 등가의 전성감쇠를 구하기 위해서는 이 에너지 손실을 점성감쇠 때문에 생기는 사이클 당 에너지 손실과 같게 하면 다음과 같다.

$$E = 4X\mu N = \pi c\omega X^2 \qquad (5.8\text{-}2)$$

이 식에서 마찰감쇠에 대한 등가 점성 감쇠 상수를 다음과 같이 얻을 수 있다.

$$c_e = \frac{4\mu N}{\pi c \omega X} \tag{5.8-3}$$

따라서 등가 감쇠비는 다음 식과 같이 등가 감쇠 비를 얻을 수 있다.

$$\zeta_e = \frac{c_e}{2\sqrt{km}} = \frac{c_e}{2m\omega_n} = \frac{2\mu N}{\pi\omega\omega_n mX} \tag{5.8-4}$$

이러한 과정을 거쳐 식 (5.8-1) 같은 비선형 방정식을 다음 식에 주어진 근사 선형 방정식으로 대체할 수 있다.

$$\ddot{x}(t) + 2\zeta_e\omega_n\dot{x}(t) + \omega_n^2 x(t) = \frac{F}{m}\sin\omega t \tag{5.8-5}$$

이 식은 원래의 비선형계와 동일한 사이클당 에너지를 소산하는 점성감쇠 진동계를 나타낸다. 진동의 진폭에 대해 식 4.1-26을사용하여 ζ 와 ζ_e 을 교체하면 다음과 같다.

$$X = \frac{F/k}{\sqrt{(1-r^2) + (2\zeta_e r)^2}} = \frac{F/k}{\sqrt{(1-r^2) + (4\mu N/\pi kX)^2}} \tag{5.8-6}$$

이 식을 X에 관해 풀면 다음 식을 얻는다.

$$X = sgn(1-r^2)\frac{F}{k}\frac{\sqrt{1-(4\mu N/\pi F)^2}}{1-r^2} \tag{5.8-7}$$

식 (5.8-5)에 주어진 위상변화는 다음 식과 같이 구할 수 있다.

$$\phi = -\tan^{-1}\frac{2\zeta_e r}{1-r^2} = -\tan^{-1}\frac{4\mu N}{\pi kX(1-r^2)} \tag{5.8-8}$$

식 (5.8-8)에서 X를 대입하여 적용시키면 다음 식을 얻을 수 있다.

$$\phi = sgn(r^2-1)\tan^{-1}\left[\frac{4\mu N}{\pi F\sqrt{1-(4\mu N/\pi F)^2}}\right] \tag{5.8-9}$$

만약 $r^2-1<0(r<1)$이면 ϕ는 음이고 $r^2-1>0(r>1)$이면 ϕ는 양이다. 그리고 $r=1$에서 ϕ는 불연속이다. 이 식에서 위상각은 주어진 $F/\mu N$의 값에 대하여 일정하고 그것은 가진 주파수 ω와 독립적이다. 이 결과는 다음의 식과 같이 제곱근의 아래가 음이 아닌 조건 일 때만 유효하다.

$$1-(4\mu N/\pi F)^2 \geq 0 \tag{5.8-7}$$

이 식은 $F \geq 4\mu N/\pi$와 같으며 이는 가진력의 크기는 마찰력보다 어느 정도 이상 크다는 것을 의미한다.

마찰감쇠가 포함된 강제응답과 점성감쇠를 가진 진동계의 강제응답을 비교하면 다음과 같은 사실을 확인할 수 있다.

1. 점성감쇠가 포함된 진동계의 진폭은 공진이 발생하는 경우에도 무한대로 증가하지 않으나 마찰감쇠 진동계의 경우 위 식 (5.8-7)에서 알 수 있는 바와 같이 공진이 발생하는 경우 진폭이 무한대로 증가한다.
2. 점성감쇠 진동계의 경우 위상의 변화는 연속적이고 마찰감쇠 진동계의 경우에는 공진에서 불연속인 위상변화가 나타난다.

예제 5.13 — 다음 그림과 같은 마찰감쇠 진동계에서 질량 m은 $11\,kg$이며 표면에 수평으로 움직이고 있다. 질량과 표면 사이의 마찰계수 μ는 0.3이며 스프링 강성 k는 $1.75\times10^4\,N/m$이다. 가진력 $f(t)$가 $500\sin(150t)$라고 할 때 정상상태 하에서 질량의 진폭과 위상각을 구하여라.

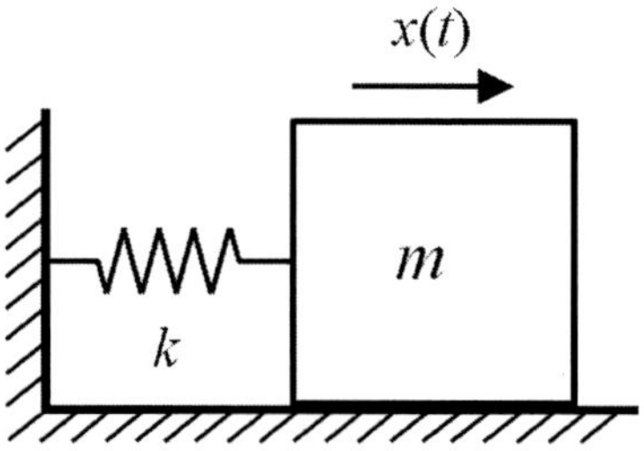

풀이 우선 가진력의 크기가 마찰력 크기에 비해 어느 정도 큰지를 확인하기 위하여 다음 식의 만족 여부를 확인한다.

$$F \geq 4\mu N/\pi$$

문제에 주어진 값들을 적용하면 $F=500\,N$ $4\mu N/\pi = 4(0.3)(11)(9.81)/\pi = 41.22N$으로 위의 식을 만족한다.

이 계의 고유진동수는 다음과 같다.

$$\omega_n = \sqrt{\frac{k}{m}} = \sqrt{\frac{1.75\times 10^4}{11}} = 39.9rad$$

진동수 비는 다음과 같이 구할 수 있다.

$$r = \frac{150}{39.9} = 3.817$$

위의 식(4.5-1)을 이용하여 진폭을 구하면 다음과 같다.

$$X = sgn(1-3.817^2)\frac{500}{1.75\times 10^4}\frac{\sqrt{1-[4(0.3)11(9.81)/500\pi]^2}}{1-3.817^2} = 0.0021m$$

위상각은 다음과 같이 구해진다.

$$\phi = sgn(3.817^2-1)\tan^{-1}\left[\frac{4(0.3)11(9.81)}{500\pi\sqrt{1-[4(0.3)11(9.81)/500\pi F]^2}}\right] = 0.0825rad$$

따라서 정상상태 응답은 다음과 같다.

$$x(t) = 0.0021\sin(150t+0.0825)$$

예제 5.14 — **다음 그림과 같은 마찰감쇠 진동계에서 질량 m의 재질은 강철이며 바닥면도 동일한 강철이며 두 물체 사이에 윤활이 없다고 한다. 질량 m은 $10\,kg$ 이며 표면에 수평으로 움직이고 있다. 스프링 강성 k는 $1.5\times 10^4\,N/m$ 이고 가진력 $f(t)$가 $90\sin(50\pi t)$라고 할 때 정상상태 하에서 질량의 진폭을 근사적으로 구하여라.**

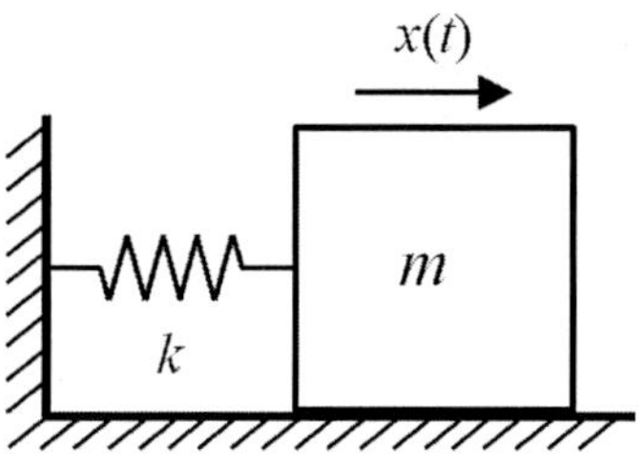

풀이 우선 마찰면의 마찰계수를 표 3.2를 이용하여 구하면 0.3이 된다. 다음으로 가진력의 크기가 마찰력을 이기고 운동을 발생시킬 만큼 큰 지를 확인하기 위하여 다음 식의 만족 여부를 확인한다.

$$F \geq 4\mu N/\pi$$

문제에 주어진 값들을 적용하면 $F = 90\,N$ $4\mu N/\pi = 4(0.3)(10)(9.81)/\pi = 37.47\,N$ 으로 위의 식을 만족한다. 다음으로 이 진동계의 비감쇠 고유진동수는 다음과 같다.

$$\omega_n = \sqrt{\frac{k}{m}} = \sqrt{\frac{1.5\times 10^4}{10}} = 38.73\,rad$$

식 (5.8-7)을 이용하여 진폭을 근사적으로 구하면 다음 식과 같다.

$$X = \frac{90\,N}{1.5\times 10^4\,N/m}\frac{\sqrt{1-[4(0.3)(10)(9.81)/(90\pi)]^2}}{|1-(50\pi/38.73)^2|} = 3.53\times 10^{-4}m$$

연습문제

5.2절 비감쇠 고유진동

5.1 다음과 같은 진동계에서 공진 주파수 ω_n이 $500\,rad/s$ 가진 주파수 ω가 $504\,rad/s$인 질량-스프링계의 진통주기와 울림 주기를 결정하시오.

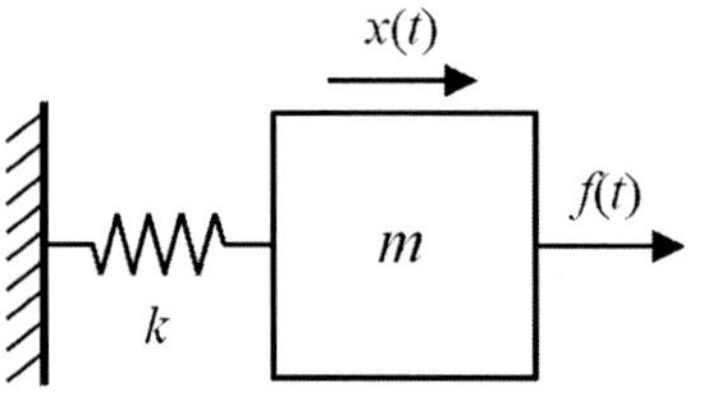

5.2 다음 그림과 같은 진동계에서 가진력 $f(t)$의 주파수가 $40\pi\,rad/s$일 때 $1\,mm$의 진폭을, $f(t)$의 주파수가 $20\pi\,rad/s$일 때 $5\,mm$의 진폭으로 진동한다고 한다. 질량 m이 $1\,kg$이라고 할 때 스프링 상수를 추정하시오.

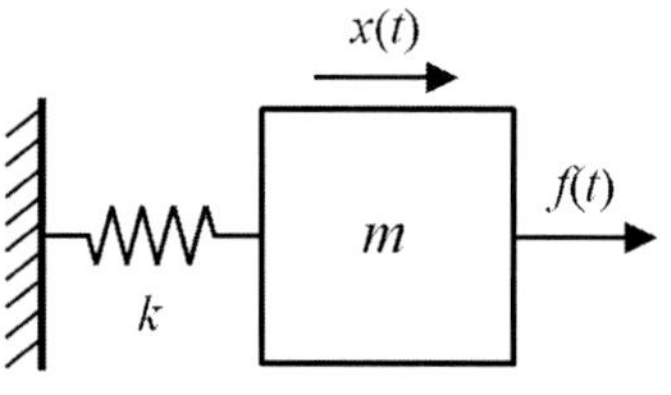

5.3 다음 그림과 같은 진동계에서 $k_1 = 200N/m$, $k_2 = 1{,}000N/m$이며 $m = 178\,kg$이라고 한다. 가진력 $f(t)$의 크기가 $10\,N$, 주파수가 $10\,rad/s$이라고 할 때 시스템의 응답을 구하여라. 초기조건은 모두 '0'으로 가정한다.

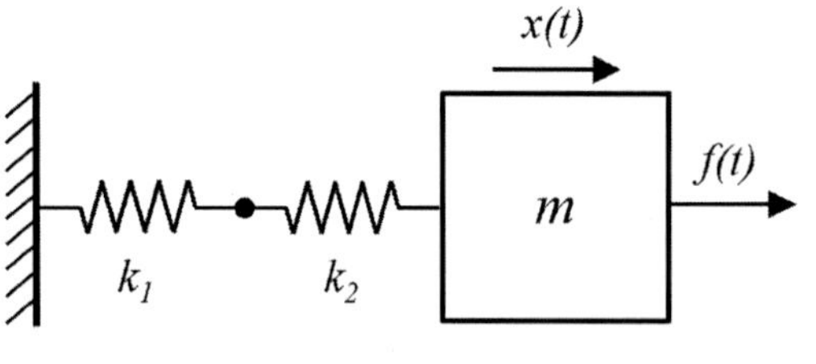

5.4 다음과 같은 회전 불균형 진동계에서 불균형 질량의 회전수 ω_R이 $3500\,rpm$일 때의 진폭이 ω_R이 $1750\,rpm$일 때 진폭의 50%와 같은 진폭을 가지고 진동한다. 계의 공진 주파수를 추정하시오

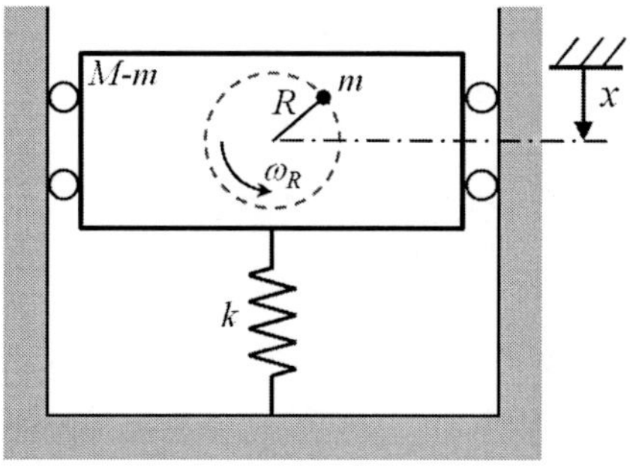

5.5 질량이 $500\,kg$인 모터를 금속 프레임을 이용하여 지지한다. $800\,rpm$의 모터 속도에서 모터가 $5\,mm$의 진폭으로 진동하고, 속도가 $1000\,rpm$일 때에는 $14\,mm$의 진폭으로 진동한다. 프레임의 스프링 상수와 계의 공진주파수를 추정하시오.

5.6 어떤 진동계가 다음 전달함수로 정의된다고 할 때 대역폭을 구하라.

$$T(s) = \frac{1}{3s^2 + 10^4 s + 10^6}$$

5.3절 점성감쇠 조화진동

5.7 다음과 같은 전달함수로 정의되는 진동계에 크기가 $20N$이고 진동수가 $0.01\,rad/s$인 가진력이 작용한다고 할 때 진동계의 정상상태 응답 $x_{ss}(t)$를 구하여라.

$$T(s) = \frac{5}{40s^2 + 14s + 1}$$

5.8 다음 그림과 같은 진동계에서 질량 m은 $1kg$, 감쇠계수 c는 $10Ns/m$이고 스프링의 강성 k는 $100N/m$이다. 다음 식과 같은 가진력이 작용했을 때 정상상태 응답을 구하여라.

$$f(t) = 4\sin 5t\,N$$

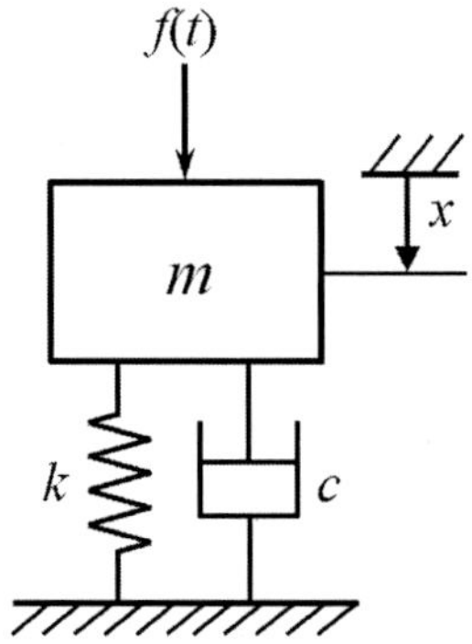

5.9 위의 질량-스프링-감쇠기 진동계에서 질량은 $5kg$, 감쇠계수는 $c\,Ns/m$ 이고 스프링 상수는 $10N/m$ 이다. $f(t) = F\sin\omega t$ 라고 할 때 다음에 답하여라.

(a) $\zeta = 0.1$ 이 되는 감쇠계수 c를 구하여라.

(b) 공진주파수 ω_n을 구하여라.

(b) 이 경우 크기비 M이 최대가 되는 진동수 ω_p와 최대 크기비 M_p를 구하여라.

5.10 다음 그림과 진동계에 $f(t) = 11\sin\omega t\,N$의 가진력이 작용했을 때 모든 ω에 대해 정상상태 응답의 크기가 1.5 이하가 되도록 하는 감쇠계수 c를 구하여라.

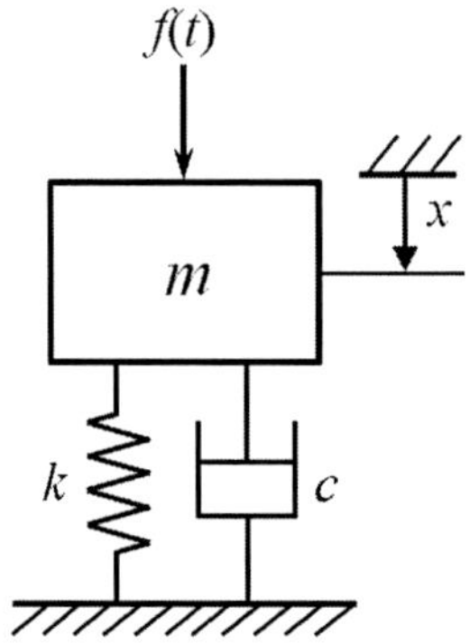

$f(t) = 20\sin\omega t\,N$

5.11 질량이 $80\,kg$ 인 물체가 스프링 상수가 $25\,kN/m$ 인 스프링과 감쇠계수가 $800\,Ns/m$ 인 점성감쇠기에 의해 지지되어 있다. 이 진동계에 $f(t) = 60\sin(6\pi t)N$의 가진력이 작용한다고 할 때 발생하는 변위의 진폭과 변위와 가진력 사이의 위상차를 계산하여라.

5.12 문제 5.7의 그림에 주어진 진동계에 대하여 전달함수를 구하여라.

5.13 다음 그림과 같은 진동계에서 입력 y와 출력 x 사이의 전달함수를 정의하여라.

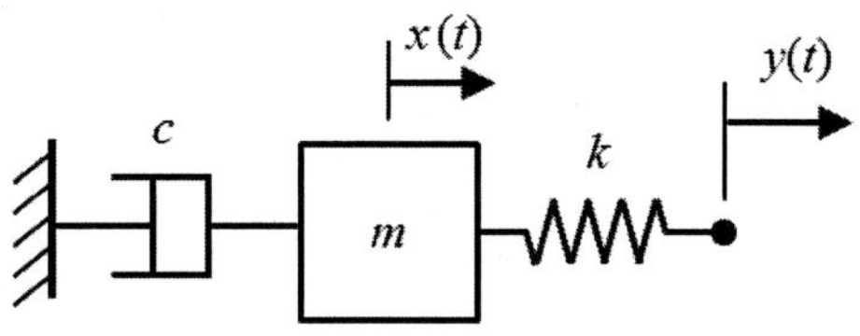

5.14 다음 그림과 같은 진동계에서 입력 y와 출력 x 사이의 전달함수를 정의하여라.

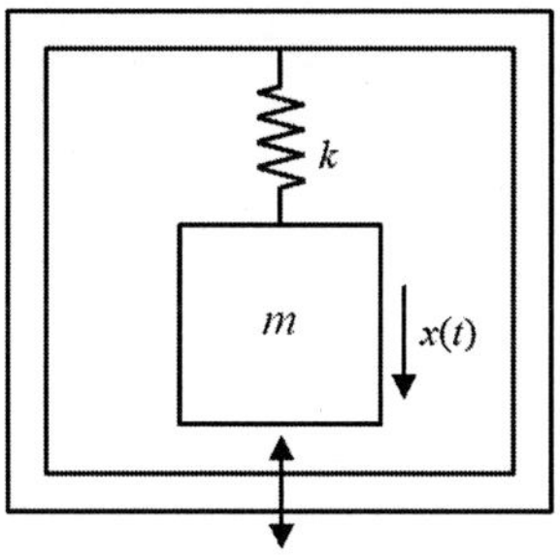

5.15 다음 그림과 같은 기저 가진 진동계에서 입력 y는 순수 감쇠요소를 통해 전달된다고 하자. $y(t) = Y\sin\omega t$인 경우 정상상태에서 상부지지 부위에 전달되는 힘을 나타내는 식을 구하여라.

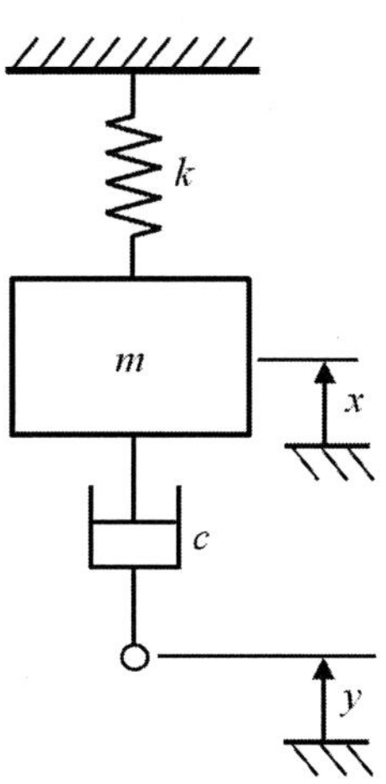

5.4절 기저가진

5.16 문제 5.13에 설명된 진동계에서 $100\,kg$ 질량이 스프링을 통하여 기저가진에 의해 구동된다. 감쇠계수는 $c = 400\,Ns/m$ 이고 스프링 상수는 $k = 10000\,N/m$ 이다. 응답의 크기가 최대가 되는 진동수 ω_p와 최대 크기비 M_p를 구하고 하부와 상부 대역폭 주파수를 결정하라.

5.17 문제 5.14의 진동계에서 $0.5\,kg$ 질량이 스프링강성 $k = 500\,N/m$ 을 가지고 프레임에 부착되었다. 스프링 질량과 감쇠는 무시한다. 프레임이 $3\,Hz$ 의 진동수로 $4\,mm$ 의 진폭을 가지고 수직으로 진동한다. 정상상태 진폭을 계산하시오

5.18 무시할 만한 감쇠를 지닌 탄성 지지에 장착된 기계는 $6\,Hz$ 에서 $9\,mm$ 와 $3\,Hz$ 에서 $6\,mm$ 의 진폭으로 진동한다. 공진 주파수를 결정하시오.

5.19 전체 질량이 $1500\,kg$ 인 자동차의 1/4 차량 모델에서 타이어와 현가장치의 조합 강성이 $4 \times 10^4\,N/m$ 이고 감쇠계수는 $4 \times 10^3\,Ns/m$ 이다. 도로 표면의 주기는 미터단위이고 $10\,m$ 이며 진폭은 $0.015\,m$ 라고 할 때 다음에 답하여라. (1) 자동차의 속력을 $v\,(m/s)$라고 할 때 타이어에 가해지는 기저가진 $y(t)$를 나타내는 식을 구하여라. (2) 차량이 $46.8\,km/h$ 의 속력으로 이동할 때 차체에 전달된 힘을 계산하시오.

5.20 질량이 $1500\,kg$ 인 장비가 강성 $2000\,N/m$ 이고 감쇠비가 0.04 인 마루 위에 설치되어 있다. 근처에 작동 중인 다른 기계로 인하여 장비 설치 위치에서 $10\,mm$ 의 진폭으로 마루가 진동하고 있다. 공진에서 장비에 전달된 최대 힘을 계산하시오.

5.21 기계 구조물을 제어하기 위한 무게 $200\,N$ 의 전자모듈은 구조물의 진동으로부터 보호하기 위해 절연장치에 장착되어 있다. 구조물 운동에 의해 $40\,Hz$ 의 진동이 발생되었으며 운동의 진폭은 $3\,mm$ 로 제한되어야 한다. 감쇠를 무시하고 모듈에 대해 전달된 구조물 운동의 비율을 계산하시오.

5.22 기계 장비를 제어하기 위해 사용된 전자 모듈은 장비의 운동으로부터 절연되어야 한다. 모듈의 질량은 $1\,kg$ 이라고 한다.

(a) 장비의 작동 회전수가 $3{,}000\,rpm$ 이며 장비 운동 진폭의 10%가 모듈에 전달된다고 할 때 절연기의 강성을 구하여라.

(b) 만약 장비의 회전수가 $2{,}500\,rpm$ 과 $3{,}500\,rpm$ 사이라면 크레인 운동의 몇 퍼센트가 전달될 것인가?

5.23 $2\,kg$ 질량의 기구가 $30\,rpm$ 에서 회전하는 펌프 하우징에 장착되었다. 하우징 운동의 진폭은 $0.9\,mm$ 이다. 하우징 운동의 10% 미만이 기구에 전달되어야 한다. (1) 무시할 만한 감쇠를 가지는 적당한 절연 장치를 설계하라. (2) 기구에 전달된 힘을 구하여라.

5.24 다음 그림과 같은 차량 서스펜션 문제를 고려하자. 주파수비가 $r=2$ 인 차량의 속도에 대하여 변위 전달률 X/Y를 최소화하는 감쇠상수 c를 조사하시오. r 이 ± 20% 이내에서 변화할 때 X/Y의 변화를 검토하여라.

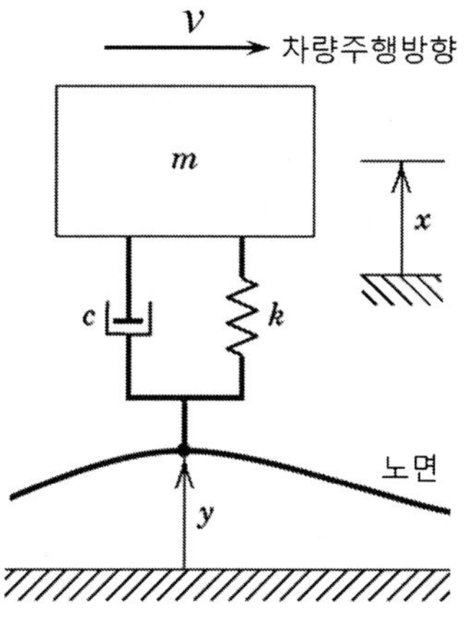

5.25 위 그림과 같은 차량의 현가장치에서 도로 표면의 진동 진폭 변화를 $0.016\,m$ 로 가정하자. $64.8\,km/h$ 의 속도에서 차체에 전달되는 힘이 최소가 되게 서스펜션 강성 k 와 감쇠 c 의 값을 결정하고 전달된 힘을 계산하여라.

5.5절 회전 불균형

5.26 불평형 질량을 가진 모터를 지지하고 있는 프레임은 모터속도가 $900\,rpm$을 통과하면 공진하기 시작한다. 모터 속도가 $1,750\,rpm$일 때 프레임는 $0.008\,m$의 진폭으로 진동한다. 만약 프레임의 강성이 절반으로 감소한다면 모터 속도 $1,750\,rpm$에서 진동의 크기를 구하여라.

5.27 불평형 질량을 가진 질량 $225\,kg$의 모터가 탄성패드로 지지되며 정적 처짐은 $6\,mm$ 이다. 회전 속도 $1,750\,rpm$로 모터가 작동할 때 이 시스템은 2.5mm의 진폭을 가지고 진동한다. $680\,kg$ 플랫폼을 모터와 패드사이에 추가하는 경우 동일 속도에서 진폭을 계산하라.

5.28 불평형 질량을 가진 질량 $23\,kg$인 펌프가 $1,000\,rpm$로 회전한다. 불균형 무게는 0.2N편심도는 $2.5mm$ 이다. 이 펌프를 지지하는 절연기는 $7,300\,N/m$의 강성을 가진다. 절연기 감쇠비가 $\zeta = 0.05$ 와 $\zeta = 0.7$일 때 바닥에 전달된 힘을 계산하여라.

5.29 다음과 같은 실험 장치에서 질량 M은 $75\,kg$이라고 한다. M을 지지하는 절연기는 무시할 만한 감쇠와 $k = 2,500\,N/m$의 강성을 가진다. ω_R이 $200\,rpm$일 때 기저에 전달된 측정된 힘은 $15\,N$이라고 한다. mR 값을 추정하여라.

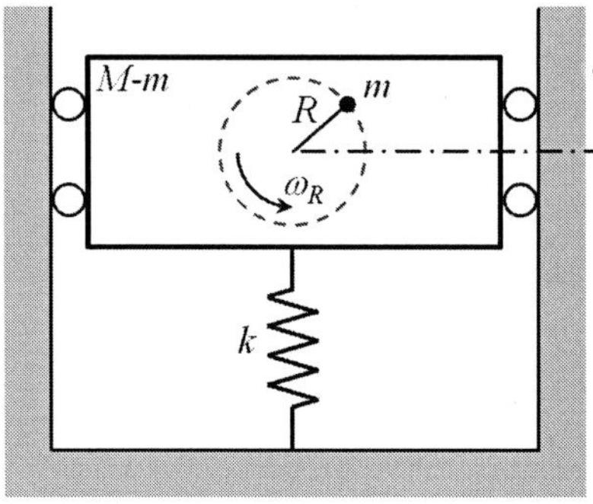

5.30 위의 그림과 같은 진동계에서 주파수 비 r을 $\dfrac{\omega_R}{\sqrt{k/M}}$이라고 정의할 때, MX/mR을 r의 함수로 유도하시오.

5.31 컴퓨터 디스크 드라이브가 탄성패드로 구성된 절연기를 가진 컴퓨터에 장착된다. 디스 크 드라이브와 모터 무게는 $3\,kg$ 이고 $3{,}000\,rpm$ 에서 구동된다. 모터에서 전달된 힘을 90% 감소시켜 본체로 전달하기 위해 필요한 패드의 강성을 계산하여라.

5.6절 진동 절연

5.32 질량이 $400\,kg$ 인 $1500\,rpm$으로 회전하는 모터에 의해 구동된다. 모터에 $0.5\,kg\,m$ 의 불평형 질량이 존재하며 사용할 수 있는 절연기는 $\zeta = 0.2$ 와 $k = 6 \times 10^6\,N/m$ 의 특성을 갖는다고 한다. 기저에 전달되는 힘이 $5{,}000\,N$이하가 되도록 하기 위해 필요한 절연기 배열과 질량 변화량을 계산하여라.

5.33 $m = 10\,kg$의 질량을 가진 전동기가 다음 그림에서와 같이 외팔보 위에 설치되어 있다. 전동기는 $3{,}500\,rpm$ 의 일정한 속력으로 회전한다. 지지보는 강철 재질로 되어 있으며 길이 $L = 0.16\,m$, 폭 $w = 0.12\,m$, 두께 $h = 0.01\,m$ 이다. 전동기의 회전부의 전체 질량은 $m = 5\,kg$이고 무게중심은 $0.4\,mm$ 의 편심을 갖는다. 보의 감쇠는 대단히 작다고 할 때 정상상태에서 보에 나타나는 진폭을 계산하여라.

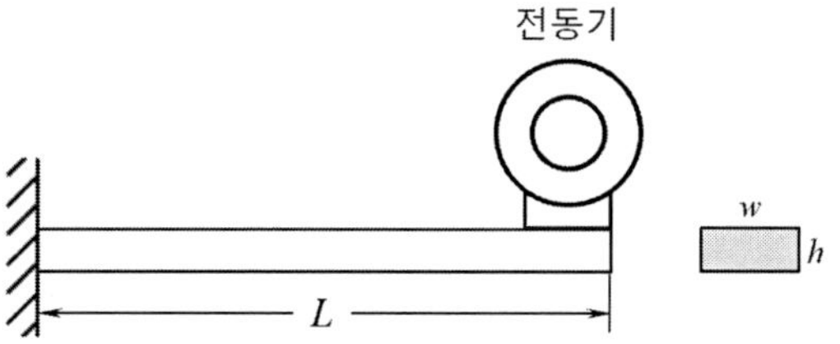

5.34 다음 그림과 같은 진동계에서 질량이 $40\,kg$ 이고 가진력은 $f(t) = 30\sin(6\pi t)\,N$ 이라고 할 때 기저에 전달되는 힘의 크기가 3N 이하가 되도록 절연기의 강성과 감쇠계수를 선정하여라. 감쇠비는 0.1로 한다.

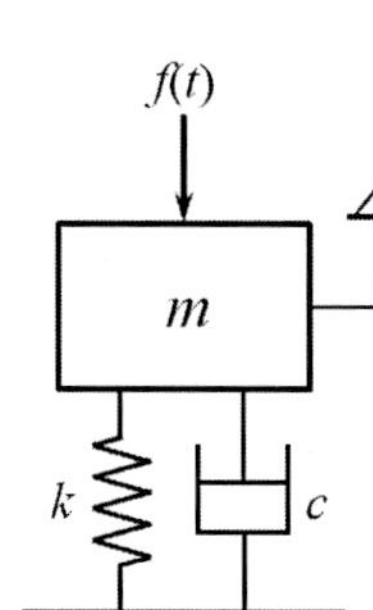

5.35 주변의 장비 때문에 $3500\,rpm$의 진동수와 $3\,mm$의 진폭으로 진동하는 공장 바닥 위에서 $15\,kg$의 기계가 사용되고 있다. 그 기계는 $4g$ 이하의 가속도를 견뎌낼 수 있다. 감쇠비 ζ를 0.02라고 가정하고 절연기에 요구되는 강성을 계산하라.

5.36 주변의 기계 때문에 진동하는 탁자 위에 질량 $50\,kg$의 기계가 사용된다. 주 진동수 성분은 $1500\,rpm$이다. 테이블 운동의 25% 이상이 그 기구에 전달되지 않도록 하기 위하여 기구의 네 모서리에 절연장치를 설치하고자 한다. 하중–변형 곡선이 다음 그림에 주어진 절연장치 A와 B 중 어느 것이 적절한 지를 결정하라. 만약 있다면 부가질량이 얼마나 요구되는지 결정하라.

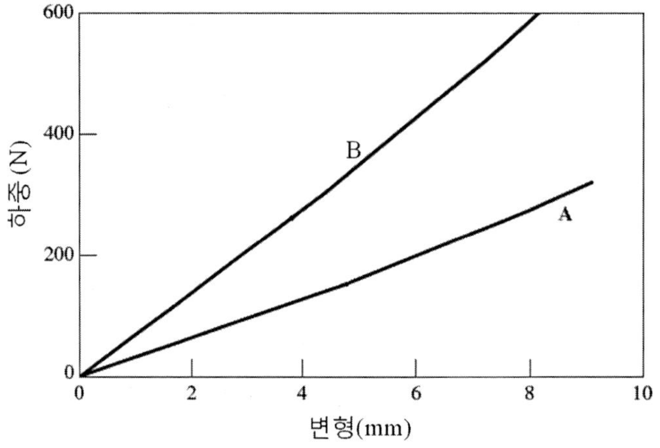

5.37 회로 기판이 진동 전동기에 부착된 섀시에 의하여 지지된다. 그 판은 두께 $1.6\,mm$, 너비 $200\,mm$, 길이 $254\,mm$, $0.6\,kg$의 질량을 갖는다. 감쇠를 무시하고 그 판을 양단 고정보로 모델링하고, 그 강성과 고유진동수를 결정하라. 만일 섀시가 전동기 불평형 때문에 $60\,Hz$로 진동한다면 그 변위 전달률을 계산하라. 판은 $E = 1.38 \times 10^{10}\,N/m^2$인 재질로 만들어 진다.

5.38 위 문제의 회로용 기판을 다음 그림과 같이 절연장치를 사용해서 변위 전달률을 25%로 줄이려고 한다. 샤시 질량이 PCB 질량의 1/10이라 할 때 절연기 강성 k_2와 감쇠 c값을 적절히 선정하여라.

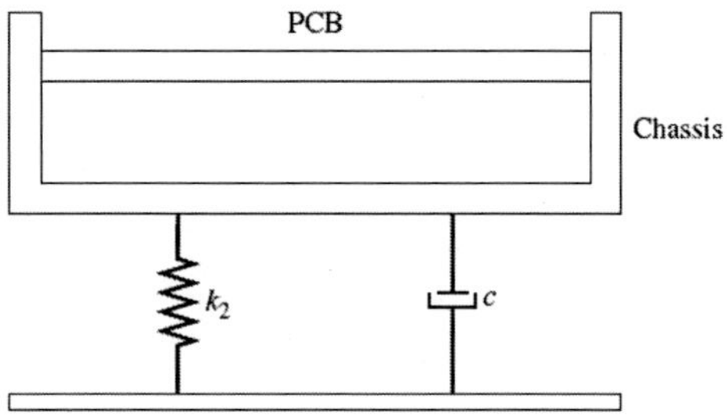

5.39 5.38에서 절연기는 PCB 샤시계를 강체로 가정하여 설계되었으나, 샤시의 유연성 포함하면 다음 그림과 같은 보인 2자유도 진동계 모델을 얻을 수 있다. 문제 5.38에 구한 절연장치 특성들을 사용하여 이 진동계의 변위전달률을 구하라.

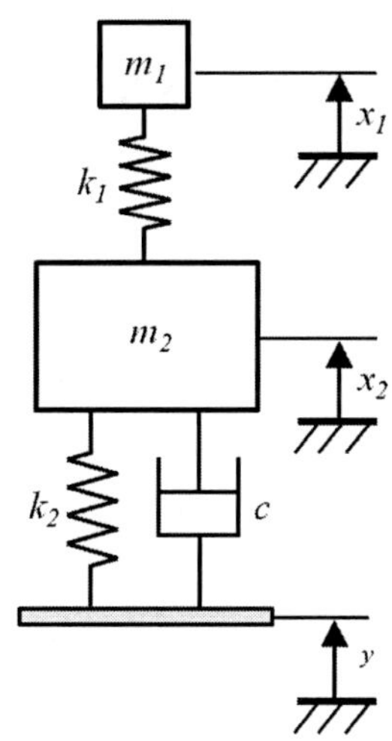

5.7절 회전축의 임계속도

5.40 질량 $100\,kg$의 회전자가 굽힘 강성이 $2\times10^7\,N/m$인 축에 고정되어 회전한다. 회전축의 감쇠비 $\zeta=0.05$와 편심 $R=0.001\,m$라고 할 때 다음에 답하여라.

(1) 임계속도 ω_c와 임계속도에서 정상상태 축처짐 D_c를 구하여라.

(2) $5{,}000\,rpm$의 속도에서 정상상태 축처짐 D_c를 구하여라.

5.41 회전자–축계에 설계 기준에 따르면 r이 큰 값일 경우 $D/R=1$로 설계해야 한다고 할 때 다음에 답하여라.

(1) $r=2.5$로 회전자-축계를 설계한다면 ζ값에 따른 D/R의 불확실성을 분석하여라.

(2) 설계 값으로 부터 D/R비가 10% 이상 달라지지 않게 하려면 축강성 k가 얼마나 변화되어야 하는가?

5.42 질량 $100\,kg$의 회전자가 굽힘 강성이 $1.5\times10^7\,N/m$인 축에 고정되어 $6{,}000\,rpm$의 속도로 회전한다. 회전축의 감쇠비가 $\zeta=0.02$와 편심 $R=0.001\,m$라고 할 때 다음에 답하여라.

(1) 편심량이 $R=0.01\,m$라면 회전자의 임계속도 ω_c는 얼마인가?.

(2) 임계속도에서 선회진폭을 구하여라.

5.8절 마찰감쇠 진동계의 강제 진동

5.43 $f(t)=150\sin 20t$의 조화 가진력이 마찰감쇠를 가진 질량–스프링계에 작용한다 질량은 $10\,kg$이고 수평 표면을 이동한다. 질량과 표면사이에 동 마찰 계수는 $\mu=0.4$, 스프링 강성은 $k=20{,}000\,N/m$이다 질량의 정상상태 변위의 위상각과 진폭을 계산하여라.

5.44 $f(t)=F_0\sin(20\pi t)$의 조화 가진력이 마찰감쇠를 가진 질량–스프링 계에 작용한다. 질량은 $10\,kg$이고 스프링 강성은 $k=2{,}400\,N/m$이다. 질량과 수평 바닥면 사이의 동 마찰 계수가 $\mu=0.15$이고 정상상태 진폭이 $0.04\,m$라고 할 때 F_0를 계산하여라.

5.45 마찰감쇠를 가진 질량–스프링계에 $f(t)=50\sin(20\pi t)$의 조화력이 작용한다. 질량은 $10\,kg$, 스프링 강성은 $k=12{,}500\,N/m$이고 질량과 바닥면이 모두 강철이며 윤활이 되지 않았다고 가정할 때 정상상태에서의 근사 진폭을 계산하여라.

5.46 마찰감쇠를 가진 질량–스프링계에 $f(t)=50\sin(20\pi t)$의 조화력이 작용한다. 질량은 $10\,kg$, 스프링 강성은 $k=12{,}500\,N/m$이고 질량과 바닥면이 모두 강철이며 윤활이 되지 않았다고 가정할 때 정상상태에서의 근사 진폭을 계산하여라.

CHAPTER

6 일반강제진동

6.1 서론

5장에서는 특별한 경우로 조화 가진력에 대한 1자유도 시스템의 강제진동 응답을 고려하였다. 조화가진(Harmonic Excitation)이란 단일 주파수의 정현(Sine) 또는 여현(Cosine) 함수 형태로 가해지는 힘을 의미한다. 6장에서는 임의의 가진력에 대한 강제응답을 계산하는 일반적인 계산법 외에도 여러 가지 힘에 대한 시스템의 응답을 고려한다. 여기서 다루고 있는 1자유도 시스템은 선형시스템이므로 어느 특정한 힘에 대한 개별적인 응답을 기초로 해서 중첩의 원리를 이용하면 여러 가지 힘의 조합에 대한 응답을 구할 수 있다.

중첩(Superposition)이란 선형 운동방정식 예를 들어 $m\ddot{x}+c\dot{x}+kx=0$에서 x_1과 x_2가 각각 그 방정식의 해이면 $x=a_1x_1+a_2x_2$도 해가 된다는 사실을 의미한다. 여기서 a_1과 a_2는 임의의 상수이다. 또 이 개념은 만약 x_1이 $m\ddot{x}+c\dot{x}+kx=0$의 해이고 x_2가 해이면 x_1+x_2는 $m\ddot{x}+c\dot{x}+kx=0$의 해라는 것을 의미한다. 따라서, 일련의 간단한 문제를 풀고 이 중첩의 원리를 이용하면 복잡한 가진함수에 대한 해를 구할 수 있다. 5.4절에서 실제 바닥가진의 문제를 풀 때 이 중첩의 원리를 사용한 바 있다 선형시스템에서 중첩의 원리는 매우 유용하며 널리 사용되고 있다.

기계 시스템에 작용하여 진동을 일으키는 힘에는 여러 종류가 있다. 지진력은 시간이 지남에 따라 크기가 작아지는 주기력 도는 조화력의 합으로 모델링되기도 한다. 강풍은 구조물에서 충격 또는 계단하중의 원인이 될 수 있다. 울퉁불퉁한 도로 때문에 자동차에는 다양한 조건의 가진력이 발생한다, 바닷물은 선박에 힘을 가한다. 기계 제작 공정 중에 발생하는 힘은 랜덤, 주기적, 비주기적 또는 과도적일 수 있다. 주기력은 시간에 따라 반복되는 힘이다. 그 한 예는 두 조화력의 합으로 구성되는 힘이다. 비주기력은 시간에 따라 반복되지 않는 힘이다. 계단함수는 비주기 가진력의 한 예이다. 과도력은 유한하고 보통은 짧은 시간이 경과한 후에 소멸되는 힘이다. 충격하중은 과도력의 한 예이다. 앞에서 언급된 힘들은 모두 정확하게 시간에 따른 함수로 표시되는 확정적인 가진이다. 반면에 랜덤가진은 시간에 대해 예측이 불가능하고 확률 및 통계적으로 기술되어야 한다. 이 장에서는 여러 종류의 가진력을 소개하고 그것들이 1자유도 스프링-질량-감소기 시스템에 가해졌을 경우 결과로 나타나는 운동을 계산하고 해석하는 방법을 공부한다.

학습목표 |

- 진동계에 조화함수 형태가 아닌 일반적인 입력이 가해졌을 경우에 나타나는 응답을 계산하는 방법을 공부한다.
- 임펄스 형태의 가진력이 작용하는 경우에 나타나는 진동계의 응답을 구하는 방법을 공부한다.
- 일반적인 가진력이 작용했을 경우에 대한 진동계의 응답을 임펄스 응답을 이용하여 계산하는 방법을 공부한다..
- 일반적인 주기함수 형태의 가진력에 대한 진동계의 응답을 푸리에 급수를 이용하여 계산하는 방법을 공부한다.
- 일반적인 입력에 대한 진동계의 응답을 라플라스 변환을 이용하여 계산하는 방법을 공부한다.
- 랜덤 입력에 대한 진동계의 응답을 구하는 방법을 공부한다.

6.2 임펄스 응답

가장 흔한 진동의 원인 중의 하나는 짧은 시간에 갑자기 힘이 작용하는 것으로서 임펄스라고 한다. 임펄스 가진은 매우 짧은 시간 동안에 가해지는 힘으로 충격하중의 한 예를 나타내고 비주기적인 힘이다. 임펄스에 대한 시스템의 응답은 특정 초기조건에 대한 시스템의 자유응답과 동일하다. 이 사실은 다음에 설명될 것이다. 많은 유용한 경우에 작용력은 짧은 시간에 큰 힘으로 작용하는 임펄스의 특성을 갖게 된다.

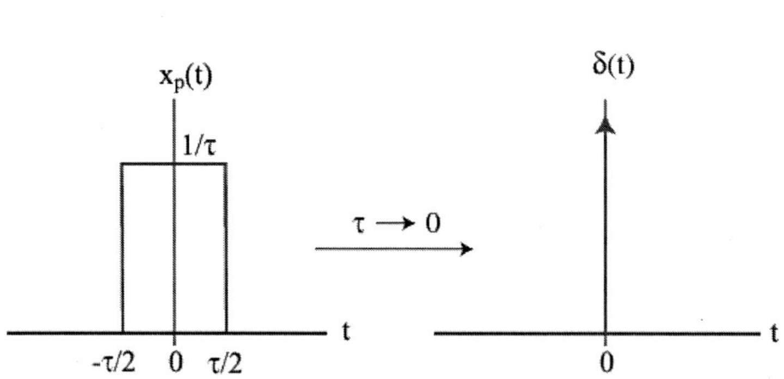

그림 6.1 | 사각펄스 및 임펄스

먼저 임펄스 가진의 수학적 모델을 고려하자. 임펄스 모델의 시간 선도가 그림 6.1에 주어져 있다. 이는 크기가 매우 크고 폭(작용시간)이 매우 좁은 사각펄스이다.

그림 6.1의 함수는 다음과 같이 수학적으로 나타낼 수 있다.

$$F(t) = \begin{cases} 0 & t \leq -\tau/2 \\ F/\tau & -\tau/2 < t < \tau/2 \\ 0 & t \geq \tau/2 \end{cases} \tag{6.2-1}$$

여기서 τ는 작은 양수이다. 이 간단한 함수를 다음과 같이 시간에 대해 적분하여 충격량을 정의한다.

$$I(\tau) = \int_{-\tau/2}^{\tau/2} F(t)dt \tag{6.2-2}$$

이것은 힘 $F(t)$의 세기의 척도가 된다. $-\tau/2$부터 $\tau/2$까지의 구간 밖에서는 $F(t)$가 '0'이므로 $I(\tau)$의 적분구간은 다음과 같이 확장되고 단위는 Ns이다.

$$I(\tau) = \int_{-\infty}^{\infty} F(t)dt \tag{6.2-3}$$

이 경우에 식 (6.2-1)을 이용해서 곡선 밑의 면적을 계산함으로써 식 (6.2-3)의 적분을 구하면 다음과 같다.

$$I(\tau) = \int_{-\infty}^{\infty} F(t)dt = \frac{\overline{F}}{\tau}\tau = \overline{F} \tag{6.2-4}$$

이것은 $\tau \neq 0$인 한 τ의 값에 무관하다. $\tau \to 0$이면 적분의 극한 값은 $I(\tau) = F$가 된다. 이것은 임펄스함수를 다음과 간은 두 가지 특성을 갖는 함수 $F(t)$로 정의하는데 이용된다.

$$\begin{aligned} &F(t-\tau) = 0 \quad t \neq \tau \\ &\int_{-\infty}^{\infty} F(t)dt = \overline{F} \end{aligned} \tag{6.2-5}$$

만일 F의 크기가 1이면 이것은 $\delta(t)$로 표시되는 단위 임펄스함수의 정의가 되고 디랙델타함수라고도 한다.

처음에 정지해 있던 1자유도 시스템의 충격하중에 대한 응답은 충격량이 물체의 운동량을 변화시킨다는 물리적 법칙을 이용하여 계산한다.

$$\begin{aligned} & m\ddot{x}(t) + c\dot{x}(t) + kx(t) = F(t) \\ & x(0) = 0,\ \dot{x}(0) = 0 \end{aligned} \tag{6.2-6}$$

설명을 간단하게 하기 위하여 충격량의 정의에서 $\tau = 0$으로 한다, 충격량이 작용되기 직전에 질량이 정지 상태에 있다고 생각하자. 이 순간을 0^-로 나타낸다. 마찬가지로 $t = 0$ 바로 이후의 시간은 0^+로 나타낸다. 시스템이 정지 상태였기 때문에 초기조건은 모두 0이다. 따라서, $x(0^-) = x(0^+) = 0$이 된다. 그러나 충격량이 적용한 후의 속도는 $\dot{x}(0^+)$가 된다. 따라서 충돌 시 운동량의 변화는 $m\dot{x}(0^+) - m\dot{x}(0^-) = mv_0$이므로 초기 변위는 계속 0인 반면 $\overline{F} = F\Delta t = mv_0 - 0 = mv_0$이고 초기 속도 v_0는 $F\Delta t/m$이다 따라서, 1자유도 스프링-질량 시스템에 임펄스를 가하는 것은 0의 초기변위와 $v_0 = F\Delta t/m$의 초기속도를 가하는 것과 같다. 초기조건 $x_0 = 0$, $v_0 = \overline{F}/m$에 대한 부족감쇠 시스템의 응답은 다음과 같이 구할 수 있다.

$$x(t) = \frac{\overline{F}e^{-\zeta\omega_n t}}{m\omega_d} sin\omega_d t \tag{6.2-7}$$

이 해를 다음과 같이 표현하면 편리하다.

$$x(t) = \overline{F}h(t) \tag{6.2-8}$$

여기서 $h(t)$는 다음과 같이 정의한다.

$$h(t) = \frac{1}{m\omega_d} e^{-\zeta\omega_n t} \sin\omega_d t \tag{6.2-9}$$

여기서 $h(t)$는 시간 $t = 0$인 순간 가해진 단위 임펄스에 대한 응답으로 정의된다. 만일 시간 $t = \tau$ $(\tau \neq 0)$인 순간에 단위임펄스가 가해졌다면 이것은 다음 식과 같이 수학적으로 표현될 수 있다.

$$h(t-\tau) = \frac{1}{m\omega_d} e^{-\zeta\omega_n (t-\tau)} \sin\omega_d (t-\tau),\quad t > \tau \tag{6.2-10}$$

이것은 $0 < t < \tau$구간에서 0이 된다. 함수 $h(t)$와 $h(t-\tau)$를 각각 시스템의 임펄스응답함수라고 한다.

임펄스란 무한히 짧은 시간 동안에 가해지는 무한히 큰 크기의 힘에 대한 수학적인 개념이지만 실제 응용 측면에서는 짧은 시간 동안에 가해지는 큰 힘의 아주 좋은 모델이 된다. 임펄스응답은 물리적으로 보면 초기변위가 없을 때의 초기속도에 대한 응답으로 해석할 수 있다. 임플스 응답함수는 6.3절에 논의되는 것처럼 중첩의 원리를 이용하여 일반적인 가진력에 대한 시스템의 응답을 계산하는데 유용하게 사용될 수 있다.

보통 그와 같은 임펄스 가진을 야기하는 것은 충격이다 진동시험을 할 때에는 주로 시험하고자 하는 기계에 충격을 가하고 그 응답을 측정해거 시스템의 진동 특성을 파악한다. 충격은 주로 충격력을 측정할 수 있는 장치가 있는 해머로 시험물을 가격함으로써 발생시킨다. 실제로 어떤 힘의 작용시간(Δt)이 구조물의 비감쇠 고유진동수에 따른 주기 $T = 2\pi/\omega_n$에 비해 매우 짧으면 충격력으로 간주할 수 있다. 일반적인 진동시험에서 Δt는 10^{-3}초 정도이다.

예제 6.1 — 다음 그림과 같은 진동계에서 $m = 1\,kg$, $c = 0.5Ns/m$, $k = 4\,N/m$ 라고 한다.

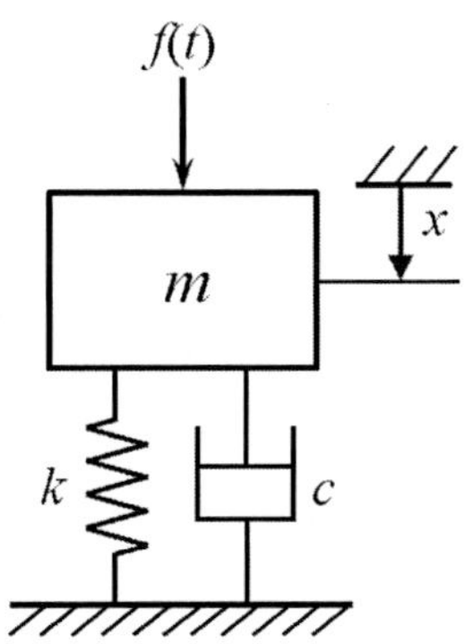

이 진동계에 가해진 가진력 $f(t)$가 다음 식과 같이 두 개의 임펄스가 0.5초의 시간 간격을 두고 다음과 같이 작용하는 경우의 응답을 구하여라. 초기조건은 모두 '0'으로 가정한다.

$$f(t) = 0.2\delta(t) + 0.1\delta(t-0.5)$$

풀이 시간 $t=0$에서의 충격에 대한 응답은 식 (6.2-9)을 이용하여 구할 수 있다. 문제에 주어진 값을 이용하면 $\omega_n = \sqrt{k/m} = 2rad/s$, $\zeta = c/2\sqrt{km} = 0.125$이므로 다음 식과 같이 응답을 구할 수 있다.

$$x_1(t) = \frac{0.2}{m\omega_d} e^{-\zeta\omega_n t} \sin\omega_d t = \frac{0.2}{1(2\sqrt{1-0.125^2})} e^{-0.125(2)t} \sin(2\sqrt{1-0.125^2}\, t)$$
$$= 0.1008 e^{-0.25} \sin(1.984t)$$

다음으로 시간 0.5초에 가해진 충격으로 인한 응답은 식 (6.1-10)을 이용하여 다음과 같이 구할 수 있다.

$$x_2(t) = \frac{0.1}{m\omega_d} e^{-\zeta\omega_n (t-\tau)} \sin\omega_d (t-\tau) = 0.0504 e^{-0.25(t-0.5)} \sin 1.984(t-0.5)t \quad t > 0.5$$

따라서 $0 < t < 0.5$ 에서는 $x_2(t) = 0$ 이고 $0.5 \le t$ 구간에서는 두 충격에 의한 응답 $x_1(t)$ 와 $x_2(t)$ 의 중첩으로 전체 응답이 주어진다.

$$x(t) = x_1(t) + x_2(t)$$
$$= \begin{cases} 0.108 e^{-0.25t)} \sin(1.984t) \quad t > 0.5 & 0 < t < 0.5 \\ 0.108 e^{-0.25t)} \sin(1.984t) + 0.0504 e^{-0.25(t-0.5)} \sin 1.984(t-0.5)t & 0.5 \le t \end{cases}$$

이 응답을 그림으로 나타내면 다음과 같다.

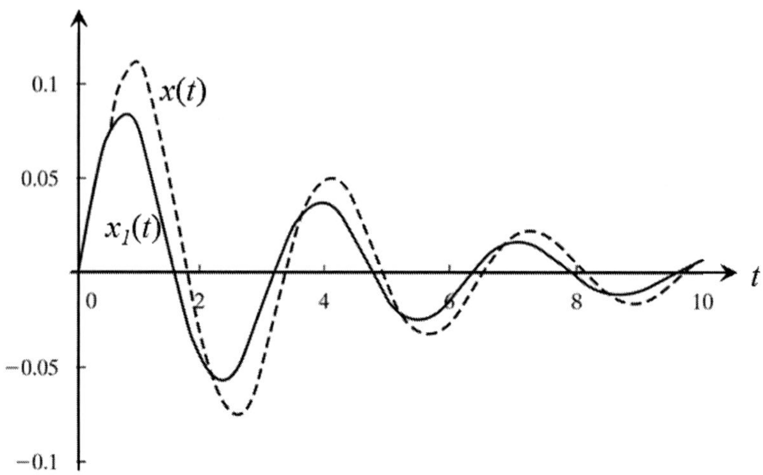

그림에서 알 수 있는 바와 같이 $x(t)$의 경우 $t = 0.5\,s$에서 응답이 갑자기 증가하는 것을 알 수 있다.

예제 6.2 — **예제 6.1의 진동계에서 $m = 1\,kg$, $c = 2\,Ns/m$, $k = 4\,N/m$ 라고 한다. 이 진동계에 가해진 가진력 $f(t)$가 다음 식과 같이 두 개의 임펄스가 4.0초의 시간 간격을 두고 다음과 같이 작용하는 경우의 응답을 구하여라. 초기조건은 $x(0) = 1$, $\dot{x}(0) = -1$ 로 가정한다.**

$$f(t) = \delta(t) - \delta(t-4)$$

풀이 문제에 주어진 값을 이용하면 $\omega_n = \sqrt{k/m} = 2rad/s$, $\zeta = c/2\sqrt{km} = 0.5$ 이므로 다음

식과 같이 감쇠 고유진동수를 구할 수 있다.

$$\omega_d = \omega_n \sqrt{1-\zeta^2} = \sqrt{3}$$

위의 식 (6.2-9)를 이용하여 $0 \le t < 4.0s$ 의 시간구간 내의 응답을 구하면 다음과 같다.

$$x_1(t) = \frac{F}{m\omega_d} e^{-\zeta\omega_n t} \sin\omega_d t = \frac{1}{\sqrt{3}} e^{-t} \sin(\sqrt{3}t) \quad 0 \le t < 4$$

다음으로 문제에 주어진 초기조건으로 인한 재차해를 구하면 다음과 같다.

$$x_h(t) = e^{-t}(A\sin\sqrt{3}t + B\cos\sqrt{3}t) \quad 0 \le t < 4$$

상수를 구하기 위하여 $x_h(t)$ 를 시간에 대해 미분하면 다음과 같다.

$$\dot{x}_h(t) = -e^{-t}(A\sin\sqrt{3}t + B\cos\sqrt{3}t) + e^{-t}(\sqrt{3}A\sin\sqrt{3}t + \sqrt{3}B\cos\sqrt{3}t)$$

초기조건을 대입하여 상수들을 구하면 $A=0,\ B=-1$ 이 된다. 따라서 $x_h(t)$ 다음과 같다.

$$x_h(t) = e^{-t}\cos\sqrt{3}t$$

따라서 $0 \le t < 4.0s$ 구간에서의 전체 응답은 다음과 같다.

$$x_1(t) = e^{-t}\left(\cos\sqrt{3}t + \frac{1}{\sqrt{3}}e^{-t}\sin\sqrt{3}t\right) \quad 0 \le t < 4$$

다음으로 $t=4.0s$ 에 작용하는 두 번째 충격에 의한 응답을 구하면 다음과 같다.

$$x_2(t) = -\frac{1}{\sqrt{3}}e^{-(t-4)}\sin\sqrt{3}(t-4) \quad t > 4$$

따라서 전체 응답은 다음과 같이 정의되는 함수를 이용하여 전체 응답을 표현할 수 있다.

$$\Phi(t-\tau) = \begin{cases} 0 & \tau < t \\ 1 & \tau \le t \end{cases}$$

$$x(t) = e^{-t}\left(\cos\sqrt{3}t + \frac{1}{\sqrt{3}}\sin\sqrt{3}t\right) - \left[\frac{e^{-(t-4)}}{\sqrt{3}}\sin\sqrt{3}(t-4)\right]\Phi(t-4)$$

이 응답을 그림으로 나타내면 다음과 같다.

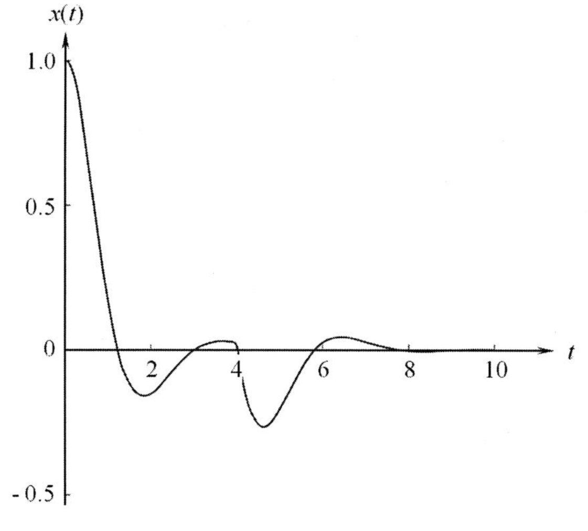

그림에서 알 수 있는 바와 같이 두 번째 충격이 가해질 때 응답이 급격히 변화하는 것을 알 수 있다. 그림에서 알 수 있는 바와 같이 두 번째 충격이 첫 번째 충격과 방향이 서로 반대 방향이므로 두 번째 충격 이후 응답의 방향과 크기가 급격하게 변화한다.

6.3 임의의 입력에 대한 응답

이 절에서는 임의의 일반적인 가진에 대한 1자유도 시스템의 응답을 살펴보기로 한다. t 시간에 따라 특성과 크기가 변화하는 임의의 힘에 대한 1자유도 시스템의 응답은 6.1절에서 정의된 임펄스 응답의 개념으로부터 계산할 수 있다. 그 과정은 가진력을 미소면적의 임펄스로 나누어서 각각의 임펄스에 대한 응답을 구한 다음 중첩의 원리를 이용하여 각 응답을 모두 더해서 전체 응답을 계산하는 것이다. 이와 같은 개념이 그림이 그림 6.2에 잘 나타나 있는데 여기서는 임의의 가진력 $F(t)$를 각 시간 증분 $\Delta t = t/n$가 되도록 길이 Δt인 n개의 시간 간격으로 나눈다, 각 시간 t_i에 대해 시간 간격이 Δt이고 $F(t_i)$인 힘 다시 말해 크기가 $F(t_i)\Delta t$인 임펄스에 대한 응답을 고려함으로써 해를 계산할 수 있다.

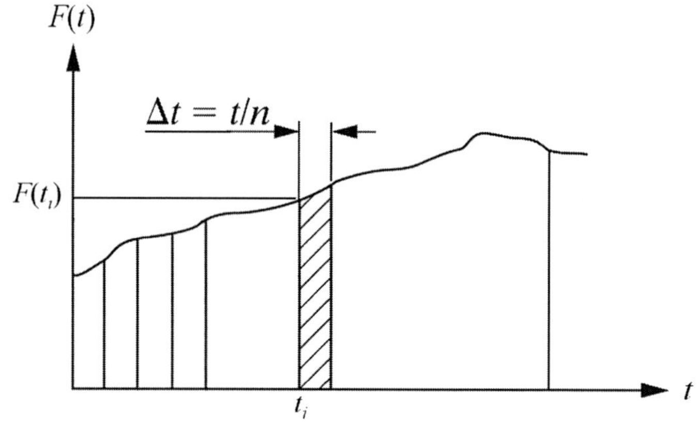

그림 6.2 | 임의의 $F(t)$를 n개의 임펄스 합으로 표현한 예

시간 t_i와 t_{i+1} 사이에 작용하는 임펄스에 기인한 응답은 식 (6.2-8)에 의해 다음과 같이 증분 형태로 나타낼 수 있다.

$$\Delta x(t_i) = F(t_i)h(t-t_i)\Delta t \tag{6.3-1}$$

최종 응답은 n개의 시간 간격 동안에 작용한 각각의 임펄스의 응답을 모두 합하여 다음 식과 같이 얻을 수 있다.

$$\Delta x(t_n) = \sum_{i=1}^{n} F(t_i)h(t-t_i)\Delta t \tag{6.3-2}$$

여기서 다시 한번 운동방정식이 선형이라는 사실을 이용하여 중첩의 원리를 적용하였다 부분합을 연속적으로 구하고 $\Delta t \to 0\,(n \to \infty)$의 극한을 취하면 적분의 기본정의로부터 다음 식을 얻는다.

$$x(t) = \int F(\tau)h(t-\tau)d\tau \tag{6.3-3}$$

식 (6.3-3)의 형태를 컨벌루션 적분(Convolution Integral)이라 한다. 컨벌루션 적분은 두 함수 중의 하나가 적분변수만큼 이동한 두 함수의 곱의 적분이다. 3.4절에서는 적분변환을 할 때 컨벌루션이 유용한 도구로 사용된다.

부족감쇠 1자유도 시스템의 임펄스 응답함수 $h(t-\tau)$는 식 (6.2-10)에 의해 주어진다. 임펄스응답함수 (6.2-10)를 식 (6.3-3)에 대입하면 다음의 형태를 갖는 임의의 입력 $F(t)$에 대하 부족감쇠시스템의 응답은 초기조건이 모두 0인 경우에 다음과 같이 주어진다.

$$\begin{aligned} &m\ddot{x}(t) + c\dot{x}(t) + kx(t) = f(t) \\ &x(0) = 0,\ \dot{x}(0) = 0 \end{aligned} \tag{6.3-4}$$

$$\begin{aligned} x(t) &= \frac{1}{m\omega_d} e^{-\zeta\omega_n t} \int_0^t f(\tau) e^{\zeta\omega_n \tau} \sin\omega_d (t-\tau) d\tau \\ &= \frac{1}{m\omega_d} \int_0^t f(t-\tau) e^{-\zeta\omega_n \tau} \sin\omega_d \tau d\tau \end{aligned} \tag{6.3-5}$$

식 (6.3-5)에서의 적분은 함수중의 하나가 임펄스응답함수이고 적분 안에서 시간 축 상으로 이동한 컨벌루션 적분이다. 시스템의 응답을 계산하는 데 사용되는 컨벌루션 적분을 뒤아멜 적분(Duhamel Integral)이라고도 한다, 뒤아멜 적분은 입력함수가 어떤 수학적인 조건을 충족하기만 하면 임의의 입력에 대한 응답을 계산하는데 이용할 수 있다.

예제 6.3 — 다음과 같은 단위계단 형태의 가진력이 부족감쇠인 1자유도 시스템에 가해졌다고 하자. 초기조건이 모두 '0'이라고 할 때 시스템의 응답을 구하여라.

$$f(t) = \begin{cases} 0 & 0 < t < t_i \\ F_0 & t_i \le t \end{cases}$$

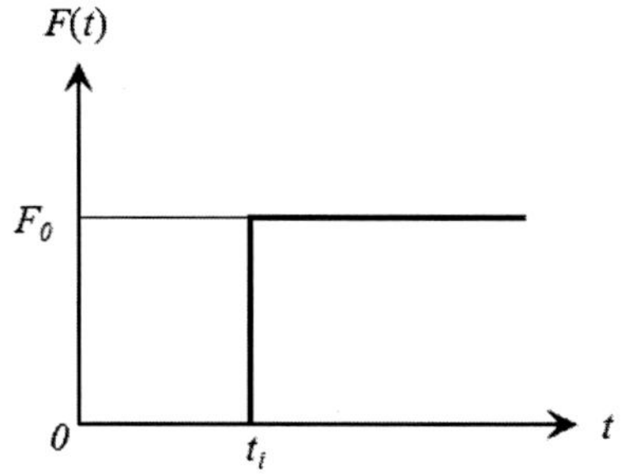

풀이 위의 컨벌루션 적분을 이용하여 응답을 구하면 다음과 같다.

$$x(t) = \frac{F_0}{m\omega_d} e^{-\zeta\omega_n t} \int_{t_0}^{t} e^{\zeta\omega_n \tau} \sin\omega_d (t-\tau) d\tau$$

실제로 적분을 수행하면 다음 식을 얻을 수 있다.

$$x(t) = \frac{F_0}{k} - \frac{F_0}{k\sqrt{1-\zeta^2}} e^{-\zeta\omega_n (t-t_0)} \cos\{\omega_d (t-t_0) - \theta\} \quad t \ge t_0$$

이 식에서 θ는 다음 식과 같이 주어진다.

$$\theta = \tan^{-1}\left(\frac{\zeta}{\sqrt{1-\zeta^2}}\right)$$

만약 $t_0 = 0$이면 문제에 주어진 입력은 일반적인 계단함수가 되고 응답은 다음과 같이 주어진다.

$$x(t) = \frac{F_0}{k} - \frac{F_0}{k\sqrt{1-\zeta^2}} e^{-\zeta\omega_n t} \cos\{\omega_d t - \theta\}$$

예제 6.4 — **다음 그림과 같은 형태의 가진력이 부족감쇠인 1자유도 시스템에 가해졌다고 하자. 초기조건이 모두 '0'이라고 할 때 시스템의 응답을 구하여라.**

$$f(t) = \begin{cases} F_0 & 0 < t < t_1 \\ 0 & elsewhere \end{cases}$$

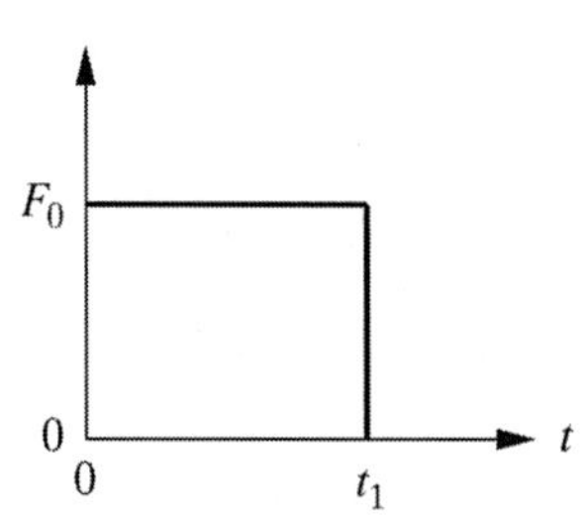

풀이 위의 그림에 주어진 가진력은 다음 그림과 같이 두 개의 계단함수의 조합으로 나타낼 수 있다.

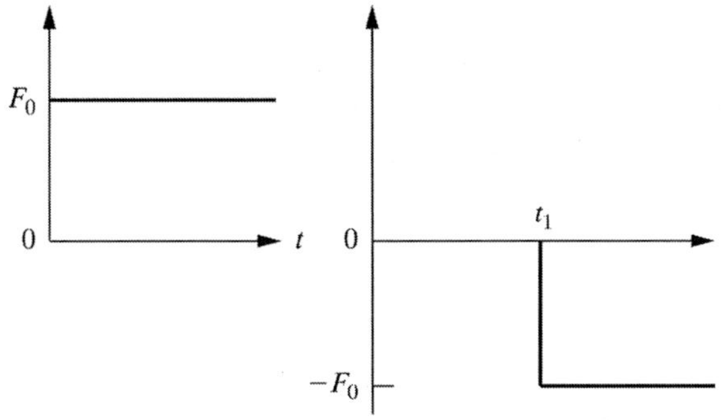

우선 왼쪽에 주어진 일반 계단함수 가진력에 의한 응답은 앞의 예제의 결과를 응용하여 다음과 같이 주어진다.

$$x_1(t) = \frac{F_0}{k} - \frac{F_0}{k\sqrt{1-\zeta^2}} e^{-\zeta\omega_n t}\cos\{\omega_d t - \theta\}$$

다음으로 오른쪽에 주어진 계단함수 가진력에 의한 응답은 앞 예제의 결과를 응용하여 다음과 같이 주어진다.

$$x_2(t) = -\frac{F_0}{k} + \frac{F_0}{k\sqrt{1-\zeta^2}} e^{-\zeta\omega_n(t-t_1)}\cos\{\omega_d(t-t_1)-\theta\} \quad t \geq t_1$$

따라서 전체 응답은 다음과 같이 주어진다.

$$x(t) = \frac{F_0 e^{-\zeta\omega_n t}}{k\sqrt{1-\zeta^2}} e^{\zeta\omega_n t_1}\{\cos[\omega_d(t-t_1)-\theta] - \cos(\omega_d t - \theta)\}, \quad t \geq t_1$$

위 식에서 θ는 앞의 예제에서와 같이 다음 식으로 주어진다.

$$\theta = \tan^{-1}\left(\frac{\zeta}{\sqrt{1-\zeta^2}}\right)$$

식 (6.3-5)의 앞의 예제들처럼 엄밀하게 구할 수 없는 경우라 하더라도 어느 입력 힘에 대해서나 1자유도 시스템의 응답은 수치해석으로 구할 수 있다. 임의의 가진력 함수가 포함된 진동 문제의 해는 수치적분을 이용해서 구한다.

일반적인 외란 힘에 대한 응답에는 '0'이 아닌 초기조건 때문에 나타날 수 있는 응답이 포함되지 않는다. '0'이 아닌 초기조건이 주어진 경우에 충격외란으로 인한 전체 응답에 대해서는 앞 장에서 설명하였다. 비감쇠 시스템에서 초기조건이 '0'이 아닐 때 임의의 가진력에 대한 응답은 다음과 같이 컨벌루션을 이용하여 나타낸다.

$$x(t) = x_0 \cos \omega_n t + \frac{v_0}{\omega_n} \sin \omega_n t + \int_0^t h(t-\tau) F(\tau) d\tau \tag{6.3-6}$$

$t=0$ 일 때 특수해와 그 미분(속도)의 컨벌루션은 둘 다 '0'이므로 제차응답에 미치는 가진력의 효과는 '0'이라는 점에 주목하라. 반면에 특수해 $x_p(t)$ 나 그 미분이 $t=0$ 에서 '0'이 아니라면 전체 응답의 형태는 다음과 같다.

$$x(t) = A \cos \omega_n t + B \sin \omega_n t + x_p(t) \tag{6.3-7}$$

여기서 상수 A와 B는 초기조건으로부터 정해져야 하며 $t=0$ 에서의 $x_p(t)$ 와 그 미분값에 의해 영향을 받게 된다. 맨 나중의 경우 적분상수 A와 B는 다음과 같이 주어진다.

$$A = x(0) - x_p(0) \quad B = \frac{v(0) - \dot{x}_p(0)}{\omega_n} \tag{6.3-8}$$

감쇠 시스템에 대해서도 유사한 결과를 얻을 수 있다. 컨벌루션 적분의 수행이 항상 쉬운 것은 아니기 때문에 대개 수치적으로 계산하여 결과를 얻는다. 컨벌루션 적분에 라플라스 변환이 종종 유용하게 사용되기도 하나 실제로는 수치적분과 수치계산으로 해를 구한다. 그렇지만 컨벌루션은 신호처리와 수치계산의 결과를 이해하는데 중요한 개념이다.

6.4 일반 주기입력에 대한 응답

6.4.1 주기적인 가진함수에 대한 푸리에 급수

이 절에서는 일반적인 기계나 시스템에서 자주 발생하는 주기입력(Periodic input)이라는 특별한 입력에 대한 응답을 공부한다. 주기입력에 대한 응답도 앞 절의 방법을 이용하여 구할 수 있으나 그 경우 응답을 구하는 과정이 복잡하고 또한 퓨리에 급수(Fourier Series)를 이용하여 쉽게 응답을 구할 수 있으므로 주기입력에 대한 별도 해법을 고려할 필요가 있다.

퓨리에 정리에 따르면, 임의의 주기를 갖는 일반적인 주기함수는 여러 개의 증가하는 주파수를 갖는 무한개의 정현함수와 여현함수의 합으로 나타낼 수 있다. 이것이 퓨리에 정리이며 사용되는 급수는 퓨리에 급수이다.

함수 $f(t)$ 의 주기가 P 일 때 $f(t)$는 다음과 같이 퓨리에 급수로 나타낼 수 있다.

$$f(t)= \frac{a_0}{2}+ \sum_{n-1}^{\infty}\left(a_n \cos \frac{2n\pi t}{P}+ b_n \sin \frac{2n\pi t}{P}\right) \tag{6.4-1}$$

여기에서 급수의 계수들은 다음과 같이 정의된다.

$$a_0 = \frac{2}{P}\int_{t_1}^{t_1=P} f(t)\, dt \tag{6.4-2}$$

$$a_n = \frac{2}{P}\int_{t_1}^{t_1=P} f(t)\cos \frac{2n\pi t}{P}\, dt \tag{6.4-3}$$

$$b_n = \frac{2}{P}\int_{t_1}^{t_1=P} f(t)\sin \frac{2n\pi t}{P}\, dt \tag{6.4-4}$$

위 식에서 함수 $f(t)$가 기함수(Odd Function), 즉 $f(-t)=-f(t)$이면 Cosine 항은 나타나지 않으며 함수 $f(t)$가 우함수(Even Function), $f(t)=-f(t)$이면 Sine 항이 나타나지 않는다.

식 (6.4-1)의 퓨리에 급수를 다른 형태로 나타내면 다음과 같다.

$$f(t)= A_0 + \sum_{n=1}^{\infty} A_n \sin\left(\frac{2n\pi t}{P}+\phi_n\right) \tag{6.4-5}$$

여기에서 $A_0 = \frac{a_0}{2}$, $A_n =+\sqrt{a_n^2+b_n^2}$, $\phi_n = \tan^{-1}\frac{a_n}{b_n}$로 구해진다.

예제 6.5 — 다음 그림과 같이, 폭이 π이고 부호가 교대로 바뀌는 단위 펄스들로 구성된 펄스열(pulse train) 에 대한 퓨리에 급수를 구하라. 함수는 다음과 같이 정의된다.

$$f(t)=\begin{cases}1 & 0<t<\pi \\ -1 & \pi<t<2\pi\end{cases}$$

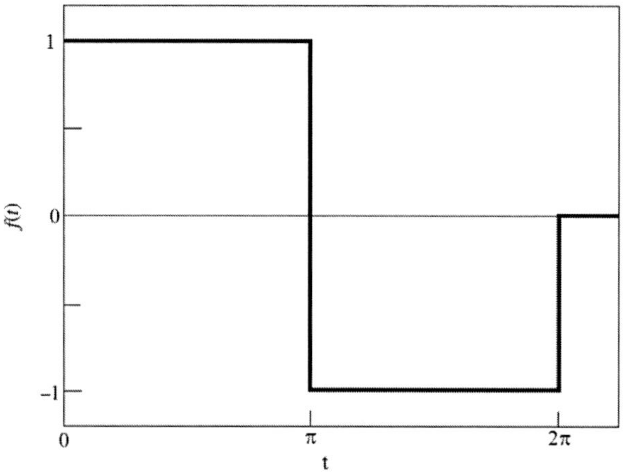

풀이 그림과 식에서 알 수 있는 바와 같이 주기 P는 2π이며 위에 주어진 방법을 이용하여 푸리에 계수를 구하면 다음과 같다.

$$a_n = 0 \quad \text{for } all\ n$$

$$b_n = \frac{4}{n\pi} \quad \text{for } odd\ n$$

$$b_n = 0 \quad \text{for } even\ n$$

따라서, 정의에 따라 푸리에 급수는 다음과 같이 구할 수 있다.

$$f(t) = \frac{\pi}{4}\left(\sin t + \frac{\sin 3t}{3} + \frac{\sin 5t}{5} + \cdots\right)$$

위의 식에서 알 수 있는 바와 같이 주어진 함수의 푸리에 급수는 Sine 항들만의 합으로 주어진다. 이는 그림에서 알 수 있는 바와 같이 주어진 함수가 기함수이기 때문이다.

6.4.2 주기적인 가진함수에 대한 정상상태 응답

선형 특성을 가진 진동계에 가해진 가진 함수 $f(t)$가 임의의 주기를 가진 주기함수인 경우, 이 함수는 주기적으로 작용하는 일반적인 힘은 정현함수와 여현함수의 합으로 표시할 수 있고 대상 시스템이 선형임을 고려하면, 1자유도 시스템의 응답은 푸리에 급수의 각 항에 대한 응답을 계산하고 그 결과를 중첩하여 구할 수 있다. 이 과정은 1자유도 시스템에 대한 입력이 하나의 사인과 코사인 항의 합으로 이루어졌던 바닥가진 문제의 해를 구하는 과정과 비슷하다. 이것이 중첩과 푸리에 급수를 같이 이용하여, 임의의 주기입력에 대한 해를 구하는 방법이다.

다음과 같은 1자유도 점성감쇠 진동계를 고려하자.

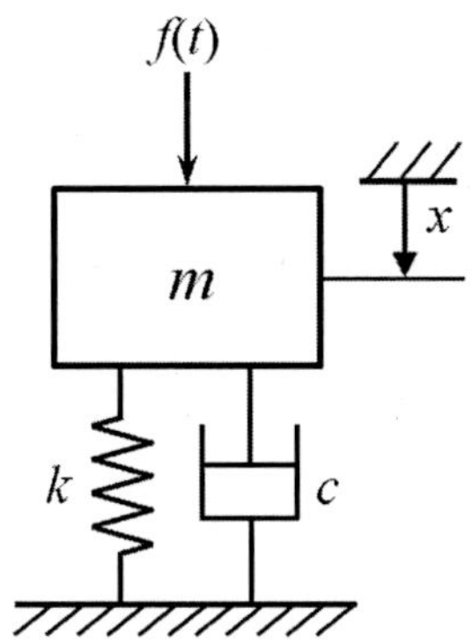

그림 6.3 | 1자유도 점성감쇠 진동계

이 진동계의 운동방정식은 다음 식으로 주어진다.

$$m\ddot{x}(t)+c\dot{x}(t)+kx(t)=f(t) \tag{6.4-6}$$

만약 $f(t)$가 주기함수이며 식 (6.4-1)과 같이 나타낼 수 있다고 가정하면 특수해 $x_p(t)$는 다음과 같이 쓸 수 있다.

$$x_p(t)= x_1(t)+ \sum_{n=1}^{\infty}[x_{cn}(t)+x_{sn}(t)] \tag{6.4-7}$$

여기서 특수해 $x_1(t)$는 다음 식을 만족하여야 한다.

$$m\ddot{x}_0(t)+ cx_0(t)+ kx_0(t)= \frac{a_0}{2} \tag{6.4-8}$$

특수해 $x_{cn}(t)$, $x_{sn}(t)$는 모든 n에 대해 각각 다음 식을 만족한다.

$$m\ddot{x}_{cn}(t)+ c\dot{x}_{cn}(t)+ kx_{cn}(t)= a_n\cos n\omega_P t \tag{6.4-9}$$

$$m\ddot{x}_{sn}(t)+c\dot{x}_{sn}(t)+ kx_{sn}(t)= b_n\sin n\omega_P t \tag{6.4-10}$$

이 식에서 $\omega_P = 2\pi/P$를 해당 푸리에 급수의 기본 주파수(Fundamental Frequency)라고 한다. 식 (6.4-9)과 (6.4-10)의 해는 5.3절에서 계산됐고, 식 (6.4-8)의 해는 6.3절에서 계산됐다. 만일 시스템이 영이 아닌 초기조건을 갖게 되면, 그것도 고려해야 한다.

식 (6.4-8)의 특수해는 예제 6.3에서 $F_0 = a_0/2$ 인 경우에 계산된 계단응답과 같고, 그 결과는 다음과 같다.

$$x_0(t) = \frac{a_0}{2k} \tag{6.4-11}$$

식 (6.4-9)의 특수해는 식 (5.3-20)에 의해 다음과 같이 얻어진다.

$$x_{cn}(t) = \frac{a_n/m}{[[w_n^2 - (nw_P)^2]^2 + (2\zeta w_n nw_P)^2]^{1/2}} cos(n\omega_P t - \theta_n) \tag{6.4-12}$$

이 되고, 여기서 θ_n 은 다음과 같이 주어진다.

$$\theta_n = \tan^{-1}\frac{2\zeta w_n nw_P}{w_n^2 - (nw_P)^2} \tag{6.4-13}$$

마찬가지로 식 (6.4-10)의 특수해는 다음과 같이 계산된다.

$$x_{sn}(t) = \frac{b_n/m}{[[w_n^2 - (nw_P)^2]^2 + (2\zeta w_n nw_P)^2]^{1/2}} \sin(n\omega_P t - \theta_n) \tag{6.4-14}$$

그러면 식(6.4-6)의 전체 특수해는 식 (6.4-7)에서 보듯이 식 (6.4-12), (6.4-13) 및 (6.4-14)의 합으로 주어진다. 또한, 위 식들에서 알 수 있는 바와 같이 $x_{cn}(t)$ 와 $x_{sn}(t)$ 의 크기(Amplitude) X_{cn} 과 X_{sn} 은 다음 식과 같이 나타낼 수 있다.

$$X_{cn} = \frac{a_n}{m\sqrt{[w_n^2 - (nw_P)^2]^2 + (2\zeta w_n nw_P)^2}} = \frac{a_n}{M_n} \tag{6.4-15}$$

$$X_{sn} = \frac{b_n}{m\sqrt{[w_n^2 - (nw_P)^2]^2 + (2\zeta w_n nw_P)^2}} = \frac{b_n}{M_n} \tag{6.4-16}$$

전체 해 $x(t)$ 는 위에서 계산한 특수해 $x_p(t)$ 와 4.3절에서 구한 제차해의 합으로 표시된다. 부족감쇠의 경우 $(0 < \zeta < 1)$, 이 해는 다음 식과 같이 구해지고, 여기서 A 와 ϕ 는 초기조건에 의해 결정된다.

$$x(t) = Ae^{-\zeta w_n t}\sin(w_d t + \phi) + \frac{a_0}{2k} + \sum_{n=1}^{\infty}[x_{cn}(t) + x_{sn}(t)] \tag{6.4-17}$$

가 되고, 여기서 A와 ϕ는 초기조건에 의해 결정된다. 단순조화입력의 경우와 마찬가지로 과도응답을 나타내는 상수 A와 ϕ는 자유응답에 대한 계산 결과와는 달라진다. 그 이유는 식 (6.3-16)의 과도항 응답 중 일부는 초기조건에 의한 것이고, 나머지 일부는 가진력 $f(t)$에 의한 것이기 때문이다.

위에서 알 수 있는 바와 같이 일반적인 주기함수로 주어진 가진력에 대한 응답을 구하기 위해서는 우선 이 함수에 각각 서로 다른 주파수를 가진 조화함수들이 어떤 크기를 가지고 포함되어 있는지에 대한 정보를 알아야 한다. 이와 같이 각각의 주파수에 대한 크기 정보를 그래프 형태로 표현한 것을 주파수 스펙트럼(Frequency Spectrum)이라 한다.

예를 들어 위의 예제에서 주어진 가진력 $f(t)$에 대한 스펙트럼을 $0 \sim 10\,rad/s$ 구간에서 구하면 다음과 같다.

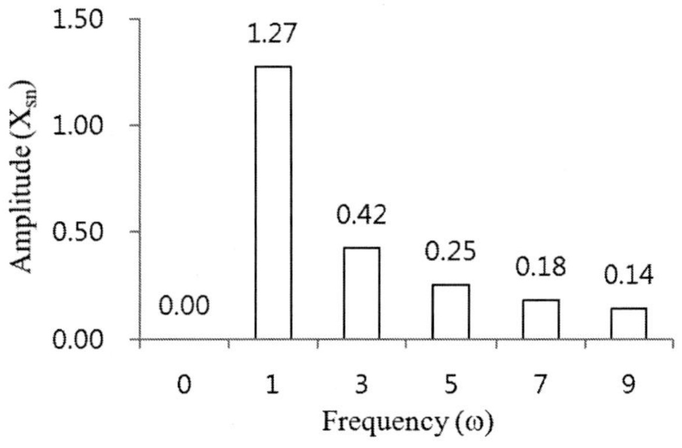

그림 6.4 | 예제 6.5의 가진력의 스펙트럼

그러나 이 스펙트럼만으로는 시스템에서 나타나는 응답을 알 수 없고 이를 파악하기 위해서는 각 주파수에 해당하는 가진력에 대한 진동계의 응답 특성을 같이 고려해야 한다. 이 응답 특성은 식 (6.3-14) 및 (6.3-15)의 분모 부분에 해당하는 것으로 뒷부분에서 다시 설명될 예정이다. 위에 설명된 과정을 통해서 일반 주기 가진력에 대한 진동계의 응답을 이론적으로 구하는 것은 상당히 복잡하고 어려운 작업이다. 최근에는 MATLAB이나 Simulink와 같은 전산 프로그램을 이용하면 입력에 대한 푸리에 급수를 구하고 각 항에 대한 응답을 각각 구하는 복잡한 과정없이 진동계의 전체 응답을 구하는 것이 가능하다. 그러나 Fourier 급수는 강제함수의 스펙트럼을 얻는데 사용할 수 있기 때문에 여전히 유용한 도구이다. 스펙트럼을 진폭비 M의 그래프와 비교해 보면, 만약 진동계 설계 시 강성과 감쇠 값을 선정하고 이를 통해 고유진동수를 선정하는 과정을 거친다면 설계된 진동계가 주어진 가진력에

의해 공진을 발생시킬 지를 판단할 수 있다.

일반적으로 가진 함수가 순수한 정현함수나 여현함수가 아닌 일반 주기함수인 경우 이 함수의 푸리에 급수는 가진함수의 기본 주파수보다 훨씬 높은 주파수 항들을 포함하게 되고 이 항들 중의 하나가 진동계의 고유진동수와 가까운 경우 공진이 발생할 수 있고 해당 주파수에서 진동계의 응답은 아주 크게 나타날 것이다.

예제 6.6 — 다음 그림과 같은 진동계에서 질량 $m=3kg$, 감쇠계수 $c=6\,Ns/m$이고 강성 $k=1200\,N/m$라고 한다. 이 진동계에 다음 그림과 같은 가진력이 작용했을 경우 나타나는 정상상태 응답을 구하여라.

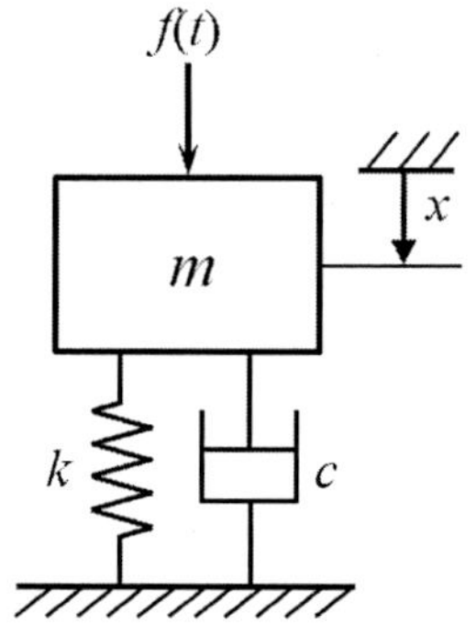

풀이 위의 그림에 주어진 가진력 함수는 기함수이며 이에 대한 푸리에 급수는 다음 식과 같이 주어진다.

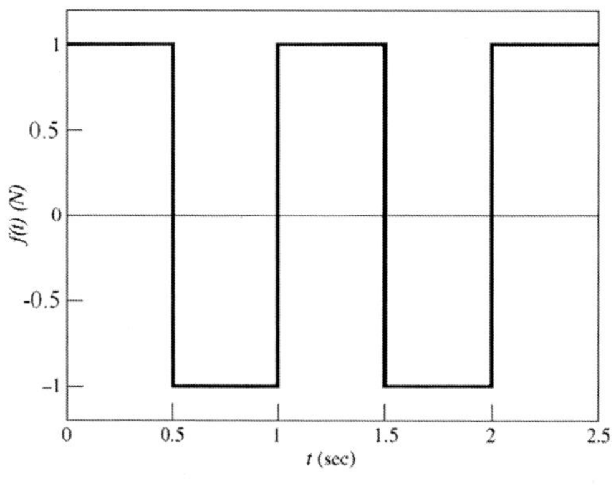

$$f(t)=\frac{80}{\pi}\left(\sin 2\pi t+\frac{\sin 6\pi t}{3}+\frac{\sin 10\pi t}{5}+\frac{\sin 14\pi t}{7}+\cdots\right)$$

따라서, 기본 주기와 주파수는 각각 1sec 및 $2\pi\, rad/\sec$이다. 또한 진동계의 고유진동수는 $\omega_n=\sqrt{k/m}=20 rad/\sec$이다. 가진력의 푸리에 급수 중 2번째 항의 주파수가 $6\pi\, rad/\sec$로 고유진동수에 가까워 해당 주파수에서 큰 응답이 나타날 것으로 예상된다.

주어진 n에 대하여 식 (6.3-13), (6.3-15) 및 (6.3-16)을 이용하여 M_n, θ_n, X_{cn} 및 X_{sn}을 구한 다음 정리한 결과가 다음 표에 주어져 있다.

n	$n\omega_P$	a_n	b_n	M_n	X_{cn}	X_{sn}	θ_n
1	2π	0	$80/\pi$	9.0×10^{-4}	0	2.35×10^{-2}	-0.0348
3	6π	0	$80/3\pi$	5.7×10^{-3}	0	4.84×10^{-2}	-0.701
5	10π	0	$80/5\pi$	6.0×10^{-4}	0	2.90×10^{-3}	-3.035
7	14π	0	$80/7\pi$	2.0×10^{-4}	0	8.00×10^{-4}	-3.084

이 표에 주어진 값들을 이용하여 진동계의 정상상태 응답은 다음과 같이 나타낼 수 있다.

$$x(t)= X_{s1}(\sin 2\pi t+\theta_1)+X_{s3}(\sin 6\pi t+\theta_3)+X_{s5}(\sin 10\pi t+\theta_5)+X_{s7}(\sin 14\pi t+\theta_7)+\cdots$$

표에서 알 수 있는 바와 같이 주파수가 6π에 대한 응답의 크기가 가장 크게 나타남을 알 수 있다.

6.5 Laplace 변환

6.5.1 Laplace 변환에 의한 자유응답

1자유도 시스템의 강제조화응답을 구하는 한 방법으로 라플라스 변환(Laplace Transform)이 2.3절에서 간단히 소개된 바 있다. 라플라스 변환 기법은 주기적인 가진력이나 비주기적인 가진력을 막론하고 다양한 가진력에 대한 시스템의 응답을 계산할 때 한층 더 유용하다. 미분방정식을 풀 때, 특히 강제응답을 계산할 때 라플라스 변환표를 이용할 수 있으므로 라플라스 변환 기법이 쓸모있다. 라플라스 변환표를 사용함으로써, 강제진동 문제의 해는 결국 대수 계산과 표찾기를 이용하여 구할 수 있다. 또 라플라스 변환 방법은 특별한 이론적 장점이 있고 실험에서 진동 측정 시 매우 유용한 식을 제공한다.

예제 6.7 — 다음 그림과 같은 진동계에서 초기조건 $x(0)=0,\ \dot{x}(0)=\omega_n^2$ 에 의한 자유진동응답을 구하라.

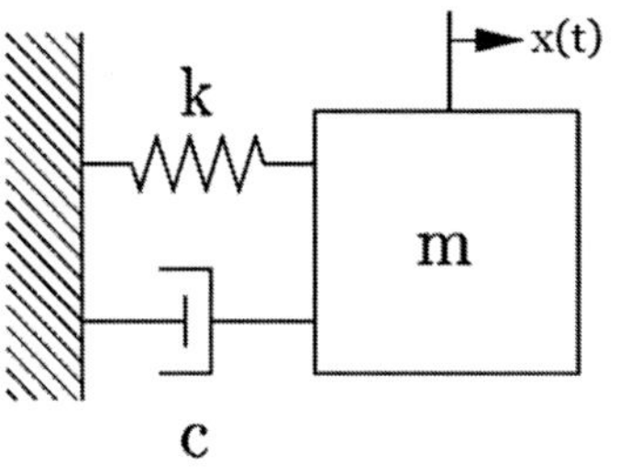

풀이 질량에 대한 자유물체도를 그리고 운동방정식을 유도하면 다음과 같다.

$$m\ddot{x}+c\dot{x}+kx=0$$

무차원 변수를 이용하여 위의 변환된 운동방정식을 변환하면 다음 식을 얻을 수 있다.

$$\ddot{x}+2\zeta\omega_n\dot{x}+\omega_n^2x=\omega_n^2y(t)$$

4장에서 공부한 바와 같이 여기에서 $\zeta=\dfrac{c}{2\sqrt{mk}}$, $\omega_n=\sqrt{\dfrac{k}{m}}$ 로 정의된다.

운동방정식을 Laplace 변환하고 초기조건을 대입한 후 $X(s)$를 구한다.

$$s^2X(s)-s\,x(0)-\dot{x}(0)+2\zeta\omega_n[s\,X(s)-x(0)]+\omega_n^2X(s)=0$$

$$s^2X(s)-\omega_n^2+2\zeta\omega_n s\,X(s)+\omega_n^2X(s)=0$$

$$[s^2+2\zeta\omega_n s+\omega_n^2]X(s)=\omega_n^2$$

$$X(s)=\frac{\omega_n^2}{s^2+2\zeta\omega_n s+\omega_n^2}=\frac{\omega_n^2}{(s+\zeta\omega_n)^2+\omega_n^2(1-\zeta^2)}$$

Laplace 역변환을 통하여 자유진동 응답을 구한다.

$$x(t)=\frac{\omega_n}{\sqrt{1-\zeta^2}}e^{-\zeta\omega_n t}\sin\omega_n\sqrt{1-\zeta^2}\,t$$

6.5.2 Laplace 변환에 의한 강제응답

점성감쇠를 가진 1자유도 진동계의 선형 모델은 선형 시불변 시스템에서 나타날 수 있는 거동은 시스템의 특성방정식의 근의 형태에 따라 결정되며 그 형태는 4장에서 공부한 바와 같이 1) 서로 다른 실수 2) 실수 중근 3) 서로 다른 공액 복소수 쌍 등 세 종류 중의 하나가 된다. 이러한 각각의 경우에 대하여 라플라스 변환을 이용하여 강제 응답을 구하는 과정을 살펴보자.

아래 그림에 주어진 1자유도 점성감쇠 진동계의 운동방정식은 다음 식과 같다.

$$m\ddot{x}+c\dot{x}+kx=f(t) \tag{6.5-1}$$

이 운동방정식의 양 변에 라플라스 변환을 적용하면 다음과 같다.

$$\int_0^\infty (m\ddot{x}+c\dot{x}+kx)e^{-st}\,dt=\int_0^\infty f(t)e^{-st}\,dt \tag{6.5-2}$$

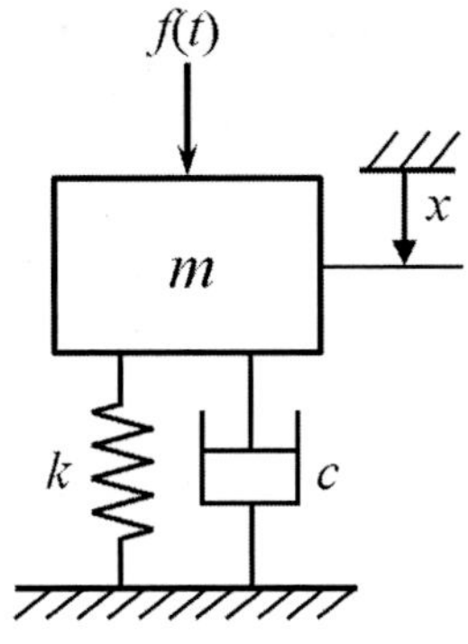

그림 6.5 | 1자유도 점성감쇠 진동계

이 식을 선형 특성을 이용하여 다시 쓰면 다음과 같다.

$$m\int_0^\infty \ddot{x}e^{-st}\,dt+c\int_0^\infty \dot{x}e^{-st}\,dt+k\int_0^\infty xe^{-st}\,dt=\int_0^\infty f(t)e^{-st}\,dt \tag{6.5-3}$$

2장에서 배운 라플라스 변환의 성질을 이용하면 다음과 같은 복소 변수 대수방정식을 얻을 수 있다.

$$m\left[s^2X(s)-sx(0)-\dot{x}(0)\right]+c\left[sX(s)-x(0)\right]+kX(s)=F(s) \tag{6.5-4}$$

이 식을 다시 정리하면 다음과 같다.

$$(ms^2+cs+k)X(s)=mx(0)s+m\dot{x}(0)+cx(0)+F(s) \tag{6.5-5}$$

이 대수방정식을 $X(s)$에 대하여 풀면 다음과 같다.

$$X(s)=\frac{mx(0)s+m\dot{x}(0)+cx(0)}{ms^2+cs+k}+\frac{F(s)}{ms^2+cs+k} \tag{6.5-6}$$

위 식의 우변에서 첫째 항은 초기조건에 의한 자유응답이고 둘째 항은 가진력 $f(t)$에 의한 강제응답이다. 따라서 진동계의 자유응답에 대한 Laplace 변환은 다음과 같이 주어진다.

$$X_{free}(s)= \frac{mx(0)s + m\dot{x}(0)+ cx(0)}{ms^2 + cs + k} \tag{6.5-7}$$

가진력 $f(t)$에 의한 강제응답의 Laplace 변환은 아래의 식으로 표현된다.

$$X_{forced}(s)= \frac{F(s)}{ms^2 + cs + k} \tag{6.5-8}$$

이 식을 다시 쓰면 다음과 같이 쓸 수 있다.

$$\frac{X_{forced}(s)}{F(s)} = \frac{1}{ms^2 + cs + k} \tag{6.5-9}$$

이 식은 2장에서 공부했던 바와 같이 그림 6.5와 같은 시스템의 전달함수와 동일하고 이 식을 이용하면 임의의 가진력에 대한 응답을 구할 수 있다.

식 (6.3-2)로부터 진동계의 특성방정식과 그 근들은 다음과 같이 정의된다.

$$ms^2 + cs + k = 0 \Rightarrow s = \frac{-c \pm \sqrt{c^2 - 4mk}}{2m} \tag{6.5-10}$$

Laplace 역변환을 통하여 자유응답을 구하면 다음과 같다.

$$x_{free}(t)= \mathcal{L}^{-1}\left[\frac{mx(0)s + m\dot{x}(0)+ cx(0)}{ms^2 + cs + k}\right] \tag{6.5-11}$$

강제응답은 다음 식과 같이 라플라스 역변환을 이용하여 정의할 수 있다.

$$x_{forced}(t)= \mathcal{L}^{-1}\left[\frac{F(s)}{ms^2 + cs + k}\right] \tag{6.5-12}$$

위의 두 응답을 2 장에서 공부했던 라플라스 변환표를 이용하여 구하기 위해서는 역변환이 필요한 항들을 변환표에 주어진 항들로 전개하여야 한다. 이 전개 형태가 특성방정식의 근의 형태에 따라 결정되므로 이런 과정을 위해서는 근이 어떤 형태인지 알아야 한다. 아울러 $F(s)$도 알아야 하고 이를 위해 $f(t)$도 알아야 한다. 다음으로 다양한 가진력 $f(t)$에 의한 강제응답을 구하는 과정을 고찰한다.

1) 계단함수 형태의 가진력의 경우

$f(t) = M\,u_s(t)$인 경우, $F(s) = M/s$로 구할 수 있으며 강제응답의 라플라스 변환 $X_{forced}(s)$는 다음과 같다.

$$X_{forced}(s) = \frac{M}{s(ms^2 + cs + k)} \tag{6.5-13}$$

이 경우 분모 부분의 근이 특성방정식의 근과 $s = 0$이 된다. 위에서 알 수 있는 바와 같이 진동계의 특성방정식의 근과 $F(s)$ 형태에 따라 전개 형태가 결정된다.

만약 분모 부분의 근이 서로 다른 실근인 경우 자유응답의 라플라스 변환은 다음과 같이 주어진다.

$$X(s) = \frac{N(s)}{(s+r_1)(s+r_2)\cdots(s+r_n)} \tag{6.5-14}$$

여기서 $r_1 \sim r_n$는 특성방정식의 근이고 위 식은 다음과 같이 전개할 수 있다.

$$X(s) = \frac{C_1}{s+r_1} + \frac{C_2}{s+r_2} + \cdots + \frac{C_n}{s+r_n} \tag{6.5-15}$$

여기서 계수 C_i 는 다음 식으로 구할 수 있다.

$$C_i = \lim_{s \to -r_i} \left[X(s)(s+r_i) \right] \tag{6.5-16}$$

해는 Laplace 역변환을 통하여 다음과 같이 구해진다.

$$x(t) = C_1 e^{-r_1 t} + C_2 e^{-r_2 t} + \cdots + C_n e^{-r_n t} \tag{6.5-17}$$

예제 6.8 — **다음 그림과 같은 진동계에서 $c = 0$ 라고 하고 다음의 단위계단 함수 입력이 가해진 경우에 대한 응답을 구하여라. 초기조건 $x(0) = 0$, $\dot{x}(0) = 0$ 으로 가정한다.**

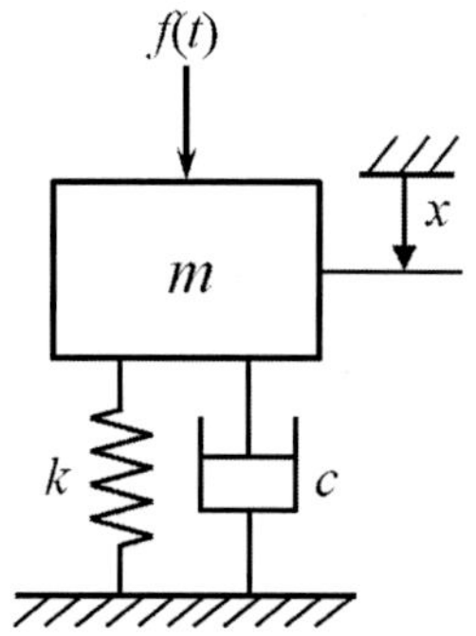

풀이 질량에 대한 자유물체도를 그리고 운동방정식을 유도하면 다음과 같다.

$$m\ddot{x}+kx=u_s(t)$$

양변에 라플라스 변환을 취하면 다음과 같다.

$$(ms^2+k)X(s)=1/s$$

이 대수방정식을 풀면 다음과 같은 해를 구한다.

$$X(s)=\frac{1}{s(ms^2+k)}=\frac{1/m}{s(s^2+\omega_n^2)}$$

부분 분수로 전개하고 Laplace 역변환을 통하여 자유진동 응답을 구한다.

$$x(t)=\frac{1/m}{\omega_n^2}(1-\cos\omega_n t)=\frac{1}{k}(1-\cos\omega_n t)$$

예제 6.9 — **다음 운동방정식으로 모델링되는 진동계의 초기변위 및 초기속도가 각각 2.0m, 5.0 m/s 라고 할 때 응답을 구하여라.**

$$2\ddot{x}+10\dot{x}+8x=10u_s(t)$$

풀이 양변에 라플라스 변환을 적용하면 다음의 식을 얻을 수 있다.

$$2\left[s^2X(s)-sx(0)-\dot{x}(0)\right]+10\left[sX(s)-sx(0)\right]+8X(s)=\frac{10}{s}$$

양변에 s를 곱한 다음 정리하면 다음 식을 얻을 수 있다.

$$s(2s^2+10s+8)X(s)=4s^2+30s+10$$

이 식을 풀면 $X(s)$는 다음과 같이 구할 수 있다.

$$X(s)=\frac{2s^2+15s+5}{s(s^2+5s+4)}=\frac{2s^2+15s+5}{s(s+1)9s+4}$$

분모 부분의 근이 $s=0$, $s=-1$및 $s=-4$이므로 부분분수 전개를 통해 $X(s)$를 다음과 같이 나타낼 수 있다.

$$X(s)=\frac{C_1}{s}+\frac{C_2}{s+1}+\frac{C_3}{s+4}$$

식 (6.3-1)을 이용하면 계수들은 다음과 같이 얻어진다.

$$C_1 = \lim_{s\to 0} X(s)s = \lim_{s\to 0}\frac{2s^2+15s+5}{(s+1)(s+4)} = \frac{5}{4}$$

$$C_2 = \lim_{s\to -1} X(s)(s+1) = \lim_{s\to -1}\frac{2s^2+15s+5}{s(s+4)} = \frac{8}{3}$$

$$C_3 = \lim_{s\to -4} X(s)(s+4) = \lim_{s\to -4}\frac{2s^2+15s+5}{s(s+1)} = -\frac{23}{12}$$

따라서, 진동계의 전체 응답은 다음과 같이 주어진다.

$$x(t) = \frac{5}{4} + \frac{8}{3}e^{-t} - \frac{23}{12}e^{-4t}$$

만약 분모 부분의 근 중 p개의 근은 같은 값 $s=-r_1$을 갖고 나머지 $n-p$ 개의 근은 서로 다른 실근을 갖는다고 가정하면 $X(s)$는 다음과 같이 구해진다.

$$X(s) = \frac{N(s)}{(s+r_1)^p(s+r_{p+1})(s+r_{p+2})\cdots(s+r_n)} \tag{6.5-18}$$

위 식은 다음과 같이 전개할 수 있다.

$$X(s) = \frac{C_1}{(s+r_1)^p} + \frac{C_2}{(s+r_1)^{p-1}} + \cdots + \frac{C_p}{s+r_1} + \frac{C_{p+1}}{s+r_{p+1}} + \cdots + \frac{C_n}{s+r_n} \tag{6.5-19}$$

여기서 중복된 근의 계수들은 다음 식으로 구할 수 있다.

$$C_i = \lim_{s\to -r_i}\left\{\frac{1}{(i-1)!}\frac{d^{i-1}}{ds^{i-1}}\left[X(s)(s+r_i)^p\right]\right\} \quad i = 1,2,\cdots,p \tag{6.5-20}$$

중복되지 않은 근의 계수들은 식 (6.5-16)을 이용하여 구할 수 있다. 또한 전체 해는 Laplace 역변환을 통하여 다음과 같이 구해진다.

$$\begin{aligned} x(t) &= C_1\frac{t^{p-1}}{(p-1)!}e^{-r_1t} + C_2\frac{t^{p-2}}{(p-2)!}e^{-r_1t} + \cdots \\ &+ C_pe^{-r_1t} + C_{p+1}e^{-r_{p+1}t} + \cdots + C_ne^{-r_nt} \end{aligned} \tag{6.5-21}$$

예제 6.10 — 초기변위 및 초기속도가 모두 '0'인 진동계가 다음 운동방정식으로 모델링 된다고 할 때 응답을 구하여라.

$$\ddot{x} + 4\dot{x} + 4x = 2u_s(t)$$

풀이 양변에 라플라스 변환을 적용하면 다음의 식을 얻을 수 있다.

$$s^2X(s)+4sX(s)+4X(s)=\frac{2}{s}$$

이 식을 풀면 $X(s)$는 다음과 같이 구할 수 있다.

$$X(s)=\frac{2}{s(s^2+4s+4)}=\frac{2}{s(s+2)^2}$$

분모 부분의 근이 $s=0, s=2$ 및 $s=2$로 $s=2$는 이중근이고 따라서 부분분수 전개를 통해 $X(s)$를 다음과 같이 나타낼 수 있다.

$$X(s)=\frac{C_1}{s}+\frac{C_2}{(s+2)^2}+\frac{C_3}{s+2}$$

식 (6.3-1)을 이용하면 계수들은 다음과 같이 얻어진다.

$$C_1=\lim_{s\to 0}X(s)s=\lim_{s\to 0}\frac{2}{(s+2)^2}=\frac{1}{2}$$

$$C_2=\lim_{s\to -2}X(s)(s+2)^2=\lim_{s\to -2}\frac{2}{s}=-1$$

$$C_3=\lim_{s\to -2}\frac{d}{ds}[X(s)(s+2)^2]=\lim_{s\to -2}\frac{d}{ds}\left(\frac{2}{s}\right)=\lim_{s\to -2}\frac{-2}{s^2}=-\frac{1}{2}$$

따라서, 진동계의 전체 응답은 다음과 같이 주어진다.

$$x(t)=0.5-te^{-2t}-0.5e^{-2t}$$

분모 부분의 근이 공액 복소수 쌍일 경우 중복된 근이 없으므로 기본적으로 식(6.5-15)를 적용하지만 근이 복소수이므로 적용에 주의하여야 한다. 다음 예제를 통하여 이 과정을 설명한다.

예제 6.11 — 다음 그림에 주어진 진동계에서 질량 초기변위 및 초기속도가 모두 '0'인 진동계가 다음 운동방정식으로 모델링된다고 할 때 응답을 구하여라.

$$\ddot{x}+8\dot{x}+20x=2u_s(t)$$

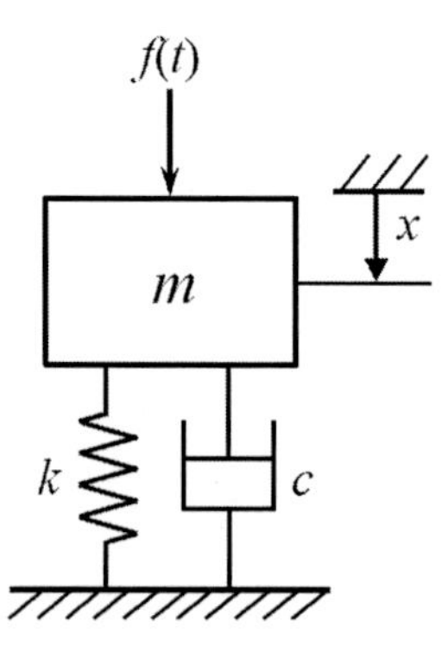

풀이 양변에 라플라스 변환을 적용하면 다음의 식을 얻을 수 있다.

$$s^2X(s)+8sX(s)+20X(s)=\frac{2}{s}$$

이 식을 풀면 $X(s)$는 다음과 같이 구할 수 있다.

$$X(s)=\frac{2}{s[(s+4)^2+4]}$$

라플라스 변환표를 사용하기 위하여 분모 부분을 다음과 같이 전개한다.

$$X(s)=\frac{C_1}{s}+C_2\frac{s+4}{(s+4)^2+4}+C_3\frac{2}{(s+4)^2+4}$$

식 (6.5-16)을 이용하면 계수C_1은 다음과 같이 얻어진다.

$$C_1=\lim_{s\to0}X(s)s=\lim_{s\to0}\frac{2}{(s+4)^2+4}=\frac{1}{10}$$

위의 가정된 $X(s)$를 하나의 분수로 표현하면 다음과 같다.

$$X(s)=\frac{C_1[(s+4)^2+4]+C_2s(s+4)+2C_3s}{s[(s+4)^2+4]}$$

이 식을 다시 정리하면 다음과 같다

$$X(s)=\frac{(C_1+C_2)s^2+2(4C_1+2C_2+C_3)s+20C_1}{s[(s+4)^2+4]}$$

이 식을 원래 $X(s)$와 비교하면 다음과 같은 식을 얻을 수 있다.

$$C_1+C_2=0\Rightarrow C_2=-1/10$$

$$4C_1+2C_2+C_3=0\Rightarrow C_3=-1/10$$

따라서, 진동계의 전체 응답은 다음과 같이 주어진다.

$$x(t)=\frac{1}{10}(1-e^{-4t}\cos2t-e^{-4t}\sin2t)$$

분모 부분이 공액 복소수 근을 갖는 경우에는 위에서 설명한 방법 외에도 다른 방법을 이용해서 응답을 표시할 수도 있다. 특성방정식의 근이 $s=-a\pm ib$는 다음 식과 같이 표현할 수도 있다.

$$s=-\zeta\omega_n\pm i\omega_n\sqrt{1-\zeta^2} \tag{6.5-22}$$

이 경우 $a=-\zeta\omega_n$이고 $b=\omega_n\sqrt{1-\zeta^2}$이므로 응답은 다음 식과 같이 쓸 수 있다.

$$x(t)=\frac{1}{k}\left[\frac{1}{\sqrt{1-\zeta^2}}e^{-\zeta\omega_n t}\sin(\omega_d t+\phi)+1\right] \tag{6.5-23}$$

이 식에서 ϕ와 ω_d는 다음과 같이 정의된다.

$$\phi = \tan^{-1}\left(\frac{\sqrt{1-\zeta^2}}{\zeta} + \pi\right),\ \omega_d = \omega_n\sqrt{1-\zeta^2} \tag{6.5-24}$$

따라서, 계단 입력에 대한 진동계의 전체 응답 특성은 ζ와 ω_n에 의해 결정된다. 예를 들어 ω_n을 일정하게 유지한 상태에서 ζ를 증가시키면 응답은 반응이 느리며 정상상태의 값을 초과하는 현상이 감소한다. 또한 임계감쇠인 $\zeta=1$인 경우에 진동 없이 가장 빨리 정상상태에 도달하게 된다. ζ가 1 이하로 감소함에 따라 초과가 발생하며 정상상태 값을 기준으로 진동하게 된다. 또한 ζ가 감소할수록 초과가 증가하며 진동이 없어지는데 많은 시간이 소요된다.

반면에 ζ를 일정하게 유지한 상태에서 ω_n을 감소 또는 증대시키면 정상상태 값을 기준으로 하는 진동의 속도가 감소 또는 증가하게 된다.

이 외에도 1자유도 점성감쇠 진동계의 계단 입력에 대한 과도응답과 정상상태 응답의 특성이 ζ와 ω_n에 의해 결정된다. 역으로 주어진 진동계에 대해 실험 또는 수치해석을 통하여 얻어진 계단응답 특성을 이용하여 진동계의 특성을 파악하는 방법도 이용되고 있다.

2) 지수함수 형태의 가진력의 경우

가진력이 $f(t) = Be^{-at}$인 경우 $F(s) = B/(s+a)$로 주어지며 강제응답의 라플라스 변환은 다음과 같다.

$$X_{forced}(s) = \frac{B}{(s+a)(ms^2+cs+k)} \tag{6.5-25}$$

이 경우 분모 부분의 근이 특성방정식의 근과 $s=-a$이 된다. 진동계에 가해진 가진력이 지수함수인 경우에도 식 (6.5-12)와 (6.5-11)를 이용하여 전체 응답을 구할 수 있다. 이 과정은 다음의 예제를 이용하여 설명한다.

예제 6.12 — 운동방정식 $2\ddot{x}+8\dot{x}+6x=8te^{-10t}$로 모델링되는 진동계의 초기변위 및 초기속도가 모두 '0'이라고 할 때 응답을 구하여라.

풀이 양변에 라플라스 변환을 적용하면 다음의 식을 얻을 수 있다.

$$2s^2X(s)+8sX(s)+6X(s) = \frac{8}{(s+10)^2}$$

이 식을 풀면 $X(s)$는 다음과 같이 구할 수 있다.

$$X(s) = \frac{4}{(s+10)^2(s^2+4s+3)} = \frac{4}{(s+10)^2(s+3)(s+1)}$$

분모 부분의 근은 $s=-1, s=-3$ 및 $s=10$(이중근)으로 주어진다. 따라서, 라플라스 변환표를 사용하기 위하여 분모 부분을 다음과 같이 전개한다.

$$X(s)=\frac{C_1}{(s+10)^2}+\frac{C_2}{(s+10)}+\frac{C_3}{(s+3)}+\frac{C_4}{(s+1)}$$

식 (6.4-17)을 이용하면 계수 C_1은 다음과 같이 얻어진다.

$$C_1=\lim_{s\to-10}\frac{4}{(s+3)(s+1)}=\frac{4}{63}$$

$$C_2=\lim_{s\to-10}\frac{d}{ds}\left[\frac{4}{(s+3)(s+1)}\right]=\lim_{s\to-10}\frac{-4(2s+4)}{(s^2+4s+3)^2(s+1)}=\frac{64}{63^2}$$

$$C_3=\lim_{s\to-3}\frac{4}{(s+10)^2(s+1)}=-\frac{2}{49}$$

$$C_4=\lim_{s\to-1}\frac{4}{(s+10)^2(s+3)}=\frac{2}{81}$$

$$4C_1+2C_2+C_3=0\Rightarrow C_3=-1/10$$

따라서, 진동계의 전체 응답은 다음과 같이 주어진다.

$$x(t)=\frac{4}{63}te^{-10t}+\frac{64}{63^2}e^{-10t}-\frac{2}{49}e^{-3t}+\frac{2}{81}e^{-1t}$$

3) 조화함수 형태의 가진력의 경우

가진력 함수가 $f(t)=B\cos\omega t$ 또는 $f(t)=B\sin\omega t$이면 $F(s)=\dfrac{Bs}{s^2+\omega^2}$ 또는 $F(s)=\dfrac{B\omega}{s^2+\omega^2}$이고 $X_{forced}(s)$는 다음과 같다.

$$X_{forced}(s)=\frac{Bs}{(s^2+\omega^2)(ms^2+cs+k)} \tag{6.5-26}$$

$$X_{forced}(s)=\frac{B\omega}{(s^2+\omega^2)(ms^2+cs+k)} \tag{6.5-27}$$

이 경우 분모 부분의 근이 특성방정식의 근과 $s=\pm i\omega$이 된다. 가진력이 조화함수 형태로 주어진 경우에도 이미 5장에서 배운 방법 외에도 라플라스 변환을 이용하여 응답을 구할 수 있다. 이 경우에는 다음 예제에서 알 수 있는 바와 같이 위에서 설명한 식 (6.4-26)과 (6.4-27)을 적용하여야 한다.

예제 6.13 — 그림 6.5에 주어진 진동계에서 질량, 감쇠 및 강성이 각각 $1kg$, $6Ns/m$ 및 $34N/m$로 주어졌다고 한다. 초기변위 및 초기속도가 모두 '0'이고 가진력이 $f(t)=5\sin 6t$라고 할 때 응답을 구하여라.

풀이 문제에 주어진 내용을 이용하여 운동방정식을 유도하면 다음과 같다.

$$\ddot{x}+6\dot{x}+34x=5\sin 6t \quad x(0)=\dot{x}(0)=0$$

양변에 라플라스 변환을 적용하면 다음의 식을 얻을 수 있다.

$$s^2X(s)+6sX(s)+34X(s)=5\frac{6}{s^2+6^2}$$

이 식을 풀면 $X(s)$는 다음과 같이 구할 수 있다.

$$X(s)=\frac{30}{(s^2+6^2)(s^2+6s+34)}$$

라플라스 변환표를 사용하기 위하여 분모 부분을 다음과 같이 전개한다.

$$X(s)=C_1\frac{s+3}{(s+3)^2+25}+C_2\frac{5}{(s+3)^2+25}+C_3\frac{s}{s^2+36}+C_4\frac{6}{s^2+36}$$

이 식을 풀면 $X(s)$의 분자 부분은 다음 관계를 만족하여야 한다.

$$C_1(s+3)(s^2+36)+5C_2(s^2+36)+C_3s[(s+3)^2+25]+6C_4[(s+3)^2+25]=30$$

$$(C_1+C_3)s^3+(3C_1+5C_2+6C_3+6C_4)s^2+(36C_1+34C_3+36C_4)s+108C_1+180C_2$$
$$+204C_4=30$$

이 식을 풀면 $C_1 \sim C_4$는 다음과 같이 구해진다.

$$C_1=9/65,\ C_2=6/65,\ C_3=-9/65 \text{ and } C_4=-1/130$$

따라서, 진동계의 전체 응답 $x(t)$는 다음과 같이 주어진다.

$$x(t)=\frac{9}{65}e^{-3t}\cos 5t+\frac{6}{65}e^{-3t}\sin 5t-\frac{9}{65}\cos 6t-\frac{1}{130}\sin 6t$$

4) 임펄스 형태의 가진력의 경우

6.1절에서 공부했던 펄스 또는 임펄스 함수 형태 입력의 경우에도 라플라스 변환을 이용하여 응답을 구할 수 있다. 일반적인 펄스함수가 다음 그림에 설명되어 있다.

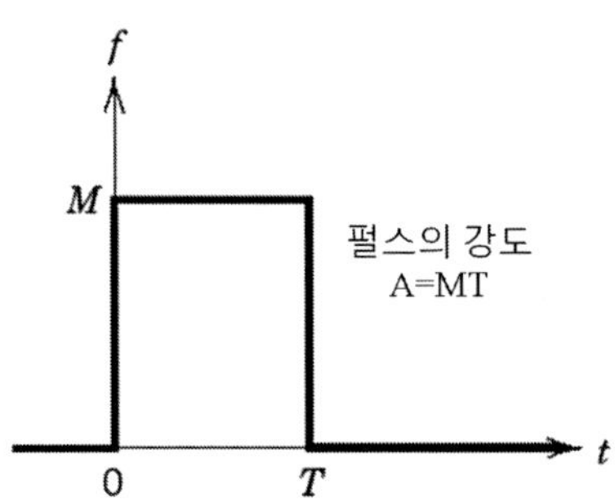

그림 6.6 | 사각 펄스 함수

위 그림의 사각 펄스를 수학적으로 나타내면 다음과 같다.

$$f(t)=\begin{cases} M & 0 \le t \le T \\ 0 & T < t \end{cases} \tag{6.5-28}$$

위 펄스 밑의 면적은 $A = MT$이며 이를 이 펄스의 강도라고 한다. 이 함수에 대한 라플라스 변환은 다음과 같이 구해진다.

$$F(s)= \int_0^T Me^{-st}dt = M\frac{1-e^{sT}}{s} \tag{6.5-29}$$

다음 그림은 위의 사각 펄스와 동일한 강도를 가진 임펄스 함수를 나타내고 있다.

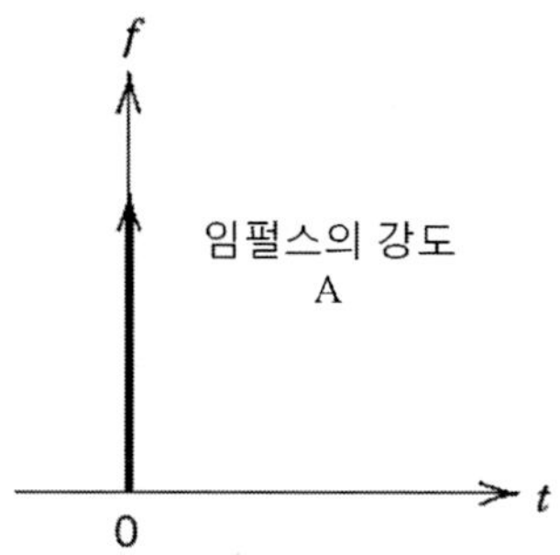

그림 6.7 | 임펄스 함수

그림 6.6의 사각 펄스에서 펄스의 강도를 동일하게 유지하면서 펄스의 폭 T를 '0'에 가깝게 하면 그림 6.7과 같은 임펄스 함수를 얻는다. 그림에서 알 수 있는 바와 같이 $M = A/T$로 주어지므로 L'Hôspital 정리를 적용하면 그림 6.7에 주어진 임펄스의 라플라스의 변환은 다음과 같다

$$F(s)= \lim_{T\to 0}\frac{A}{T}\frac{1-e^{-sT}}{s} = \lim_{T\to 0}\frac{Ase^{-sT}}{s} = A \tag{6.5-30}$$

이 식에서 A는 임펄스의 강도이며 $A = 1$이면 함수는 단위 임펄스가 된다.
다음과 같은 진동계를 고려해 보자

$$m\ddot{x} + c\dot{x} + kx = f(t) \tag{6.5-31}$$

만약 $f(t)= 0$라고 하면 위 식의 라플라스 변환은 다음과 같다.

$$(ms^2 + cs + k)X(s) = (ms + c)x(0) + m\dot{x}(0) \tag{6.5-32}$$

다른 경우로 초기 값들이 모두 '0'이고 단위 임펄스를 입력한 경우에는 다음과 같은 식을 얻는다.

$$(ms^2 + cs + k)X(s) = 1 \tag{6.5-33}$$

따라서 다음과 같은 조건이 만족되면 단위 임펄스를 특수한 초기 조건에 대한 자유응답과 동일함을 알 수 있다.

$$x(0) = 0,\ m\dot{x}(0) = 1 \tag{6.5-34}$$

임펄스는 두 물체가 충돌하는 과정에서 발생할 수도 있으며 위와 같은 관계를 충돌 현상을 이용하여 설명할 수도 있다. 충돌 과정에서 발생하는 현상은 다음 식과 같은 운동량-충격량의 원리를 이용하여 설명할 수 있다.

$$mv(t) - mv(0) = \int_0^t f(t)dt \tag{6.5-36}$$

이 식에서 좌변은 운동량의 변화량을 나타내고 우변은 $f(t)$에 의한 충격량을 나타낸다. 만약 $f(t)$가 강도가 A인 충격력이라면 $f(t) = A\delta(t)$ 로 표현할 수 있고 위 식은 다음과 같이 쓸 수 있다.

$$mv(t) = \int_0^t A\delta(t)dt = A\int_0^t \delta(t)dt = A \tag{6.5-37}$$

예제 6.14 — 다음 그림과 같은 부족감쇠 진동계에 임펄스 입력이 가해진 경우에 대한 응답을 구하여라. 초기조건 $x(0) = 0,\ \dot{x}(0) = 0$으로 가정한다.

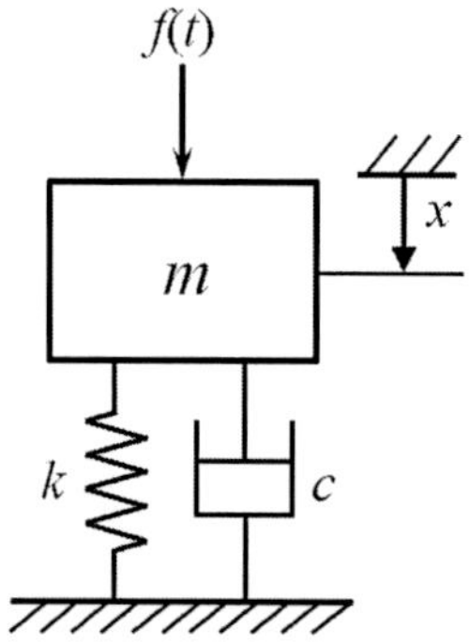

풀이 질량에 대한 자유물체도를 그리고 운동방정식을 유도하면 다음과 같다.

$$m\ddot{x}+c\dot{x}+kx=\delta(t)$$

양변에 라플라스 변환을 취하면 다음과 같다.

$$(ms^2+cs+k)X(s)=1$$

이 대수방정식을 풀면 다음과 같은 해를 구한다.

$$X(s)=\frac{1}{ms^2+cs+k}=\frac{1/m}{s^2+2\zeta\omega_n s+\omega_n^2}$$

부족감쇠의 경우 $\zeta<1$이고 라플라스 역변환을 적용하면 다음과 같이 $x(t)$를 구할 수 있다.

$$x(t)=\frac{1/m}{\omega_n\sqrt{1-\zeta^2}}e^{-\zeta\omega_n t}\sin(\omega_n\sqrt{1-\zeta^2}\,t)=\frac{1}{m\omega_d}e^{-\zeta\omega_n t}\sin\omega_d t$$

예제 6.14 — 다음 그림에 주어진 시스템에서 질량 $m_1=1kg, m_2=8kg$이며 m_1은 m_2에 부딪힌 후 튀어 나온다고 한다. 충돌이 완전탄성 충돌이라고 할 때 충돌 후 변위 $x(t)$를 구하여라.

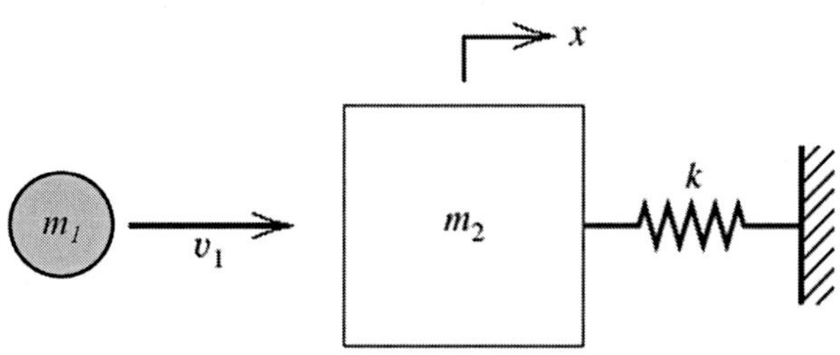

풀이 완전 탄성충돌인 경우, 충돌 후 질량 m_1의 속도는 다음 식과 같이 주어진다.

$$\frac{m_1-m_2}{m_1+m_2}v_1=-\frac{7}{9}v_1$$

따라서, m_1의 운동량의 변화 즉, m_2에 가해진 충격량은 다음과 같다

$$\int_0^t f(t)dt=-\frac{7}{9}v_1-v_1=-\frac{16}{9}v_1$$

결과적으로 m_2에 대한 운동방정식은 다음과 같이 주어진다.

$$8\ddot{x}+kx=\frac{16}{9}v_1\delta(t)$$

위 식에 라플라스 변환을 적용하고 m_2의 초기조건이 모두 '0'임을 고려하면 다음과 같은 식을 구할 수 있다.

$$(8s^2+k)X(s)=\frac{16}{6}v_1$$

$$(8s^2+k)X(s)=\frac{16v_1/9}{(8s^2+k)}=\frac{2v_1/9}{s^2+k/8}$$

따라서 m_2의 변위 $x(t)$는 다음과 같이 주어진다.

$$x(t)=\frac{2v_1}{9}\sqrt{\frac{8}{k}}\,sin\sqrt{\frac{k}{8}}\,t$$

6.6 랜덤입력에 대한 응답

이제까지 고려했던 모든 구동력은 시간에 대해서 확정적인(Deterministic) 함수였다. 이것은 시간 t가 정해지면 그 함수값 $F(t)$를 정확히 알 수 있다는 것이다. 이 절에서는 랜덤가진 입력(Random Force Input) $F(t)$를 받고 있는 시스템의 응답에 대해 알아본다. 어떤 주어진 시간 t에 대한 $F(t)$의 값이 통계적으로만 알려져 있을 때, 그 교란을 랜덤하다고 한다. 즉, 랜덤신호는 어떤 명확한 형태도 갖지 않는다. 랜덤신호에 대해서는 순수한 확정적 신호에서처럼 신호를 엄밀하게 해석할 수 없다. 따라서 랜덤신호는 그 통계적 성질에 의해 분류되고 처리된다.

진동해석에서의 랜덤성(randomness)은 동일한 환경에서 동일한 방법으로 수행된 일련의 실험이 각기 다른 응답을 보여주는 것이라고 생각할 수 있다. 그러한 진동을 기술하기 위해서는 하나의 기록 또는 시간 이력(Time History)만으로는 불충분하고, 오히려 모든 가능한 응답을 통계적으로 기술해야 한다. 이 경우에 진동응답 $x(t)$는 단일 신호로 생각해서는 안 되고, 동일조건(즉 동일한 시스템, 동일하게 제어된 환경, 동일한 시간구간)하에서 가능한 모든 시간 이력의 집합 또는 앙상블(Ensemble)로 고려해야한다. 그와 같은 앙상블의 한 요소를 표본함수(Sample Function)또는 표본응답이라 한다.

표 6.1(d)에 표시된 랜덤신호(또는 표본) $x(t)$를 고려하자. 랜덤 시간이력에 대해 먼저 결정해야 할 특성은 그 신호가 정상적(Stationary)인가 혹은 아닌가이다. 한 랜덤신호의 평균값 또는 제곱평균값 등 통계적인 성질이 시간에 대해서 변화하지 않을 때 그 신호는 정상적이다. 랜덤 신호 $x(t)$의 평균(Average)은 다음과 같이 정의된다.

$$\bar{x}=\lim_{T\to\infty}\frac{1}{T}\int_0^T x(t)dt \qquad (6.6\text{-}1)$$

표 6.1 | 조화신호와 랜덤신호

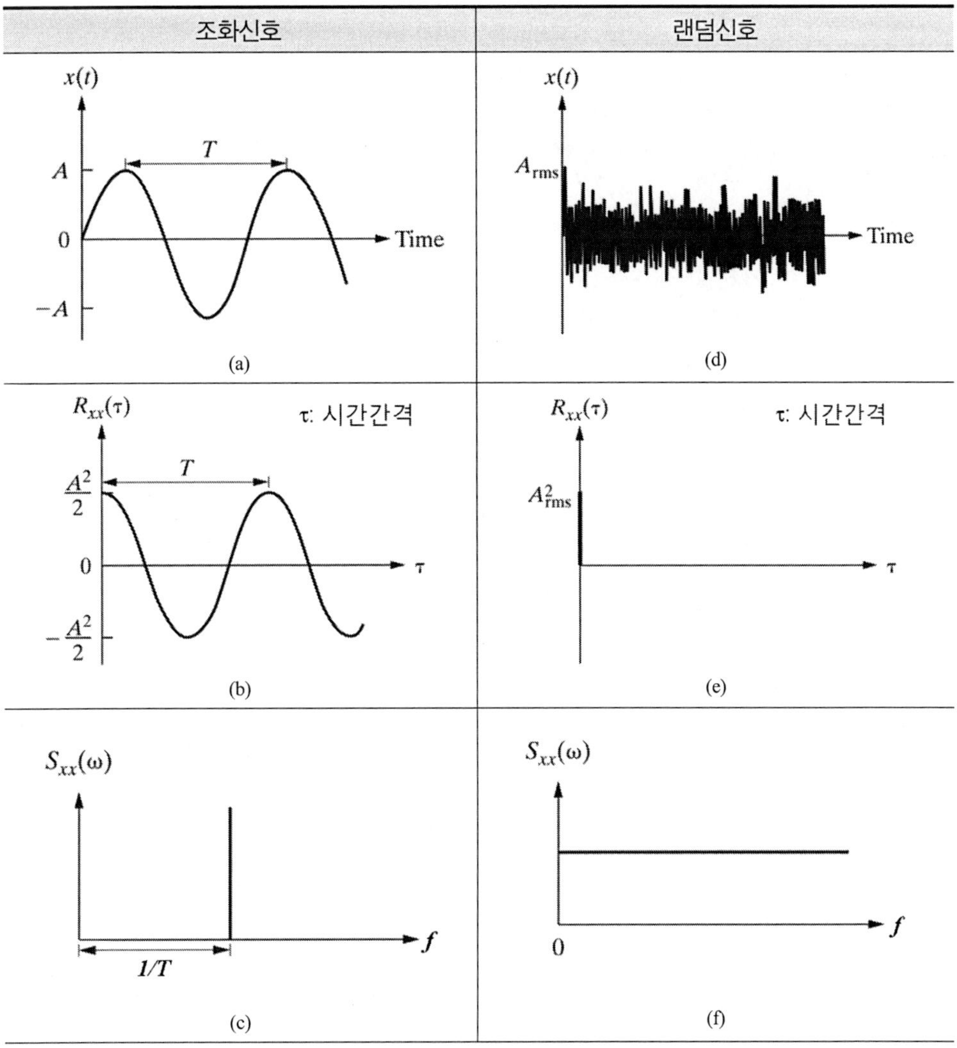

이것은 1.3절에서, 확정적 신호에 대해서 식 (1.3-2)로 소개된 바와 같다. 여기서는 편의상 평균값이 영인 경우 즉, $\bar{x}=0$ 인 경우를 고려해야한다. 만약 $\bar{x}\neq 0$ 이면, 새로운 변수 $x' = x-\bar{x}$ 를 정의할 수 있기 때문에, 앞의 가정은 큰 제약은 아니다. 이제 새 변수 x'의 평균값은 영이 된다. 랜덤변수(Random Variable) $x(t)$ 의 제곱평균값(Mean-Square Value)은 $\bar{x}^2$ 로 표시되고 다음과 같이 정의된다.

$$\overline{x^2}=\lim_{T\to\infty}\frac{1}{T}\int_0^T x^2(t)dt \tag{6.6-2}$$

이것은 1.3절에서, 확정적 신호에 대해서 식 (1.3-2)로 소개된 바와 같다. 랜덤신호의 경우, 이것은 분산(Variance)라고도 하며, 신호 $x(t)$에 있어서의 변동량의 척도가 된다. 이와 관련된 양으로, 평균제곱근(Root-Mean-Square: rms)은 분산의 제곱근이다.

$$x_s = \sqrt{\overline{x^2}} \tag{6.6-3}$$

이 정의는 시간 이력에 있어서 단일 응답의 값에 적용되기도 하고, 어떤 고정된 시간에서의 앙상블 값에 적용될 수도 있다.

랜덤변수에서 또 하나의 중요한 척도는 그 변수값이 얼마나 빨리 변화하느냐이다. 이것은 의미있는 통계값을 계산하는 데 필요한 충분한 수의 표본을 측정하는 데 얼마나 긴 시간이 걸리는가에 관한 문제이다. 측정되는 많은 진동신호가 랜덤이기 때문에, 그와 같이 변수가 얼마나 빨리 변하느냐를 나타내는 지표는 매우 유용하다.

$$R_{xx}(\tau) = \lim_{T \to \infty} \frac{1}{T} \int_0^T x(t)x(t+\tau)dt \tag{6.6-4}$$

신호 $x(t)$가 얼마나 빨리 변화하는가를 나타내는 척도가 된다. τ같은 신호 $x(t)$를 표본 채취한 시간 사이의 간격이다. 접두사 자기(Auto)는 $x(t)x(t+\tau)$항이 동일한 표본의 다른 두 시간에서의 값의 곱이라는 사실을 의미한다. 정상랜덤 신호(Stationary Random Signal)라는 특별한 경우에, 자기 상관함수는 시간간격 τ만의 함수이다. 표 6.1의 (e)는 랜덤신호의 자기상관함수를 나타내고, 표 6.1의 (b)는 사인함수의 자기상관함수를 나타낸다, 자기상관함수의 푸리에 변환으로 파워스펙트럼 밀도 (Power Spectral Density: PSD)를 정의한다. PSD를 $S_{xx}(w)$로 표시하고, 퓨리에 변환의 정의에 따라 다음 식을 얻게 된다.

$$S_{xx}(w) = \frac{1}{2\pi} \int_{-\infty}^{\infty} R_{xx}(w) e^{-iw\tau} d\tau \tag{6.6-5}$$

여기서 $R_{xx}(\tau)$의 적분은 실수 τ를 주파수영역의 변수 ω로 바꾸게 된다. 표 6.1의 (c)는 순수한 사인신호인 PSD를, 표 6.1의 (f)는 랜덤신호의 PSD를 나타낸다. 식 (6.6-4)과 (6.6-5)로 각각 정의되는 자기상관함수와 파워스펙트럼밀도는 스프링-질량 시스템의 랜덤 가진에 대한 응답을 고려할 때 사용될 수 있다.

6.2절에서 본 것처럼 스프링-질량-감쇠기 시스템의 임의의 가진함수 $F(t)$에 대한 응답 $x(t)$는 부족감쇠 시스템에 대해서, 식 (6.2-10)로 주어지는 임펄스응답함수 $h(t-\tau)$를 이용하여 나타낼 수 있다. 함수 $h(t-\tau)$의 푸리에 변환은 부족감쇠 시스템의 랜덤입력의 PSD를 시스템 응답의 PSD에 연관시키는 데 사용될 수 있다. 먼저 식 (6.2-9) 그리고 라

플라스 변환표로부터, 1자유도 시스템에 대한 $h(t)$의 라플라스 변환은 다음과 같다.

$$\begin{aligned}\mathcal{L}\,[h(t)] &= \mathcal{L}\,[\frac{1}{mw_d}e^{-\zeta w_n t}\sin w_d t] = \frac{1}{mw_d}\mathcal{L}\,[e^{-\zeta w_n t}\sin w_d t] \\ &= \frac{1}{ms^2+cs+k} = H(s)\end{aligned} \tag{6.6-6}$$

여기서 $H(s)$는 앞에서 공부한 시스템 전달함수이다. 이 경우에 $h(t)$의 푸리에 변환은 식 (6.6-6)의 라플라스 변환에 $s=i\omega$를 대입함으로써 얻어진다. 이것은

$$H(iw) = \frac{1}{k-w^2m+icw} \tag{6.6-7}$$

3장 및 4장에서 공부한 내용을 참고하면, 이것 역시 1자유도 진동자 (Oscillator)의 주파수응답 함수(Frequency Response Function)이다, 임펄스응답함수 $h(t)$의 푸리에 변환을 $H(\omega)$로 표시하면, 퓨리에 변환식과 (6.6-7)으로부터

$$H(w) = \frac{1}{2\pi}\int_{-\infty}^{\infty} h(t)e^{-iwt}dt \tag{6.6-8}$$

를 얻는다. 여기서 편의상 H의 변수에서 j를 생략했다. 따라서 주파수응답함수는 임펄스응답함수의 푸리에 변환과 관련지어 설명할 수 있다.

다음은 임펄스응답함수를 이용한 진동 문제 해석을 다시 생각해 보자. 식 (6.3-3)로부터, 가진력 $F(t)$에 대한 응답 $x(t)$는 다음과 같이 간단하게 나타낼 수 있다.

$$x(t) = \int_0^t F(\tau)h(t-\tau)d\tau \tag{6.6-9}$$

$t<\tau$ 이면 $h(t-\tau)=0$이므로, 적분의 상한은 양의 무한대로 확장될 수 있다. $t<0$이면 $F(t)=0$이므로 적분의 하한은 음의 무한대로 확장할 수 있다. 따라서 식 (6.6-9)는 다음과 같이 다시 쓸 수 있다.

$$x(t) = \int_{-\infty}^{\infty} F(\tau)h(t-\tau)d\tau \tag{6.6-10}$$

다음은 적분변수 τ를 $\tau=t-\theta$를 이용하여 θ로 바꾸면 $dt=-d\theta$가 되고, 앞에서의

적분은 다음과 같이 표현되어서 임펄스응답함수에 의한 강제진동 문제의 또 다른 형태의 해를 제공한다.

$$x(t) = -\int_{\infty}^{-\infty} F(t-\theta)h(\theta)d\theta = \int_{-\infty}^{\infty} F(t-\theta)h(\theta)d\theta \tag{6.6-11}$$

마지막으로, 식 (6.6-11)에 의해 주어진 응답 $x(t)$의 PSD를 고려해 보자.

$$S_{xx}(w) = \frac{1}{2\pi}\int_{-\infty}^{\infty} R_{xx}(\tau)e^{-iw\tau}d\tau \tag{6.6-12}$$

식 (6.6-4)으로부터 $R_{xx}(\tau)$의 정의를 대입하면, 위 식은 다음과 같이 된다.

$$S_{xx}(w) = \frac{1}{2\pi}\int_{-\infty}^{\infty} [\lim_{T\to\infty}\frac{1}{T}\int_{0}^{T} x(\sigma)x(\sigma+\tau)d\sigma]e^{-iw\tau}d\tau \tag{6.6-13}$$

적분기호 안의 $x(t)$의 표현을 식 (6.6-11)을 이용하여 계산하면, 다음 식을 얻는데

$$\begin{aligned} S_{ss}(\omega) = \frac{1}{2\pi}\int_{-\infty}^{\infty} \lim_{T\to\infty}\frac{1}{T}\int_{0}^{T}[\int_{-\infty}^{\infty} F(\sigma-\theta)h(\theta)d\theta \\ \int_{-\infty}^{\infty} F(\sigma-\theta+\tau)h(\theta)d\theta]d\sigma]e^{-iw\tau}d\tau \end{aligned} \tag{6.6-14}$$

$$\begin{aligned} S_{xx}(\omega) &= \frac{1}{2\pi}\int_{-\infty}^{\infty} \lim_{T\to\infty}\frac{1}{T}\int_{0}^{T}[F(\hat{t})F(\hat{t}+\tau)H(\omega)H(-\omega)]d\hat{t}\,e^{-iw\tau}d\tau \\ H(\omega) &= \int_{-\infty}^{\infty} h(\theta)e^{-iw\theta}d\theta \\ H(-\omega) &= \int_{-\infty}^{\infty} h(\theta)e^{iw\theta}d\theta \end{aligned} \tag{6.6-15}$$

여기서 안의 적분에 $e^{(\hat{t}-\hat{t})iw}=1$을 삽입하고 F의 변수에 대해 변수변환($\hat{t}=\sigma-\theta$)을 하고 난후, F를 적분기호 밖으로 옮겼다. 식 (6.6-8)에 따르면, 식 (6.6-15)의 괄호 안의 두 적분은 $H(\omega)$와 그것의 켤레복소함수 $H(-\omega)$이다. 식 (6.6-15)에서 주파수응답함수 $H(\omega)$와 $H(-\omega)$를 사용하면, 이식은 다시

$$S_{xx}(w) = |H(w)|^2[\frac{1}{2\pi}\int_{-\infty}^{\infty} R_{ff}(\tau)e^{-jw\tau}d\tau] \tag{6.6-16}$$

또는 단순히 다음과 같이 쓸 수 있다.

$$S_{xx}(w) = |H(x)|^2 S_{ff}(w) \tag{6.6-17}$$

이 된다. 여기서 R_{ff}는 가진함수 F(t)의 자기 상관함수를, S_{ff}는 $F(t)$의 PSD를 나타낸다. $|H(w)|^2$은 복소 주파수응답함수 크기의 제곱을 나타낸다.

식 (6.6-17)는 가진력의 파워스펙트럼밀도, 구조물의 동특성, 그리고 응답의 파워스펙트럼밀도 간의 중요한 상관관계를 나타낸다. 확정적인 경우에는 시스템에 가해지는 조화력과 그 응답을 관련지어 해를 구했다. 입력이 랜덤가진인 경우에 해에 해당되는 것은 식 (6.6-17)이고, 그것은 (랜덤)가진력의 변화속도와 응답 $x(t)$의 변화속도 사이의 관계를 나타낸다. 조화 가진력과 같은 확정적인 경우에 대한 응답은 새로운 크기와 위상의, 그러나 가진력과 같은 주파수의 조화함수라고 가정할 수 있다. 어떤 점에서는 식 (6.6-17)는 랜덤가진에 대해서 위와 상응하는 내용을 의미한다고 할 수 있다. 가진이 정상랜덤과정이면 그 응답도 정상랜덤과정이고, 그 응답은 수정된 진폭으로 가진력의 변화속도와 같은 속도로 변화한다. 확정적인 경우와 랜덤인 경우 모두에 대해 응답의 진폭은 구조물의 주파응답함수에 연관된다.

랜덤진동에 대한 시스템의 응답을 설명하는 데 다른 하나의 유용한 양은 기댓값이다. $x(t)$의 기댓값(Expected Value) 또는 더 적절한 표현으로 앙상블 평균(Ensemble Average)은 $E[x]$로 표시되고, 다음과 같이 정의된다.

$$E[x] = \lim_{T \to \infty} \int_0^T \frac{x(t)}{T} dt \tag{6.6-18}$$

이것 역시 식 (6.6-1)에 따르면 평균값 $\bar{x}$이다. 또 기댓값은 확률밀도함수(Probability Density Function) $p(x)$를 통해서 주어진 구간 내에 $x(t)$가 존재할 확률과도 연관된다. $p(x)$의 한 예로는 잘 알려진 종 모양의 가우스분포함수 (Gaussian Distribution Function)가 있다. 확률밀도함수로 기댓값을 정의하면 다음과 같다.

$$E[x] = \int_{-\infty}^{\infty} x p(x) dx \tag{6.6-19}$$

두 함수 $x(t)$와 $x(t+\tau)$의 곱의 평균은 함수 $x(t)$의 시간에 따른 변화속도를 나타내고, 정상랜덤 과정에 대해서는 삭제할 것 자기상관함수가 된다.

$$E[x(t)x(t+\tau)] = \lim_{T\to\infty}\frac{1}{T}\int_0^T x(t)x(t+\tau)dt = R_{xx}(\tau) \tag{6.6-20}$$

식 (6.6-2)에 따르면, 제곱평균값은 다음과 같다.

$$\overline{x^2} = R_{xx}(0) = E[x^2] \tag{6.6-21}$$

퓨리에 변환쌍을 이용하여 식 (6.6-12)의 퓨리에 역변환을 취하면 파워스펙트럼밀도와 제곱평균값의 관계를 구할 수 있다.

$$R_{xx}(\tau)_{\tau=0} = \int_{-\infty}^{\infty} S_{xx}(w)dw = E[x^2] \tag{6.6-22}$$

식 (6.6-17)는 응답 $x(t)$의 PSD와 가진력 $F(t)$의 PSD 및 주파수응답함수 사이의 관계를 나타난다. 식 (6.6-17)과 (6.6-22)를 결합하면 다음 식을 얻을 수 있다.

$$E[x^2] = \int_{-\infty}^{\infty} |H(w)|^2 S_{ff}(w)dw \tag{6.6-23}$$

이식은 응답의 제곱평균값을 (랜덤)가진력의 PSD와 시스템의 동특성으로 나타낸다. 식 (6.6-23)과 식 (6.6-17)는 정상랜덤가진력에 대한 랜덤진동해석의 기초가 된다. 이 표현은 확정적 진동가진을 기술하기 위해 임펄스응답함수와 주파수응답함수를 사용하는 것에 해당된다.

식 (6.6-23)을 사용하려면, $|H(x)|^2$ 을 포함하는 적분을 계산해야 한다. 많은 유용한 경우에 $S_{ff}(w)$는 상수이다. 따라서 $\int |H(\omega)|^2 dw$ 의 값은 도표화되어 있다. 이의 예를 들면 다음과 같은 것들이 있다.

$$\int_{-\infty}^{\infty} \left| \frac{B_0}{A_0 + jwA_1} \right|^2 dw = \frac{\pi B_0^2}{A_0 A_1} \tag{6.6-24}$$

$$\int_{-\infty}^{\infty} \left| \frac{B_0 + jwB_1}{A_0 + jwA_1 - w^2 A_2} \right|^2 dw = \frac{\pi(A_0 B_1^2 + A_2 B_0^2)}{A_0 A_1 A_2} \tag{6.6-25}$$

그와 같은 적분값들과 식 (6.6-23)을 이용하면 기댓값을 계산할 수 있다.

다음과 그림과 같은 1자유도 점성감쇠 진동계에 대하여 전달함수의 특성들은 다음 표 6.2와 같이 정의된다.

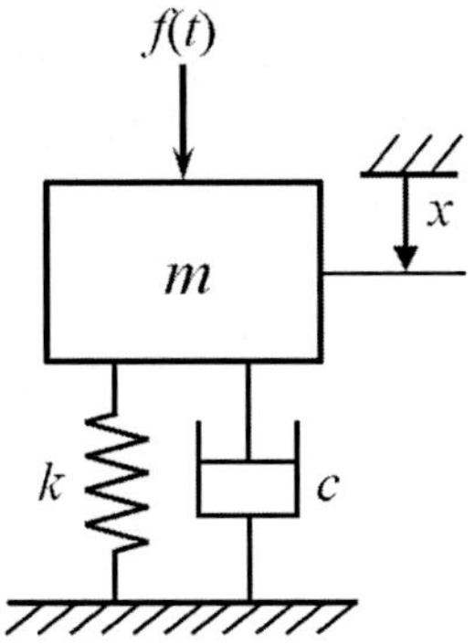

그림 6.8 | 1자유도 점성감쇠 진동계

표 6.2 | 1자유도 점성감쇠 진동계에 대하여 전달함수의 특성

전달함수	$G(s)=\dfrac{1}{ms^2+cs+k}$
주파수응답함수	$G(jw)=H(w)=\dfrac{1}{k-mw^2+cwj}$
임펄스응답함수	$h(t)=\dfrac{1}{mw_d}e^{-\zeta w_n t sin w_d t}$
임펄스응답함수의 라플라스 변환	$L[h(t)]=\dfrac{1}{ms^2+cs+k}=G(s)$

이들로부터 스프링-질량-감쇠기 시스템의 확정적 가진과 랜덤가진에 대한 응답 계산의 비교하면 다음과 같은 입력과 응답 간의 관계가 구해진다.

표 6.3 | 확정적 입력과 랜덤 입력에 대한1자유도 점성감쇠 진동계 응답 비교

확정적 $f(t)$		랜덤 $f(t)$
$X(s)=G(s)F(s)$	$\leftrightarrow$	$S_{xx}(w)=\mid H(w)\mid^2 S_{ff}(w)$
$x(t)=\int_0^t h(t-\tau)f(\tau)d\tau$	$\leftrightarrow$	$E[x^2]=\int_{-\infty}^{\infty}\mid H(w)\mid^2 S_{ff}(w)dw$

이 절에서는 랜덤입력에 의해 가진되는 스프링-질량-감쇠기 시스템의 해석에 필요한 두 기본 관계를 기술했다. 랜덤하게 가진된 시스템의 출력 또는 응답은 역시 랜덤이고, 확정적 시스템과는 달리 정확하게 예측할 수 없다. 따라서 응답과 가진력의 관계는 파워스펙트럼

밀도와 제곱평균값 같은 통계적인 양들을 써서 표현한다. 위의 표 6.3에 확정적 입력과 랜덤입력에 대한 응답을 계산하는 방법을 비교하였다. 확정적 진동 문제에서는 일반적인 관심이 알고 있는 확정적 가진함수에 대한 응답의 크기와 위상을 계산하는 것이다. 이 절에서는 가진함수가 랜덤일 때 확정적인 경우와 동일한 문제를 다루었다. 가진함수의 통계적 성질, 예를 들어 평균값을 알고 있을 때 우리는 기껏해야 응답의 평균값을 구할 수 있을 뿐이다.

연습문제

6.2절 임펄스 응답

6.1 다음 운동방정식의 해를 구하여라.

$$1000\ddot{x} + 200\dot{x} + 2000x = 100\delta(t) \quad x(0) = \dot{x}(0) = 0$$

6.2 다음과 같은 1 자유도 점성감쇠 진동계에서 $m = 2\,kg$, $c = 2Ns/m$, $k = 3000\,N/m$ 라고 한다. 가진력 $f(t)$가 0.01초 동안 작용한 $10{,}000\,N$의 충격력이라고 할 때 응답을 계산하여라.

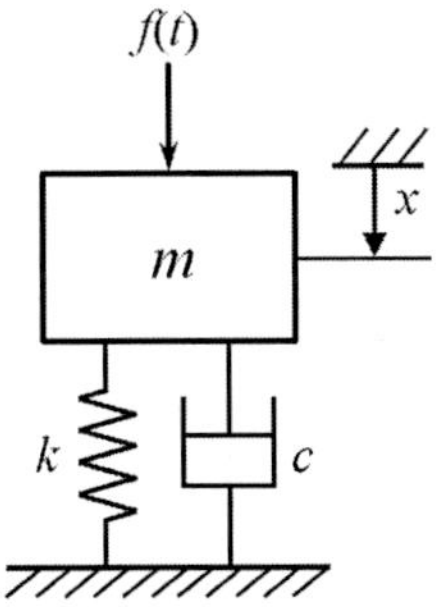

6.3 다음 운동방정식의 해를 구하여라.

$$\ddot{x} + 2\dot{x} + 4x = \delta(t - \pi) \quad x(0) = 0,\ \dot{x}(0) = 1$$

6.4 다음 그림과 같은 1자유도 진동계에서 $m = 2000\,kg$, $\zeta = 0.02$ 이며 지지봉은 재질은 알루미늄이고 $l = 3\,m$ 이고 $I = 1.0m^4$ 라 한다. $f(t)$가 $2000\delta(t)$ 라 할 때 응답 $x(t)$를 구하여라.

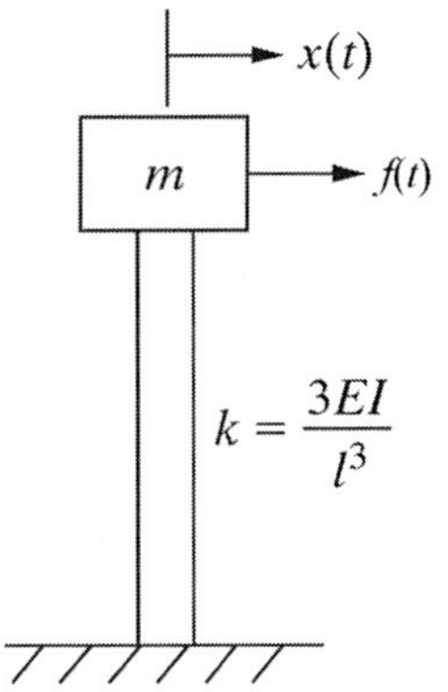

6.5 문제 6.2의 진동계에서 $m = 4\,kg$, $c = 16Ns/m$, $k = 16\,N/m$이며 가진력은 $f(t) = 4\delta(t)$ 라고 한다. 다음 두 가지 경우에 대하여 응답을 구하여라. (a) $x(0) = \dot{x}(0) = 0$ (b) $\dot{x}(0) = 0\, x(0) = 0.01m$.

6.6 문제 6.2의 진동계에서 $m = 3\,kg$, $c = 6Ns/m$, $k = 12\,N/m$ 이며 $f(t) = 3\delta(t) - \delta(t-1)$라고 한다. 초기조건이 $\dot{x}(0) = 2\,m/s\, x(0) = 0.02\,m$ 라고 할 때 응답을 구하여라.

6.7 다음 그림과 같이 질량 m이 높이 h로부터 낙하하여 같은 질량을 가진 단순지지 보와 충돌 후 달라붙었다. 보 중심의 최대 변형에 대한 표현식을 구하라. 그림에 주어진 보의 강성은 k이고 중력가속도는 g이다.

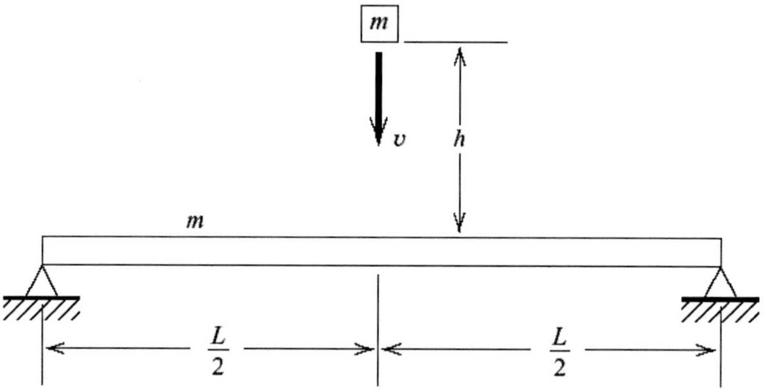

6.3절 임의의 입력에 대한 응답

6.8 다음 그림과 같은 1자유도 진동계에서 $m = 1\,kg$, $c = 0Ns/m$, $k = 1\,N/m$ 라고 한다. 이 진동계에 가해진 가진력이 다음 식과 같다고 할 때 응답을 구하여라.

$$f(t) = \begin{cases} \dfrac{20t}{4} & 0 \le t \le 4 \\ 20 & 4 \le t \end{cases}$$

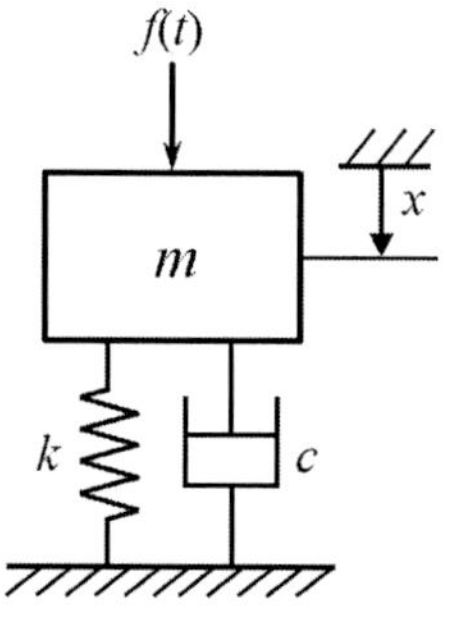

6.9 문제 6.8에 주어진 진동계에서 $k = 1000\,N/m$, $\zeta = 0.1$, $\omega_n = \pi\,rad/s$ 라고 한다. 이 진동계에 가해진 가진력이 다음 식과 같다고 한다. $F_0 = 20N$, $t_1 = \pi\,s$ 라고 할 때 응답을 구하여라.

$$f(t) = \begin{cases} F_0 & 0 < t < t_1 \\ 0 & elsewhere \end{cases}$$

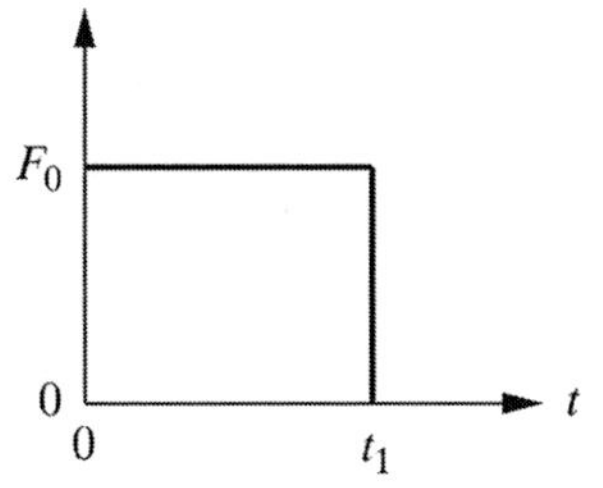

6.10 문제 6.8에 주어진 진동계에서 $m = 3\,kg$, $c = 21Ns/m$, $k = 30\,N/m$ 라고 한다. 높이가 10이고 지속시간이 1초인 직사각형 펄스에 대한 다음 진동계의 응답을 구하라. 초기조건은 '0'이다.

6.11 문제 6.8에 주어진 진동계에서 $m = 3\,kg$, $c = 21Ns/m$, $k = 30\,N/m$ 라고 한다. 높이가 10이고 지속시간이 1초인 직사각형 펄스에 대한 다음 진동계의 응답을 구하라. 초기조건은 '0'이다.

(a) 높이가 50이고 지속시간이 0.03인 직사각형 펄스에 대한 진동계의 응답을 구하라.

(b) 펄스를 임펄스로 근사화하여 얻은 응답의 근사치와 (a)에서 구한 해를 비교하라.

6.12 다음 그림의 (a)와 같은 비감쇠 진동계에 (b)와 같은 힘 $f(t)$가 작용한다고 한다. 초기조건을 0으로 가정하고 $x(t)$에 대한 식을 구하라.

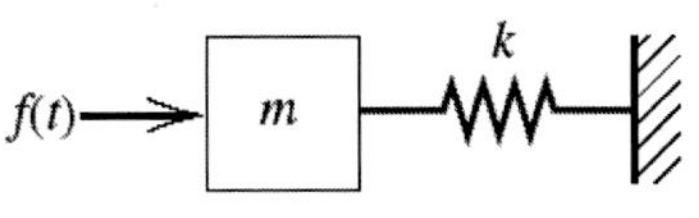

(a)

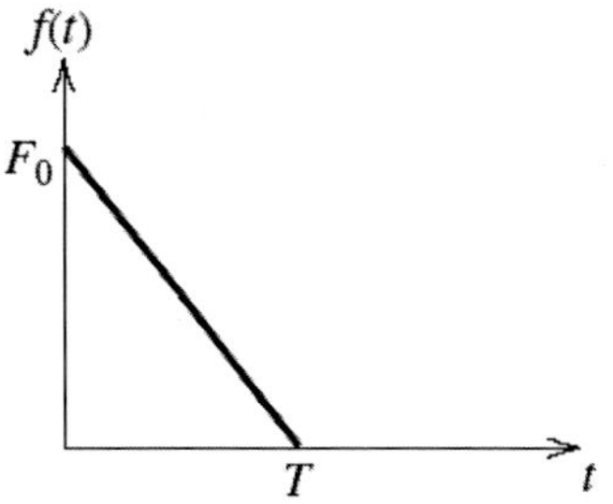

(b)

6.13 다음 그림은 범퍼와 부딪치는 차량을 간단하게 표현한 그림이다. 타이어가 범퍼와 처음 만날 때 수직변위 x는 0이다. 차량의 수평 속도 v는 일정하게 유지되며 시스랩은 임계감쇠계라고 가정하여 $x(t)$에 대한 식을 구하라

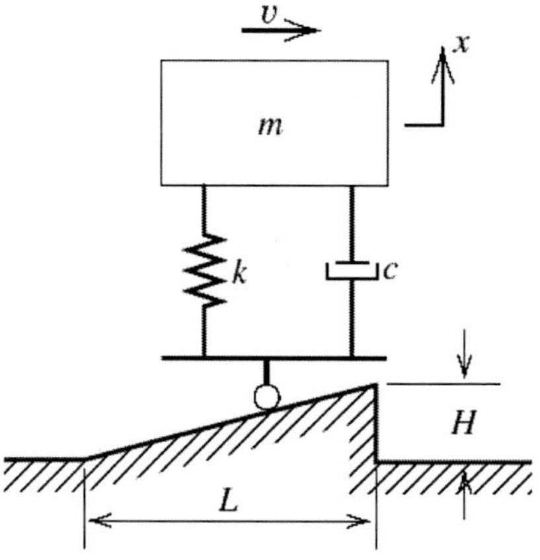

6.14 다음 그림은 범퍼와 부딪치는 차량을 간단하게 표현한 그림이다. 타이어가 범퍼와 처음 만날 때 수직변위 x는 0이다. 차량의 수평 속도 $v = 13m/s$는 일정하게 유지되며 시스템을 $1\,Hz$의 고유진동수를 가진 부족감쇠계로 가정하여, 차량의 수직변위 $x(t)$에 대한 식을 구하랴. 이 바퀴와 관련된 차량의 질량은 $225\,kg$이다.

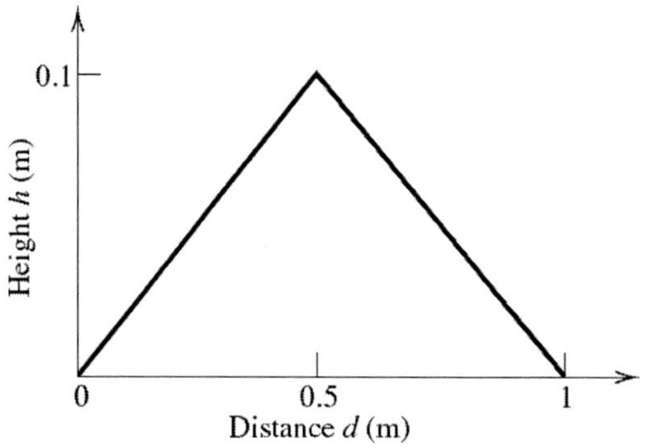

6.15 왼쪽 스프링의 하단의 변위가 $y(t) = 0.013e^{-t}$로 주어지는 그림 P1.27을 참고하라 막대는 강제이며 질량이 $7.3\,kg$이고 관성이 $I_0 = 2.44\,kgm^2$이라고 가정하여, 각 $\theta(t)$에 대한 식을 구하라. $L = 0.23\,m,\ D = 0.69\,m,\ k = 5{,}250N/m$의 값을 이용하라.

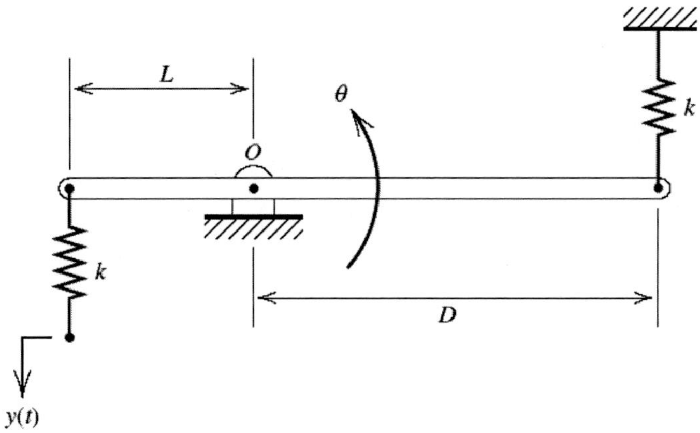

6.16 다음 그림과 같은 진동계에서 가해진 m_1에 가해진 힘은 $f(t) = 100e^{-t}N$이며 초기조건은 0이라고 할 때 $x(t)$에 대한 식을 구하라. 점 O에 대한 풀리의 관성은 $I_0 = 0.5\,kgm^2$, $m_1 = 20\,kg$, $k_1 = 2000N/m, k_1 = 1000N/m$ $R_1 = 0.2\,m$, $R_2 = 0.05\,m$이다.

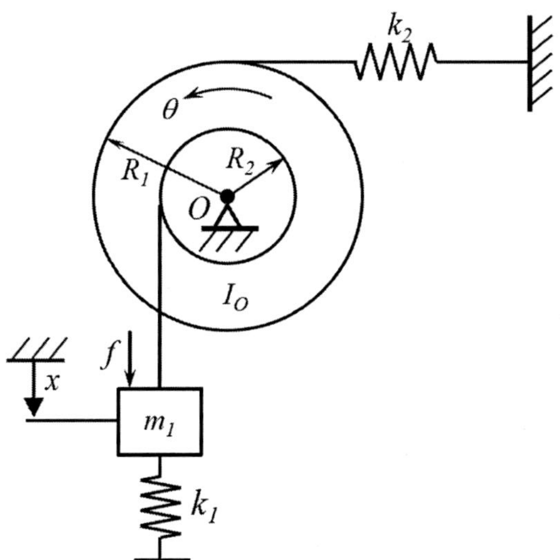

6.4절 일반 주기입력에 대한 응답

6.17 다음 그림과 같은 진동계에서 $m = 0.05\,kg$, $c = 04 Ns/m$, $k = 5\,N/m$ 이며 가진력은 다음과 같다고 한다.

$$f(t) = -0.2\left(\sin 3t + \frac{1}{3} sin 9t + \frac{1}{5} sin 15t + \cdots + \frac{1}{n} sin\, 3nt\right) \; n : \text{홀수}$$

(1) 처음 5항의 입력성분들만을 이용하여 입력의 진폭스펙트럼을 그려라.

(2) 처음 5항의 입력성분들만을 이용하여 정상상태 출력 $x(t)$를 근사적으로 기술하라.

6.18 주어진 시스템의 전달함수가 다음과 같다고 한다.

$$\frac{X(s)}{F(s)} = \frac{1}{6 \times 10^{-4} s + 1}$$

이 시스템에 대한 가진력의 퓨리에 급수는 다음 식과 같다고 할 때 다음에 답하여라.

$$f(t) = \frac{20}{\pi} - \frac{40}{\pi}\left[\frac{\cos 240\pi t}{1 \times 3} + \frac{\cos 480\pi t}{3 \times 5} + \frac{\cos 720\pi t}{5 \times 7} + \cdots\right]$$

(1) 입력의 진폭스펙트럼을 그려라

(2) 퓨리에 급수에서 시스템의 대역폭 내에 있는 주파수들을 가진 항들만으로 정상상태 응답 $x(t)$에 대한 표현식을 구하라.

6.19 다음 그림과 같은 사각펄스형 가진력 $f(t)$는 다음 Fourier 급수로 전개된다고 할 때 다음에 답하여라.

$$f(t) = \frac{F_0}{2}\left[1 + \frac{4}{\pi}\left(\frac{\sin(2\pi t/T_0)}{1} + \frac{\sin(6\pi t/T_0)}{3} + \frac{\sin(10\pi t/T_0)}{5} + \cdots\right)\right]$$

(a) $F_0 = 10N$, $T_0 = 1/60$초 일 때 $f(t)$의 진폭스펙트럼을 그려라.

(b) 이 힘이 다음과 같은 전달함수로 표현되는 흡진기에 가해진다고 가정한다. 퓨리에 급수에서 시스템의 대역폭 내에 있는 주파수 성분을 가진 항들만으로 정상상태 응답 $x(t)$에 대한 식을 구하라.

$$\frac{X(s)}{F(s)} = \frac{1000}{s + 1000}$$

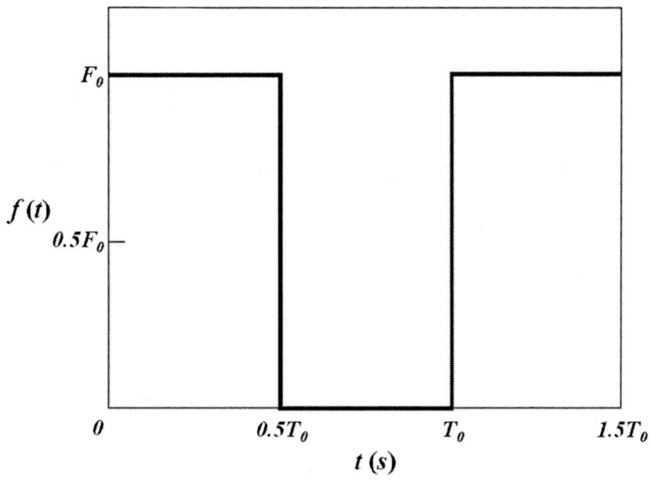

6.20 아래 그림 (a)와 같은 지저가진 진동계에 (a)와 같은 입력 $y(t)$가 작용한다. $Y_0 = 0.1m$, $T_0 = 0.2$초일 때 $y(t)$에 대한 Fourier 급수는 다음과 같다고 할 때 다음에 답하여라.

$$y(t) = \frac{1}{20\pi}\left[\pi - 2\left(\frac{\sin 10\pi t}{1} + \frac{\sin 20\pi t}{2} + \frac{\sin 3\pi t}{3} + \cdots\right)\right]$$

(1) 진폭스펙트럼을 그려라.

(2) $m = 1\,kg$, $c = 98Ns/m$, $k = 4900\,N/m$ 의 값에 대해, 시스템의 대역폭 내에 있는 주파수 성분들만을 가지고 정상상태 변위 $x(t)$에 대한 식을 구하라.

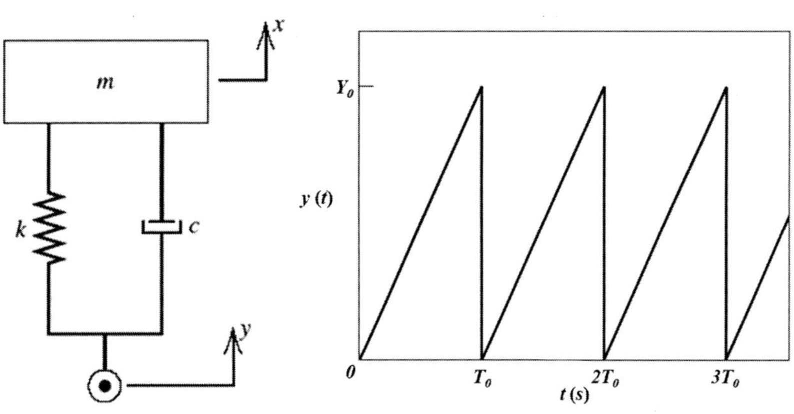

(a) (b)

6.5절 Laplace 변환

6.21 가진력 $f(t)$에 대한 라플라스 변환 $F(s)$가 다음과 같을 때 $f(t)$를 구하라.

$$F(s) = \frac{3s+5}{s^2+6s+8}$$

6.22 가진력 $f(t)$에 대한 라플라스 변환 $F(s)$가 다음과 같을 때 $f(t)$를 구하라.

$$F(s) = \frac{10s+3}{s^2+4s+29}$$

6.23 다음 그림과 같은 1자유도 진동계에서 시스템의 변수와 $f(t)$가 다음과 같을 때 응답을 구하여라. 초기조건은 '0'이다.

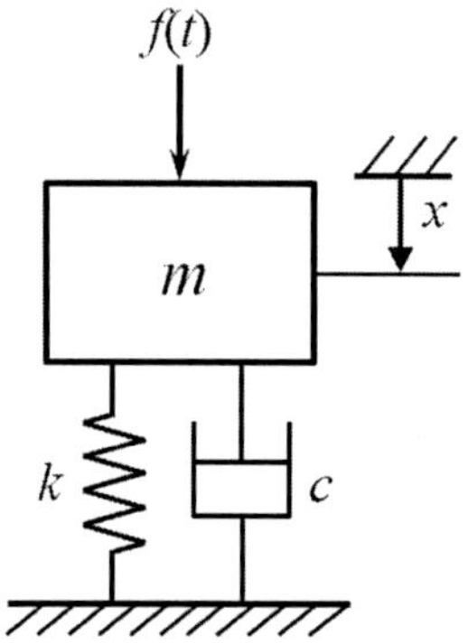

(a) $m = 3\,kg$, $c = 21 Ns/m$, $k = 30\,N/m$, $f(t) = 40u_s(t)$

(b) $m = 1\,kg$, $c = 4Ns/m$, $k = 4\,N/m$, $f(t) = 14u_s(t)$

(c) $m = 1\,kg$, $c = 4Ns/m$, $k = 29\,N/m$, $f(t) = 47u_s(t)$

6.24 1자유도 진동계에서 운동방정식이 다음과 같다고 할 때 전체 응답을 구하라. 세 경우 모두 초기조건은 $x(0) = 0$, $\dot{x}(0) = 1$이다.

(a) $\ddot{x} + 4\dot{x} + 8x = 2$

(b) $\ddot{x} + 8\dot{x} + 12x = 2$

(c) $\ddot{x} + 4\dot{x} + 4x = 2$

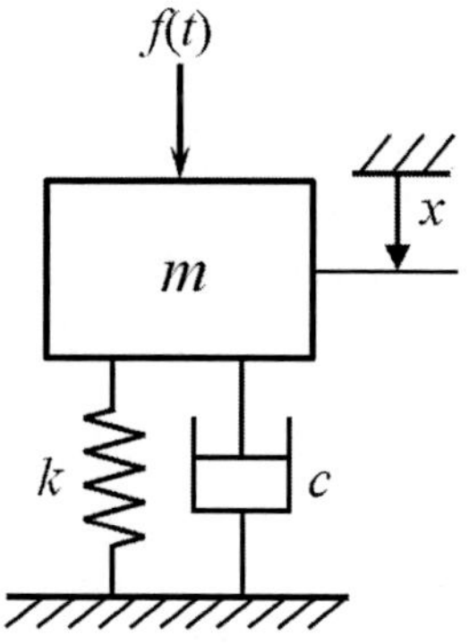

6.6절 랜덤입력에 대한 응답

6.25 PSD의 크기가 S_0로 일정한 입력에 대해 주파수응답함수 $H(\omega)=\dfrac{10}{5+3\omega i}$인 시스템의 제곱평균 응답을 계산하여라.

6.26 어떤 신호의 자기상관함수가 다음 식으로 주어진다. 이 신호의 제곱평균값을 구하여라.

$$R_{xx}(\tau)=10+\frac{4}{4\tau^2+2\tau+3}$$

CHAPTER 7

2자유도 진동계

7.1 서론

앞 장에서 고려한 문제들은 좌표 하나만을 이용하여 시스템의 거동을 충분히 기술할 수 있는 1자유도 모델로 2차 상미분방정식 하나로 운동방정식이 유도되었다. 그러나 많은 경우 이와 같은 1자유도 모델만으로는 시스템의 거동을 충분히 기술할 수 없는 기계장치나 구조물 등 시스템도 많이 있다. 예를 들어 요철이 있는 노면을 주행하는 자동차의 서스펜션 시스템의 경우 서스펜션 상부 및 하부의 질량이 각각 하나의 관성요소이고 이들이 서스펜션 스프링과 쇽업쇼버로 연결되어 있으며 하부 질량은 타이어를 대표하는 하나의 스프링으로 지지되어 있는 2자유도계 시스템으로 모델링되어야 한다.

이러한 2자유도 시스템은 1자유도 시스템에서 볼 수 없는 여러 현상을 나타낸다. 우선 시스템의 고유진동수가 2개가 나타나며 각 고유진동수로 진동할 때 두 관성요소의 상대적인 변위를 나타내는 벡터인 2개의 진동모드를 나타낸다. 또한 이를 해석하기 위하여 행렬 및 벡터 등 특별한 수학적인 테크닉이 필요하다.

2자유도 진동계에 대한 운동방정식을 유도하기 위하여 뉴턴의 법칙을 이용한다. 자유진동 해석을 통하여 고유진동수와 진동 모드를 구한다. 조화함수 형태의 가진력에 대한 과도응답과 정상상태 응답은 라플라스변환을 적용하여 구한다.

2자유도 진동계의 개념을 활용한 동흡진기의 적용을 통한 주 시스템의 진동 저감 방안에 대하여 검토한가.

학습목표 |

- 뉴턴의 운동법칙을 이용하여 2자유도 진동계를 해석한다.
- 2자유도 진동계의 고유진동수와 모드를 구한다.
- 2자유도 진동계의 조화응답을 구한다.
- 조화 가진력이 작용하는 1자유도 진동계에 대하여 동흡진기를 설계한다.

7.2 2자유도계 모델

1자유도 진동계의 경우와 동일하게 2자유도 진동계의 운동방정식도 뉴턴의 운동법칙을 이용하여 유도될 수 있다. 이 방법과 더불어 에너지 개념을 이용한 라그랑지 방정식을 이용한 유도 방법도 있으나 본 과정의 범위를 벗어나므로 이 장에서는 뉴턴의 운동법칙을 이용하여 유도하는 방법만을 공부하기로 한다. 이를 위해서는 진동 시스템을 구성하고 있는 각 관성요소에 대하여 작용력을 정의하여 자유물체도를 구한 다음 뉴턴의 제 2법칙을 적용하여 운동방정식을 유도한다. 다음과 같은 병진운동을 하는 2자유도 시스템을 고려해보자.

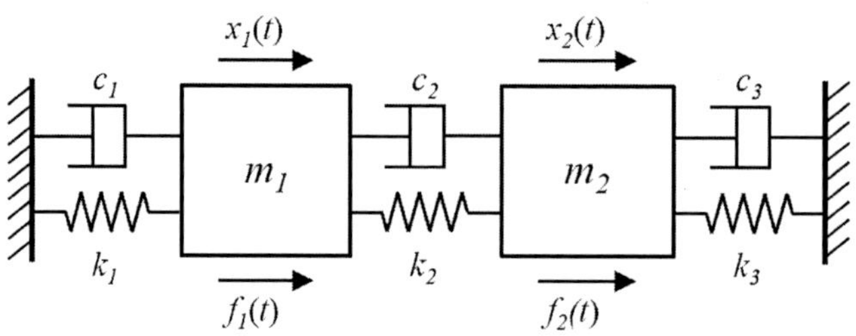

(a) 2자유도계 병진진동 시스템

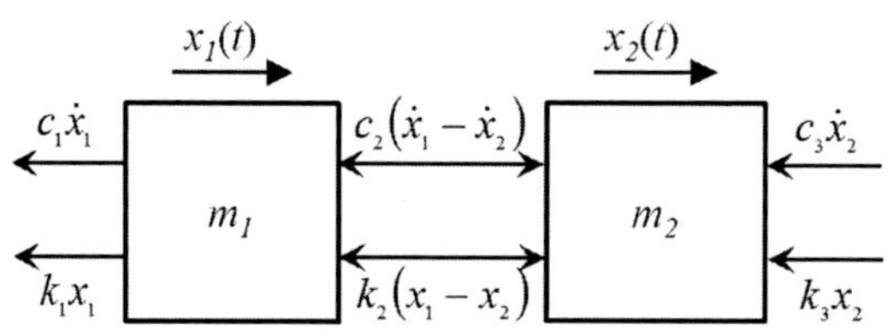

(b) 관성요소들의 자유물체도

그림 7.1 | 2자유도 점성감쇠 병진 진동 시스템

자유물체도에서 알 수 있는 바와 같이 두 관성요소 사이에 존재하는 스프링은 두 관성요소에 각각 스프링상수에 두 요소의 상대변위를 곱한 크기($k_2(x_2 - x_1)$)의 힘을 각 요소에 서로 반대 방향으로 작용시킨다. 동일한 개념으로 두 관성요소 사이의 감쇠요소는 감쇠계수에 상대속도를 곱한 크기($c_2(\dot{x}_2 - \dot{x}_1)$)의 감쇠력을 각 요소에 서로 반대 방향으로 작용시킨다. 또한 고정단과 관성요소를 연결하는 스프링요소 k_1, k_3 등은 각각 변위 $x_1(t), x_2(t)$에 의해 인장 또는 압축되며 그 변형에 따라 관성요소에 복원력을 작용시킨다. 아울러, 고정단과 연결된 감쇠요소는 관성요소의 속도에 따라 감쇠력을 발생시킨다.

관성요소 m_1, m_2에 대해 뉴턴의 법칙을 적용하여 운동방정식을 구하면 다음과 같다.

$$m_1\ddot{x}_1 = f_1 - k_1 x_1 - c_1\dot{x}_1 + k_2(x_2 - x_1) + c_2(\dot{x}_2 - \dot{x}_1) \quad (7.2\text{-}1)$$

$$m_2\ddot{x}_2 = f_2 - k_3 x_2 - c_3\dot{x}_2 + k_2(x_1 - x_2) + c_2(\dot{x}_1 - \dot{x}_2) \quad (7.2\text{-}2)$$

이 식을 다시 정리하면 다음과 같은 두 식을 구할 수 있다.

$$m_1\ddot{x}_1 + (c_1 + c_2)\dot{x}_1 + (k_1 + k_2)x_1 - k_2 x_2 - c_2\dot{x}_2 = f_1 \quad (7.2\text{-}3)$$

$$m_2\ddot{x}_2 + (c_2 + c_3)\dot{x}_2 + (k_2 + k_3)x_2 - k_1 x_1 - c_1\dot{x}_1 = f_2 \quad (7.2\text{-}4)$$

다른 예로 다음과 같은 외력이 가해지지 않는 2자유도계 회전운동 시스템을 고려해보자.

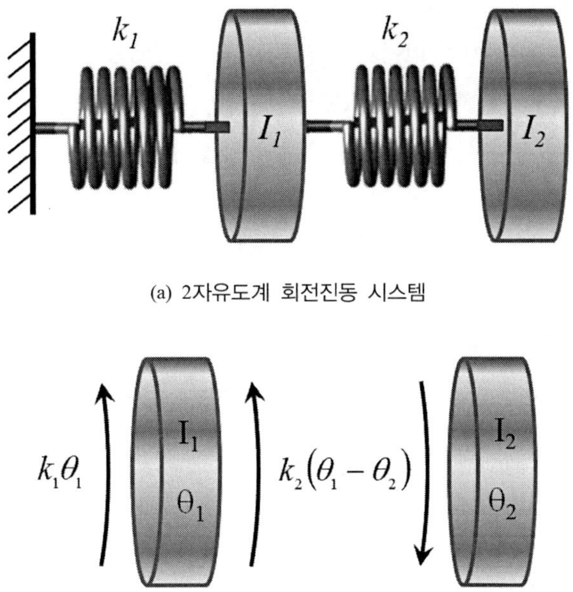

(a) 2자유도계 회전진동 시스템

(b) 관성요소들의 자유물체도

그림 7.2 | 2자유도 비감쇠 회전진동 시스템

관성요소의 자유물체도에 뉴턴의 법칙을 적용하면 다음과 같은 2개의 운동방정식을 얻을 수 있다.

$$I_1\ddot{\theta}_1 + (k_1 + k_2)\theta_1 - k_2\theta_2 = 0 \quad (7.2\text{-}5)$$

$$I_2\ddot{\theta}_2 + k_2\theta_1 - k_2\theta_2 = 0 \quad (7.2\text{-}6)$$

위의 예에서 알 수 있는 바와 같이 관성요소에 대한 자유물체도를 그릴 때 강성 및 감쇠요소에서 작용하는 힘의 방향에 주의해야 한다. 또한 강성 및 감쇠요소의 양단에 작용하는 힘은 뉴턴의 제 3법칙(작용-반작용의 법칙)을 적용하여 방향을 결정한다.

7.3 자유응답

7.2절에 설명된 예들에서 알 수 있는 바와 같이 2자유도계의 자유응답에 대한 완전한 이론적인 해를 구하는 것은 1자유도계보다 훨씬 복잡하고 시간과 노력이 많이 필요한 과정을 거친다. 또한 이러한 시스템에 대한 응답 특성은 완전한 해보다 훨씬 적은 노력과 시간으로 구할 수 있고 실제 문제의 대부분은 이와 같은 응답 특성을 파악하는 것으로 충분한 경우가 많다. 시스템의 고유진동 특성을 구하고 이를 이용하면 주어진 가진력에 대한 응답 특성을 정의하는 것이 가능하다. 따라서 완전한 이론적인 해를 구할 필요가 있는 지를 확인하고 그 결과에 따라 적절한 접근 방법을 선택하는 것이 필요하다.

그림 7.1과 7.2에 주어진 시스템에 대해 자유응답을 구해보자. 2자유도를 갖는 계의 선형 모델은 4 개의 특성근을 갖는다. 따라서 자유응답은 각 항이 1개의 근에 상응하는 4개 항의 선형조합으로 구성된다. 만일 근의 짝들이 복소수이면 그 해의 형태는 정현(Sine)이나 여현(Cosine) 또는 위상을 가진 정현 함수로 표현될 수도 있다.

1자유도계와 달리 2자유도계 자유응답의 경우 4개의 미지수가 포함되고 따라서 이 미지수를 구하기 위하여 4개의 조건이 필요하며 이들은 진동시스템에 포함된 2개의 관성요소의 초기 조건 즉, 초기 변위와 속도 등으로 주어지는 것이 일반적이다.

예제 7.1 — **다음 그림과 같은 2자유도계 시스템에서** $m_1 = m_2 = 1\,kg$, $k_1 = k_2 = k_3 = 4\,N/m$**이다. 초기조건이** $x_1(0) = 1$, $x_2(0) = 0$ **로 주어졌다고 할 때 다음 두 경우에 대해 자유응답을 구하여라.**
1) $c_1 = c_2 = c_3 = 0\,Ns/m$ 2) $c_1 = 1\,Ns/m,\ c_2 = c_3 = 0\,Ns/m$.

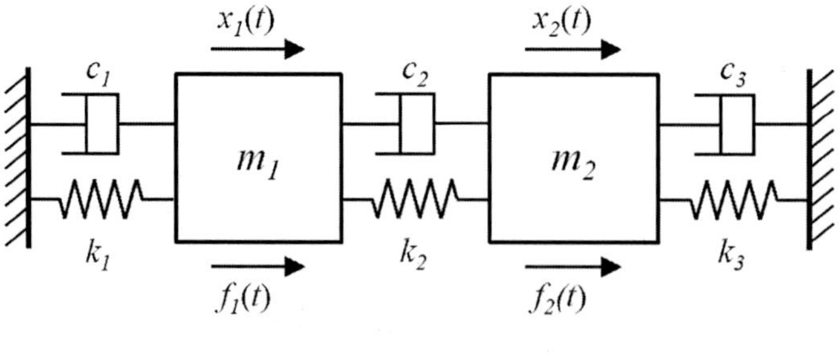

풀이 1) $c_1 = c_2 = c_3 = 0\,Ns/m$ 인 경우

문제에 주어진 값들을 대입하면 다음과 같은 운동방정식을 얻는다.

$$\ddot{x}_1 + 8x_1 - 4x_2 = 0$$

$$\ddot{x}_2 + 8x_2 - 4x_1 = 0$$

식 8.1에 라플라스 변환을 적용하면 다음과 같은 2개의 복소함수 식을 얻을 수 있다.

$$(s^2+8)X_1(s) - 4X_2(s) = s$$

$$-4X_1(s) + (s^2+8)X_2(s) = 0$$

크래머의 법칙을 이용하여 위 식을 풀면 다음과 같다.

$$X_1(s) = \frac{s^3+8s}{s^4+16s^2+48} = \frac{s^3+8s}{(s^2+4)(s^2+12)}$$

$$X_2(s) = \frac{4s}{s^4+16s^2+48} = \frac{4s}{(s^2+4)(s^2+12)}$$

$X_1(s)$를 구하기 위하여 부분분수 전개를 이용하면 다음과 같이 쓸 수 있다.

$$X_1(s) = \frac{2C_1}{(s^2+4)} + \frac{C_2 s}{(s^2+4)} + \frac{\sqrt{12}\,C_3}{(s^2+12)} + \frac{C_4 s}{(s^2+12)}$$

$x_1(t)$를 구하기 위하여 $X_1(s)$를 부분분수로 전개하면 다음과 같은 식을 얻는다.

$$X_1(s) = \frac{2C_1}{(s^2+4)} + \frac{2C_2 s}{(s^2+4)} + \frac{\sqrt{12}\,C_3}{(s^2+12)} + \frac{C_4 s}{(s^2+12)}$$

이 식을 위의 식과 비교하여 미지수를 구하면 $C_1 = C_3 = 0$, $C_2 = 1/2$, $C_4 =-1/2$ 의 해를 갖는다. 따라서 자유응답은 다음과 같다.

$$x_1(t) = \frac{1}{2}\cos 2t - \frac{1}{2}\cos\sqrt{12}\,t$$

동일한 방법을 적용하여 $x_2(t)$ 구하면 다음과 같다..

$$x_1(t) = \frac{1}{2}\cos 2t - \frac{1}{2}\cos\sqrt{12}\,t$$

2) $c_1 = c_3 = 0$, $c_2 = 1\,Ns/m$ 인 경우

문제에 주어진 값들을 대입하면 다음과 같은 운동방정식을 얻는다.

$$\ddot{x}_1 + \dot{x}_1 + 8x_1 - 4x_2 = 0$$

$$\ddot{x}_2 + 8x_2 - 4x_1 = 0$$

위의 식에 라플라스 변환과 초기조건을 적용하고 정리하면 다음과 같은 2개의 복소함수 식을 얻을 수 있다.

$$s^2X_1(s) + sX_1(s) + 8X_1(s) - 4X_2(s) = s+1$$

$$-4X_1(s) + (s^2+8)X_2(s) = 0$$

두 식에 라플라스 변환과 초기조건을 적용하고 정리하면 다음과

$$\begin{bmatrix} s^2+s+8 & -4 \\ -4 & s^2+8 \end{bmatrix} \begin{bmatrix} X_1(s) \\ X_2(s) \end{bmatrix} = \begin{bmatrix} s+1 \\ 0 \end{bmatrix}$$

Cramer 법칙을 이용하여 이 행렬식을 풀면 다음과 같은 해를 구할 수 있다.

$$X_1(s) = \frac{(s+1)(s^2+8)}{(s^2+s+8)(s^2+8)-16}$$

$$X_2(s) = \frac{4(s+1)}{(s^2+s+8)(s^2+8)-16}$$

분모는 더 이상 s^2에 관한 2차 방정식이 아니며 특성근은 다음과 같이 허수가 아닌 복소수로 주어진다.

$$s = 0.8999 \pm 0.0456i \quad \text{또는} \quad s = 0.8999 \pm 0.0456i$$

먼저 간단한 $X_2(s)$에 대해서 전개하면 다음과 같은 식을 얻을 수 있다.

$$X_2(s) = \frac{4(s+1)}{[(s+a)^2+b^2][(s+c)^2+c^2]} = \frac{C_1(s+a)+C_2 b}{[(s+a)^2+b^2]} + \frac{C_3(s+c)+C_2 d}{[(s+c)^2+c^2]}$$

이 식에서 $a = 0.3827$, $b = 0.3827$이고 $c = 0.3827$, $d = 0.3827$이다. 이 식을 전개한 다음 양변을 비교하면 $C_1 = 0.3827$, $C_2 = 0.3827$이고 $C_3 = 0.3827$, $C_4 = 0.3827$로 구해진다.

위의 예에서 알 수 있는 바와 같이 시스템에 감쇠가 존재하는 경우 자유응답의 특성근들은 복소수로 나타나고 따라서 이론적인 응답을 구하는 것이 상당히 복잡하다. 이러한 문제점을 피하기 위하여 다자유도 진동시스템에서는 감쇠를 무시하고 자유진동 특성을 정의하는 경우가 많다. 또한 대부분의 실제 시스템에서는 앞에서 언급한 비감쇠 가정이 고유진동 특성에 미치는 영향은 무시할 수 있을 정도로 작다. 예를 들어 위의 예제에서 비감쇠 모델의 고유진동수는 $2\,rad/s$, $\sqrt{12}\,rad/s$로 감쇠를 고려한 고유진동수 $2\,rad/s$, $\sqrt{12}\,rad/s$와 매우 유사한 것을 알 수 있다.

7.4 모드와 계의 응답

그림 7.3에 보이는 계와 같은 비감쇠 두 회전관성계를 고려하자. 여기서 $\theta_1(t)$과 $\theta_2(t)$는 각 관성들의 회전변위들이다.

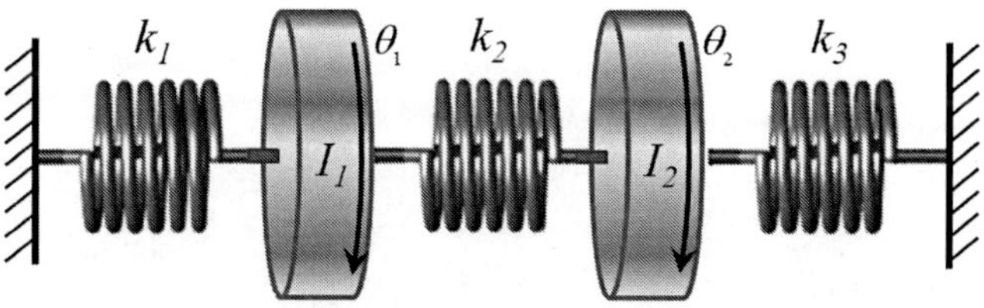

그림 7.3 | 비감쇠 2자유도 회전진동 모델

각 회전관성에 대한 자유물체도를 그리면 그림 7.4와 같다. 그림에 주어진 자유물체도를 기준으로 운동방정식을 유도하면 다음과 같은 두 개의 미분방정식이 얻어진다.

$$I_1\ddot{\theta}_1 + (k_1 + k_2)\theta_1 - k_2\theta_2 = 0 \tag{7.4-1}$$

$$I_2\ddot{\theta}_2 + (k_2 + k_3)\theta_2 - k_2\theta_1 = 0 \tag{7.4-2}$$

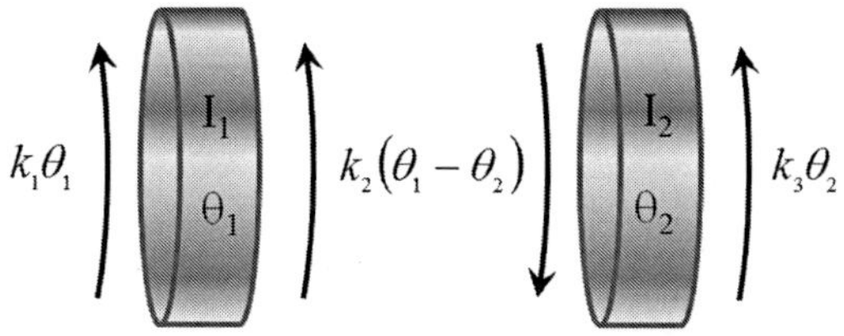

그림 7.4 | 비감쇠 2자유도 회전진동계의 자유물체도

감쇠가 없으므로 위 방정식의 특성근은 허수근이며 이를 각각 $s_1 = \pm\omega_1$, $s_2 = \pm\omega_2$라고 가정하면 $\theta_1(t)$, $\theta_2(t)$는 다음과 같이 가정할 수 있다.

$$\theta_1(t) = A_1\sin\omega_1 t + B_1\cos\omega_1 t + C_1\sin\omega_2 t + D_1\cos\omega_2 t \tag{7.4-3}$$

$$\theta_2(t) = A_2\sin\omega_1 t + B_2\cos\omega_1 t + C_2\sin\omega_2 t + D_2\cos\omega_2 t \tag{7.4-4}$$

이 식을 위의 운동방정식에 대입하면 다음과 같은 관계식을 구할 수 있다.

$$\frac{A_2}{A_1} = \frac{B_2}{B_1} = \frac{k_1 + k_2 - m_1\omega_1^2}{k_2} = r_1 \tag{7.4-5}$$

$$\frac{C_2}{C_1} = \frac{D_2}{D_1} = \frac{k_1 + k_2 - m_1\omega_2^2}{k_2} = r_2 \tag{7.4-6}$$

그러므로, $\theta_2(t)$는 다음과 같이 표현될 수 있다.

$$\theta_2(t) = r_1 A_1 \sin\omega_1 t + r_1 B_1 \cos\omega_1 t + r_2 C_1 \sin\omega_2 t + r_2 D_1 \cos\omega_2 t \qquad (7.4\text{-}7)$$

만일 초기 조건들이 가령 $C_1 = D_1 = 0$ 이라면, $\theta_1(t)$과 $\theta_2(t)$는 동일한 진동수 ω_1으로 진동할 것이다. 유사하게 초기 조건들이 가령 $A_1 = B_1 = 0$ 이라면, $\theta_1(t)$과 $\theta_2(t)$는 동일한 진동수 ω_2로 진동할 것이다. 요약하면, 특별한 조건을 만족하는 한 쌍의 초기 조건은 ω_1 또는 ω_2의 하나의 진동수로 운동을 발생시킬 수 있다. 만약, 초기 속도가 '0' 이라고 가정하면 미분방정식 (7.4-3)과 (7.4-4)에 주어진 초기 조건을 적용하면 $A_1 = C_1 = 0$을 얻을 수 있다. 식 (7.4-3)과 (7.4-4)에 초기조건을 적용하면 다음과 같은 조건을 구할 수 있다.

$$\begin{aligned} \theta_1(0) &= B_1 + D_1 \\ \theta_2(0) &= r_1 B_1 + r_2 D_1 \end{aligned} \qquad (7.4\text{-}8)$$

B_1과 D_1에 대해 풀면 다음과 같이 구해진다.

$$\begin{aligned} B_1 &= \frac{r_2\theta_1(0) - \theta_2(0)}{r_2 - r_1} \\ D_1 &= \frac{\theta_2(0) - r_1\theta_1(0)}{r_2 - r_1} \end{aligned} \qquad (7.4\text{-}9)$$

만약 초기조건이 $\theta_2(0) = r_1\theta_1(0)$로 특별하게 주어지면 $B_1 = \theta_1(0)$라는 관계를 유도할 수 있고 여기에서 $r_1 \neq r_2$라고 가정하면 $D_1 = 0$이다. 따라서, 이 경우 계의 운동은 다음과 같이 주어진다.

$$\begin{aligned} \theta_1(t) &= \theta_1(0)\sin\omega_1 t \\ \theta_2(t) &= r_1\theta_1(0)\sin\omega_1 t \end{aligned} \qquad (7.4\text{-}10)$$

이는 두 회전관성이 ω_1 진동수로 동일한 위상으로 진동한다. 유사하게 $\theta_2(0) = r_2\theta_1(0)$라면 $B_1 = 0$, $D_1 = \theta_1(0)$ 이고 두 질량은 동일 위상을 가지고 ω_2로 진통한다. 식 (7.4-3)과 (7.4-4)는 각 회전관성의 운동이 2 개의 기본 운동들의 합임을 보여주는데, 각 회전관성의 운동은 특정한 진동수와 관계가 있다. 모드는 진동계가 가지는 한 쌍의 특성근과 관련이 있다. 상수 r_1과 r_2는 모드비라고 부른다. 따라서 각 모드에서 두 질량의 변위는 고정된 진폭비를 갖는 조화운동의 변위이다. 이와 같은 진동 모드의 개념을 이용하여 복잡한 진동계의 거동을 쉽게 이해할 수 있다.

예제 7.2 — 다음 그림에 주어진 2자유도계 시스템에서 $k_1 = k_2 = k_3 = 16N/m$ 라고 한다. 다음에 주어진 두 경우에 대하여 계의 고유진동수와 모드비를 구하여라.
1) $m_1 = m_2 = 1kg$ 2) $m_1 = 1kg,\ m_2 = 2kg$.

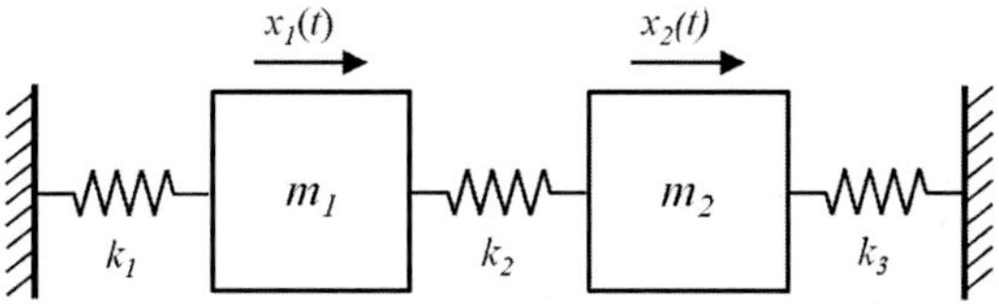

풀이 진동계에 대한 운동방정식을 구하면 다음과 같다.

$$m_1\ddot{x}_1 + (k_1 + k_2)x_1 - k_2x_2 = 0$$

$$m_2\ddot{x}_2 + (k_2 + k_3)x_2 - k_3x_3 = 0$$

다음 식을 얻기 위해 $x_1(t) = X_1e^{st}$와 $x_2(t) = X_2e^{st}$라 가정하고 위의 식에 대입하고 정리하면 다음과 같은 행렬식을 얻을 수 있다.

$$\begin{bmatrix} m_1s^2 + 2k & -k \\ -k & m_2s^2 + 2k \end{bmatrix}\begin{bmatrix} X_1 \\ X_2 \end{bmatrix} = \begin{bmatrix} 0 \\ 0 \end{bmatrix}$$

X_1과 X_2가 유의미한 해를 가지려면 다음과 같이 왼쪽 행렬의 행렬식이 '0'이어야 한다.

$$\begin{vmatrix} m_1s^2 + 2k & -k \\ -k & m_2s^2 + 2k \end{vmatrix} = m_1m_2s^4 + 2(m_1 + m_2)ks^2 + 3k^2 = 0$$

이 식에서 $s^2 = u$ 라고 가정하면 위 식은 다음과 같이 수정되고 이를 이용하여 u를 구할 수 있다.

$$m_1m_2u^2 + 2(m_1 + m_2)ku^2 + 3k^2 = 0$$

또한 모드비는 위에서 구한 s^2을 행렬식에 대입하면 다음과 같이 구해진다.

$$\frac{X_2}{X_1} = \frac{m_1s^2 + 2k}{k}$$

1) $m_1 = m_2 = 1kg$ 인 경우

$u^2 + 64u + 768 = 0 \Rightarrow u = -16$ 또는 -48

따라서, 진동계의 고유진동수는 $\omega_1 = \sqrt{16} = 4\,rad/s$, $\omega_2 = \sqrt{48} = 4\sqrt{3}\,rad/s$로 얻어진다. ω_1에 대하여 모드비를 위의 식을 이용하여 구하면 다음과 같다.

$$\frac{X_2}{X_1} = \frac{ms^2 + 2k}{k} = \frac{m\left(-\dfrac{k}{m}\right) + 2k}{k} = 1$$

동일한 방법으로 ω_2에 대한 모드비는 다음과 같이 구해진다.

$$\frac{X_2}{X_1} = \frac{ms^2 + 2k}{k} = \frac{m\left(-\frac{3k}{m}\right) + 2k}{k} = -1$$

다음 그림은 진동 모드의 형상을 나타내는 모드선도이다. 1차 모드인 경우 $X_1 = X_2$이고 2차 모드인 경우 $-X_1 = X_2$이다. 2차 모드의 경우 m_1과 m_2사이 중간 부분의 스프링은 진동하지 않고 이러한 부분을 절점(Node)이라 한다.

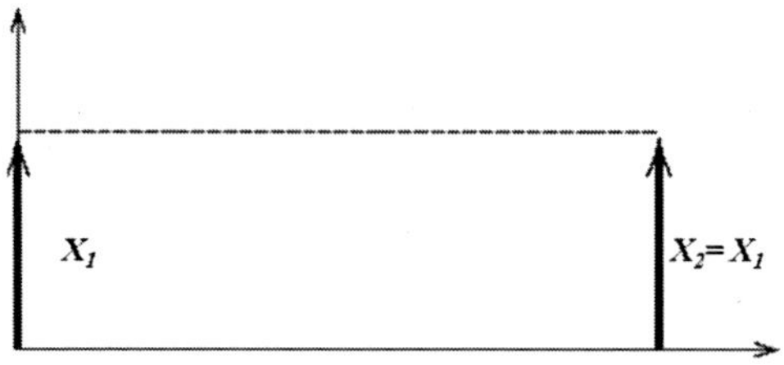

(a)

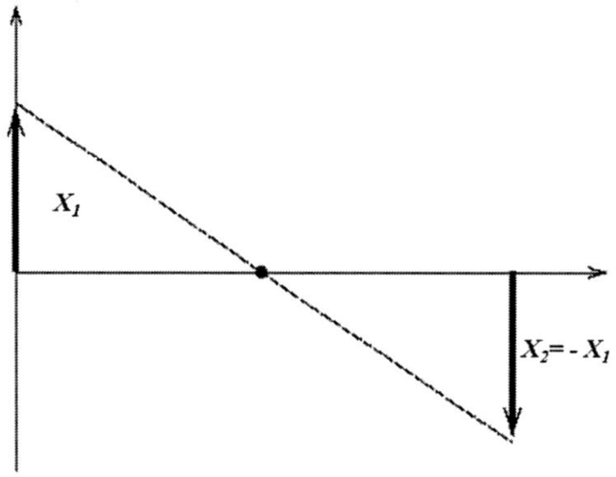

(b)

진동계의 자유진동은 두 진동 모드의 선형 조합으로 표시되며 각 모드의 기여율은 초기 조건에 의해 결정된다. 만약 두 질량이 동일한 방향으로 동일한 크기의 초기 변위를 가지면 진동계는 ω_1의 진동수에서 1차 모드 형태로 진동하게 된다. 만약 두 질량이 서로 반대 방향으로 동일한 크기의 초기 변위를 가지면 진동계는 ω_2의 진동수에서 2차 모드 형태로 진동하게 된다.

2) $m_1 = 1kg, m_2 = 2kg$.

이 경우에는 진동계의 특성 방정식이 다음과 같이 주어진다.

$$2u^2 + 96u + 768 = 0$$

동일한 방법을 이용하면

$\omega_1 = \sqrt{0.634k/m} = 3.184\,rad/s$, $\omega_2 = \sqrt{2.366k/m} = 6.152\,rad/s$ 2개의 고유진동수를 구할 수 있다. 이 결과를 이용하여 각 고유진동수에 대한 모드비를 구하면 다음과 같다.

$$\frac{X_2}{X_1} = \frac{m\left(-0.634\frac{k}{m}\right)+2k}{k} = 1.366 \text{ for } \omega_1$$

$$\frac{X_2}{X_1} = \frac{m\left(-2.366\frac{k}{m}\right)+2k}{k} = -0.366 \text{ for } \omega_2$$

이 경우 m_2의 초기변위를 m_1의 초기변위와 동일한 방향으로 1.366배로 조정하여 진동시키면 진동계는 ω_1의 진동수에서 1차 모드 형태로 진동하게 된다. 만약 두 질량의 초기 변위가 서로 반대 방향이고 m_2의 변위를 m_1의 변위의 0.366배로 조정하여 진동시키면 진동계는 ω_2의 진동수에서 2차 모드 형태로 진동하게 된다.
아래 그림은 $m_1 = 1kg, m_2 = 2kg$인 경우에 대한 모드 선도이다.

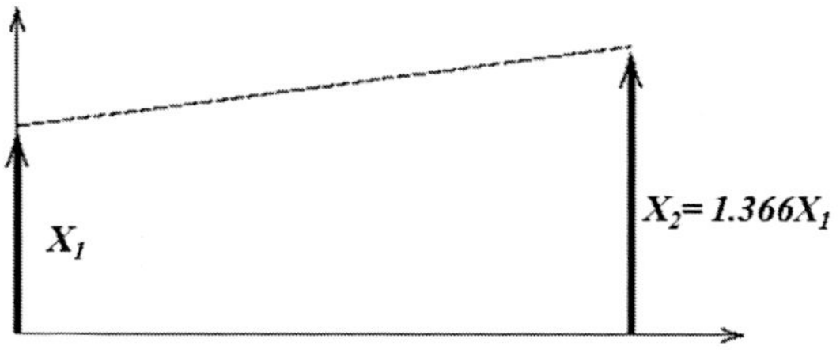

(a)

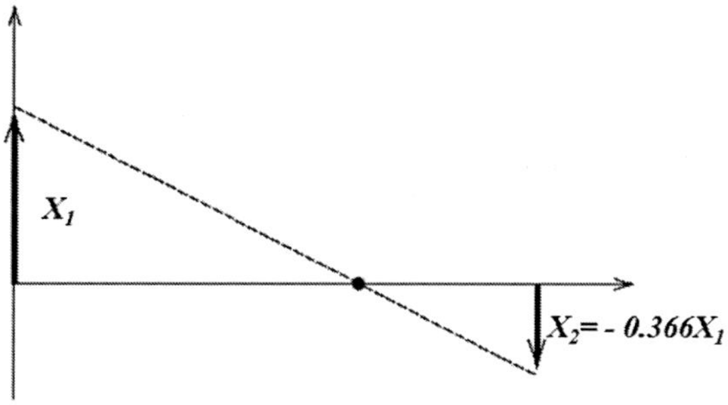

(b)

그림 (a)는 1차 모드이며 각 질량의 상대 변위는 $X_2 = 1.366X_1$이며 질량들의 운동 방향은 항상 동일하므로 이 모드에서는 절점이 없다. 그림 (b)는 2차 모드를 나타내며 $X_2 = -0.366X_1$이고 절점이 존재한다. 2차 모드의 절점은 질량 m_1으로부터 m_2 사이의 거리의 73.2%에 위치한다. 이 점 에서 스프링은 움직이지 않는다.

7.5 조화응답

1자유도 진동계와 같이 2자유도 진동계도 가진 주파수와 공진 주파수가 가까울 때 역시 공진현상을 나타낼 수 있다. 한 가지 차이점은 2자유도일 경우 2개의 공진 주파수가 있을 수 있다는 점이며, 또 다른 차이점은 여러 개의 가진 주파수가 있다고 해도 2개의 질량 중 하나가 움직이지 않고 정지된 상태로 있을 수 있다는 점이다. 이러한 현상은 흡진기 설계의 기초가 되며 7.8절에서 논의된다.

예제 7.2와 동일한 비감쇠 2자유도 진동계에서 질량 m_1에 가진함수 $f(t)$가 작용하는 경우의 진동계를 다음 그림에 나타내었다.

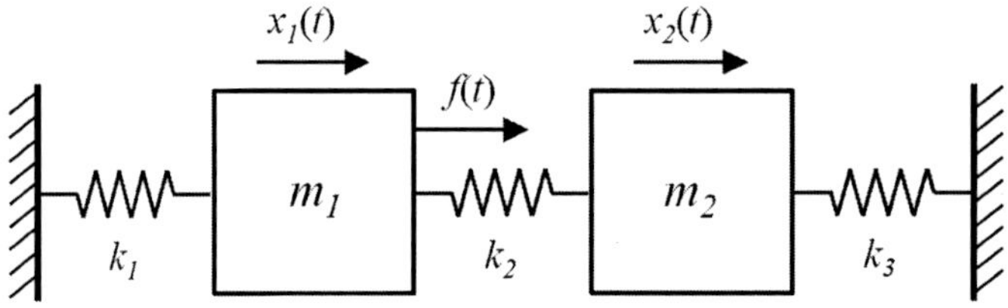

그림 7.5 | 비감쇠 2자유도 강제진동 모델

두 질량에 대한 운동방정식은 다음 두 식과 같이 유도된다.

$$m_1\ddot{x}_1 = f(t) - k_1x_1 + k_2(x_2 - x_1) \tag{7.5-1}$$

$$m_2\ddot{x}_2 = -k_3x_2 + k_2(x_1 - x_2) \tag{7.5-2}$$

두 방정식에 초기조건을 '0'으로 가정하고 라플라스 변환을 적용한 다음 행렬 형태로 정리하면 다음과 같다.

$$\begin{bmatrix} m_1s^2 + k_1 + k_2 & -k_2 \\ -k_2 & m_2s^2 + k_2 + k_3 \end{bmatrix} \begin{bmatrix} X_1(s) \\ X_2(s) \end{bmatrix} = \begin{bmatrix} F(s) \\ 0 \end{bmatrix} \tag{7.5-3}$$

이들 방정식을 Cramer 법칙을 사용하여 $X_1 = X_2$에 대해서 다음과 같이 풀 수 있다.

$$\frac{X_1(s)}{F(s)} = \frac{m_2s^2 + k_2 + k_3}{D(s)} \tag{7.5-4}$$

$$\frac{X_2(s)}{F(s)} = \frac{k_2}{D(s)} \tag{7.5-5}$$

$$D(s) = \left(m_1 s^2 + k_1 + k_2\right)\left(m_2 s^2 + k_2 + k_3\right) - k_2^2 \tag{7.5-6}$$

가진 함수가 $f(t) = F\sin(\omega t)$ 로 주어진 조화함수라 가정하면 정상상태 변위 또한 같은 진동수 ω를 갖는 조화운동이 될 것이다. $s = i\omega$ 를 대입하여 주파수 전달함수를 구하면 다음과 같은 식을 얻을 수 있다.

$$\frac{X_1(i\omega)}{F(i\omega)} = \frac{k_2 + k_3 - m_2\omega^2}{D(i\omega)} \tag{7.5-7}$$

$$\frac{X_2(i\omega)}{F(i\omega)} = \frac{k_2}{D(i\omega)} \tag{7.5-8}$$

$$D(i\omega) = (k_1 + k_2 - m_1\omega^2)(k_2 + k_3 - m_2\omega^2) - k_2^2 \tag{7.5-9}$$

$D(i\omega) = 0$ 에서 2개의 근을 ω_1 과 ω_2 라 하면, $D(i\omega)$를 다음과 같이 표시할 수 있다.

$$D(i\omega) = m_1 m_2 (\omega^2 - \omega_1^2)(\omega^2 - \omega_2^2) \tag{7.5-10}$$

따라서 식 (7.5-7)과 식 (7.5-8)는 다음과 같이 된다.

$$\frac{X_1(i\omega)}{F(i\omega)} = \frac{k_2 + k_3 - m_2\omega^2}{m_1 m_2 (\omega^2 - \omega_1^2)(\omega^2 - \omega_2^2)} \tag{7.5-11}$$

$$\frac{X_2(i\omega)}{F(i\omega)} = \frac{k_2}{m_1 m_2 (\omega^2 - \omega_1^2)(\omega^2 - \omega_2^2)} \tag{7.5-12}$$

$\omega = \omega_1$ 이거나 $\omega = \omega_2$ 일 때 위의 두 주파수 전달함수는 무한대가 되며, 이 두 주파수가 공진주파수가 된다. 만약 $k_2 + k_3 - m_2\omega^2 = 0$, 즉 $\omega = \sqrt{(k_2 + k_3)/m}$ 이면 식 (7.5-7)의 분자가 '0'이 되고 이런 경우 정상상태에서질량 m_1의 변위는 '0'으로 진동하지 않게 된다.

다음 그림 7.6은 $m_1 = m_2 = m$, $k_1 = k_2 = k_3 = k$ 일 경우에 대한 정규화된 주파수 응답곡선을 나타낸다.

여기서, $\omega_1 = \sqrt{k/m}$, $\omega_2 = \sqrt{3k/m}$ 및 $r = \omega/\omega_1$ 로 정의하면 주파수 전달함수는 다음과 같이 나타낼 수 있다.

$$\frac{X_1(i\omega)}{F(i\omega)} = \frac{k_2 + k_3 - m_2\omega^2}{m_1 m_2(\omega^2 - \omega_1^2)(\omega^2 - \omega_2^2)} \tag{7.5-13}$$

$$\frac{X_2(i\omega)}{F(i\omega)} = \frac{k_2}{m_1 m_2(\omega^2 - \omega_1^2)(\omega^2 - \omega_2^2)} \tag{7.5-14}$$

그림에서 알 수 있는 바와 같이 이 $\omega = \omega_1$ 및 $\omega = \omega_2$ 에서 공진이 일어나고 있음을 보여준다. 만일 이 계에서 $\omega = \sqrt{2}\,\omega_1$ 일 경우는 질량 m_1 이 정상상태에서 진동하지 않을 것이다.

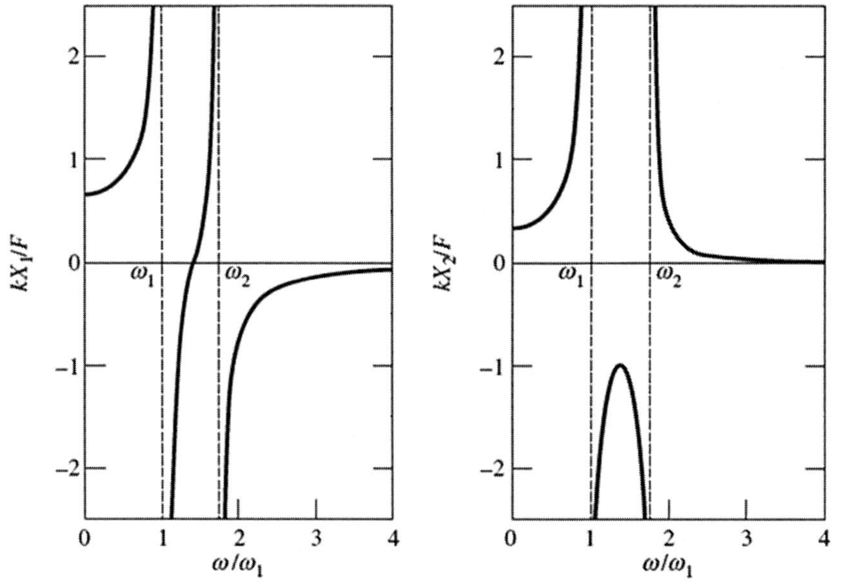

그림 7.6 | 비감쇠 2자유도 강제진동 응답 선도

감쇠가 없는 경우에는 1자유도 진동계에서와 같은 방법으로 2자유도계의 전달함수로부터 주파수 응답곡선을 쉽게 구할 수 있다. 그러나 2자유도 진동계에 감쇠가 포함된 경우에는 이와 같은 주파수 응답곡선을 이론적으로 구하는 것이 상당히 어렵다. 일반적으로 이러한 문제를 풀기 위해서는 컴퓨터 프로그램을 이용하는 경우가 대부분이다. 이와 같은 과정을 거치면 진동계의 응답을 이론적으로 구하는 것은 어렵지만 주어진 주파수 범위 내의 각 주파수에서 진동계를 구성하고 있는 관성요소들이 어떠한 상대적인 크기로 진동하는지에 대한 정보를 크기응답 곡선을 통해 얻을 수 있다. 아울러 위상각 선도를 이용하여 입력에 따른 계의 운동에 관한 정보 및 구성하고 있는 질량들의 상대운동에 관한 유용한 정보를 파악할 수 있다.

예제 7.3 — 다음 그림에 주어진 2 자유도계 시스템에서 $m_1 = 250kg$**,** $k_1 = 1.5\times 10^4 N/m$**,** $c = 1917 Ns/m$ **이며** $m_2 = 40kg$**,** $k_2 = 1.5\times 10^5 N/m$ **라고 한다. 입력** y**와 출력** x_1, x_2 **사이의 전달함수를 구하여라.**

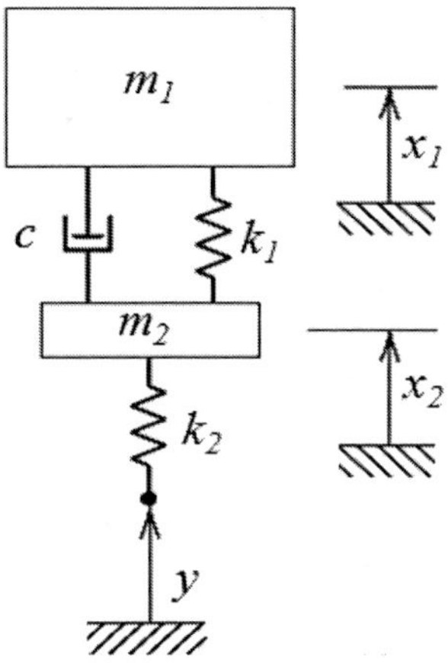

풀이 관성요소에 대해 자유물체도를 그리고 운동방정식을 유도하면 다음과 같다

$$m_1\ddot{x}_1 = c(\dot{x}_2 - \dot{x}_1) + k_1(x_2 - x_1)$$

$$m_2\ddot{x}_2 = k_1(x_1 - x_2) + c(\dot{x}_1 - \dot{x}_2) + k_2(y - x_2)$$

양변에 라플라스 변환을 적용하면 다음과 같은 식을 얻을 수 있다.

$$m_1 s^2 X_1(s) + cs[X_1(s) - X_2(s)] + k_1[X_1(s) - X_2(s)] = 0$$

$$m_2 s^2 X_2(s) + cs[X_2(s) - X_1(s)] + k_1[X_2(s) - X_2(s)] + k_2 X_2(s) = k_2 Y(s)$$

이 식을 다시 정리하면 다음과 같은 식을 구할 수 있다.

$$\begin{bmatrix} m_1 s^2 + cs + k_1 & -cs - k_1 \\ -cs - k_1 & m_2 s^2 + cs + k_1 + k_2 \end{bmatrix} \begin{bmatrix} X_1(s) \\ X_2(s) \end{bmatrix} = \begin{bmatrix} 0 \\ k_2 Y(s) \end{bmatrix}$$

Cramer 법칙을 이용하여 전달함수를 정의하고 문제에 주어진 값들을 대입하면 다음 두 식을 구할 수 있다.

$$\frac{X_1(s)}{Y(s)} = \frac{(0.2876s + 2.25_s)10^5}{s^4 + 55.6s^3 + 4185s^2 + 43.14\times 10^4 s + 2.75\times 10^5}$$

$$\frac{X_2(s)}{Y(s)} = \frac{(0.0375s^2 0.2876s + 2.25_s)10^5}{s^4 + 55.6s^3 + 4185s^2 + 43.14\times 10^4 s + 2.75\times 10^5}$$

위의 예제에서 얻어진 결과를 바탕으로 MATLAB 프로그램 이용하여 주파수 응답 선도를 구하면 다음과 같은 결과를 얻을 수 있다.

그림에서 가로축은 입력 주파수 ω 이며 단위는 rad/s 주어져 있다. 위의 예제의 결과를 자동차 1/4 차량 모델에 적용하면 m_1 을 차체의 질량, m_2 를 스프링 하부 질량, k_1 과 c 를 서스펜션의 강성과 감쇠계수, k_2 를 타이어 강성, y 를 노면의 상하 변동이라 할 수 있다. 이 모델에서 ω 는 단위가 m 인 노면의 공간상의 주기 P 와 단위가 m/s 인 차량의 속도 v 에 의해 결정되며 다음 식을 이용하여 구할 수 있다.

$$\omega = \frac{2\pi v}{P} \tag{7.5-15}$$

그림에서 알 수 있는 바와 같이 저주파수 영역에는 $|X_1/Y| \approx 1.1$ 인 구간이 있고 따라서 이 구간에서는 도로의 진폭보다 차체 진폭이 최대 10% 가량 더 크게 나타날 것으로 예상된다. 이 보다 높은 주파수 영역에서는 $|X_1/Y| \ll 1.0$ 로 나타나 이 영역에서는 차체 진폭이 도로 진폭보다 훨씬 작을 것으로 예상되고 서스펜션을 통해 충분한 진동 격리가 이루어짐을 알 수 있다. 반면, $\omega = 50\,rad/s$ 부근의 영역에서는 바퀴 등 스프링 하부 질량의 진폭이 도로의 진폭보다 50% 더 큼을 알 수 있다. 이러한 현상은 m_2 의 공진주파수가 해당 영역에 존재하기 때문이다.

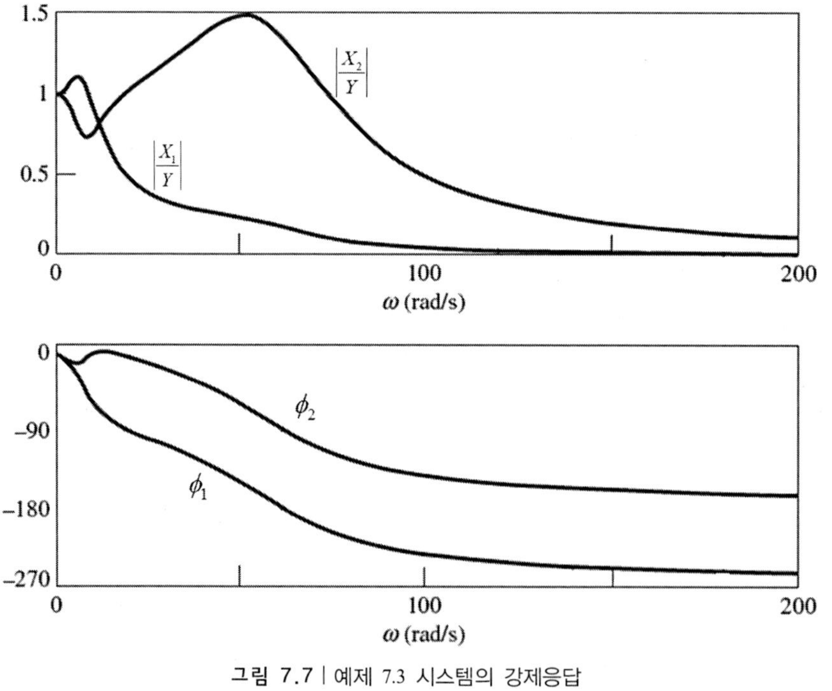

그림 7.7 | 예제 7.3 시스템의 강제응답

차체, 바퀴 및 도로의 상대적인 운동은 위상선도로부터 결정될 수 있다. 예를 들어 $\omega = 60\, rad/s$ 일 때, 바퀴운동과 차제운동은 도로의 조화운동보다 각각 90° 및 180° 뒤로 떨어져 있다 따라서 이 주파수에서 자체 운동은 지표면 운동과 반대방향이며 바퀴 운동과는 90° 의 차이가 있다. 이런 정보는 설계자가 현가장치의 거동을 이해하는데 큰 도움이 된다.

7.6 일반 강제 응답

앞 절에서 가진력이 조화함수일 경우에 대한 진동계의 전달함수를 이용하여 정상상태 응답을 구하는 방법을 공부하였다. 이제부터는 다른 형태의 가진 함수 즉, 계단입력이나 경사입력에 대한 전체응답을 구하는 문제를 생각해 보자. 이러한 문제의 응답해석에서는 전달함수와 라플라스 변환 방법이 가장 적절한 방법이 된다.

2자유도계의 응답을 구하는 수학적인 방법은 1 자유도계 응답을 구하는 방법보다 훨씬 복잡하고 어렵다. 따라서 진동계 해석의 궁극적인 목적을 고려하여 적절한 해석 방법을 신중하게 선택할 필요가 있다. 예를 들어 만일 우리가 필요로 하는 것이 응답곡선이 변 완전해를 구하기 위해서 시간과 노력을 낭비할 필요가 없다. MATLAB과 같은 도구를 이용하여 수치 해를 구하는 방법이 최선의 방법이다. 강성계수나 감쇠계수와 같은 상수를 사용하여 계의 전체응답이나 과도응답을 구할 수 있는 공식을 얻기가 어려우므로 때로는 수치해석으로 만족해야만 한다.

예를 들어 그림 7.8의 왼편에 설명된 것과 같이 자동차 1/4에 바퀴 하나와 결합되어 있는 현가장치를 생각해 보자. 이 시스템은 단순하게 스프링 하부에 있는 질량을 무시하고 타이어와 서스펜션을 하나의 스프링과 감쇠기로 모델링할 수 있다. 이 모델에서는 타이어와 바퀴사이의 동력학은 무시하고 전체 차제의 동력학에 초점을 둔다. 이 모델은 5장에서 이미 소개되었으며 전체 강성 k 는 매달린 스프링 상수 k_s 와 타이어의 강성계수 k_t 의 직렬 연결이므로 $k = k_s k_t / (k_s + k_t)$가 되고 전달함수는 다음과 같다.

$$\frac{X(s)}{Y(s)} = \frac{k}{ms^2 + cs + k} \tag{7.6-1}$$

이 모델은 스프링 하부 질량의 거동을 포함하지 않고 있다는 동역학적인 한계가 있지만, 1자유도 모델이므로 이론적인 해석이 가능하다는 장점이 있다.

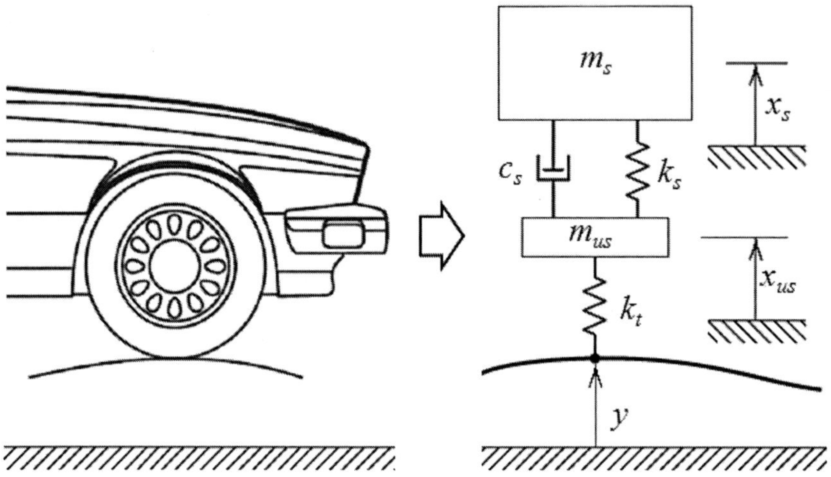

그림 7.8 | 자동차 현가장치 2자유도 모델

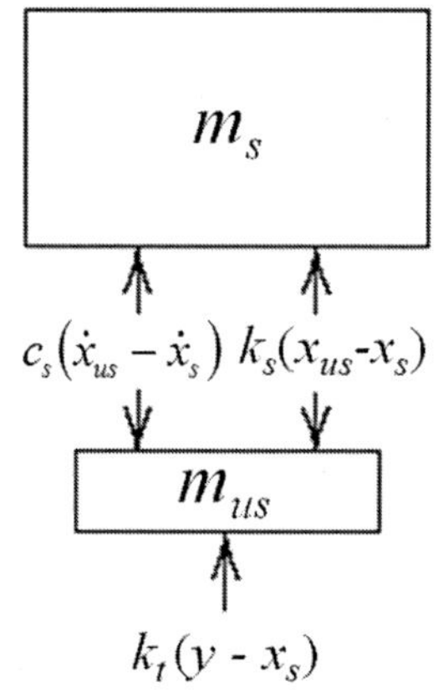

그림 7.9 | 스프링 상부 및 하부 질량의 자유물체도

그림 7.8과 7.9에서는 타이어와 바퀴 등 스프링 하부 질량의 동적인 역학관계를 포함하는 좀 더 상세한 모델을 보여주고 있다. 예제 7.3로부터 그림 7.9의 현가장치의 두 질량 모델은 다음과 같다.

$$m_s\ddot{x}_s + c_s\dot{x}_s + k_s x_s - c_{us}\dot{x}_{us} - k_{us}x_{us} = 0 \qquad (7.6\text{-}2)$$

$$m_{us}\ddot{x}_{us} + c_{us}\dot{x}_{us} + (k_s + k_{us})x_{us} - c_s\dot{x}_s - k_s x_s = k_{us}y \qquad (7.6\text{-}3)$$

이들 방정식에 라플라스 변환과 영의 값인 초기조건을 적용하면 다음의 식을 얻는다.

$$\begin{bmatrix} m_s s^2 + c_s s + k_s & -c_s s - k_s \\ -c_s s - k_s & m_{us} s^2 + c_s s + k_s + k_{us} \end{bmatrix} \begin{bmatrix} X_s(s) \\ X_{us}(s) \end{bmatrix} = \begin{bmatrix} 0 \\ k_{us} Y(s) \end{bmatrix} \tag{7.6-4}$$

전달함수는 크래머 법칙에 따라 다음과 같이 구해진다.

$$\frac{X_s(s)}{Y(s)} = \frac{k_{us}(cs + k_s)}{D(s)} \tag{7.6-5}$$

$$\frac{X_{us}(s)}{Y(s)} = \frac{k_2(m_s s^2 + c_s s + k_s)}{D(s)} \tag{7.6-7}$$

$$D(s) = m_s m_{us} s^4 + (m_s + m_{us}) c_s s^3 + (k_{us} m_s + k_s m_{us}) s^2 + k_{us} c_s s + k_s k_{us} \tag{7.6-7}$$

이러한 계를 해석하기 위해서 먼저 노면 변화 효과를 모델화할 수 있는 적절한 입력함수 $y(t)$를 선택해야 한다. 그러기 위해서는 실제 도로면을 정확하게 묘사하기 위해서는 굉장히 어려운 수학적인 접근이 필요하므로 정확한 묘사와 그에 따른 수학적인 어려움 사이에 어느 정도 적절한 절충이 필요하다. 계단함수는 비록 실제로 아무리 심한 노면상의 장애물이라도 순간적으로 계단함수처럼 높이를 바꿀 수는 없다하더라도, 이러한 이유 때문에 노면상의 갑작스런 변화 효과를 모델화하는데 계단함수가 자주 이용되고 있다.

예제 7.4 — 다음 그림에 주어진 2자유도계 시스템에서 $m_s = 250kg$, $k_s = 1.5 \times 10^4 N/m$ 이며 $m_{us} = 40kg$, $k_t = 1.5 \times 10^5 N/m$ 라고 한다. 서스펜션의 감쇠계수를 c 라고 할 때 노면의 변위 입력과 차체 변위 출력 사이의 전달함수를 다음 두 모델을 이용하여 구하여라.

(1) 1 자유도 모델 (2) 2 자유도 모델

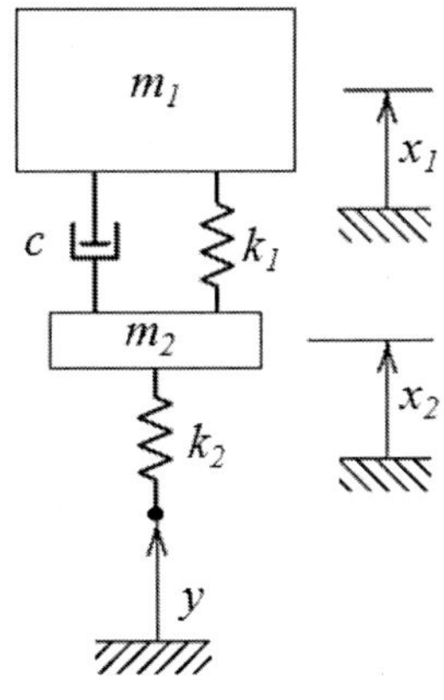

풀이 (1) 서스펜션과 타이어 강성의 직렬연결로 얻어지는 전체 강성은 $k=13636N/m$ 이다. 따라서 식 (7.4-14)를 이용하여 1자유도 모델의 전달함수를 유도하면 다음과 같다.

$$\frac{X_s(s)}{Y(s)}=\frac{k}{ms^2+cs+k}=\frac{13636}{250s^2+cs+13636}$$

(2) 식 (7.5-4)와 (7.5-6)와 문제에 주어진 값들을 이용하여 2자유도 모델의 전달함수를 유도하면 다음과 같다.

$$\frac{X_s(s)}{Y(s)}=\frac{1500(cs+1.5\times10^4)}{75s^4+2.8cs^3+4.17\times10^5s^2+1500cs+2.25\times10^7}$$

위의 예제에서 알 수 있는 바와 같이 2 자유도계 시스템의 전달함수는 4계 방정식으로 나타나고 따라서 주어진 응답에 대해 조건을 만족하는 응답을 생성하는 감쇠계수를 직접 구하는 것은 불가능하다. 전달함수 분자의 동적 항목 cs가 c를 포함하고 있으므로, 감쇠계수가 커질수록 과출력이 증가한다는 것을 알 수 있다. 특성방정식의 근 또한 c의 영향을 받는다.

이런 경우 주어진 입력에 대해 응답을 구하는 방법은 다음과 같은 것들이 있다.

1. 예를 들어 라플라스 변환을 이용하거나 부분분수 전개 계수를 손으로 계산 평가하여 응답에 대한 닫힘형태(closed-form) 표현식을 구한다.
2. 응답에 대한 닫힘형태 표현식은 부분분수 전개 계수를 평가하기 위한 MATLAB의 함수를 사용하여 구한다.
3. MATLAB과 같은 수치해석법을 이용하여 직접 응답을 그림으로 그린다.

우리가 해야 할 것이 과출력 평가만이라면 세 번째 방법이 가장 쉽겠지만, 이 방법은 감쇠계수 c가 응답에 미치는 영향을 이해하기 위하여 사용할 수 있는 공식을 제시하지 못한다는 단점이 있다. 여러 감쇠계수 값에 대한 그림을 그려 시험해 볼 수도 있겠지만 우리가 필요로 하는 이해력을 주지 못할 수도 있다. 첫 번째 방법은 감쇠계수를 구하기 위하여 약간의 지루한 계산이 요구되며 c가 계수로써 계속 남아있게 되면 실용적이지 못한 경우가 된다. 두 번째 방법에서는 사용될 특정 감쇠계수 값을 필요로 하지만, 각 특성근들에 대한 응답의 세부를 볼 수 있게 된다.

감쇠계수 c가 4366인 4계 미분방정식 모델의 계단함수에 대한 응답을 MATLAB으로 그리면 다음 그림과 같다.

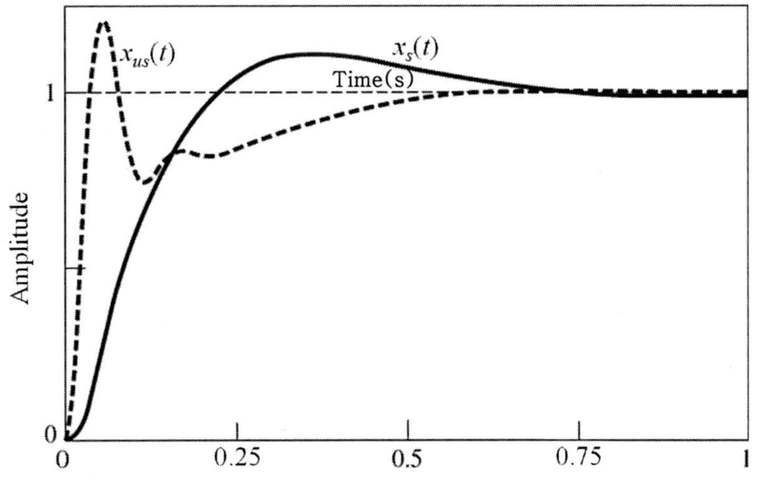

그림 7.10 | 감쇠를 고려한 1/4 차량 응답

부분분수 전개로부터 응답에 대한 닫힘 형태 표현식을 얻을 수 있다. 일반적으로 4계 함수를 전개하는 것이 수계산으로는 상당히 어려우므로 MATLAB의 함수를 사용할 수 있다. 이이와 같은 과정을 거쳐 $c = 4366\,Ns/m$ 일 때의 응답을 구하면 다음과 같다.

$$x_1(t) = -0.0621e^{-123.6t} + 2.471e^{-17.41t}\sin(14.94t - 2.529) + 0.484e^{-4.61t} + 1 \tag{7.5-6}$$

7.7 절점 및 모드 응답

문제의 특성에 따라 주어진 진동계의 고유진동수와 진동 모드를 파악하는 것으로 충분한 정보를 얻을 수 있는 경우가 있다. 또한, 주어진 다자유도 진동계에서 정상상태 응답은 고유진동 특성을 기반으로 주어진 가진력을 이용하여 구하는 방법이 있다. 따라서 문제에 따라서는 주어진 초기조건과 가진력에 의해 발생되는 응답을 직접 구하지 않아도 진동계의 특성을 설명할 수 있는 경우가 있다. 이와 같은 문제의 대표적인 예로써 차량의 현가장치 모드비를 사용하여 주행 중 차량의 거동을 예측하는 방법을 공부해보자.

다음 그림과 같이 자동차를 전, 후 서스펜션에 의해 지지되는 하나의 강체로 모델링할 수 있다고 가정하면 전체 자동차의 거동에 의한 상하 방향 운동을 차량 질량 중심에서의 상, 하 방향 변위와 이 점을 중심으로 한 차체의 회전각으로 설명할 수 있다.

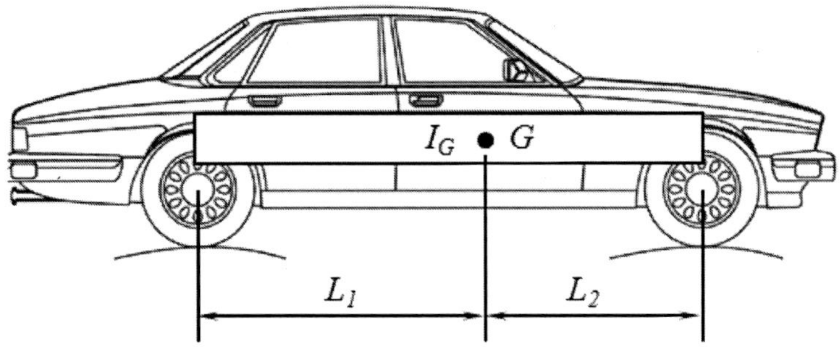

그림 7.11 | 자동차의 바운스-피치(Bounce-Pitch) 모델

이와 같은 차량 모델의 거동은 차에의 회전 중심이 1)차량의 전, 후축 사이인 축거 외부 있는 경우와 2)축거 내부에 있는 경우 두 경우로 나뉜다. 회전 중심이 축거 외부에 있는 경우전, 후 서스펜션은 동일한 방향으로 움직이며 이러한 거동을 바운스(Bounce) 운동이라고 한다. 이와 반대로 회전 중심이 축거 내부에 있는 경우 전, 후 서스펜션은 서로 반대 방향으로 움직이며 이러한 거동을 피치(Pitch) 운동이라고 한다.

다음 그림 7.12 (a)는 위에서 설명된 가정을 근거로 바퀴 및 현가장치가 노면에서 변위 입력을 받아 차량에 발생되는 바운스-피치(Bounce-Pitch) 운동을 이상화한 2자유도 모델이다. 자동차 차체의 움직임을 질량 중심의 수직 변위 z와 자동차의 질량 중심을 지나는 횡방향 축에 대한 회전각 θ를 이용하여 나탄낸다. 차량의 전체 질량은 m이며, 질량 중심에 대한 질량 관성모멘트는 I_G이다. 또한, z와 θ는 $y_f = y_r = 0$일 때의 평형 위치를 기준으로 정의되는 수직 변위와 회전각이다.

만약, 자동차 속력과 노면의 형상을 알고 있다면 접지점에서의 전, 후 바퀴의 변위를 시간의 함수 $y_f(t)$, $y_r(t)$로 정의할 수 있다.

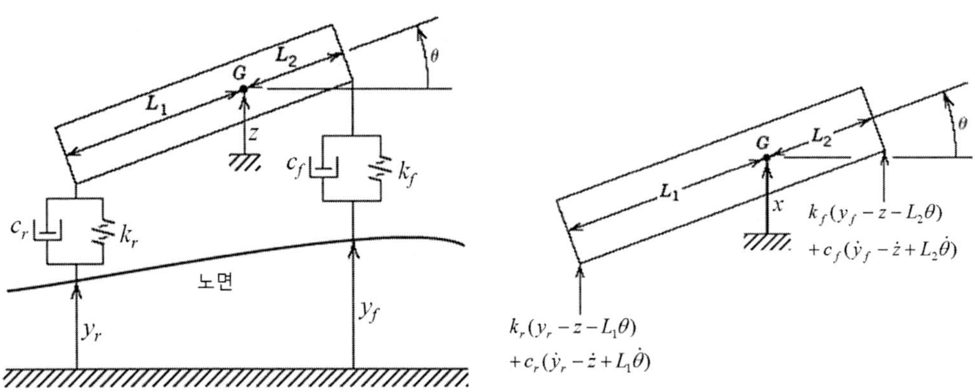

(a) 물리학 모델 (b) 자유물체도

그림 7.12 | 자동차의 바운스-피치(Bounce-Pitch) 거동

z와 θ가 아주 작다고 가정하면 현가장치 힘들의 방향이 질량중심선에 수직하다고 가정할 수 있다. 이를 바탕으로 전륜 및 후륜의 서스펜션을 통해 전달되는 힘들을 이용하여 차체를 단순화한 강체에 대한 자유물체도를 그림 7.12 (b)와 같이 구할 수 있다. 이 자유물체도를 기준으로 차량의 질량중심 G를 기준으로 한 모멘트 방정식을 정의하면 다음 식을 얻을 수 있다.

$$\begin{aligned} I_G\ddot{\theta} =& - c_r(\dot{y}_r - \dot{z} + L_1\dot{\theta})L_1 - k_r(y_r - z + L_1\theta)L_1 \\ &+ c_f(\dot{y}_f - \dot{z} - L_2\dot{\theta})L_2 + k_f(y_f - z - L_2\theta)L_2 \end{aligned} \tag{7.7-1}$$

위의 식을 재정리하면 다음과 같다.

$$\begin{aligned} &I_G\ddot{\theta} + (c_fL_2^2 + c_rL_1^2)\dot{\theta} + (k_fL_2^2 + k_rL_1^2)\theta + (c_fL_2 - c_rL_1)\dot{z} + (k_fL_2 - k_rL_1)z \\ &\quad = c_fL_2\dot{y}_f - c_rL_1\dot{y}_r + k_fL_2y_f - k_rL_1y_r \end{aligned} \tag{7.7-2}$$

차량의 질량과 수직 방향으로 작용하는 힘에 대하여 뉴턴의 제 2법칙을 적용하면 운동방정식은 다음과 같다

$$m\ddot{z} = c_r(\dot{y}_r - \dot{z} + L_1\dot{\theta}) + k_r(y_r - z + L_1\theta) + c_f(\dot{y}_f - \dot{z} - L_2\dot{\theta}) + k_f(y_f - z - L_2\theta) \tag{7.7-3}$$

위 식은 다음과 같이 정리할 수 있다.

$$\begin{aligned} &m\ddot{z} + (c_f + c_r)\dot{z} + (k_f + k_r)z + (c_fL_2 - c_rL_1)\dot{\theta} + (k_fL_2 - k_rL_1)\theta \\ &\quad = c_f\dot{y}_f + c_rL_1\dot{y}_r + k_fy_f + k_ry_r \end{aligned} \tag{7.7-4}$$

주어진 진동계에 대한 고유진동 특성 해석을 위하여 전, 후 서스펜션의 감쇠를 무시하고 노면으로부터 가해지는 변위 입력을 모두 '0'으로 놓으면 위의 두 식은 다음과 같이 단순화된다.

$$m\ddot{z} + (k_f + k_r)z = (k_rL_1 - k_fL_2)\theta \tag{7.7-5}$$

$$I_G\ddot{\theta} + (k_fL_2^2 + k_rL_1^2)\theta = (k_rL_1 - k_fL_2)z \tag{7.7-6}$$

위의 미분방정식 에 $z(t) = Ze^{st}$와 $\theta(t) = \Theta e^{st}$를 대입하고 e^{st}항을 약분하여 Z과 Θ

의 계수를 구하면 다음 식을 얻는다.

$$\left(ms^2 + k_f + k_r\right)Z(s) - \left(k_r L_1 - k_f L_2\right)\Theta(s) = 0 \tag{7.7-7}$$

$$-\left(k_r L_1 - k_f L_2\right)Z(s) + \left(I_G + k_f L_2^2 + k_r L_1^2\right)\Theta(s) = 0 \tag{7.7-8}$$

위의 두 식이 의미 있는 해를 갖기 위해서는 다음과 같은 조건이 만족되어야 한다.

$$\begin{vmatrix} ms^2 + k_f + k_r & -\left(k_r L_1 - k_f L_2\right) \\ -\left(k_r L_1 - k_f L_2\right) & I_G s^2 + k_r L_1^2 + k_f L_2^2 \end{vmatrix} = 0 \tag{7.7-9}$$

이 식을 전개하면 다음과 같은 식을 얻게 된다.

$$mI_G s^4 + \left[m\left(k_f L_2^2 + k_r L_1^2\right) + I_G\left(k_f + k_r\right)\right]s^2 + k_f k_r \left(L_1 + L_2\right)^2 = 0 \tag{7.7-10}$$

위 4차 방정식은 원래 4개의 근을 가지나 s^2의 2차식으로 표현되어 있으므로 2차 방정식의 근의 공식을 이용하여 s^2에 대한 근을 구할 수 있다. 이렇게 구해진 s^2를 이용하여 고유진동수를 구할 수 있다. 또한, 각 고유진동수에 해당하는 모드 비는 위의 식 (7.7-7) 또는 (7.7-8)로부터 구할 수 있으며 식 (7.7-7)을 이용하면 다음과 같이 구해진다.

$$\frac{Z}{\Theta} = \frac{k_r L_1 - k_f L_2}{ms^2 + k_f + k_r} \tag{7.7-11}$$

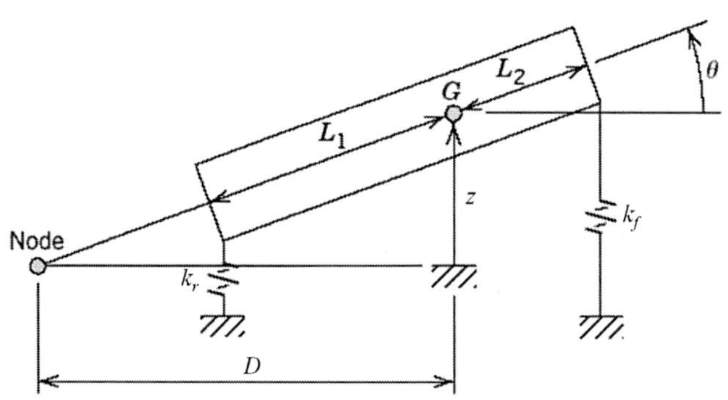

(a)

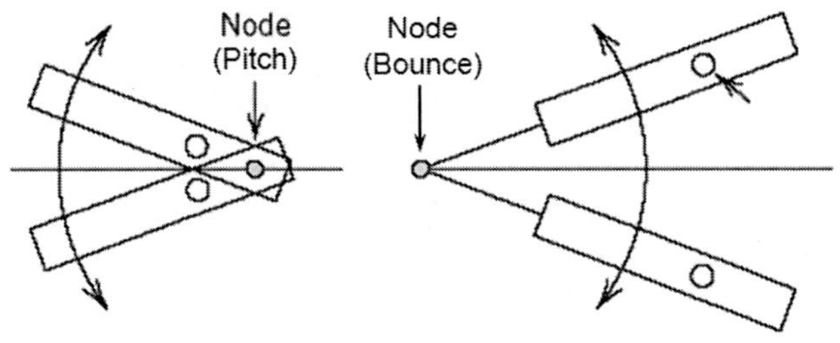

(b)

그림 7.13 | 자동차의 바운스-피치(Bounce-Pitch) 거동의 절점

위의 식으로 구한 Z/Θ는 해당하는 모드에서 z와 θ의 진폭비라고 정의할 수 있다. 또한 다음 그림과 같이 변위가 '0'인 지점에서 무게 중심까지의 거리를 D라고 정의하면 다음과 같은 관계식을 유도할 수 있다.

$$\tan\theta = \frac{z}{D} \tag{7.7-12}$$

만약 θ가 충분히 작다고 가정하면 $\tan\theta \cong \sin\theta \cong \theta$이므로 위 식은 다음과 같이 단순화될 수 있다.

$$D \approx \frac{z}{\theta} = \frac{Z}{\Theta} \tag{7.7-13}$$

그림에 표시된 변위가 없는 지점을 모드의 절점(Node)이라 한다. 따라서 이 진동계는 모드에 따라 각각 다른 두 개의 절점을 가진다.

다음 식과 같이 식 (7.7-11)의 분자가 '0' 이면 z의 진폭인 Z는 '0'이 될 것이다.

$$k_r L_1 - k_f L_2 = 0 \tag{7.7-14}$$

이 조건이 만족되면 $D = 0$이 되며 z 및 θ로 표시되는 차량의 운동 사이의 연성이 없고 각 모드의 절점이 곧 무게중심이 된다. 또한 이러한 경우 (7.7-9)에 주어진 특성방정식은 다음과 같이 주어진다.

$$\left(ms^2 + k_f + k_r\right)\left(I_G s^2 + k_r L_1^2 + k_f L_2^2\right) = 0 \tag{7.7-15}$$

이 식의 해는 다음과 같이 주어지며 두 식은 각각 한 쌍의 허수근을 가진다.

$$ms^2 + k_f + k_r = 0 \tag{7.7-16}$$

$$I_G s^2 + k_r L_1^2 + k_f L_2^2 = 0 \tag{7.7-17}$$

예제 7.5 — 다음 그림에 주어진 것과 같은 차량 바운스-피치 모델에서 $k_f = 1.562 \times 10^4 N/m$, $k_r = 1.974 \times 10^4 N/m, L_1 = 1.51m$, m, $m = 690kg$ **및** $I_G = 1{,}222kgm^2$**라고 한다. 계의 고유진동수와 모드비를 구하여라.**

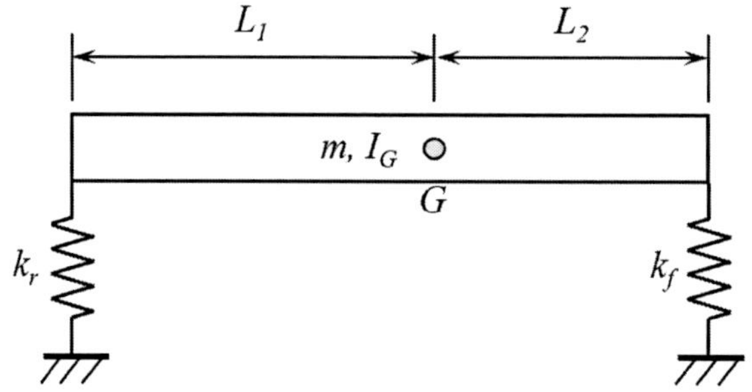

풀이 특성방정식 (7.7-9)에 주어진 상수 값을 대입하면 다음 식을 얻는다.

$$(690s^2 + 35355.5)(1222s^2 + 69407.2) - 10283.3^2 = 0$$

2차방정식에 대한 근의 공식으로부터 $s^2 = -42.25, -65.61$를 구하고 이들로부터 유도한 4개의 특성근은 다음과 같다.

$$s = \pm 6.50i, \pm 8.10i$$

이들 값에 대한 진동수는 $1.04\,Hz$와 $1.29\,Hz$이다.

첫 번째 고유진동수 $\omega_1 = 6.50\,rad/s$ 에 대하여 모드비를 구하면 다음과 같다.

$$\frac{Z}{\Theta} = \frac{z}{\theta} = -1.04\,m$$

이 경우 절점은 차량의 질량중심의 앞쪽 $1.04\,m$ 에 위치하며 절점이 차량의 내부에 있기 때문에 차량의 운동형태는 절점을 중심으로 앞, 뒤가 반대 방향으로 진동하는 피치(Pitch) 운동이다.

두 번째 고유진동수 $\omega_2 = 8.10\,rad/s$ 에 대하여 모드비를 구하면 다음과 같다.

$$\frac{Z}{\Theta} = \frac{z}{\theta} = 1.66\,m$$

이 경우 절점은 차량의 질량중심의 뒤 쪽 $1.66\,m$ 에 위치하며 절점이 차량의 외부에 있기 때문에 차량의 운동 형태는 절점을 중심으로 앞, 뒤가 동일한 방향으로 진동하는 바운스(Bounce) 운동이다.

절점의 위치를 계산할 때 변수들의 작은 변화가 진동계의 진동 특성에 큰 영향을 미칠 수 있다. 식 (7.7-2)의 모드비에서 $s^2=-\omega^2$임을 이용하여 다시 정리하면 다음의 식을 얻을 수 있다.

$$\frac{Z}{\Theta}=\frac{z}{\theta}=\frac{k_rL_1-k_fL_2}{m}\frac{1}{\omega_b^2-\omega^2} \tag{7.7-18}$$

이 식에서 ω_b는 병렬로 연결된 두 서스펜션의 차량의 질량을 지지했을 때 나타나는 고유진동수로 다음과 같이 정의된다.

$$\omega_b=\sqrt{\frac{k_f+k_r}{m}} \tag{7.7-19}$$

특성방정식에서 구해지는 $s^2=-\omega^2$에서 ω^2이 ω_b^2에 근접하면 Z/Θ가 급격히 증가한다. 또한, 차량의 강성, 질량 및 관성 등의 변화로 인해 발생되는 ω^2 또는 ω_b^2의 작은 변화도 경우에 따라서는 Z/Θ와 절점의 위치에 큰 변화를 초래할 수 있다. 따라서 이와 같은 문제점을 방지하기 위해서는 충분한 검토를 통하여 조정 가능한 변수들의 값이 선정되어야 한다.

7.8 진동 흡진기

7.8.1 흡진기의 정의와 예

일정한 주파수를 가진 조화함수 형태의 가진력으로 인해 발생하는 정상상태 응답으로부터 장치를 보호하기 위한 수단의 하나가 진동 흡진기(Vibration Absorber)이다. 5장에서 기술한 절연기와는 달리, 흡진기는 진동으로부터 장치를 보호하기 위해 주(Primary) 시스템에 부가된 두 번째의 질량-스프링 조합으로 구성된다. 부가된 두 번째의 질량-스프링 시스템의 주된 효과는 1자유도 시스템을 2자유도 시스템으로 변화시키게 된다. 따라서 새로운 시스템은 두 개의 고유진동수를 가진다(7.2절 참조). 추가로 부착된 스프링-질량 시스템을 흡진기라고 부른다. 흡진기 질량과 강성의 값은 주시스템 질량의 운동을 최소화하도록 선택한다. 이와 더불어 다음에 설명하는 것처럼 부가흡진기에 상당히 큰 진동이 일어난다.

흡진기는 일정한 속력으로 진동하는 기계나 시스템의 진동을 저감하기 위하여 많이 사용된다. 톱, 연마기 및 전기면도기와 같이 교류전동기에 의해 작동되는 장치나 기계들이 주로 이와 같이 일정한 속도로 작동되면 흡진기가 자주 사용된다.

또한, 다음 그림에 설명되어 있는 바와 같이 건물, 자동차 배기 파이프 또는 전기 선로 등에도 흔하게 진동흡진기를 볼 수 있다. 아령 모양의 진동흡진기는 종종 바람 때문에 전선이 고유진동수에서 진동하는 것을 억제하기 위하여 사용된다. 흡진기가 있으면 전선이 끊어지게(피로현상)되는 공진 부근에서의 큰 진동이 방지된다.

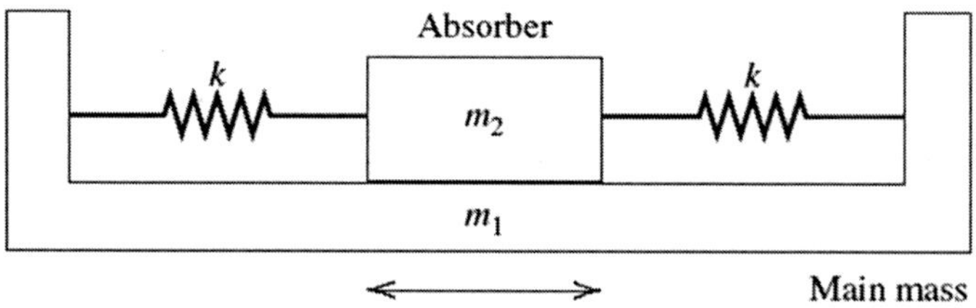

(a) 건물용 흡진기

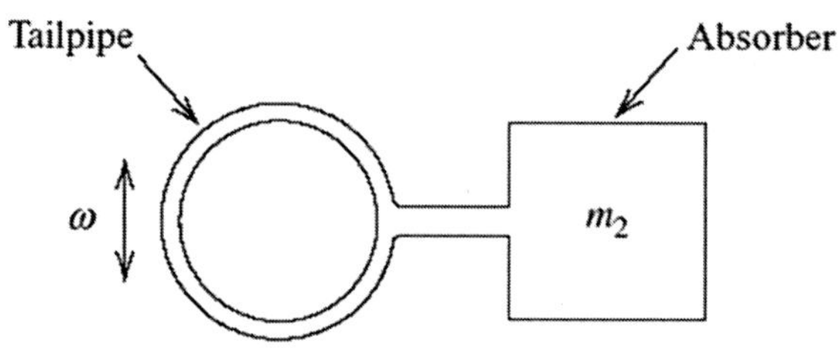

(b)자동차 배기관 흡진기

(c) 전선 흡진기

그림 7.14 | 흡진기의 예

7.8.2 흡진기 해석

그림 7.15는 스프링-질량 시스템에 추가되어 있는 단순한 흡진기를 나타내고 있다. 원 시스템은 주 질량 m, 주 스프링 k 으로 구성되어 있으며 흡진기 시스템은 질량 m_a, 스프링 k_a 로 구성되어 있다.

각 질량에 대해 자유물체도를 그리고 운동방정식을 유도하면 다음과 같다.

$$m\ddot{x}+kx+k_a(x-x_a)=f \tag{7.8-1}$$

$$m_a\ddot{x}_a-k_a(x-x_a)=0 \tag{7.8-2}$$

이 식을 행렬식의 형태로 정리하면 다음과 같은 식을 얻을 수 있다

$$\begin{bmatrix} m & 0 \\ 0 & m_a \end{bmatrix}\begin{bmatrix} \ddot{x} \\ \ddot{x}_a \end{bmatrix}+\begin{bmatrix} k+k_a & -k_a \\ -k_a & k_a \end{bmatrix}\begin{bmatrix} x \\ x_a \end{bmatrix}=\begin{bmatrix} f \\ 0 \end{bmatrix} \tag{7.8-3}$$

두 식에 라플라스 변환을 적용하면 다음의 두 식을 얻는다.

$$(m+k+k_a)X(s)-k_aX_a(s)=F(s) \tag{7.8-4}$$

$$(m_as^2+k_a)X_a(s)-k_aX(s)=0 \tag{7.8-5}$$

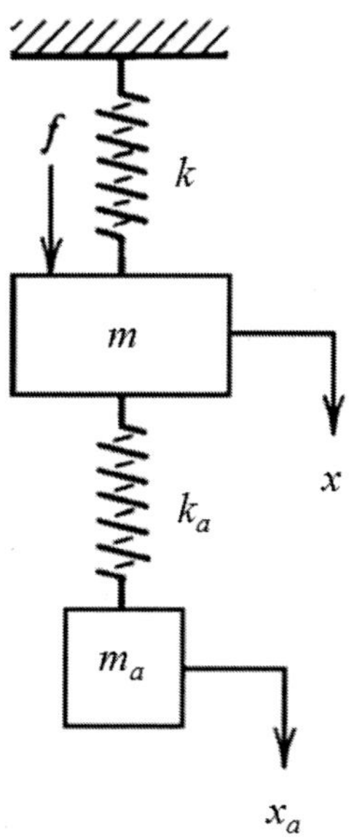

그림 7.15 | 병진형 흡진기 모델

$$\begin{bmatrix} ms^2+k+k_a & k_a \\ -k_a & m_as^2+k_a \end{bmatrix}\begin{bmatrix} X(s) \\ X_a(s) \end{bmatrix}=\begin{bmatrix} F(s) \\ 0 \end{bmatrix} \tag{7.8-6}$$

위 식에 Cramer 법칙을 이용하여 $X(s)$와 $X_a(s)$를 구하고 이들을 전달함수의 형태로 정리하면 다음의 두 식을 얻을 수 있다.

$$\frac{X(s)}{F(s)} = \frac{m_a s^2 + k_a}{(ms^2 + k + k_a)(m_a s^2 + k_a) - k_a^2} \tag{7.8-7}$$

$$\frac{X_a(s)}{F(s)} = \frac{k_a}{(ms^2 + k + k_a)(m_a s^2 + k_a) - k_a^2} \tag{7.8-8}$$

만약, $f(t) = F_0 \sin \omega t$와 같이 작용력이 조화함수인 경우에는 위 두 식의 s를 $i\omega$로 대체할 수 있고 이를 각각 주파수 전달함수 $T(i\omega)$와 $T_a(i\omega)$로 정의하면 다음과 같다.

$$T(i\omega) = \frac{X}{F_0} = \frac{(k_a - m_a\omega^2)}{(k + k_a - m\omega^2)(k_a - m_a\omega^2) - k_a^2} \tag{7.8-9}$$

$$T_a(i\omega) = \frac{X_a}{F_0} = \frac{k_a F_0}{(k + k_a - m\omega^2)(k_a - m_a\omega^2) - k_a^2} \tag{7.8-10}$$

식 (7.8-9)를 살펴보면 흡진기의 변수 k_a와 m_a는 테이블의 정상상태 진폭이 정확하게 '0'이 되도록 선택할 수 있다. 이것은 식 (7.8-9)에서 분자 부분이 '0'이 되게 다음과 같은 조건으로 선택하면 된다.

$$\omega^2 = \frac{k_a}{m_a} \tag{7.8-11}$$

따라서 만약 흡진기의 매개변수가 식 (7.8-11)의 조정 조건(Tuned condition)을 만족하도록 선택되면, 주질량 m의 정상상태에서 진동의 크기(X)는 영이 된다. 이러한 경우 흡진기 질량의 정상상태운동은 $k_a = m_a\omega^2$을 이용하여 식 (7.8-10)으로부터 다음과 같이 계산된다.

$$x_a(t) = -\frac{F_0}{k_a}\sin \omega t \tag{7.8-12}$$

그러므로 흡진기의 질량은 구동주파수에서 진폭 $X_a = F_0/k_a$로 진동하고, 이 경우 흡진기 질량에 가해지는 힘의 크기는 다음 식으로 구할 수 있다.

$$k_a(x_a - x) = k_a(x_a) = k_a\left(-\frac{F_0}{k_a}\right)\sin\omega t = -F_0\sin\omega t \tag{7.8-13}$$

따라서, 흡진기가 구동주파수에 맞춰지고 정상상태에 도달할 때, 흡진기 질량에 가해지는 힘은 외력 $f(t)$ 과 크기는 같고 방향은 반대이다. 그러므로 주 질량에 가해지는 알짜 힘은 영이 되어 주 시스템의 질량은 움직이지 않고 주진동 시스템의 운동은 흡진기의 질량의 운동에 의해 모두 상쇄된다. 특이한 점은 가진력이 흡진기 질량의 운동으로 완전히 흡수되지만 $\sqrt{k_a/m_a}$ 가 2자유도 시스템의 고유진동수가 아니므로 시스템 전체에는 공진이 일어나지 않는다는 것이다.

위에서 논의된 흡진기가 우수한 성능을 발휘하기 위해서는 몇 가지 조건이 필연적으로 만족되어야 한다. 첫째로, 조화가진력 특성을 잘 알고 있어야 하고 주파수가 일정 값으로부터 많이 벗어나지 않아야 한다. 만약 구동 진동수가 많이 변하면, 조정 조건은 만족되지 않으며 주 질량은 어느 정도의 진동을 하게 된다. 둘째로 가진력의 진동수가 전체 2자유도 시스템의 고유진동수 중의 하나에 도달할 위험성이 없어야 한다. 만약, 가진력의 진동수가 이들 중 하나와 일치하면 해당 시스템의 공진으로 고장을 일으킬 수 있다. 마지막으로 흡진기 시스템을 설계하기 위한 검토에서 주 시스템은 감쇠가 없다고 가정할 수 있는 시스템이어야 한다. 만약 감쇠가 존재한다면 식이 항상 독립적인 모드로 분리되는 것은 아니며 주 질량의 변위 크기가 영이 되지도 않을 것이다. 사실 감쇠는 조정된 흡진기의 목표 달성을 방해하기 때문에 가진력의 진동수 범위가 너무 넓어서 흡진기를 효과적으로 작동시킬 수 없는 경우에만 필요하다.

흡진기 설계에서 다른 하나의 중요한 고려 사항은 흡진기의 스프링 강성 k_a가 최대 가진력을 견딜 수 있어야 하며 이에 상응하는 변형을 흡수할 수 있어야 한다는 점이다. 흡진기 질량뿐만 아니라 스프링 크기와 변형의 문제는 흡진기의 설계상 기하학적 제한조건이 된다.

구동 진동수가 변화하는 경우 흡진기 설계에서 공진을 피하는 문제는 주 질량에 대한 흡진기 질량의 비로 정의된 질량비 μ의 영향을 분석함으로써 정량화할 수 있다.

$$\mu = \frac{m_a}{m} \tag{7.8-14}$$

또한 다음과 같은 진동수를 정의하는 것이 편리하다. $\omega_p = \sqrt{k/m}$ 를 흡진기가 부착되지 않은 원래 주진동 시스템의 고유진동수로 정의하고 $\omega_a = \sqrt{k_a/m_a}$ 는 진동시스템에 부착되기 전 흡진기의 고유진동수로 정의한다. 이렇게 고유진동수들을 정의하면 주스프링과 흡진시 스프링의 강성은 다음과 같은 관계를 가진다.

$$\frac{k_a}{k} = \mu \frac{\omega_a^2}{\omega_p^2} = \mu\beta^2 \tag{7.8-15}$$

여기서 진동수비 β는 $\beta = \omega_a/\omega_p$이다. 식 (7.8-9)에 μ, ω_p, ω_a의 값을 대입하면 주질량의 진동진폭은 다음 식과 같이 된다.

$$\frac{X}{F_0/k} = \frac{1 - \omega^2/\omega_a^2}{[1 + \mu(\omega_a/\omega_p)^2 - (\omega/\omega_p)^2][1 - (\omega/\omega_a)^2] - \mu(\omega_a/\omega_p)^2} \tag{7.8-16}$$

$\mu = 0.25$의 경우에 대하여 위 식의 절대값을 그림 7.15에 그렸다.

이와 같은 그림은 흡진기 설계에서 구동주파수가 얼마나 변화할 여유가 있는가를 보이는 데 이용할 수 있다. 만약 ω가 $0.78\,\omega_a$나 $1.28\,\omega_a$로 변화하면, 조합된 시스템은 공진이 발생하여 고장이 날 것이다. 왜냐하면 이들은 조합된 시스템의 고유진동수이기 때문이다. 사실상 구동주파수가 $|Xk/F_0| > 1$인 상태로 있게 되면 주장치에 전달되는 힘은 증폭되고 흡진기는 주장치의 성능을 원래보다 악화시키게 된다. 그림 7.16의 빗금친 영역($0.91\,\omega_a < \omega < 1.12\,\omega_a$)은 $|Xk/F_0| \leq 1$이 되는 ω/ω_a의 값을 나타내고 있다. 이것은 흡진기 설계의 유용한 작동 범위를 나타낸다. 따라서 구동주파수가 이 범위 안에 있으면, 흡진기는 여전히 정상상태진동의 크기를 줄임으로써 주장치를 어느 정도 보호하게 된다.

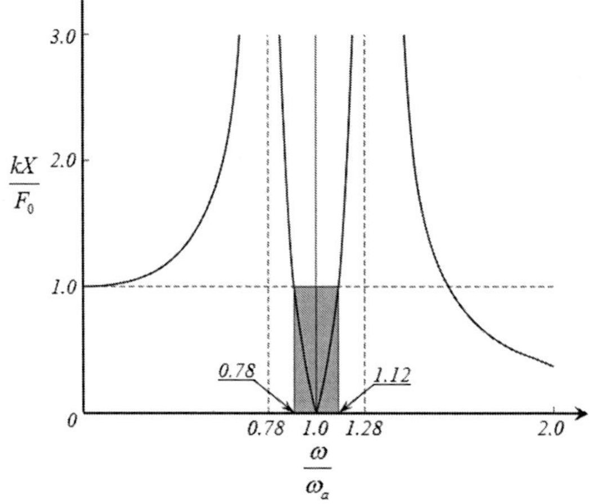

그림 7.16 | 2자유도 비감쇠 회전진동 시스템

흡진기 설계는 질량비 μ와 $\beta = \omega_a/\omega_p$로서 정의된 주파수비 β를 고찰함으로써 보다 쉽게 설명될 수 있다. 이러한 두 개의 무차원 수는 간접적으로 흡진기의 질량과 강성을 나타낸다. 두 개의 질량 시스템에 대한 주파수방정식(특성방정식)은 식 (7.8-6)의 계수행렬에 대한 행렬식[즉, 식 (7.8-7)의 분모]을 영으로 놓고 ω를 시스템의 고유진동수 ω_n으로 간주함으로써 얻는다. β값을 대입하고 다시 정리하면 다음과 같다.

$$\beta^2\left(\frac{\omega_n^2}{\omega_a^2}\right)^2 - [1+\beta^2(1+\mu)]\frac{\omega_n^2}{\omega_a^2} + 1 = 0 \tag{7.8-17}$$

위 식은 (ω_n^2/ω_a^2)에 대한 2차방정식이다. 이것을 풀면 다음과 같다.

$$\left(\frac{\omega_n}{\omega_a}\right)^2 = \frac{1+\beta^2(1+\mu)}{2\beta^2} \pm \frac{1}{2\beta}\sqrt{\beta^4(1+\mu)^2 - 2\beta^2(1-\mu)+1} \tag{7.8-18}$$

이 식은 질량비 μ와 주파수비 β에 따라 시스템의 고유진동수가 어떻게 변화하는지를 설명하고 있다. 그림 7.17은 이 식을 $\beta = 1$에 대해 그린 것이다.

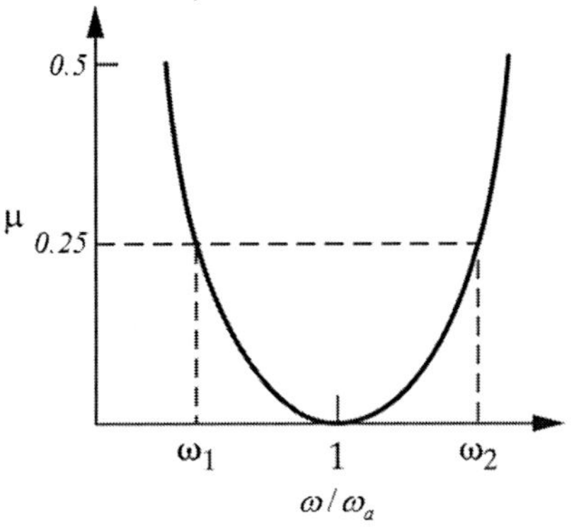

그림 7.17 | 2자유도 비감쇠 회전진동 시스템

그림에서 알 수 있는 바와 같이 μ가 증가함에 따라 고유진동수가 더 멀리 분산되고 흡진기의 작동점 $\omega = \omega_a$로부터 더 멀리 벗어난다. 그러므로 만약 μ가 너무 작으면, 조합된 시스템은 구동 진동수가 많이 변화하는 것을 견디지 못하고 고장이 날 것이다. μ는 대개 $0.05 \le \mu \le 0.25$의 범위를 선택하는데 μ가 이보다 커지면 주시스템의 질량 대비 흡진기의 질량이 과대하여 좋지 못한 설계로 생각하는 경향이 있기 때문이다. 만약 흡진기의 운동 $x_a(t)$와 이와 관련된 응력이 크다면 흡진기는 피로 때문에 고장이 날 것이다. 그러므로 설계자는 종종 X_a의 최대값을 제한하게 된다. 다음의 예는 흡진기 설계 사례를 보여준다.

예제 7.6 — 다음 그림과 같이 질량 $78.8\,kg$의 전동기가 지지구조 위에 설치되어 있다. 전동기 내에는 회전 부품에 불균형이 존재하며 이로 인해 $180\,rpm$의 회전 속도에서 $14N$의 불평형력이 발생한다. 전동기 지지구조의 강성이 $2{,}600\,N/m$이며 감쇠는 무시할 수 있으며 흡진기에 허용된 진폭은 최대 $2.0\,mm$라고 한다. (a) 전동기의 진폭이 '0'이 될 수 있도록 흡진기의 강성과 질량을 선정하여라. (b) 흡진기의 작동 대역폭을 선정하여라.

풀이 (a) 흡진기에 허용된 진폭을 이용하여 흡진기의 강성을 선정할 수 있다. 흡진기의 질량은 구동주파수에서 가진력을 모두 흡수하여 진폭 $X_a = F_0/k_a$로 진동하게 되므로 흡진기의 강성은 다음 식을 이용하여 구할 수 있다.

$$X_a = \frac{F_0}{k_a} = \frac{14}{k_a} \le 0.002$$

만약 흡진기의 질량을 최소화하기 위하여 흡진기의 진폭을 $2.0\,mm$로 선정하면 흡진기 강성은 다음과 같다.

$$k_a = \frac{14}{0.002} = 7000\,N/m$$

흡진기의 질량은 가진력의 진동수 ω가 흡진기의 고유진동 ω_a와 동일해야 한다는 조건으로부터 다음과 같이 구해진다.

$$\omega_a^2 = \frac{k_a}{m_a} = \frac{7000}{m_a} = \omega^2 = \left(\frac{180\,Cycle}{60\sec}\frac{2\pi\,rad}{1\,Cycle}\right) = (6\pi\,rad/\sec)^2$$

$$m_a = \frac{7000}{(6\pi)^2} = 19.70\,kg$$

(b) 흡진기의 대역폭 내에서는 $|Xk/F_0| \le 1$의 조건을 만족하여야 한다. 식 (7.8-16)을 이용하여 $|Xk/F_0| = 1$를 만족하는 ω/ω_a를 구하면 다음과 같다. 우선 $Xk/F_0 = 1$을 이용하면 다음 식을 얻는다.

$$1 - \omega^2/\omega_a^2 = [1 + \mu(\omega_a/\omega_p)^2 - (\omega/\omega_p)^2][1 - (\omega/\omega_a)^2] - \mu(\omega_a/\omega_p)^2$$

$$\omega/\omega_a = \pm\sqrt{1+\mu}$$

(a)의 결과에 따르면 $\mu = 0.25$이므로 대입하면 다음과 같다

$$\omega/\omega_a = \pm 1.118$$

다음으로 $Xk/F_0 = -1$을 이용하면 다음과 같다.

$$\left(\frac{\omega_a}{\omega_p}\right)^2\left(\frac{\omega}{\omega_a}\right)^4 = \left[2+(1+\mu)\left(\frac{\omega_a}{\omega_p}\right)^2\right]\left(\frac{\omega}{\omega_a}\right)^2 - 2 = 0$$

$$10.77\left(\frac{\omega}{\omega_a}\right)^4 - 15.5\left(\frac{\omega}{\omega_a}\right)^2 + 2 = 0$$

따라서, ω/ω_a는 다음과 같이 주어진다.

$$\left(\frac{\omega}{\omega_a}\right) = 0.378,\ 1.138$$

따라서 공진을 피하기 위해서는 구동진동수가 다음의 범위에 있어야 한다.

$$0.378\omega_a \le \omega \le 1.118\omega_a$$

앞에서 다룬 예제는 성능 강건성(Performance Robustness)의 개념, 즉 원래의 설계에서 사용한 k, k_a등 매개변수들의 값이 변함에 따라 얼마나 설계 성능이 유지되는가를 보여준다. 위의 예제는 질량비가 흡진기 설계의 강건성에 큰 영향을 준다는 것을 보이고 있다. 어떤 값에 이를 때까지 μ의 증가는 흡진기설계의 강건성을 증가시킨다. 흡진기 설계에 있어서 감쇠의 효과는 다음 절에서 고찰된다.

7.8.3 흡진기와 감쇠

앞 절에서 언급한 것처럼, 장치 자체가 감쇠를 가지고 있을 수 있으며 이 감쇠는 X를 영이 되게 함으로써 완전하게 주진동 시스템을 보호하기 위해 사용하는 흡진기가 제 구실을 못하게 할 수도 있다. 또한 경우에 따라서는 공진을 막거나 흡진기의 효과적인 작동 대역폭을 개선하기 위해 흡진기에 감쇠를 추가하기도 한다. 또한 감쇠기 그 자체로도 가해진 힘에 의해 공급된 에너지를 소산시키는 흡진기로 사용된다. 이 같은 장치는 흡진기라기보다는 진동감쇠기(Vibration Dampers)라고 불린다.

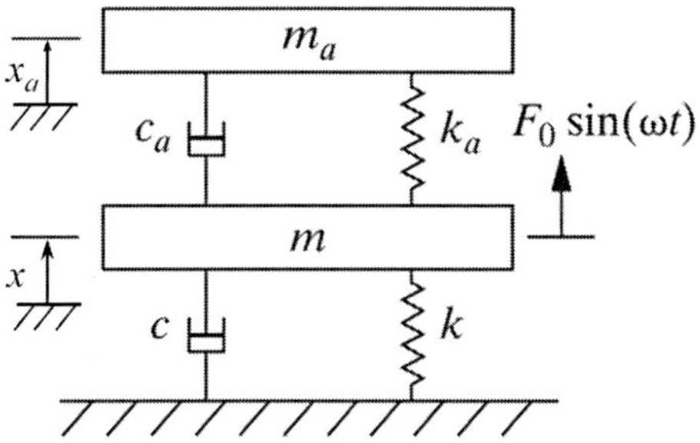

그림 7.18 | 점성감쇠를 가진 흡진기 시스템

우선 표준 진동흡진기 문제에서 모델링한 감쇠의 영향을 생각해 보자. 주시스템과 흡진기시스템 모두 감쇠를 갖는 흡진기를 그림 7.18에 나타내었다. 이 시스템은 동역학적으로 7.2절에서 살펴본 그림 7.1의 시스템과 같다. 운동방정식은 식 (7.2-3), (7.2-4)와 같이 연립미분방정식의 형태로 주어진다.

7.2절에서 언급된 것처럼 이러한 식들은 분리되지 않으므로($KM^{-1}C \neq CM^{-1}K$) 앞의 모드해석법을 사용하여 해를 구할 수 없다. 그러나 정상상태 해는 비감쇠의 경우에 대한 앞 절의 역행렬 기법과 지수함수 방법을 복합적으로 사용해서 계산할 수 있다.

각 질량에 대해 자유물체도를 그리고 운동방정식을 유도하면 다음과 같은 두 식을 얻는다.

$$m\ddot{x} + (c+c_a)\dot{x} + (k+k_a)x - k_a x_a - c_a \dot{x}_a = f \tag{7.8-19}$$

$$m_a \ddot{x}_a + c_a \dot{x}_a + k_a x_a - c_a \dot{x} - k_a x = 0 \tag{7.8-20}$$

따라서, 식 (7.8-19)에서 $f = F_0 \sin \omega t$를 지수함수 형태의 식 $F_0 e^{i\omega t}$로 나타내면 정상상태의 해를 다음 형태로 가정할 수 있다.

$$x(t) = Xe^{i\omega t} = \begin{bmatrix} X \\ X_a \end{bmatrix} e^{i\omega t} \tag{7.8-21}$$

여기서 X는 주질량의 진폭이며, X_a는 흡진기 질량의 진폭이다. 식 (7.8-19)에 대입하면 다음 식을 얻는다.

$$\begin{bmatrix} (k+k_a - m\omega^2) + i(c+c_a)\omega & -k_a - ic_a\omega \\ -k_a - ic_a\omega & (k_a - m_a\omega^2) + ic_a\omega \end{bmatrix} \begin{bmatrix} X \\ X_a \end{bmatrix} e^{i\omega t} = \begin{bmatrix} F_0 \\ 0 \end{bmatrix} e^{i\omega t} \tag{7.8-22}$$

이 식에서 벡터 X의 요소들은 위상에 대한 정보를 포함하고 있는 복소수 요소이다. 양변을 영이 아닌 스칼라 $e^{i\omega t}$로 식 (7.8-22)를 나누면 진폭 X와 X_a에 대한 복소수 연립방정식을 얻는다.

그림 7.18에 설명된 원래의 진동계에 대하여 계수행렬 M, C 및 K은 다음과 같이 정의될 수 있다.

$$M = \begin{bmatrix} m & 0 \\ 0 & m_a \end{bmatrix} \qquad C = \begin{bmatrix} c+c_a & -c_a \\ -c_a & c_a \end{bmatrix} \qquad K = \begin{bmatrix} k+k_a & -k_a \\ -k_a & k_a \end{bmatrix}$$

이들 행렬을 이용하면 식 (5.2)의 왼쪽 첫 번째 행렬은 다음과 같이 나타낼 수 있다.

$$\begin{bmatrix}(k+k_a-m\omega^2)+i(c+c_a)\omega & -k_a-ic_a\omega \\ -k_a-ic_a\omega & (k_a-m_a\omega^2)+ic_a\omega\end{bmatrix}=[K-\omega^2M+i\omega C] \tag{7.8-23}$$

2장에서 공부한 방법을 사용하여 역행렬을 계산하고 식 (7.8-22)에 역행렬을 왼편으로부터 곱하면 다음을 얻는다.

$$\begin{bmatrix}X \\ X_a\end{bmatrix}=\frac{\begin{bmatrix}(k_a-m_a\omega^2)+ic_a\omega & k_a+ic_a\omega \\ k_a+ic_a\omega & k+k_a-m\omega^2+i(c+c_a)\omega\end{bmatrix}\begin{bmatrix}F_0 \\ 0\end{bmatrix}}{DET} \tag{7.8-24}$$

여기서 분모의 행렬식은 다음과 같이 주어진다.

$$\begin{aligned}DET=\det(K-\omega^2M+i\omega C)&=mm_a\omega^4+(c_ac+m_a(k_a+k_a)+k_am)\omega^2 \\ &+k_ak+[(kc_a+ck_a)\omega-(c_a(m+m_a)+cm_a)\omega^3]i\end{aligned} \tag{7.8-25}$$

행렬과 벡터의 곱을 계산하면 다음과 같다.

$$X=\frac{[(k_a-m_a\omega^2)+ic_a\omega]F_0}{DET} \tag{7.8-26}$$

$$X_a=\frac{(k_a+ic_a\omega)F_0}{DET} \tag{7.8-27}$$

위 식들은 각각 주질량과 흡진기 질량의 응답 크기를 나타낸다. 이러한 값들은 복소수이고, 시간응답을 나타내기 위해서는 복소수값 $e^{i\omega t}$를 곱해야 한다.

식 (7.8-26)와 식 (7.8-27)은 1자유도 진동계에 대해 주어진 주파수응답함수를 2자유도 진동계에 적용한 것이다. 이러한 값들의 복소수 특성은 크기와 위상으로 나타낸다. 크기는 복소수법칙에 따라 계산되며, 컴퓨터 프로그램을 이용하거나, 다양한 물리상수에 수치값을 대입하면 쉽게 계산할 수 있다. 식 (7.8-26)로부터 주목할 것은, 조정된 비감쇠흡진기와 달리 조정조건이 충족되더라도 주장치의 응답이 정확하게 영이 될 수는 없다는 것이다. 따라서 감쇠는 주장치의 운동을 완전히 없앨 수 있는 흡진기의 능력을 저하시킨다.

몇 가지 특정한 경우에 대해 식 (7.8-26)와 식 (7.8-27)을 계산해 볼 수 있다. 첫 번째로 주장치의 내부감쇠를 무시한 경우($c=0$)를 고려하자. 만약 주장치가 금속으로 만들어져 있다면, 내부감쇠는 매우 낮을 것이고 많은 경우에 있어서 무시하는 것이 합당하다. 이러한 경우에 식 (7.8-24)의 행렬식은 다음과 같이 복소수로 된다.

$$DET = [(-m\omega^2 + k)(-m_a\omega^2 + k_a) - m_a k_a \omega^2] + [(k - (m + m_a)\omega^2)c_a\omega]i \qquad (7.8\text{-}28)$$

주질량의 최대 변형은 식 (7.8-28)로 주어진 분모의 행렬식을 이용하여 식 (7.8-26)로 주어진다. 이 식은 두 복소수의 비이며 따라서 주질량의 응답 위상과 진폭을 나타내는 복소수이다. 2장에서 공부한 복소수 계산법을 사용하여 주질량의 운동진폭을 다음과 같이 실수로 나타낼 수 있다.

$$\frac{X^2}{F_0^2} = \frac{(k_a - m_a\omega^2)^2 + \omega^2 c_a^2}{[(k - m\omega^2)(k_a - m_a\omega^2) - m_a k_a \omega^2]^2 + [k - (m + m_a)\omega^2]^2 c_a^2 \omega^2} \qquad (7.8\text{-}29)$$

비감쇠 진동 흡진기에 대해 앞 절에서 소개한 무차원 비의 관점에서 이 진폭을 고찰하는 것이 편리하다. 진폭 X는 주장치의 정적 변형 $\Delta = F_0/K$와의 비로 나타낸다. 또한 다음과 같이 정의된 혼합된 '감쇠비'를 고려하자.

$$\zeta = \frac{c_a}{2m_a\omega_p} \qquad (7.8\text{-}30)$$

여기에서 $\omega_p = \sqrt{k/m}$은 흡진기가 부착되지 않은 주 장치의 원래 고유진동수이다. 기준진동수비 $r = \omega/\omega_p$, 고유진동수비 $\beta = \omega_a/\omega_p$(여기서 $\omega_a = \sqrt{k_a/m_a}$), 그리고 질량비 $\mu = m_a/m$를 이용하면 식 (7.8-29)를 다음과 같이 쓸 수 있다.

$$\frac{X}{\Delta} = \frac{Xk}{F_0} = \sqrt{\frac{(2\zeta r)^2 + (r^2 - \beta^2)^2}{(2\zeta r)^2(r^2 - 1 + \mu r^2)^2 + [\mu r^2\beta^2 - (r^2 - 1)(r^2 - \beta^2)]^2}} \qquad (7.8\text{-}31)$$

이것은 주장치의 무차원 진폭을 나타낸다. 식 (7.8-31)을 고찰해 보면 주장치 응답의 진폭이 네 개의 물리적 매개 변수에 의해 결정됨을 알 수 있다.

- μ : 흡진기의 질량과 주질량의 비
- β : 분리된 고유진동수의 비
- γ : 구동주파수와 주장치의 고유진동수의 비
- ζ : 흡진기의 감쇠계수와 $2m_a\omega_p$의 비

이 네 개의 매개변수를 설계변수로 생각할 수 있는데 특정한 적용사례에 대해서 주질량

의 응답 진폭 X가 가능한 한 최소값이 되도록 선택된다. 그림 7.19는 r이 변화함에 따라 μ = 0.25, β = 1의 고정된 값에 대해서 감쇠값 ζ가 응답에 미치는 영향을 나타낸다.

이 절의 첫 부분에서 언급된 것처럼 작동 대역폭을 향상시키기 위해 종종 흡진기에 감쇠 요소를 추가한다. 추가된 감쇠요소의 효과는 그림 7.19에 나타나 있다.

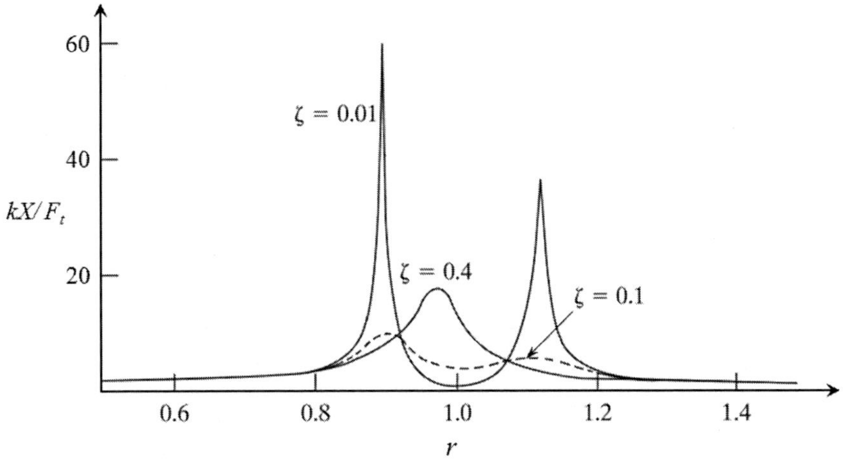

그림 7.19 | 감쇠가 추가된 흡진기가 장착된 주질량의 무차원 진폭

만약 흡진기에 감쇠가 없다면 (ζ = 0), 주파수비 r의 함수로 나타낸 주질량의 응답 크기는 그림 7.16에서 나타낸 것과 같이 $r = 1$ 에서 영이지만 $r = 0.781$과 $r = 1.281$에서 무한대가 된다. 그러므로 완전한 비감쇠 흡진기는 대역폭 특성이 매우 좋지 않아 r이 조금 변하면 주질량의 진폭이 증가하는 문제점이 발생한다. 7.8.2절에서 설명한 바와 같이 비감쇠 흡진기의 대역폭, 즉 유용한 작동범위는 $0.908 \leq r \leq 1.118$이며 이 영역 내의 r값에 대해 $|Xk/F_0| \leq 1$이다. 그러나 흡진기에 감쇠를 더하면 ($\zeta \neq 0$), 그림 7.19에서 알 수 있는 바와 같이 대역폭, 혹은 유용한 작동 범위를 확장시킬 수 있다. 그러나 그림 7.19에서 알 수 있는 바와 같이 작동 범위가 증가된 반면에 감쇠가 있는 경우에는 $|Xk/F_0|$가 절대 '0'이 될 수 없다.

그림 7.19를 관찰하면 ζ가 변함에 따라 r의 넓은 범위에서 $|Xk/F_0|$의 진폭이 감소될 수 있다. 이제 설계 문제는 다음처럼 정리된다. $0 \leq r \leq 2$의 범위에 걸쳐 크기 $|Xk/F_0|$를 가장 적게 만드는 질량비 μ, 흡진기 감쇠비 ζ, 진동수비 β의 값이 얼마인가? μ와 β를 고정시키고 감쇠만을 증가시킨다고 해서 반드시 가장 낮은 진폭이 얻어지는 것은 아니다. 그림 7.19에서 $\zeta = 0.4$인 경우보다 $\zeta = 0.1$인 경우에 더 넓은 r의 범위에서 진폭이 더 작아진다.

다음으로 그림 7.20에서 설명된 시스템과 같이 비감쇠 주질량에 부착된 흡진기 질량이 점성감쇠기에 의해서만 연결된 경우를 생각해 보자.

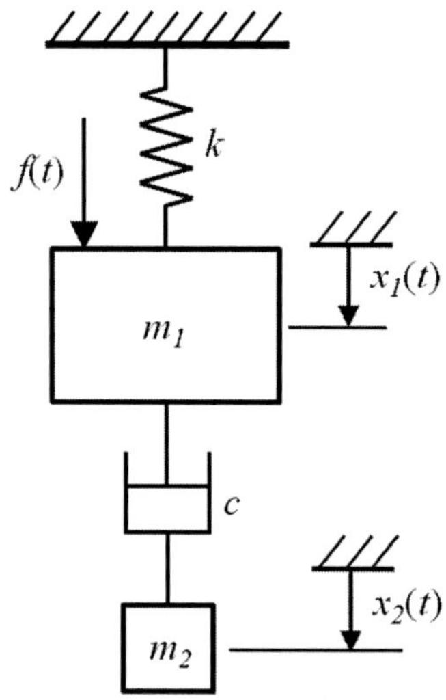

그림 7.20 | 점성감쇠만으로 연결된 흡진기

이러한 형태의 시스템은 엔진과 같이 작동속도(구동주파수)가 넓은 범위에 걸쳐 변화하는 회전 시스템에 대한 진동저감장치를 설계할 때 나타낸다. 이와 같은 종류의 점성감쇠기는 그림 7.21 (a)에 나타낸 것처럼 크랭크축과 같이 회전진동을 발생시키는 장치의 끝에 부착된다. 또한 이러한 시스템은 그림 7.21 (b)에 나타낸 것과 같은 2자유도 회전 진동계로 모델링 될 수 있다.

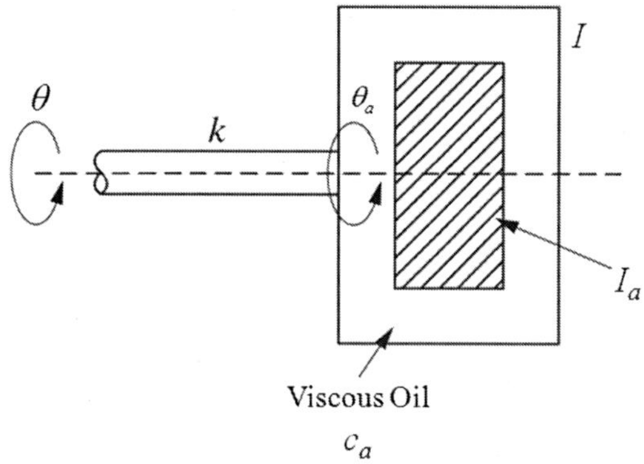

(a)

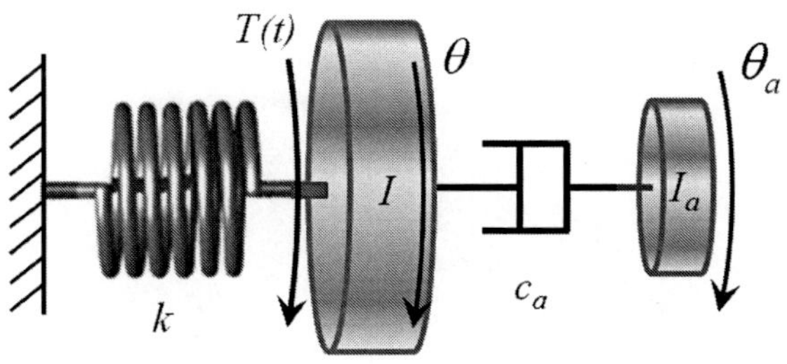

(b)

그림 7.21 | 회전축에 부착된 점성감쇠 흡진기

축은 비틀림강성 k와 관성 I을 가지고 각도 θ로 회전한다. 감쇠관성 I_a는 정성유막 안에서 각도 θ_a로 회전하며 이때 발생하는 감쇠력은 $c_a(\dot{\theta}-\dot{\theta}_a)$이다. 만약 외부에서 작용하는 조화토크를 $T=T_0e^{i\omega t}$의 형태로 가정하면, 이 시스템의 운동방정식은 다음과 같다.

$$\begin{bmatrix} I & 0 \\ 0 & I_a \end{bmatrix}\begin{bmatrix} \ddot{\theta} \\ \ddot{\theta}_a \end{bmatrix}+\begin{bmatrix} c_a & -c_a \\ -c_a & c_a \end{bmatrix}\begin{bmatrix} \dot{\theta} \\ \dot{\theta}_a \end{bmatrix}+\begin{bmatrix} k & 0 \\ 0 & 0 \end{bmatrix}\begin{bmatrix} \theta \\ \theta_a \end{bmatrix}=\begin{bmatrix} T_0 \\ 0 \end{bmatrix}e^{i\omega t} \qquad (7.8\text{-}32)$$

이것은 그림 7.20에 주어진 병진운동 모델과 유사한 회전진동 모델이다. 이와 같은 2자유도시스템의 비감쇠 고유진동수를 계산하는 것은 쉬운 일이며, 이 값들은 다음과 같다.

$$\omega_p=\sqrt{\frac{k}{I}} \quad \text{그리고} \quad \omega_a=0 \qquad (7.8\text{-}33)$$

이러한 식들의 해는 각각 m과 m_a를 I과 I_a로 바꾸고 $c=0, k_a=0$을 대입한 후 F_0를 T_0로 바꾸면 식 (7.8-26)과 (7.8-27)에 의해 주어진다. 식 (7.8-26)을 무차원 형태로 바꾸면 식 (7.8-31)이 된다. 따라서 식 (7.8-31)에서 $\beta=\omega_a/\omega_p=0$으로 놓음으로써 주관성 I의 진동진폭 즉, $\theta(t)$의 진폭은 다음과 같이 쓸 수 있다.

$$\frac{\Theta k}{T_0}=\sqrt{\frac{4\zeta^2+r^2}{4\zeta^2(r^2+\mu r^2-1)^2+(r^2-1)^2r^2}} \qquad (7.8\text{-}34)$$

여기서 $\zeta=c/(2I_a\omega_p)$, $r=\omega/\omega_p$, $\mu=I_a/I$이다. 그림 7.22는 μ가 고정된 경우에 r의 함수로 다양한 ζ의 값에 대해 $\Theta k/T_0$를 그린 것이다. 그림에서 알 수 있는 바와 같이 가장 큰 감쇠가 가장 큰 진폭 감소에 해당하지 않는다.

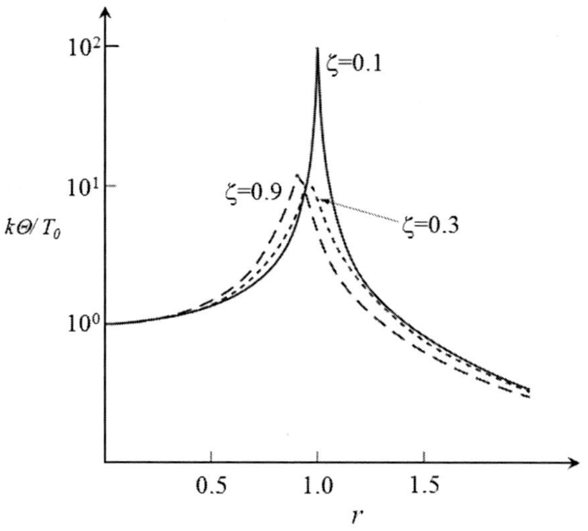

그림 7.22 | $\mu = 0.25$ 인 점성감쇠 흡진기 감쇠비에 따른 주질량의 무차원 진폭

연습문제

7.2절 2자유도계의 모델

7.1 다음 그림과 같은 2자유도 진동계에서 질량과 바닥면 사이에 마찰이 없다고 가정할 때 계에 대한 운동방정식을 유도하라.

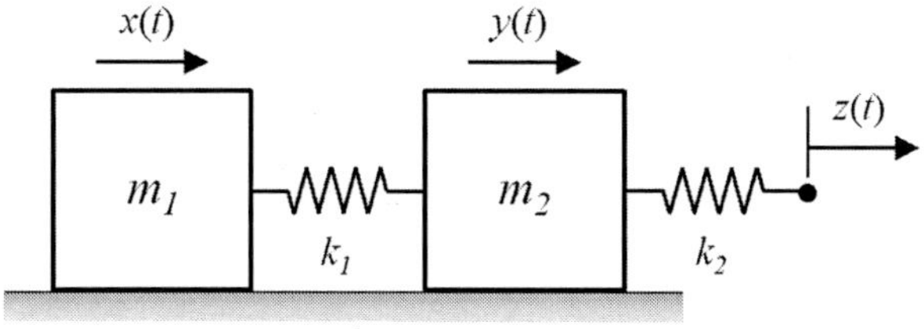

7.2 위의 그림의 진동계에서 m_1, m_2와 바닥면 사이에 각각 c_1, c_2의 점성감쇠가 존재한다고 할 때 계에 대한 운동방정식을 유도하라

7.3 다음 그림과 같은 회전진동계에 대한 운동방정식을 유도하라.

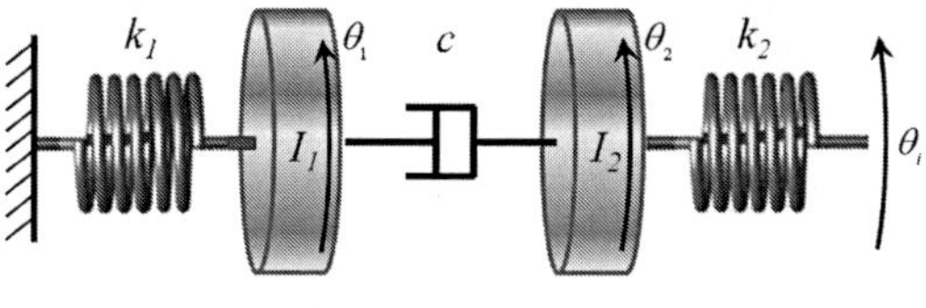

7.4 다음 그림과 같은 병진 플랫폼에서 실린더가 미끄러짐 없이 구른다. $m_1 = m_2 = m$일 때, 운동방정식을 구하라.

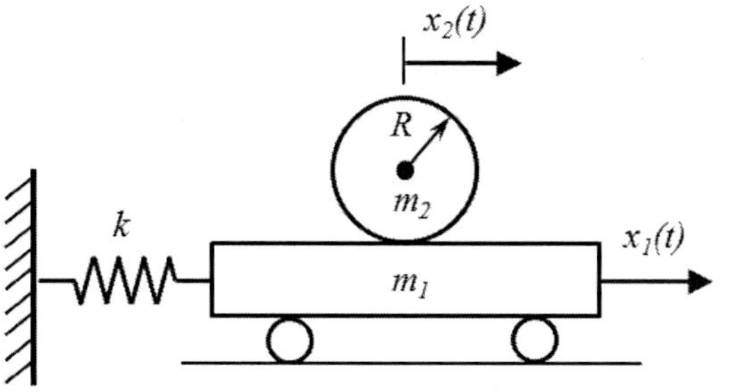

7.5 다음 그림과 같은 2 자유도 진동계에서 $R_2 = 2R_1$ 이고 $m_1 = m$, $m_2 = 2m$라 가정하고 풀리는 고제 실린더로 간주하여 운동방정식을 구하라

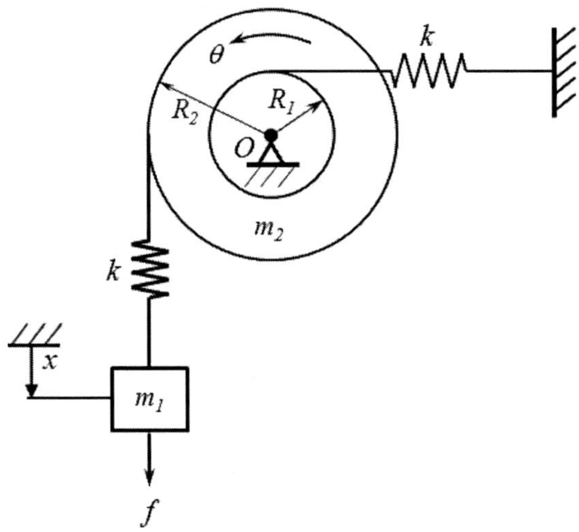

7.6 다음 그림을 참고하라. $k_1 = k$, $k_2 = k_3 = 2k$ 이고 $m_1 = m_2 = m$ 으로 가정하여 운동방정식을 구하라.

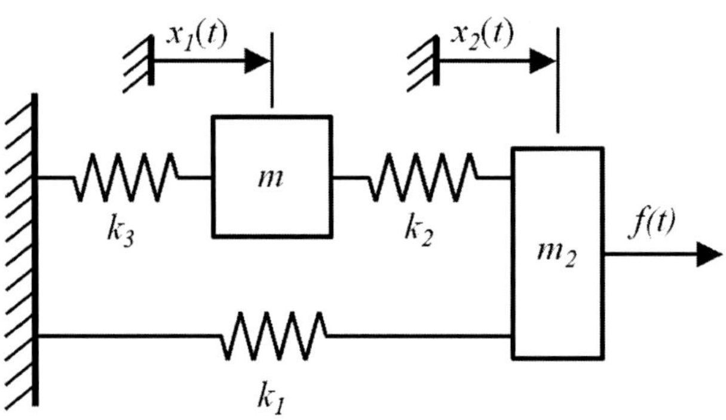

7.7 다음 그림과 같은 2자유도 진동계에서 실린더는 고체이고 수레 위에서 미끄러짐 없이 구른다고 한다. $m_1 = m$, $m_2 = 2m$ 의 경우에 대한 운동방정식을 구하여라.

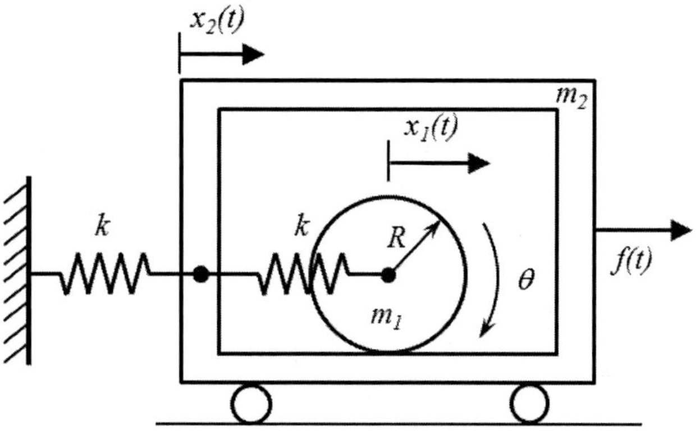

7.8 다음 그림과 같은 2자유도 진동계에서 수레는 수평면 위에서 마찰 없이 병진하며 고체 실린더는 수레 위를 미끄러짐 없이 구른다. $m_1 = m_2 = m$ 인 경우, 운동방정식을 구하라.

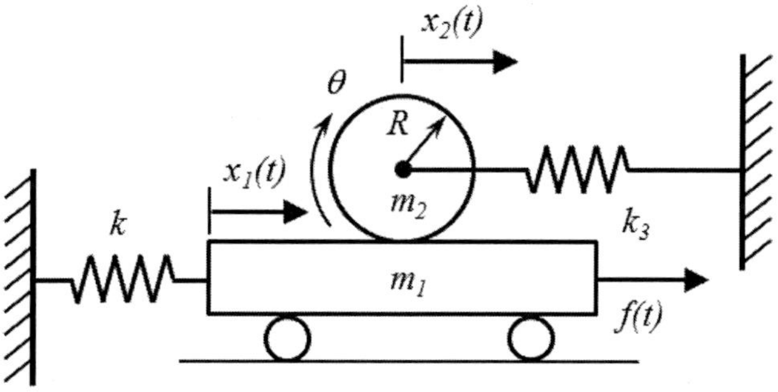

7.4절 모드와 계의 응답

7.9 다음 그림에 설명된 2자유도 비감쇠 진동계에 대한 모드 비를 구하고 해석하라. 질량은 $m_1 = 10\,kg$, $m_2 = 30\,kg$이다. 스프링 상수는 $k_1 = 10{,}000 N/m$ 이고 $k_2 = 20{,}000 N/m$ 이다.

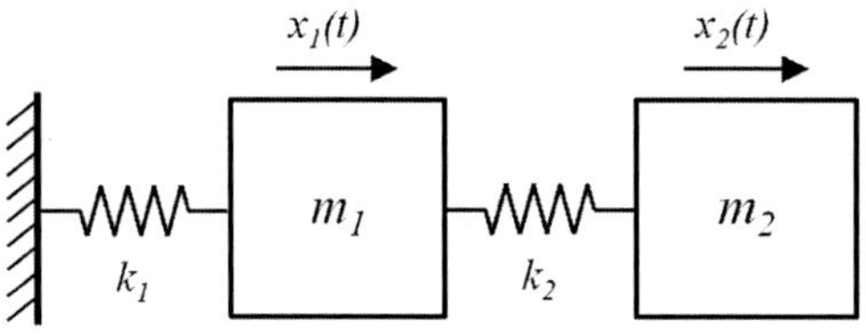

7.10 다음 그림과 같은 2 자유도 비틀림 진동계에서 $I_1 = 1,\ I_2 = 4, k_1 = 1,\ k_2 = 3$ 이라고 한다. 진동계의 모드비를 구하고 해석하라.

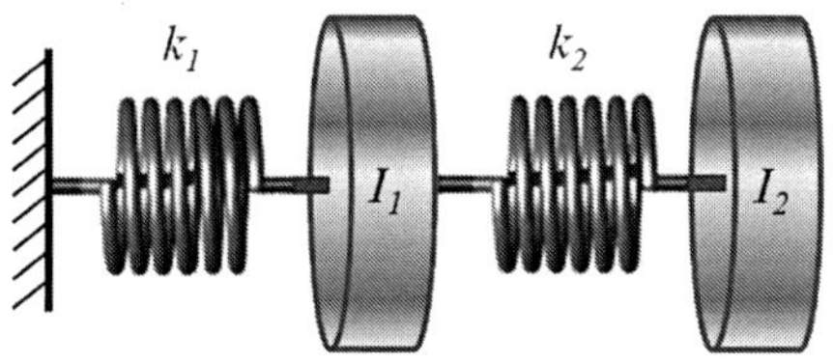

7.11 다음 그림에 주어진 2자유도 진동계에서 $m_1 = m_2 = m$ 라고 한다. 질량들이 마찰 없이 병진운동을 한다고 할 때 고유진동수와 모드형상에 대한 식을 구하라.

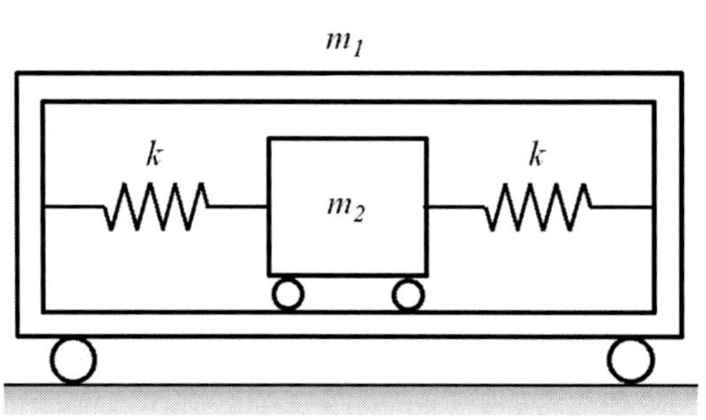

7.12 연습문제 7.5에 주어진 2자유도 진동계의 고유진동수에 대한 식을 결정하라.

7.13 연습문제 7.6에 주어진 2자유도 진동계의 고유진동수와 모드형상에 대한 식을 구하라.

7.14 연습문제 7.7에 주어진 2자유도 진동계의 고유진동수와 모드형상에 대한 식을 구하라.

7.15 다음 그림과 같은 2자유도 진동계에서 $m_1 = m_2 = m$ 인 경우, 고유진동수와 모드형상에 대한 표현을 구하라.

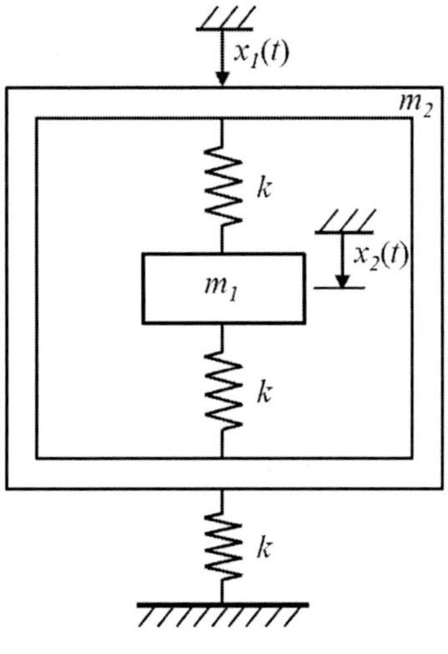

7.5절 조화응답

7.16 다음 그림은 질량과 점성감쇠만으로 이루어진 흡진기를 적용한 비감쇠 진동계이다. 주 질량이 m_1 이고 흡진기 질량은 m_2 이며 가진력은 조화력이라고 할 때 $x_1(i\omega)/F(i\omega)$ 와 $x_2(i\omega)/F(i\omega)$에 대한 식을 유도하라.

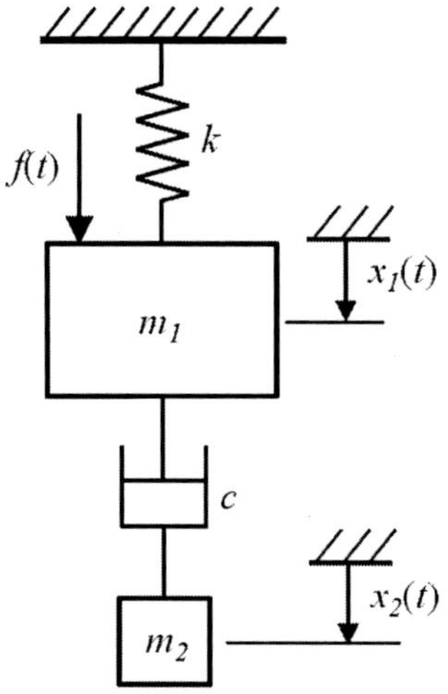

7.17 다음 그림은 주 시스템의 진동을 줄이기 위하여 질량, 강성, 감쇠로 이루어진 흡진기를 적용한 진동계이다. 감쇠는 공진 근방의 진폭을 줄이는데 사용될 수 있다. 주 질량이 m_1이고 흡진기 질량은 m_2이다. $f(t)$가 조화력이라고 가정할 때 $x_1(i\omega)/F(i\omega)$와 $x_2(i\omega)/F(i\omega)$에 대한 식을 유도하라.

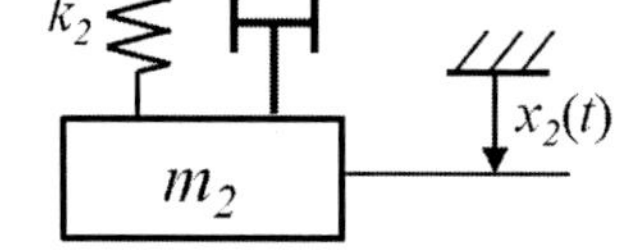

7.6절 일반 강제 응답

7.18 다음 그림에 주어진 현가장치 모델에서 질량과 스프링은 $m_1 = 350\,kg$, $m_2 = 350\,kg$, $k_1 = 20{,}000 N/m$, $k_2 = 100{,}000 N/m$ 이다. 계단입력에 대하여 15% 이내의 최대 과출력을 얻기 위해 감쇠상수 c의 값을 선택하는 것이 가능한가? 만일 그렇다면, 요구되는 c의 값을 결정하라. 그렇지 않다면, 가능한 가장 작은 과출력을 나타내게 할 c의 값을 구하라.

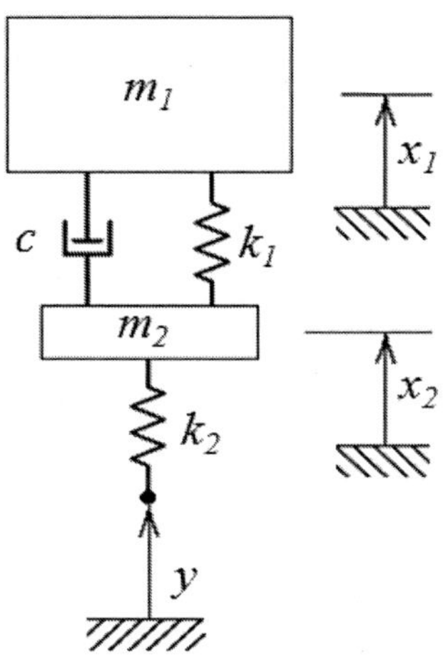

7.7절 절점 및 모드 응답

7.19 다음 그림과 같은 차량 바운스–피치 모델에서 다음 파라미터 값을 갖는다. 차량의 질량은 $730\,kg$, $I = 1{,}356\,kgm^2$, $L_1 = 1.46\,m$, $L_2 = 1.10\,m$ 이다. 현가장치의 감쇠를 무시하고 $k_f = 2.16 \times 10^4 N/m$, $k_r = 1.84 \times 10^4 N/m$ 라고 할 때 고유 진동수, 모드비 및 절점의 위치를 구하여라.

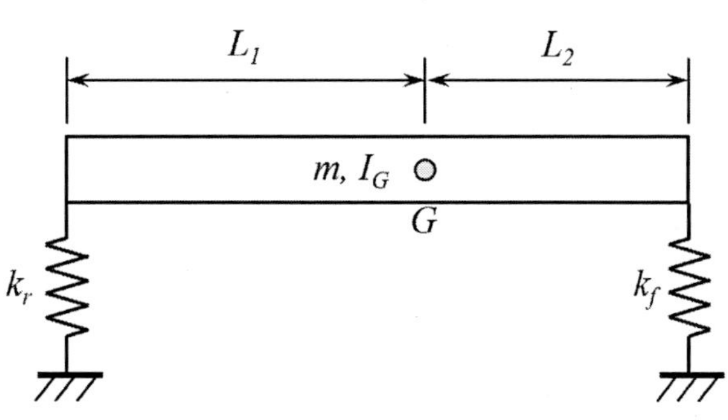

7.20 특별한 차량의 중량은 $1.8\times10^4\,N$이다. 타이어 강성은 $2.3\times10^5\,N/m$이 라고 가정하고 1/4-차량 모델을 사용하여 현가장치 스프링에 대한 적당한 값을 결정하라

7.21 다음 그림과 같은 차량 바운스-피치 모델에서 다음 파라미터 값을 갖는다. 차량의 무게는 $2.1\times10^4 N$, $I=2{,}440\,kgm^2$, $L_1=1.07\,m$, $L_2=0.76\,m$ 이다. 감쇠를 무시하고 좋은 승차감을 얻기 위해 앞쪽과 뒤쪽 현가장치 강성을 설계하라.

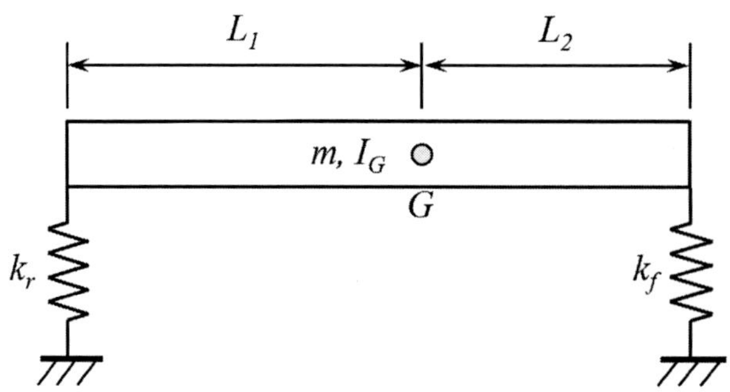

7.22 위 문제에 주어진 바운스-피치 모델에서 $k_f=2.16\times10^4\,N/m$, $k_r=1.8\times10^4\,N/m$, $L_1=1.46m$, $L_2=1.10\,m$, $m=730kg$ 및 $I_G=1{,}356kgm^2$라고 한다. 계의 고유진동수, 모드비 및 절점의 위치를 구하여라.

7.8절 진동 흡진기

7.23 어떤 기계가 지지 장치에 설치되어 있으며 고유진동수가 $4.5Hz$ 라고 한다. 이 기계에는 내부의 불균형으로 인해 작동 중에 크기 $18N$이고 진동수가 $3.5Hz$ 인 회전 불평형력이 작용한다. 이 기계에 대한 동흡진기를 설계하라 흡진기의 운동을 위한 유용한 여유는 2.5cm이다.

7.24 $m = 10kg$의 질량을 가진 전동기가 다음 그림에서와 같이 외팔보 위에 설치되어 있다. 전동기는 $3,500rpm$ 의 일정한 속력으로 회전한다. 지지보는 강철 재질로 되어 있으며 길이 $L = 0.15m$, 폭 $w = 0.1m$, 두께 $h = 0.01m$ 이다. 전동기의 회전부의 전체 질량은 $m = 4kg$이고 무게중심은 $0.3mm$ 의 편심을 갖는다. 보의 감쇠는 대단히 작다. 이 계에 대한 흡진기를 설계하라. 흡진기의 운동을 위한 사용 가능한 여유는 $25mm$ 이다.

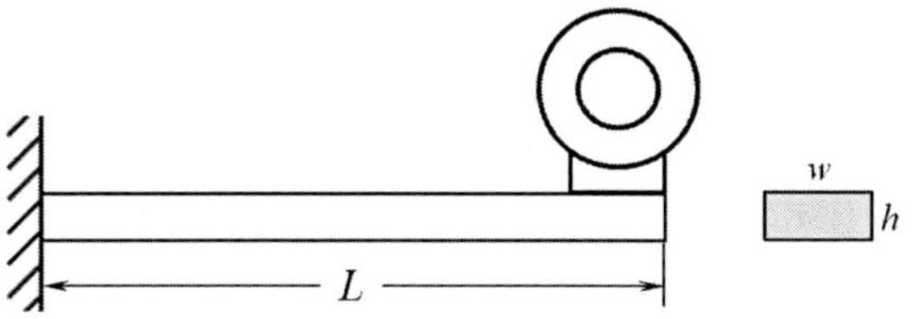

7.25 지지대 위에 설치된 전동기는 $6,000rpm$ 의 속력으로 운전될 때 편심질량으로 인한 과도한 진동을 나타낸다. 그 속력에서 지지대 위에서 생성된 측정력은 $240N$ 이다. 지지대에 부착할 흡진기를 설계하라. 공간 제한 때문에 흡진기 질량은 $2mm$ 보다 큰 운동의 진폭을 가질 수 없다.

7.26 회전톱과 지지 테이블은 전체 $64kg$ 의 질량을 갖는다. 톱이 $200rpm$ 으로 작업할 때 톱은 $16N$ 의 힘을 지지 테이블에 전달한다. 테이블의 아래에 부착될 흡진기를 설계하라. 흡진기 운동의 허용여유는 $25mm$ 이다.

7.27 지지대를 가진 질량 $8kg$ 의 어떤 기계가 고유진동수 $6Hz$ 를 가진다고 한다. 이 기계에 작용하는 회전불평형력의 크기와 진동수는 각각 $50N$과 $4Hz$ 이라고 한다. 이 기계에 대하여 흡진기를 설계하라. 흡진기 운동의 허용여유는 $0.1m$이다.

7.28 그림 7.14 (b) 주어진 승용차 배기관용 흡진기에서 배기관의 진동수가 $5\,Hz$ 이고 흡진기 질량 $m_a = 0.3\,kg$ 이라 할 때, m_a 를 배기관에 부착시킨 외팔보의 강성의 값은 얼마라야 하는가?

7.29 다음 질량과 점성감쇠만으로 이루어진 흡진기를 적용한 진동계이다. 가진력이 조화력이라고 할 때 $x_1(i\omega)/F(i\omega)$ 와 $x_2(i\omega)/F(i\omega)$ 에 대한 식을 유도하라.

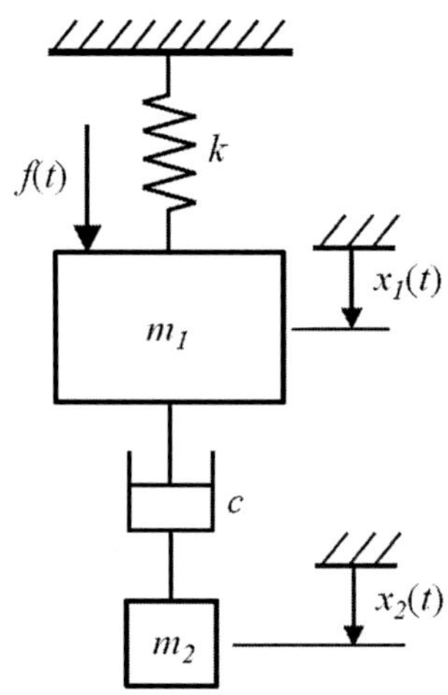

7.30 다음 그림과 같은 점성흡진기가 부착된 진동 시스템에서 $m_1 = 400\,kg$ 이고 고유진동수가 $16.2\,Hz$ 라고 한다. 이 시스템의 $\mu = 0.133$, $\zeta = 0.1$ 이며 $f(t) = F_0 \sin(32.4\pi t)$ 의 가진력이 작용한다고 할 때 시스템의 증폭계수 $\dfrac{Xk}{F_0}$ 를 구하여라.

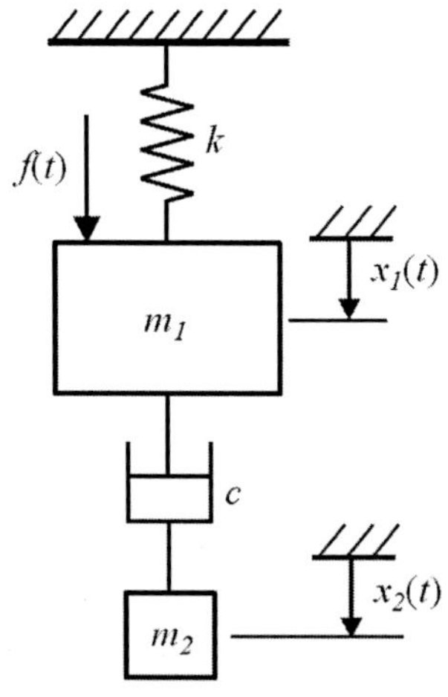

7.31 다음 그림은 주 시스템의 진동을 줄이기 위하여 질량, 강성, 감쇠로 이루어진 흡진기를 적용한 진동계이다. 감쇠는 공진 근방의 진폭을 줄일 수 있다. $f(t)$는 조화력이라고 가정할 때 $x_1(i\omega)/F(i\omega)$와 $x_2(i\omega)/F(i\omega)$에 대한 식을 유도하라.

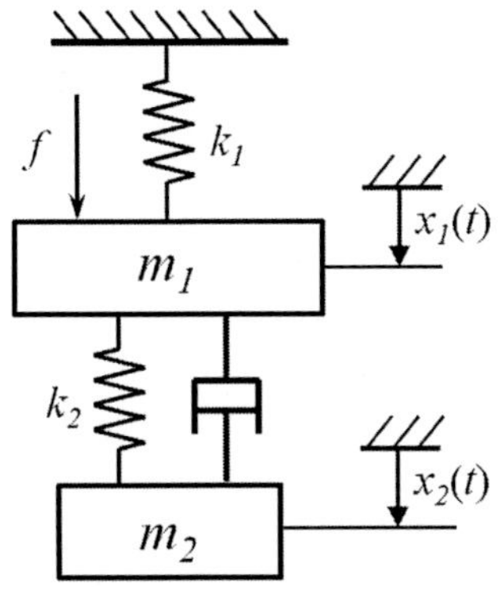

7.32 다음 그림과 같은 점성흡진기가 부착된 비감쇠 회전진동 시스템을 고려하자. 만약 $\mu = 0.133$, $\zeta = 0.025$에서 구동된다면 시스템의 관성모멘트가 $400\,kg\,m^2$이고 고유진동수가 $16.2\,Hz$라고 할 때 시스템의 증폭계수 $\left|\dfrac{\Theta k}{T_0}\right|$를 구하여라.

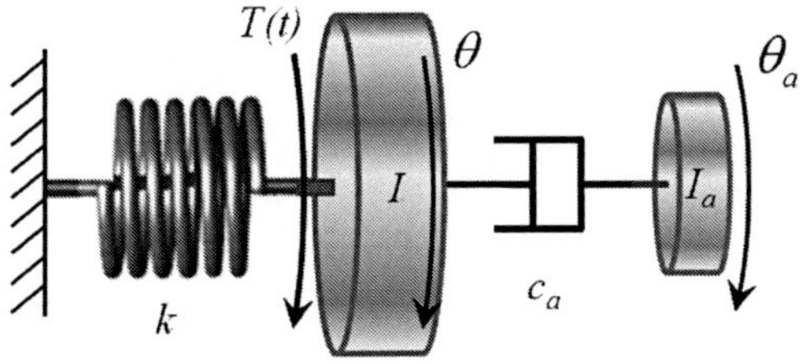

7.33 다음 그림과 같은 점성흡진기가 부착된 비감쇠 회전진동 시스템에 $T(t) = 120\sin(\omega t)$라고 한다. 만약 시스템의 관성모멘트가 $400\,kg\,m^2$이고 고유진동수가 $16.2\,Hz$이며 $\mu = 0.133$, $\zeta = 0.1$라고 할 때 시스템의 진동의 진폭을 구하여라.

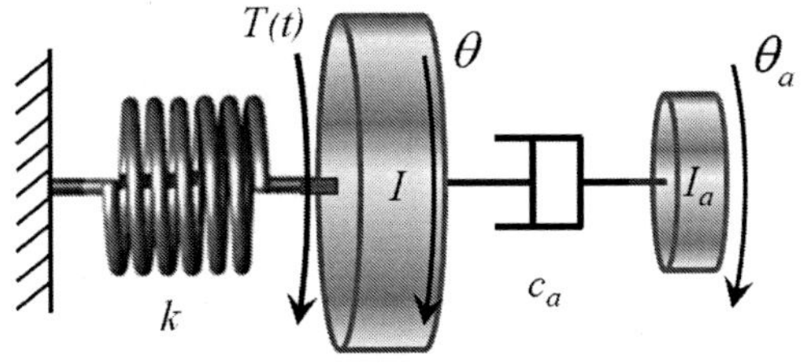

APPENDIX

A 부록

A.1 SI 유도단위

기본량	명칭	기호
길 이	미 터	m
질 량	킬로그램	kg
시 간	초	s
넓이	제곱미터	m^2
부피	세제곱미터	m^3
속력, 속도	미터 매 초	m/s
가속도	미터 매 초 제곱	m/s^2
밀도, 질량밀도	킬로그램 매 세제곱미터	kg/m^3
주파수	헤르츠	Hz
힘	뉴턴	N
압력, 응력	파스칼	Pa
에너지, 일, 열량	줄	J
일률, 전력	와트	W
각속도	라디안 매 초	rad/s
각가속도	라디안 매 초 제곱	rad/s^2

A.2 SI 단위와 FPS 단위

기본량	FPS 단위	SI 단위
길이	1 ft	0.3048 m
각도	1 deg.	0.01745rad
질량	1 lb · sec^2/ft (slug)	14.59 kg
시간	1 sec	1 *s*
넓이	1 ft^2 (1 in^2)	0.0929 m^2 (6.452×10^{-4} m^2)
부피	1 ft^3	0.02832 m^3
속력, 속도	1 ft/sec	0.3048 m/s
가속도	1 ft/sec^2	0.3048 m/s^2
중력가속도	32.2 ft/sec^2	9.81 m/s^2
밀도, 질량밀도	1 slug/ft^3	515.38 kg/m^3
주파수	1 Hz	1 Hz
힘	1 lb_f	4.448 N
토크 모멘트	1 lb_f · in	0.113 N · m
압력	1 lb_f/ft^2	47.88 Pa (N/m^2)
에너지, 일	1 in · lb_f	0.113 J (N · m)
일률	1 in · lb_f/sec	0.113 W
각속도	rad/s	rad/s
각가속도	1 rad/s^2	1 rad/s^2
스프링 상수	1 lb_f/in	175.1N/m
비틀림 스프링 상수	1 lb_f · in/rad	0.113 N · m/rad
감쇠계수	1 lb_f · sec/in	175.1N · s/m
질량관성모멘트	1 lb_f · in · sec^2	0.1129 kg/m^2
탄성계수	1 lb_f/in^2	6.895×10^3 N/m^2
강철의 탄성계수	29×10^6 lbf/in^2	200×10^9 N/m^2

A.3 진동 관련 물리량 및 단위

기본량		rlgh	FPS 단위	SI 단위
병진운동	시간	t	1 sec	1 s
	변위	x	in	m
	속도	$\dot{x}$	in/sec	m/s
	가속도	$\ddot{x}$	in/sec^2	m/s^2
	질량	m	lb$_f$ · sec^2/in	kg
	감쇠계수	c	lb$_f$ · sec/in	s · N/m
	스프링상수	k	lb$_f$/in	N/m
	힘	F	lb$_f$	N
	운동량	$m\dot{x}$	lbf · sec	s · N
	충격량	F · t	lb$_f$ · sec	s · N
	운동에너지	$T=\frac{1}{2}m\dot{x}^2$	in · lb$_f$	J
	위치에너지	$U=\frac{1}{2}kx^2$	in · lb$_f$	J
	일	$\int Fdx$	in · lb$_f$	rad/s
	진동수	ω/f	rad/sec / Hz	rad/s / Hz
회전운동	시간	t	sec	s
	변위	θ	rad	rad
	속도	$\dot{\theta}$	rad/sec	rad/s
	가속도	$\ddot{\theta}$	rad/sec^2	rad/s^2
	관성모멘트	J	in-lb$_f$ · sec^2	m^2 · kg
	감쇠계수	c	in-lb$_f$ · sec/rad	N · m
	스프링상수	k	in-lb$_f$/rad	N · m/rad
	토크	T	in-lb$_f$	N · m=m^2 · kg/s^2
	운동량	$J\dot{\theta}$	in · lb$_f$/-sec	m^2 · kg · rad/s
	충격량	T · t	in · lbf/-sec	m^2 · kg · rad/s
	운동에너지	$T=\frac{1}{2}J\dot{\theta}^2$	in · lb$_f$	J
	위치에너지	$U=\frac{1}{2}k\theta^2$	in · lb$_f$	J
	일	$\int Td\theta$	in · lb$_f$	J=N · m=m^2 · kg/s^2
	진동수	ω/f	rad/sec / Hz	rad/s / Hz

A.4 진동학 용어

영문용어	국어용어
Absorption	흡수
Absorptivity	흡수율, 흡음율
Accelerometer	가속도계
Actuator	액추에이터
Admittance	어드미턴스
Amplification Factor	증폭계수(Q 지수)
Amplifier	증폭기(앰플리파이어)
Amplitude	진폭
Analyzer	분석기
Angular Momentum	각운동량
Antiresonance	상쇄 공진(상쇄 공명)
Autocorrelation Function	자기 상관 함수
Auto-spectral Function	자기스펙트럼밀도함수
Balancing Quality	밸런싱 정도
Beat Frequency	맥놀이 주파수
Beats	맥놀이
Bode Plot	보데 선도(線圖)
Boundary Condition	경계조건
Bulk Modulus	체적탄성 계수
Cancelling Interference	상쇄 간섭
Chirp Excitation	급속 주기함수 가진
Close Resonance	인접 공진
Coherence	기여도
Convolution	승적, 대합
Correlation (Function)	상관 (함수)
Coulomb Friction	쿨롱 마찰
Crest Factor	융기인자
Critical Damping Ratio	임계 감쇠비
Critical speed	위험속도
Cut off Frequency	차단 주파수
Damped Natural Frequency	감쇠 고유 진동수
Damping	감쇠

Damping Coefficient	감쇠 계수
Damping Factor	감쇠치
dB	데시벨
Decade	데케이드
Deterministic Signal	결정적 신호
Discrete Fourier Transform (DFT)	이산 푸리에 변환
Discrete/Continuous System	이산계 / 연속계
Displacement	변위
Distortion	왜곡, 뒤틀림
Dynamic Compliance	동력학적 순응성
Dynamic Range	동력학적 적용범위
Dynamic Stiffness	동적 강성
Dynamic Vibration Absorber	동적 진동 흡수체
Eigenfrequency	고유 주파수
Eigenvalue Problem	고유치 문제
Elastic Modulus	탄성계수
Elasticity	탄성
Energy spectral Density(ESD)	에너지스펙트럼 밀도
Ensemble	앙상블
Evanescent Wave	감쇠파
Excitation	가진
Exciter	가진기
Fast Fourier Transform(FFT)	고속 푸리에 변환
FFT Analyzer	FFT 분석기
Filter	여파기
Force Transducer	힘변환기
Forced Vibration	강제 진동
Fourier Analysis	푸리에 해석
Free Vibration	자유 진동
Fundamental mode	기본모드
Generalized Mass/ Stiffness	일반화된 질량/강성
Harmonic Excitation	조화 가진
Harmonics	조화음, 배음, 배주파수
Hooke's Law	후크의 법칙
Impact	충격
Impact Hammer	충격망치

Impact Noise	충격음
Impulse	충격
Impulse Response	충격 응답
Impulsive Noise	충격음
Instantaneous Frequency	순간 진동수
Instantaneous Phase	순간위상
Intensity	인텐시티
Interference	간섭
Inverse Fourier Transform	역푸리에 변환
Kinetic Energy	운동에너지
Laplace Transform	라플라스 변환
Loss factor	손실인자
Measurement	측정
Mechanical Impedance	기계적 임피던스
Mobility	모빌리티,이동성,기동성
Modal Analysis	모우드 해석
Modal Assurance Criteria	모우드 상관계수
Modal circle	모우드 원
Modal Damping	모달 감쇠
Modal Density	모우드 밀도
Modal Domain	모달 영역
Modal Properties	모달 성질
Modal Testing	모달 실험
Mode	모우드
Mode shape	모우드 형상
Modulation	변조
Natural Frequency	고유 진동수
Non-Stationary	비정상(非定常)
Normalization	정규화
Oscillator	진동자
Oscilloscope	오실로스코프
Peak	피크
Peak Amplitude Method	피크 진폭 방법
Peak-to-Peak	피크 - 피크
Period	주기
Phase	위상

Phase Correction	위상보정
Phase Response	위상 응답
Phase Velocity	위상 속도
Phasor	페이서
Potential Energy	위치 에너지
Power Amplifier	전력 증폭기
Power Spectral Density:PSD	파워 스펙트럼 밀도
Power Spectrum	파워 스펙트럼
Pressure	압력
Principal Coordinate	주좌표
Principal Mode	주모우드
Principal Resonance	주 공진
Probability Density Function	확률 밀도 함수
Proportional Damping	비례 감쇠
Random	랜덤
Random Error	랜덤 오차
Random Incidence Corrector	랜덤 입사 교정기
Random Signal	랜덤 신호
Receptance	리셉 턴스
Reciprocity	상반성
Resistance	저항
Resistance / Reactance	저항/유도저항
Resolution	분해능
Resonance	공진
Resonance Bandwidth	공진 대역
Resonance Frequency	공진 주파수
Response	응답
SDOF	일자유도계
Self-exited vibration	자려진동
Shaker	가진기
Signal	신호
Signal Processing	신호 처리
Signal-to-Noise Ratio	신호대 잡음비
Spectrum	스펙트럼
Spring	용수철(스프링)
Stability	안정성

State-space	상태 공간
Stationary	정상적(正常的)
Statistical Analysis	통계 분석
Steady State	정상 상태
Stiffness	강성(剛性)
Strain	변형률
Stress	응력
Tachometer	회전 속도계
Time Delay	시간 지연
Time Domain	시간 영역
Torque Transducer	회전력 변환기, 회전력 측정기
Transducer	변환기
Transfer function	전달 함수
Transient Analysis	과도 해석
Transient Response	과도응답
Transmissibility	전달률
Transmission	투과
Transmission Coefficient	전달 계수
Transmission Loss	투과 손실
Transverse Vibration	가로 진동
Transverse Wave	횡파
Unbalance	불균형 편심량
Undamped natural frequency	비감쇠 고유진동수
Unsteady State	비정상상태
Vibration	진동,떨림
Vibration Exciter	진동 가진기
Vibration Level	진동 레벨
Voltage Amplifier	전압 증폭기

A.5 단위 표시용 접두어

기본량	FPS 단위	SI 단위
10^{12}	테라 (tera)	T
10^{9}	기가 (giga)	G
10^{6}	메가 (mega)	M
10^{3}	킬로 (kilo)	k
10^{2}	헥토 (hecto)	h
10^{1}	데카 (deca)	da
10^{-1}	데시 (deci)	d
10^{-2}	센티 (centi)	c
10^{-3}	밀리 (mili)	m
10^{-6}	마이크로 (micro)	μ
10^{-9}	나노 (nano)	n
10^{-12}	피코 (pico)	p

APPENDIX

B 연습문제 해답

2.2절 수미분방정식과 라플라스 변환

2.1 (1) 6.7 (2) 6.7

(3) $y(t) = \frac{2}{3}e^{4t} - \frac{11}{3}e^{t}$ (4) 6.7

2.2 (1) $y(t) = c_1 e^{3t} + c_2 e^{-2t}$

(2) $y(t) = e^{-5t}(c_1 \cos t + c_2 \sin t)$

(3) $y(t) = 3e^{2t} - te^{2t}$

(4) $y(t) = 4e^{t} + 2e^{-3t}$

2.3 (1) $y(t) = c_1 e^{2t} + c_2 e^{-2t} - 2t^2 + \frac{1}{2}t - 1$

(2) $y(t) = c_1 e^{2t} + c_2 e^{4t} + e^{t}$

(3) $y(t) = c_1 e^{3t} + c_2 e^{2t} - \frac{15}{52}\cos 2t - \frac{3}{52}\sin 2t$

(4) $y(t) = c_1 e^{t} + c_2 e^{2t} + 3\cos t + \sin t$

(5) $y(t) = e^{2t}[c_1 \cos 3t + c_2 \sin 3t] + \frac{1}{3}e^{2t} + \frac{1}{2}e^{3t}$

(6) $y(t) = c_1 + c_2 e^{4t} - 3t^3 - 2t^2 - 7t$

2.4 (1) $y(t) = \frac{7}{4}e^{2t} - \frac{3}{4}e^{-2t} - \frac{7}{4}te^{2t} - \frac{1}{4}t$

(2) $y(t) = 2e^{-2t} + 2e^{4t} - 2e^{-t} - e^{-2t}$

(3) $y(t) = -\frac{17}{4}e^{2t} + \frac{55}{13}e^{3t} + \frac{1}{52}\cos 2t - \frac{5}{52}\sin 2t$

(4) $y(t) = \frac{3}{8}e^{-2t} - \frac{19}{120}e^{-6t} + \frac{1}{5}e^{t} + \frac{7}{12}$

(5) $y(t) = \frac{1}{25}\left[e^{2t}(47-10t) + 3\cos 3t - 4\sin 3t\right]$

2.5 (1) $y(t) = e^{-t} * t\sin t$

(2) $y(t) = -\frac{4}{17}e^{-4t} + \frac{4}{17}\cos t + \frac{1}{17}\sin t$

(3) $y(t) = \cos t - \sin t + \frac{1}{2}t\sin t$

(4) $y(t) = -e^{-t} - e^{-2t} + 2t + 3$

(5) $y(t) = \frac{22}{25}e^{2t} - \frac{13}{5}te^{2t} + \frac{3}{25}\cos t - \frac{4}{25}\sin t$

(6) $y(t) = \frac{1}{4}e^{-3t} - \frac{2}{3}e^{-2t} + \frac{5}{12}e^{t}$

2.3절 복소수의 기초

2.6 (1) $26 - 18i$ (2) $\frac{1}{65}(1+18i)$ (3) $\frac{2\sqrt{5}}{15}$

2.7 (1) $-\frac{\pi}{4}$ (2) -0.9273 (3) 0.1244

2.8 (1) $2\sqrt{2}\,e^{(-3\pi/4 + 2k\pi)}$ $k = 0, 1, 2, 3, \cdots$

(2) $\sqrt{29}\,e^{(-0.38 + 2k\pi)}$ $k = 0, 1, 2, 3, \cdots$

(3) $\sqrt{17}\,e^{(0.245 + (2k+1)\pi)}$ $k = 0, 1, 2, 3, \cdots$

2.4절 행렬의 기초

2.9 (1) $\begin{bmatrix} 14 & -2 & -6 \\ 10 & -5 & -6 \\ -26 & -43 & -8 \end{bmatrix}$ (2) $\begin{bmatrix} 42 & 92 & 12 \\ 96 & 188 & 0 \\ 36 & 58 & 28 \end{bmatrix}$ (3) $\begin{bmatrix} -8 & 8 & -24 \\ -20 & 24 & 0 \\ 68 & -128 & 244 \end{bmatrix}$

2.10 (1) 32 (2) 22 (3) 124

2.11 (1) $\begin{bmatrix} -0.2 & 0.4 \\ 0.4 & 0.2 \end{bmatrix}$ (2) $\begin{bmatrix} -0.1667 & 0.1667 \\ 0.0833 & 0.4167 \end{bmatrix}$

(3) $\begin{bmatrix} 0.1935 & 0.3548 & 0.0645 \\ 0.0968 & 0.3226 & -0.0323 \\ 0.0323 & -0.2258 & 0.3226 \end{bmatrix}$ (4) $\begin{bmatrix} -1/3 & 1/3 & -1 \\ 1/3 & 2/3 & -1/3 \\ 0 & 0 & 1/3 \end{bmatrix}$

2.12 $x_1 =-7,\ x_2 =-25,\ x_3 = 15$

2.13 $x_1 = 1.52,\ x_2 = 0.92,\ x_3 =-0.52$

2.14 (1) $\lambda_1 = 3.4495s,\ X_1 = \begin{bmatrix} 1 \\ 0.817 \end{bmatrix}$

$\lambda_2 =-1.4495s,\ X_2 = \begin{bmatrix} 1 \\ -0.817 \end{bmatrix}$

(2) $\lambda_1 = 2,\ X_1 = \begin{bmatrix} 0 \\ 1 \end{bmatrix}$

$\lambda_2 =-5,\ X_2 = \begin{bmatrix} 1 \\ -0.1414 \end{bmatrix}$

(3) $\lambda_1 =-2.1926,\ X_1 = \begin{bmatrix} -0.982 \\ 0.189 \\ 0 \end{bmatrix}$

$\lambda_2 =-1,\ X_2 = \begin{bmatrix} 0 \\ 0 \\ 1 \end{bmatrix}$

$\lambda_3 = 3.1926,\ X_3 = \begin{bmatrix} 0.189 \\ 0.982 \\ 0 \end{bmatrix}$

(4) $\lambda_1 = 6,\ X_1 = \begin{bmatrix} 0 \\ 1 \\ -1 \end{bmatrix}$

$\lambda_2 =-7,\ X_2 = \begin{bmatrix} 0 \\ 0.843 \\ 0.53 \end{bmatrix}$

$\lambda_3 = 3,\ X_3 = \begin{bmatrix} 0.9843 \\ -0.0656 \\ 0.164 \end{bmatrix}$

2.5절 퓨리에 급수

2.15 (1) $f(t)=\sum_{n=1}^{\infty}\frac{2}{n\pi}\{1-(-1)^n\}\sin n\pi t$

(2) $f(t)=\frac{3}{4}+\sum_{n=1}^{\infty}\left\{\frac{3}{n^2\pi^2}[(-1)^n-1]\right\}\cos\left(\frac{n\pi t}{3}\right)+\frac{3}{n\pi}(-1)^{n+1}\sin\left(\frac{n\pi t}{3}\right)$

(3) $f(t)=\frac{1}{2}a+\sum_{n=1}^{\infty}\left\{\frac{2a}{n\pi}\sin\frac{n\pi}{2}\right\}\cos\left(\frac{n\pi t}{2}\right)$

2.16 (1) (a) $f(t)=\frac{4}{\pi}\sum_{n=1}^{\infty}\frac{(-1)^n}{2n-1}\cos\left\{\frac{(2n-1)\pi}{2}t\right\}$

(b) $f(t)=\frac{4}{\pi}\sum_{n=1}^{\infty}\frac{(-1)^n}{2n-1}\sin\left\{\frac{(2n-1)\pi}{2}t\right\}$

(2) (a) $f(t)=1-\frac{8}{\pi^2}\sum_{n=1}^{\infty}\frac{1}{(2n-1)^2}\cos\{(2n-1)\pi t\}$

(b) $f(t)=\frac{4}{\pi}\sum_{n=1}^{\infty}\frac{(-1)^n}{n}\sin(n\pi t)$

(3) (a) $f(t)=1-\frac{1}{e}+2\sum_{n=1}^{\infty}\frac{1}{1+n^2\pi^2}\left[1-(-1)^n\frac{1}{e}\right]\cos(n\pi t)$

(b) $f(t)=2\pi\sum_{n=1}^{\infty}\left\{\frac{1}{1+n^2\pi^2}\left[1-(-1)^n\frac{1}{e}\right]\right\}\sin(n\pi t)$

3.3절 진동계의 구성 요소

3.3 병렬연결

3.4 $k=\frac{192Ewh^3}{L^3}$

3.5 $k_e=\frac{5}{4}k$

3.6 $0\le x\le D\rightarrow k_e=2k_1$

$x\ge D\rightarrow k_e=2k_1+k_2$

3.7 (1) 직렬연결 (2) $k = \frac{Ewh^3}{4L^3}$ (3) $k_e = \frac{k_s \frac{Ewh^3}{4L^3}}{k_s + \frac{Ewh^3}{4L^3}}$

3.8 $k_e = \frac{k_1 k_2}{k_1 + k_2},\ k_1 = \frac{\pi E D_1^2}{4L_1},\ k_2 = \frac{\pi E D_2^2}{4L_2}$

3.9 $k_e = 3.2 \times 10^8 \pi\ N/m$

3.12 $k_e = \frac{5}{8}k$

3.14 (a) $120\,Ns/m$ (b) $72\,N$ (c) $80\,Ns/m \le c \le 240 Ns/m$

3.15 $c = \frac{\pi h \mu D^3}{4\epsilon} + \frac{\pi \mu D^4}{32d}$

3.16 $c = \mu \frac{3\pi L D^3 \left(1 + \frac{2\epsilon}{D}\right)}{4\epsilon^3}$

3.17 $c_e = \frac{73}{64}c$

3.18 $c_e = 3c$

3.6절 시스템 운동방정식

3.19 $m\ddot{x} + c\dot{x} + kx = c\dot{y} + ky$

3.20 $m\ddot{y} + c\dot{y} + ky = kx$

3.7절 조화 운동

3.21 (a) $200\pi\, rad/s$ (b) 0.01초

3.22 $5\, rad/s$ $0.796\, Hz$

3.23 $A=7$, $\phi=3.655\, rad$

3.24 $v(t)=10\cos(5t+2)$ $a(t)=-50\sin(5t+2)$

3.25 $\dot{y}(t)=-15\sin 3t+56\cos 7t$ $\ddot{y}(t)=-45\cos 3t-392\sin 7t$

3.26 $\phi=3.02\, rad$

3.27 $A=0.496$, $\phi=1.318\, rad$

3.28 $A=5.82\times 10^{-3}\, m$

3.29 $35.59\, Hz$

3.30 $\dot{y}(t)=10\cos(5t+2)$ $\ddot{y}(t)=10\cos(5t+2)$

4.2절 비감쇠 자유진동

4.1 $m\ddot{x}+kx=0$ $x(t)=0.051\sin(8t+1.3734)$

4.2 $x(0)=14.14$, $\dot{x}(0)=42.426$

4.3 $A=0.05$, $\omega_n=8$, $\phi=0$

4.4 $\omega_n=\sqrt{k/4m}$

4.5 $\omega_n=\sqrt{\dfrac{k_1k_2}{m(k_1+4k_2)}}$

4.6 $\omega_n = \sqrt{\dfrac{2.5\times10^5}{100}} = 50\,rad/s$

4.7 $22.21\,kN/m \le k \le 39.48\,kN/m$

4.3절 점성감쇠 자유진동

4.13 (1) $y(t) = 3e^{2t} - te^{2t}$

(2) $y(t) = 0.25e^{-2t} - 0.25e^{-6t}$

(3) $y(t) = 1.02e^{-2t}\sin(5t+1.373)$

4.14 (1) $y(t) = \dfrac{4}{3}e^{-2t} - \dfrac{1}{3}e^{-5t}$

(2) $y(t) = e^{-2t} + te^{-2t}$

(3) $y(t) = 4e^{t} + 2e^{-3t}$

4.15 $c = 33.7Ns/m$

4.16 $x(t) = 0.412e^{-1.25t}\sin(3.31t+0.245)$

4.17 (1) $x(t) = 0.0081e^{-8.33t}\sin(90.9t)$

(2) $x(t) = 0.0025e^{-10t}\sin(99.5t)$

4.18 (1) 0.21m (2) 3.78s

4.19 (1) $\tau = 0.5$, 진동 없음, 자유응답 소멸 시간=2 sec

(2) $\tau = 0.5$, 진동 없음, 자유응답 소멸 시간=2 sec

(3) $\tau = 0.5$, 진동수=$5\,rad/s$, 자유응답 소멸 시간=2 sec

4.20 (1) $\tau = 1/3$, 자유응답 소멸 시간=4/3 sec.

4.21 (1) $\zeta = 0.316,\ \tau = 0.5,\ \omega_d = 6\,rad/s,\ \omega_n = \sqrt{40}\,rad/s$

(2) $\zeta = undefined,\ \tau = undefined,\ \omega_d = 5\,rad/s,\ \omega_n = \sqrt{26}\,rad/s$

(3) $\zeta = 1,\ \tau = 0.1,\ \omega_d = undefined,\ \omega_n = undefined$

(4) $\zeta = undefined,\ \tau = 0.1,\ \omega_d = undefined,\ \omega_n = undefined$

4.23 (1) $x(t+P)=0.0266x(t)$

(2) $x(t+P)=0.0019x(t)$

4.24 $\delta=0.4055,\ \zeta=0.064$

4.25 $c=37.37\,Ns/m$

4.26 (1) $c_c=1788.9\,Ns/m$

(2) $\delta=2.22$

4.4절 마찰감쇠 자유진동

4.27 $n\geq\dfrac{20.39}{m}-\dfrac{1}{2},\ x=\dfrac{\mu N}{k}=0.0025\,m$

4.28 $\mu=0.68$

4.29 $n=31$

5.2절 비감쇠 조화응답

5.1 진동주기= $\dfrac{2\pi}{(500+504)/2}=0.0125\,\text{sec.}$

울림주기= $\dfrac{2\pi}{(504+500)/2}=\pi\,\text{sec.}$

5.2 $\omega_n=20\pi\,rad/s$

5.3 $x(t)=0.0028\sin4.472t+0.04\cos4.472t-0.00125\sin10t$

5.4 $\omega_n=267\,rad/s$

5.5 $\omega_n=69.5\,rad/s\ ,\ k=2.41\times10^3\,kN/m$

5.6 대역폭= $95rad/s\leq\omega_B\leq3480rad/s$

5.3절 점성감쇠 조화응답

5.7 $x_{ss}(t) = 99.42\sin(0.01t - 0.1396)$

5.8 $x_{ss}(t) = 0.1776\sin(5t - 0.588)$

5.9 (1) $c = 0.7071 Ns/m$

(2) $\omega_n = \sqrt{2}\ rad/s$

(3) $M_p = 1.747$

5.10 $c = 29.0\, Ns/m$

5.11 0.00388m

5.13 $T(s) = \dfrac{1}{0.01s^2 + 0.04s + 1}$

5.14 $T(s) = \sqrt{\dfrac{1}{(1-r^2)^2}} = \dfrac{1}{\left|1 - \left(\dfrac{w}{\sqrt{k/m}}\right)^2\right|}$

5.15 $F_t = \dfrac{2\zeta rk}{\sqrt{(1-r^2)^2 + (2\zeta r)^2}} Y$

5.4절 기저가진

5.16 (1) $\omega_p = 9.592\, rad/s$

(2) $M_p = 2.55 \times 10^{-4}$

(3) $7.27\, rad/s \le \omega_B \le 11.45\, rad/s$

5.17 $X = 6.2\, mm$

5.18 $\omega_n = 59.6\, rad/s$

5.19 (1) $y(t) = 0.015\sin(8.17t)$

(2) $F_t = 1011N$

5.20 (1) $y(t) = 0.015\sin(8.17t)$

(2) $F_t = 1011N$

5.21 5.5%

5.22 $c = 0$, $r = 1.6 \rightarrow \frac{X}{Y} = 0.21$, $r = 2.4 \rightarrow \frac{X}{Y} = 0.64$

5.23 $k = 8.83 \times 10^4 N/m$, $c = 1.786 \times 10^4 Ns/m$, $F_t = 4267.5N$

5.5절 회전 불균형

5.24 $X = 0.0068m$

5.25 $X = 2.4mm$

5.26 $\zeta = 0.05 \rightarrow F_t = 0.019N$, $\zeta = 0.7 \rightarrow F_t = 0.134N$ $X = 2.4mm$

5.27 $mR = 0.416kgm$ $X = 2.4mm$

5.28 $\frac{MX}{mR} = \frac{r^2}{\sqrt{1-r^2}}$

5.29 $k = 2.69 \times 10^4 N/m$

5.6절 진동 절연

5.30 절연기 2개를 직렬로 배열하고 질량을 234kg 증대시킨다.

5.31 $X = 2.34mm$

5.32 $k=1,063.3\,N/m$, $c=41.25\,Nm/s$

5.33 $k=1.773\times10^{5}\,N/m$

5.34 절연장치 A 부가질량 = 44.8kg

5.7절 회전축의 위험 속도

5.35 (1) $\omega_n=447.2\,rad/s=4271\,rpm$, $D_c=3.525\,mm$

(2) $D=10.0\,mm$

5.36 (1) $\zeta=1\rightarrow D/R=0.862$, $\zeta=0\rightarrow D/R=1.19$,

(2) 43.2%

5.37 (1) $61.67\,rpm$ (2) $0.25\,m$

5.8절 마찰감쇠 진동계의 강제진동

5.38 $x=8.8\,mm$, $\phi=-0.339\,rad$

5.39 $F_0=1481.6\,N$

5.40 $\mu=0.588$

5.41 $X=1.8\,mm$

6.2절 임펄스 응답

6.1 $x(t)=0.022e^{-0.1t}\sin(4.471t)$

6.2 $x(t)=-1.291e^{-0.5t}\sin(38.33t)$

6.3 $x(t)=0.577e^{-t}\sin(1.732t+1.047)+0.577e^{-(t-\pi)}\sin(1.732(t-\pi))$

6.4 $x(t) = 3.16 \times 10^4 e^{-39.72t} \sin(316.24t)$

6.5 (1) $x(t) = te^{-2t}$

(2) $x(t) = te^{-2t} + 0.001(1+2t)e^{-2t}$

6.6 $x_{\max} = 2\sqrt{\dfrac{mgh}{3k}}$

6.3절 임의의 입력에 대한 응답

6.8 $x(t) = 5(t - \sin t) + (20 - 5t) + 5\sin(t-4)\Phi(t-4)$

6.10 $x(t) = \dfrac{50}{3}\left[\dfrac{1}{6}e^{-2t}(e^2 - 1) + \dfrac{1}{15}e^{-5t}(1 - e^5)\right]$

6.11 (1) $x(t) = \dfrac{50}{3}\left[0.0103e^{-2t} - 0.0108e^{-5t}\right]$

(2) $x(t) = \dfrac{50}{3}\left[0.01e^{-2t} - 0.01e^{-5t}\right]$

6.14 $x(t) = \dfrac{H}{L/v}t\left(1 - e^{-\omega_n t}\right)$

6.15 $x(t) = -0.06586\left(t - \dfrac{1}{26}\right) + 0.0025 + 0.025\sin\left[2\pi\left(t - \dfrac{1}{26}\right)\right]$

$-0.00156\cos\left[2\pi\left(t - \dfrac{1}{26}\right)\right], \quad \dfrac{1}{26} \le t \le \dfrac{1}{13}$

6.16 $\theta(t) = -0.02455e^{-t} + 7.3 \times 10^{-4}\sin 33.74t - 0.02455\cos 33.74t$

6.17 $x(t) = 0.2386e^{-t} + 0.03\sin 7.97t - 0.2386\cos 7.97t$

6.4절 일반 주기입력에 대한 응답

6.18 (1) 생략

(2) $x(t) \approx -0.0425\sin(3t - 0.258) - 0.0179\sin(9t - 1.313)$

6.19 (1) 생략

(2) $x(t) = 6.366 - 3.866\cos(240\pi t - 0.425) - 0.629\cos(480\pi t - 0.735)$

6.20 (1) 생략

(2) $x(t) = 5 + 5.957\sin(120\pi t - 0.361)$

6.21 (1) $y = D + L - D\cos\theta - L\sqrt{1 - \frac{D^2}{L^2} sin^2\theta}$

(2) $y = D + \frac{D^2}{4L^2} - D\cos 30\pi t - \frac{D^2}{4L^2}\cos 60\pi t$

(3)

$x_{ss}(t) = 0.1025 - 0.0193\cos(30\pi t - 2.341) - 1.61 \times 10^{-4}\cos(60\pi t - 2.07)$

6.22 $x(t) = 6.215 - 5.046\cos(\pi t - 0.0126) - 0.565\cos(3\pi t - 0.038)$

6.23 (1) 생략

(2) $x(t) = 5 + 5.957\sin(120\pi t - 0.361)$

6.5절 Laplace 변환

6.25 $f(t) = -\frac{17}{5}e^{-2t}\sin 5t + 10e^{-2t}\cos 5t$

6.26 (1) $x(t) = 0.889e^{-5t} - 2.222e^{-2t} + 1.3333$

(2) $x(t) = -3.6e^{-2t} - 7.2te^{-2t} + 3.6$

(3) $x(t) = 1.764e^{-2t}\sin(5t - 1.951) + 1.6379$

6.27 (1) $x(t) = (0.5e^{-2t}\sin 2t) + [0.25 + 0.3536e^{-2t}\sin(2t2.3562)]$

(2) $x(t) = (0.25e^{-2t} - 0.25e^{-6t}) + [0.08336e^{-6t} + 0.25e^{-2t} + 0.1667]$

(3) $x(t) = (te^{-2t}) + [(-0.5t - 1)e^{-2t} + 0.5]$

6.6절 랜덤입력에 대한 응답

6.28 $\overline{x^2} = S_0 \int \left| \frac{10}{5+3i\omega} \right| d\omega$

6.29 $E[x^2] = 11.333$

7.2절 2자유도계 모델

7.1 $m_1\ddot{x} + k_1 x = k_1 y$

$m_2\ddot{y} + (k_1 + k_2)x = k_1 x + k_2 z$

7.2 $m_2\ddot{y} + c_2\dot{y} + (k_1 + k_2)y = k_1 x + k_2 z$

$m_1\ddot{x} + c_1\dot{x} + k_2 x = k_1 y$

7.3 $I_2\ddot{\theta}_2 + c\dot{\theta}_2 + k_2\theta_2 = k_2\theta_i + c\dot{\theta}_1$

$I_1\ddot{\theta}_1 + c\dot{\theta}_1 + k_1\theta_1 = c\dot{\theta}_2$

7.4 $\frac{4}{3}m\ddot{x}_1 + kx_1 = 0$

7.3절 자유응답

7.5 $4mR_1\ddot{\theta} + 5kR_1\theta - 2k\theta = 0$

$m\ddot{x} + kx - 2kR_1\theta = f(t)$

7.6 $m\ddot{x}_1 + 4kx_1 - 2kx_2 = 0$

$m\ddot{x}_2 + 3kx_2 - 2kx_1 = f(t)$

7.7 $\frac{3}{2}m\ddot{x}_1 + kx = \frac{1}{2}m\ddot{x}_2 + kx_2$

$\frac{5}{2}m\ddot{x}_2 + 2kx_2 = \frac{1}{2}m\ddot{x}_1 + kx_1 + f(t)$

7.4절 모드와 계의 응답

7.9 $\omega_1 = 13.86\, rad/s,\ X_1 = \begin{bmatrix} 1 \\ 1.404 \end{bmatrix}$

$\omega_2 = 58.95\, rad/s,\ X_2 = \begin{bmatrix} 1 \\ -0.2375 \end{bmatrix}$

7.10 $\omega_1 = 0.366\, rad/s,\ X_1 = \begin{bmatrix} 1 \\ 1.29 \end{bmatrix}$

$\omega_2 = 2.114\, rad/s,\ X_2 = \begin{bmatrix} 1 \\ -0.157 \end{bmatrix}$

7.11 $\omega_1 = 0.0\, rad/s,\ X_1 = \begin{bmatrix} 1 \\ 1 \end{bmatrix}$

$\omega_2 = \sqrt{\dfrac{k}{m}},\ X_2 = \begin{bmatrix} 1 \\ -1 \end{bmatrix}$

7.12 $\omega_1 = 0.342\sqrt{\dfrac{k}{m}},\ \omega_2 = 1.46\sqrt{\dfrac{k}{m}}$

7.13 $\omega_1 = 1.199\sqrt{\dfrac{k}{m}},\ X_1 = \begin{bmatrix} 1 \\ 2.562 \end{bmatrix}$

$\omega_2 = 2.358\sqrt{\dfrac{k}{m}},\ X_2 = \begin{bmatrix} 1 \\ -1.562 \end{bmatrix}$

7.15 $\omega_1 = 0.707\sqrt{\dfrac{k}{m}},\ \omega_2 = \sqrt{\dfrac{k}{m}}$

7.16 $\omega_1 = 0.662\sqrt{\dfrac{k}{m}},\ X_1 = \begin{bmatrix} 1 \\ 0.781 \end{bmatrix}$

$\omega_2 = 2.136\sqrt{\dfrac{k}{m}},\ X_2 = \begin{bmatrix} 1 \\ -1.281 \end{bmatrix}$

7.5절 조화응답

7.17 $\omega_1 = 18.06\, rad/s,\ X_1 = \begin{bmatrix} 1 \\ 0.837 \end{bmatrix}$

$\omega_2 = 71.78,\ X_2 = \begin{bmatrix} 1 \\ -1.576 \end{bmatrix}$

7.18 $\dfrac{k_1X(i\omega)}{F(i\omega)}=\dfrac{\sqrt{4\zeta^2+\mu^2r^2}}{\sqrt{4\zeta^2[1-(1+\mu)r^2]^2+\mu^2r^2(1-r^2)^2}}$

$\dfrac{X_2(i\omega)}{F(i\omega)}=\dfrac{1}{\omega_1^2}\dfrac{2\zeta}{\sqrt{4\zeta^2[1-(1+\mu)r^2]^2+\mu^2r^2(1-r^2)^2}}$

7.6절 일반 강제 응답

7.19 $\omega_1 = 9.9526,\ (x/\theta)_1 =-0.0946$

$\omega_2 = 3.3289,\ (x/\theta)_1 = 0.08$

7.7절 절점 및 모드 응답

7.20 $\omega_1 = 9.9526,\ (x/\theta)_1 =-0.0946$

$\omega_2 = 3.3289,\ (x/\theta)_1 = 0.08$

7.21 $k = 1.048\times 10^5\,N/m$

7.22 $k_f = 2.396\times 10^4\,N/m,\ k_r = 3.643\times 10^4\,N/m$

7.8절 진동 흡진기

7.24 $m_a = 1.49\,kg,\ k_a = 720\,N/m$

7.25 $m_a = 0.048\,kg,\ k_a = 6,447\,N/m$

7.26 $m_a = 0.304\,kg,\ k_a = 1.2\times 10^5\,N/m$

7.27 $m_a = 1.459\,kg,\ k_a = 640\,N/m$

7.28 $m_a = 0.792\,kg,\ k_a = 500\,N/m$

7.29 $k_a = 296\,N/m$

7.30 $\dfrac{X_1(i\omega)}{F(i\omega)} = \dfrac{-m_2\omega^2 + ic\omega}{\omega\{m_1m_2\omega^3 - (m_2k + c^2)\omega + c[k - (m_1+m_2)\omega^2]i\}}$

$$\frac{X_2(i\omega)}{F(i\omega)} = \frac{ic\omega}{\omega\{m_1m_2\omega^3 - (m_2k + c^2)\omega + c[k - (m_1+m_2)\omega^2]i\}}$$

7.32

$$\frac{X_1(i\omega)}{F(i\omega)} = \frac{-m_2\omega^2 + k_2 + ic\omega}{m_1m_2\omega^4 - (m_2k_1 + m_2k_2 + m_1k_2)\omega^2 + k_1k_2 + c[k_1\omega - (m_1+m_2)\omega^3]i}$$

$$\frac{X_2(i\omega)}{F(i\omega)} = \frac{k_2 + ic\omega}{m_1m_2\omega^4 - (m_2k_1 + m_2k_2 + m_1k_2)\omega^2 + k_1k_2 + c[k_1\omega - (m_1+m_2)\omega^3]i}$$

7.33 $\left|\dfrac{\Theta k}{T_0}\right| = 150.6$

정가 21,000원

진동학개론

2019년 2월 18일 초판 인쇄
2019년 2월 25일 초판 발행

저자와의
협의하에
인지생략

저 자: 이형일
발행자: 송 준
발행처: 홍릉과학출판사
주 소: 서울시 강북구 인수봉로 50길 10
01093
등 록: 1976년 10월 21일 제5-66호
전 화: (02) 999-2274~5, 903-7037
팩 스: (02) 905-6729
e-mail: hongpub@hongpub.co.kr
http://www.hongpub.co.kr
ISBN: 979-11-5600-580-3